새시대건설공학 시리즈 ❷

구조최적설계

조효남
김정호 · 정지승 · 민대홍 · 박미연 · 이종순 공 저

Optimum Structural Design

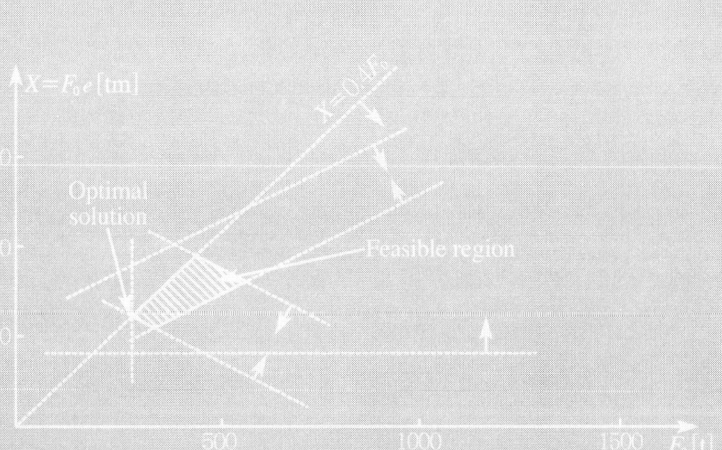

도서출판
구미서관

머 리 말
PREFACE

모든 설계자의 목표는 최상의 구조시스템을 설계하는 것일 것이다. 기존의 설계는 설계자의 직관, 경험, 시행착오, 그리고 수많은 기존의 훌륭한 구조물의 설계 과정을 바탕으로 이루어져 수행되었으나, 현재에는 고도로 발달한 유한요소법과 전산화 된 컴퓨터의 도움으로 과학적이며 합리적인 구조물의 최적설계가 가능하게 되었다. 고성능 H/W 및 S/W의 발전은 최적화 이론의 고도화와 함께 이제는 우주항공, 선박, 건설, 기계 구조 외에 토목 및 건축 등 모든 분야의 구조설계에서 자동화 최적설계가 진행되고 있다.

오늘날 고성능 컴퓨터를 이용한 과학적이며 합리적인 구조물의 자동화 최적설계에서는 주어진 설계조건(응력제약, 변위제약, 치수제약, 안전성, 내구성, 시공성, 기능, 미관 등)을 모두 만족하면서 재료비, 가공비, 조립비, 가설비, 유지관리비 등을 포함한 구조물의 생애주기비용이 가장 적게 소요되는 생애주기비용 최적설계(구조형식, 사용재료 및 단면치수결정)가 가능하게 되었다.

국내에서의 토목구조물 최적설계는 국외에서 60~70년대에 수없이 쏟아져 나온 연구결과와 문헌을 바탕으로 1970년대 초반 조효남 교수가 국내 최초로 도입한 이래로 신뢰성에 기초한 생애주기비용의 최적설계에 이르기까지 수 많은 연구가 진행되고 있다. 한양대학교의 조효남 교수는 2002년 (주)삼보기술단과 함께 공동 연구하여, 토목구조물에서는 최초로 실무에서 사용가능한 강상자형교의 자동화 최적화프로그램(CAOD)을 건설교통부 신기술로 등록하는 등 최적설계에 대한 선구자적 역할 및 국내 최적화기법을 꾸준히 발전시켜 왔으며, 지금까지의 연구와 국내 논문 및 연구자료들을 바탕으로 이 교재를 집필하게 되었다. 본 교재를 바탕으로 건설 분야의 일반 엔지니어들로 하여금 최적설계의 개념과 최적화 기법 및 실 구조물에서의 응용을 통한 최적의 구조물 설계가 가능하게 하며, 또한 국내의 최적설계 방법이 한단계 발전되기를 기원하는 바이다.

제1장은 최적설계에 대한 개요부분으로, 최적설계의 발전과정을 언급하고 실무에서의 구조설계와 최적설계의 비교를 통한 최적설계의 필요성을 강조하였으며, 최근의 최적화 설계의 동향에 대하여 수록하였다.

제2장은 구조 최적화의 기본개념을 언급하였다. 실구조물에서의 최적설계 적용을 위한 정식화에서 필수항목인 설계변수, 제약조건, 목적함수의 설정 방법에 대하여 수록하였다.

제3장은 구조최적화의 다양한 기법들에 대하여 언급하였다. 최적설계의 기본적인 기법부터 실무 적용에 있어서 효율적인 기법과 최근의 인공지능적인 기법에 이르기까지 다양한 기법들에 대하여 간단한 예제와 더불어 이해를 도모하고자 하였다.

제4장은 3장에서 언급한 구조최적화 기법들을 바탕으로 일반구조물 및 요소 수준에서의 구조물에 대한 간단한 최적설계 예를 언급하였다.

제5장에서는 3장에서 언급한 구조 최적화 기법들과 4장에서 간단한 구조물에의 적용 예를 바탕으로 하여 토목 주요 구조물인 강상자형교(Steel Box Bridge)와 PSC 박스거더교에 대한 최적설계 예를 언급하였다.

제6장은 건물에서의 최적설계 적용 사례를 통하여 철골조 및 초고층 구조 시스템의 최적설계에 대한 내용을 수록하였다.

제7장은 자동화 최적설계 부분으로 지금까지 언급한 최적설계 기법 및 실 구조물에의 적용을 위하여 설계환경의 입력조건 및 제약조건을 바탕으로 최적 구조물을 자동으로 설계하는 과정(Process)을 보여주고 있다.

따라서 본 교재는 최적설계의 기본개념에서부터 실무에서 적용 가능한 실구조물에서의 적용 예를 통하여 최적설계에 대한 참고서로 활용할 수 있을 것이다. 그러나 본 교재에서는 집필시간의 제약으로 최근의 최적설계에 대한 연구문헌을 좀 더 상세하게 수록하지 못한 점이 아쉬울 따름이다.

앞으로 전문가들과 실무 엔지니어들의 의견을 수렴하여 수정 보완판을 출간할 때에는 일반 실무 엔지니어들이 실무에서 참고하기에 보다 편리하고 내용이 풍부한 참고서적으로 낼 수 있기를 기대한다.

바쁜 와중에도 본 교재가 나오기까지 전체적인 검토 및 교정을 해준 삼보기술단 박정배 이사의 노고에 감사드립니다.

끝으로 출판계의 어려운 사정 가운데서도 국내에 새로운 공학기술의 보급을 위하여 본 교재의 출판을 해주신 구미서관의 임해진 사장님을 비롯한 편집 관계자 여러분에게 감사드립니다.

2008년 7월

저자일동

목 차

CONTENTS

목 차

CONTENTS

제1장
최적설계의 개요

제1장 최적설계의 개요

1.1 서론

지난 30년 동안에 급격하게 발전하여 모든 과학기술 분야의 획기적인 발전을 가져오게 한 컴퓨터산업과 O.R.(Operation Research) 및 시스템공학은 구조공학에서도 유한요소법(FEM)의 발전과 병행하여 과학적이며 합리적인 설계법인 최적설계법의 급속한 발전을 가져오게 하였다. 그러나 지난 70년대까지는 60년대 이래 무수하게 쏟아져 나온 연구결과와 문헌에 힘입어 구조최적화(Structural Optimization)는 이론적으로는 상당히 발전되었지만 제3세대 컴퓨터의 H/W와 S/W의 한계성으로 인하여 실제적인 초대형 구조시스템의 최적설계가 어려웠다. 그렇지만 지난 80년대 이래로 PC, EWS, 미니, 슈퍼컴퓨터를 비롯한 GAN, LAN기능을 갖춘 제4세대 컴퓨터 시스템의 고성능 H/W 및 S/W의 발전은 최적화 이론의 고도화와 함께 이제는 우수항공, 선박, 건설, 기계 구조 등 모든 분야의 구조설계에서 CAE/CAD의 자동화 설계부분의 필수적인 도구가 되고 있다.

오늘날 고성능 컴퓨터를 이용한 과학적이며 합리적인 구조물설계에서는 주어진 설계조건(응력제약, 변위제약, 치수제약, 안전성, 내구성, 시공성, 기능, 미관 등)을 모두 만족하면서 재료비, 가공비, 조립비, 가설비, 유지관리비 등을 포함한 총 건설경비가 가장 적게 되는 최적설계(구조형식, 사용재료 및 단면치수결정)를 하는 것이 어느 때보다 더 요망된다.

재래적인 설계에서는 기술자의 경험에 의해 가정된 구조형식 및 부재치수를 기초로 하여 설계조건과 시방서의 설계허용한계를 만족하는 몇 개의 구조를 설계한 후 그 중에서 비용이 가장 적게 드는 것을 골라 최종설계로 채택하고 있다. 그러나 설계조건을 만족하는 허용설계의 종류는 무수히 존재하기 때문에, 그 중에서 비용이 저렴한 것을 선택하는 것은 기술자의 경험에 따를 수 밖에 없고, 이렇게 결정된 결과가 최적이라는 보장은 없다. 반면에 과학적이고 수리적인 관점에서 보면 최적 설계한 설계변수의 함수로 표시되는 설계조건과 구조거동관련 제반제약 조건을 만족하면서 역시 설계변수의 함수로 표시되는 건설경비를 최소로 하기 위한 설계변수의 선택문제로 되기 때문에 구조최적화 문제는 자연스레 O.R.기법을 적용할 수 있는 대상이 된다. 수리적계획(Mathematical Programming)기법을 응용한 구조물의 최적설계는 그 대부분이 전자계산기의 이용을 필요로 하기 때문에 이것을 자동화 최적설계(Automatic Optimum Design)라 부르고, 반면에 종래 손으로 계산하던 부분을 전자계산기가 계산하고 다시 보장하여 순차적으로 결과를 개량해가는 설계방법을 통상적인 의미의 CAD(Computer Aided Design)라고 부른다. 종래의 설계법이 구조해석 결과를 바탕으로 설계결과의 구조적 성능과 효율성의 판단을 인간의 직관과 경험에 의존하는 것과 비교하면, 최적설계법은 구조해석과 구조설계를 종합적, 과학적, 합리적으로 처리하는 소위 "Structural Synthesis"라고 할 수 있다. 최적설계란 구조설계의 제요소를 분석·정리해서 수리적 계획문제를 모형화하고 수치적 최적화방법을 적용하여 능률적이며 체계적으로 가장 경제적인 소위 "Best Alternative" 구조물을 설계하는 것을 말한다. 다시 말하면, 설계변수와 해석변수에 부과된 제약조건을 동시에 만족하면서 목적함수를 최소로 하는 설계변수의 조합을 수학적 최적화기법에 의하여 구하는 설계법이라고 할 수 있다.

최적설계법이 구조물의 설계에 매우 유용하다는 사실이 증명되고 있긴 하지만, 아직도 최적설계의 의미를 제대로 이해하지 못하고 있는 실정이며, 더구나 설계실무자는 어디까지나 사용자이기 때문에 수리적 계획수법에 친숙할 필요는 전혀 없지만 최소한 이러한 기법의 가능성과 중요성을 이해할 필요가 있는데 대부분 이해하지 못하고 있는 형편이다. 뿐만 아니라, 초대형 복합구조물을 효과적으로 최적화 할 수 있는 시스템 최적설계 프로그램의 사용에 미숙하고 때로는 설계비용면에서 재래의 설계 방법보다 비용이 많이 드는 경우 등이 있기 때문에, 아직도 토목, 건축분야에서는 우주항공, 조선, 기계분야에 비하여 구조설계 전 분야에 걸쳐 최적설계가 CAE/CAD의 설계수단으로서 제대로 도입 정착되지 못한 단계에 있다. 그러나 앞으로 이상과 같은 문제들이 보완되면 광범위한 응용이 곧 실현될 것으로 기대된다.

한편 위에서 강조한 바와 같이 구조최적화란 통상적으로 구조시스템의 설계를 공학의 시스템 설계문제로 보아 수리적인 설계모델의 최적해를 자동적으로 구하는 기법인 자동화 최적설계(automatic optimum design) 즉, 수리최적화(mathematical optimization)를 의미하지만, 구조설계자의 창의성이나, 경험 또는 합리적인 판단에 근거하여 경제적이며 효율적인 설계를 가능하게 하는 것 보다 포괄적인 개념인 개념적 최적화(conceptional optimization)

를 의미할 때도 있다. 예를 들면 고층건물의 설계법에 혁신을 가져오게 한 고층건물의 최적설계개념인 Khan의 Tubular Design과 같이 구조시스템의 합리적이며 경제적인 설계법의 개발과 관계되는 개념적 최적화도 수리적 최적화와 대등하게 중요하지만, 이는 일반적으로 학술적인 거론의 대상이 될 수 없기 때문에 여기서는 수리적인 구조 최적화만 취급하기로 한다. 엄격한 의미에서 최적설계라 볼 수 없는 전응력설계(fully stressed design)를 제외하고서도 수리적 최적화기법의 종류는 다양하나. 수리적 최적화는 미분해석학이나 라그랑즈 승계수법(Lagrange Multiplier Method)과 같은 최적화 기법을 이용하여 간단한 구조요소의 최적화를 다루는 고전적 최적화(classical optimization)와 설계공간에서의 연속설계변수의 최적분포나 최적함수를 구하기 위해 변분해석학(calculus of variation)의 변분원리를 이용하는 해석적 최적화(analytical optimization), 그리고 통상적인 구조시스템의 설계문제와 같이 유한개의 설계변수의 최적해를 시스템공학의 수리적계획법, 최적제어이론(optimal control theory)또는 Heuristic Algorithm 등에 의해 구하는 유한최적화(finite optimization) 등으로 대별할 수 있다. 이들 최적화방법의 기초개념과 개요에 대해서는 제 2장에서 소개하고, 그 중에 중요한 기법 등은 제 3장에서 보다 상세하게 기술하였다.

1.2 최적설계의 발전과정 및 전망

1.2.1 개설

상술한 바와 같이 그 이론이 다양하고 광범위한 구조최적화이론도 유한요소법의 경우와 같이 이론적으로는 완전한 체계가 확립된 시기는 60년대 후반이라 할 수 있다. 1638년의 Galileo이후 40년대 말에 이르기까지 많은 연구자들의 관심의 대상이었던 균일강도설계(uniform strength design)와 같은 고전적 최적설계이론시대를 제외하고, 최적설계의 발전과정은 최소중량설계(Minimum weight design)의 형태로 선형최적화이론이 발전된 초기의 이론적 정착시기인 50년대, 각종 비선형 최적화이론의 발전과 더불어 최적설계이론이 체계화된 시기인 구조최적화의 개화기에 해당하는 60년대, 그리고 최적화설계이론들이 보다 세련화될 뿐만 아니라 수리적 계획법 외의 최적성기준(optimality criteria) 이론이나 Heuristic Algorithm 등과 같이 보다 다양한 최적화 이론들이 발표되기도 하고 최적설계가 실제 구조시스템의 설계에 적용되기 시작한 초기응용시기에 해당하는 70년대, 구조최적화

기법이 초대형 구조 시스템의 실제적인 최적설계수단으로서 CAE/CAD시스템의 일부로 활용되고 있는 실용화 시기인 80년대로 크게 구분될 수 있다. 고전적 최적화 이론으로부터 50년대 말까지의 최적설계이론의 발전내용은 Wasiutynski[1]에 의해 상세하게 종합정리 되어 있으며, 60년대에 발전된 최적설계이론은 Schmit[2]와 Sheu / Prager[3]에 의해 체계적으로 정리되었다. 그리고 70년대 초까지의 최적설계의 주요 발전내용은 Grallagher Zienkiewicz[4]의 교재에 상세하게 소개되어 있다. 80년대 초까지의 주요발전 과정은 Vanderplaats[5]에 의해 철학적 관점에서 고찰되었으며, 주요내용은 Atreck[6] 등의 문헌에 잘 집약되어 있다. 그리고 현대적인 최적설계의 주요내용은 Kirsch[7], Bradly/Brown[8] Arora[9] 교재에 잘 기술되어 있다. 최적설계는 이제 유한요소법과 마찬가지로 구조공학에서 주요 연구분야의 하나로 확고한 위치를 갖고 있으며, 현재 구미 선진제국에서는 각종 구조시스템의 최적화를 위한 범용 프로그램이나 특정구조 시스템의 최적화 프로그램들이 개발되어 응용되고 있다. 특히 앞으로는 우리나라에서도 최적설계는 현재의 제4세대 컴퓨터의 Interactive Graphical I/O시스템을 이용하는 Computer Aided Design System과 Knowledge-Based Expert System의 Automatic Design Routine으로 크게 활용될 것이 전망된다.

여기서는 구조 최적화 이론의 과거, 현재, 미래의 발전과정 및 전망에 관하여 개괄적으로 알아보기 위하여 구조 최적화발전과정의 철학적 관점에 중점을 둔 Vanderplaats[5]의 State-of-the Art 논문을 참고로 하여 수리계획법(MP)과 최적성기준(OC)방법을 중심으로 하는 수치최적화의 발전과정 및 앞으로의 전망에 대해 살펴보고자 한다.

1.2.2 구조최적화 이론의 태동기

최초의 해석적인 구조 최적화 방법에 관한 연구는 1869년에 발표된 트러스의 최적 Layout에 관한 Maxwell논문[10]과 이보다 잘 알려진 논문인 1904년에 발표된 Michell[11]의 논문에서 찾을 수 있다. 이들의 연구는 트러스의 중량에 관한 이론적인 하한정리를 제시하였는데, 비록 매우 이상적인 조건에 대한 것이긴 하지만 구조 최적화 문제의 설계과정에 상당한 직관을 제공하고 있다.

1940년대와 1950년대 초기까지는 Shanley[12]의 항공구조물의 중량-강도(Weight-Strength) 해석에 관한 연구에서 요소 최적화 이론의 발전정도를 엿볼 수 있다. 그리고 이 시기에 이미 아직 초기 단계이긴 하지만 컴퓨터를 이용한 강골조 구조물의 최적설계를 위하여 소성설계법(plastic design method)에 선형계획법(linear programming)을 응용하는 연구들이 발표되었다. 그 대표적인 예를 Hetman[13]의 연구에서 찾아볼 수 있다. 이러한 초기 최적 소성

설계에 관한 연구는 구조설계 문제를 해결하기 위하여 OR분야에서 발전된 MP(mathematical programming)기법을 최초로 사용하였다는 점에서 큰 의의를 지니고 있다.

1960년도에 Schmit[14]는 여러 가지 다하중 재하조건하에서 비선형 부등 제약 조건을 갖는 탄성구조물의 최적 설계문제를 해결하기 위하여 최초로 비선형 MP기법을 사용한 구조최적화의 개념에 관하여 체계적으로 제시하였다. Schmit의 논문은 구조 최적화 시대의 막을 올리는데 결정적인 기여를 했을 뿐만 아니라 그의 연구는 오늘날 광범위 하게 받아들여지고 있는 전산화 구조설계 방법의 새로운 철학을 제공했다는 점에서 큰 의의를 지니고 있다. 문헌[15]는 이러한 개념의 발전에 관한 Schmit의 탁월한 사적 고찰을 싣고 있다.

여기서는 위에서 언급한 바와 같이 수치 최적화(numerical optimization) 기법에 국한하여 주로 논의 하겠지만 해석적인 최적화(analytical optimization) 이론에 관한 연구도 특히 구조요소 및 시스템의 형상(configuration) 최적화와 관련하여 급속하게 발전되어 왔다. 때로는 초대형 구조시스템의 최적화에 해석적 최적화 이론을 응용하기에는 실용적인 면에서 문제가 있지만 실제 설계 문제의 최적화에 대한 일반적인 정식화의 이론적인 기틀을 제공한다는 점에서 매우 중요하여, 문헌[16,17]에 해석적 최적화 기법에 관한 State-of-the Art가 상세하게 소개되어 있다.

(1) 60년대 : 이론적 개화기

1950년대 말경의 과학기술분야의 환경은 구조설계의 주요한 발전을 이룩하는데 가장 이상적이었다. 미소간의 우주개발 경쟁으로 인하여 보다 가벼운 중량의 구조물에 대한 요구가 어느 때보다 강하게 일어났던 시기였고, 따라서 새로운 설계기법의 개발을 위하여 필요한 연구비가 충분히 제공 되던 시기였다. 컴퓨터의 사용도 보편화되기 시작하였고, FEM기법이 설계자로 하여금 복잡한 구조물의 해석도구로 점점 더 광범위하게 응용되기 시작하던 시기였다. 따라서, 위에서 언급한 바와 같이 1960년도에 발표한 Schmit의 기념비적 논문이 전산화 구조최적설계시대의 개막과 아울러 이 분야 본격적인 연구를 촉발시키는 최초의 연구였다는 사실은 결코 놀라운 일이 아니다. 이 논문은 두 가지 측면에서 특별히 중요한 의미를 지니고 있다. 첫째는, 단순한 예제를 통하여 Schmit는 최소중량설계(least-weight design)가 반드시 전응력설계(fullystressed design)가 아닐 수 있다는 것을 보여주었다. 이때, 전응력설계란 각 부재가 최소한 하나의 재하조건하에 대해 허용한계 까지 응력을 받도록 만드는 구조물의 설계를 일컫는다. 이 결과 당시에 보편적으로 사용되어왔던 SFM(Simultaneous Failure Mode)방법에 의한 구조 최적화로부터 벗어나는 참으로 놀랄만한 반직관적

(counterintuitive)인 사실로 받아들여졌다. 둘째로 이 논문은 구조설계문제를 비선형계획문제로 정식화한 다음 컴퓨터를 사용하는 최적화 기법에 의해 설계의 최적해를 구하는 새로운 접근방법이 전산화 최적설계의 새로운 수단을 제공한다는 사실을 깨닫게 해 주었다. 이러한 새로운 설계방법은 미리 지배적인 파괴모드를 선정하거나 가정할 필요가 없고 따라서 설계자는 구조물에 발생 가능한 다수의 파괴모드를 모두 설계에 포함시킬 수 있는 자유를 갖게 되고 설계에 영향을 미치는 파괴모드는 컴퓨터가 선정하거나 알아내도록 허용하는 것과 같다.

Schmit의 논문이 발표된 후로 60년대 후반에 이르기까지 구조 최적화 이론은 급격하게 발전하였고 수백편의 주요 논문들이 이 시기에 쏟아져 나왔다. 이 기간의 주요 연구는 다양한 구조설계 문제를 다양한 MP 최적화 문제로 모형화하는 연구나 다양한 효율적인 최적화 알고리즘의 개발과 아울러 이들 기법의 실제 설계문제에의 응용에 관한 연구가 대부분 이었고 이 기간에 주요 연구결과는 문헌[1~3]에 상세하게 소개되어 있다.

60년대 대부분의 수리적 계획기법에 의한 구조 최적화에서는 설계문제를 통상 연속변수로 모형화하였고, 설계공간의 Convexity를 가정하였으며 특히 중요한 사실은 기본적으로 비선형으로 되는 문제들의 선형화를 요구하지 않는 기법을 주로 사용하였다는 것이다. 설계공간에 대한 Convexity의 가정은 그전부터 받아들여진 것이고, 이는 상대적 최소점(relative minima)이 없다는 것을 의미한다. 또한, 대부분의 문제에서는 설계시 선택 가능한 실제 가용단면의 치수나 부재내 보강재의 수 같은 이산형변수로 최적화함이 바람직 하지만, 대개는 연속변수로 취합하여 근사적인 실용해를 얻도록 하였다. 마침내, 선형해석을 위하여 MP와 FEM은 자연스럽게 결합되게 되었는데, 이는 FEM에 의해 설계민감도 분석(design sensitivity analysis)정보를 쉽게 획득할 수 있기 때문이었다. 이러한 방향으로의 최적화 기법의 발전은 보다 위력적이고 효율적으로 될 수 있는 구배함수를 이용하는(gradient based)많은 종류의 MP알고리즘의 사용을 허용하게 되었다. 그러므로 당시 이러한 방향으로의 최적화 기법의 발전은 추구할 수 있는 모든 종류의 설계 문제의 다양성과 난해성이 더욱더 무수하게 많이 존재하는 것처럼 보이게 하였다.

수리계획 기법은 토목, 건축, 항공, 우주, 조선분야의 수없이 많은 종류의 구조물의 설계를 위한 매우 효과적인 도구가 될 수 있음을 보여주었다. 설계변수로는 주로 골조구조의 부재치수, 판구조나 쉘구조의 두께, 보강재나 종형 부재의 간격이나 치수가 선정되었다. 이러한 것들은 종래의 설계변수와 같은 것이지만, 중요한 차이는 이 여러가지 설계변수가 동시에 고려될 수 있다는 점이다. 보다 중요한 점은 여러 다하중 재하조건하에 강도, 처짐, 안정,

진동수, 균열, 피로, 좌굴 등의 파괴모드를 포함하는, 대개의 경우 매우 복잡한 거의 모든 거동 제약조건을 동시에 만족하도록 구조물이 설계될 수 있다는 것이다.

따라서 많은 연구자들은 이러한 소위 "Structural Synthesis Concepts"은 구조설계에의 접근 방법에 혁신적인 변화를 가져온 것이라고 생각했는데 이는 그리 놀라운 일이 아니다. 이와 같이 무한한 가능성을 가진 설계도구는 전혀 새로운 개념이고, 따라서 새로운 설계법으로 체계화시키기 위해서는 아직도 많은 연구개발이 필요하다고 생각하였기 때문에 많은 구조공학자들은 이러한 구조 최적화 분야의 연구개발을 열정적으로 추구 하였다.

그러나 1960년대 말경에 와서는 이 새로운 혁신적인 기법이 재래적인 설계를 대치할 것으로 기대했던 많은 사람들의 기대와는 달리, 전문 분야의 실무 설계자들에 의해 새로운 설계 기법으로 받아들여지지 않는다는 것이 명백하게 되었다. 당시의 이러한 현상에 대해서는 몇 가지 설득력 있는 설명이 가능하다고 본다. 첫째, 설계는 해석보다 훨씬 더 복잡한 것이며, 그 당시는 FEM구조해석이 거의 15년간의 연구 개발 후에 막 일반적으로 받아들여지기 시작한 시기였다. 새로운 실계기술이 일반직으로 빋아들여지기 위해시는 디 긴 기간이 필요한 것이다. 둘째는, 구조 최적화 개념은 구조공학과 OR분야의 결합을 의미한다. 대부분의 구조공학연구자, 교육자, 실무자들에게는 이러한 OR(Operations Research)이나 MP같은 최적화 기법이 잘 알려지지 않은 전혀 다른 분야의 공학적 기술인데다, 특히 OR이나 NLP(Nonlinear Programming)같은 MP기법 자체가 계속 발전되고 있는 고도의 전문분야이기 때문에, 이러한 새로운 기법이 금방 광범위하게 받아들여지기를 기대하는 것은 너무 성급하고 불리하였다. 또한 이러한 새로운 설계기술 자체에 어떤 기본적인 한계가 있을지도 모른다는 의문이 제기되기도 하였다. 경우에 따라서는 매우 단순한 설계 문제도 최적화 과정에서 수백번 해석해야할 필요가 있었다. 이러한 해석에 많은 시간이 소요되면 이는 대규모 FEM해석 모형의 경우와 마찬가지로 최적화 비용이 너무나 엄청나게 들게 되고 투자가치가 없는 것으로 판단하기 쉽다.

최적화 알고리즘의 효율성 자체는 납득할 수 있는 수준까지 개선할 수 있다하여도 최적화에 드는 비용은 일정하지 않고 설계변수의 수에 따라 선형적으로 증가하지도 않으며, 오히려 2차 함수 혹은 어떤 경우에는 지수적 속도로 증가 할지도 모른다는 충분히 이론적 근거가 있는 논란이 있을 수 있다.

또한, 구조물이 FEM을 사용하여 해석되어야 한다면, 이에 대응하는 완벽한 설계의 자유를 제공하기 위한 바람직한 설계변수의 수는 수백 내지 수천 개가 되어야 할지도 모른다는 인식이 통상 그대로 받아들여지곤 하였다. 즉, 구조물의 FEM 모형 내 각 유한요소와 관련하여 하나 또는 그 이상의 변수가 필요한 것으로 생각한데서 가장 큰 오해가 기인하였다.

60년대 말경에는 구조설계에서 MP기법의 직접 적용에 의한 최적 설계는 50개정도의 설계변수를 갖는 문제에만 가능하다는 것을 충분한 계산 경험에 바탕을 두고 지적한 문헌까지 있었다. 당연히 이보다 훨씬 더 많은 설계변수를 갖는 구조물의 설계가 필요하다는 관점에서 보면 이 새로운 기법이 곤경에 처하게 되었다는 게 분명하였다. 물론 MP기법의 일반성은 이 기법이 매우 매력적인 설계도구가 될 수 있게 만들었지만, 실제문제로 가서는 몇 개의 변수로 정의되는 문제에만 국한될 수 밖에 없는 것처럼 보였다. 오늘날의 컴퓨터와 성능을 비교하면 비교가 될 수 없을 정도의 제한된 용량과 계산속도를 가진 당시의 컴퓨터로는 부딪힐 수 밖에 없는 어쩔 수 없는 한계였다고 인정하지 않을 수 없다.

(2) 70년대 : 응용을 위한 진통기

1970년도는 Schmit가 현대적 의미의 구조최적화의 개념을 정의하고 제시한 논문을 발표한 후 10년이 되는 해였다. 그동안 이 방법에 의한 제안된 수많은 최적설계의 개념에 대해 고찰할 시간이 충분이 있었고 점차 그 한계성을 깨닫기 시작하였다. 1971년도에 Gellatly/Berke/Gibson[19] 등은 구조최적화에 있어 60년대를 "영광과 비극"의 시기라는 말로서 이러한 한계성에 대한 자각을 가장 극명하게 묘사하고 있다. MP기법을 사용하는 구조최적화에 대한 불만과 좌절이 점점 더 심화 될 수록 이 말은 정말 정확하고 통찰력 있는 표현이 아닐 수 없었다. 더구나 이와 같이 MP기법이 한계에 부딪혀 있을 때 MP기법과는 상이한 최적화 기법이 등장하였다. 소위 최적성기준(Optimality Criteria : OC)방법으로 곧 널리 알려지게 된 이 방법의 최초의 해석적인 형태는 1968년에 Prager 등[20]에 의해 제안되었고 수치적인 형태는 Venkatta/Khot/Reddy[21]에 의해 개발되었다.

OC방법도 문제의 기술은 MP와 동일하게 일반적인 형태로 기술된다. 그렇지만, OC방법에서는 목적함수의 직접적인 최소화를 위하여 노력하기 보다는 제약조건을 갖는 문제에 대해 도출한 어떤 지정된 최적성기준을 만족하는 설계를 찾으면 이러한 설계를 최적해로 간주한다. 최적성의 기준으로 흔히 사용되는 기준에는 구조물의 각 부재에 변형에너지 밀도가 동일하게 되는 기준이나, NLP 문제에 대한 해의 최적성에 대한 필요조건인 유명한 Kuhn-Tucker조건[7,34,39] 같은 것이 많이 사용된다. OC방법의 핵심은 최적해를 정의하는 기준을 설정한 다음 반복시행적으로 원하는 해에 수렴하는 재귀공식(recursive formula)을 고안하는데 있다. 또한 만일 최적점에서 어느 제약조건이 임계적인(critical)제약조건이 되는가를 미리 알아낼 수 있다면, 이러한 제약조건의 Lagrange 승계수는 정(+)의 값을 가지므로 최적화 문제가 좀 더 단순화 된다. 실제로 최적해에서 어느 제약조건이 지배적이 될 것인가를 사전에 아는 것이 반드시 결정적인 것은 아니며, 대신에 이론적으로는 반복시행과정에서 이러한 제약조건이 발견될 수 있다. OC알고리즘의 특수한 경우는 응력 제약만을 받는 정정구조물에서 볼 수 있다. 이러한 문제에서 각 부재는 최소한 하나의 재하조건에 대해 전응력(fully-stressed)을 받거나 또는 최소 부재 치수를 갖게 되는데 이와 같은 조건하에 등방성 재료의 경우 균등 변형 에너지 분포에 대한 가정이 옳다는 것을 보여 줄 수 있다. 더구나, 정정 구조물의 전응력설계는 역시 최소중량설계가 된다는 것을 보여 줄 수 있다. 그러므로 구조물 중량과 같은 목적함수가 최적성기준의 직접 일부분이 되어 있지는 않지만, 이는 간접적으로 최소화 된다. 보다 일반적인 경우 OC기법에서는 최적설계점에서 어느 제약조건이 임계적(critical)으로 될 것인가를 알아내야 하는 문제가 있는데 최소한 이론적으로는 이점이 이 개념의 한계성으로 지적될 수 있다. OC방법은 주로 직관적인 최적화 기법이지만, 설계도구로서는 매우 효과적임을 보여주고 있다. 이 방법의 주된 매력은 컴퓨터에 쉽게 프로그램화할 수 있고, 수렴은 문제의 크기에 비교적 무관하며, 대개의 경우 몇 회 정도의 상세 구조해석으로 근사 최적 설계를 구하게 해준다. OC방법의 해석상의 이러한 장점은 MP방법의 해를 구하기 위하여 요구되는 해석의 많은 횟수에 비하여 상당히 개선되었음을 나타낸다. 효율성 면에서 이와 같이 상당히 개선된 면모를 갖는 OC방법의 기법상의 특징 때문에, 70년대 초중반경에 OC개념에 관한 상당한 연구 노력이 경주되었다. Kiusalaas, Prager, Venkayya, Berke, Khot와 Isakson 등의 OC관련 연구는 당시의 OC방법의 기능성을 나타내는 척도라 할 수 있다[5,6]. 이상에서 살펴본 바와 같이 이 시기의 두 경쟁적인 최적설계 개념은 실제적인 설계문제에의 응용에 와서는 어느 쪽도 확실하게 우세할 것도 없지만 최적설계자들에게는 결코 바람직하다고 할 수는 없는 최적화기법상의 선택을 강요한 형국이었다. MP기법은 극히 일반적인 도구로서의 특징을 갖고 있고, 또한 이론적인 관점에서 보면 최적해의 성질에 대해 아무런 가정도 요구하지 않는 기법이었다. 고로 설계자는 설계과정에서 모든 설계문제를 일반적인 비선형 제약 최소화 문제로 단순하게 접근할 수 있고 컴퓨터는 소위 "Oprimizer"루틴에 의해 최적설계점이 있는 곳을 자동적으로 탐색해 가도록 되어 있다. 반면에, 최적성기준 방법은 분명한 이론적인 근거를 갖고 있지 않으며 경우에 따라서는 OC기법은 비최적설계로 수렴하거나 발산하기 까지도 한다. 그렇지만, OC방법의 이러한 거동은 특별히 고안된 시험적인 설계문제에 관련하여 나타나는 현상이고 이러한 문제는 실제적인 관심보다는 학술적인 면에 치중된 것이었다. 중요한 점은, 대개의 경우 이 방법의 한계성을 잊게 하는 특징이기도 하지만 OC기법은 보다 실제적인 설계문제에 대해 근사해를 구할 수 있게 해준다. 당시 일부 연구자들은 두 최적화 기법의 강점을 살리기 위하여 OC방법은 설계변수의 수가 많은 시스템 구조의 최적화를 취급하고 MP기법은 요소최적화 설계문제의 해를 구하도록 하는 방법을 제안하기도 하였다. 이러한 방법은 두 기법을 결합시킬 뿐 아니라 두 분야의 연구자들이 두 방법사이의 기본관계를 보다 면밀하게 관찰하기 시작하도록 만들었다. 한편, 1973년에 Schmit와 Farshi[22]는 MP기법을 사용한 구조최적화에서 근사화 개념(approximation concept)을 이용하는 접근방법에 관하여 연구한 바 있고 여러 가지 개념을 제안하였다. 이중에 가장 중요한 근사화 개념 중의 하나를 예로 들면 해의 수렴성을 높이기 위해 원래의 문제에 대해 중간변수(intermediate variable) 또는 역변수(inverse variable)라는 개념의 도입을 들 수 있다. 이 방법의 기본개념은 설계변수 Xi의 역변수 $Yi = \frac{1}{Xi}$을 도입하여 최적화문제를 변환시킴으로서 비선형제약조건을 선형화한 다음, 설계변수사이의 연성(couplings)을 무시하는 근사화 함수를 이용하여 반복시행에 의해 근사해를 구하도록 하는 것이다. 즉, 근사문제에 대한 최적해가 구해지면, 이에 대한 정확한 FEM해석을 수행하고 다시 근사화 함수를 만들고 이에 대한 근사최적해를 구하는 식으로, 반복시행에 의해 수렴할 때 까지 이 과정을 반복한다는 것이 기본아이디어였다. 이러한 근사화 문제에 대한 함수값과 도함수의 계산에 계산노력이 거의 들지 않기 때문에 이 부최적화(suboptimization)문제의 해를 구하기 위하여 MP기법을 사용하였다. 1976년에 Schmit/Miura[23]는 다하중 재하조건하에 강도 및 변위 제약조건을 갖는 각종 구조물의 최적화에 관한 여러 수치 예를 포함한 근사화 개념에 대해 체계적으로 고찰한 연구결과를 발표하였다. 이 방법을 사용하면, 정정구조물에서는 일회의 상세 해석만으로 최적화가 구해지지만 부정정구조물의 경우는 10회 내외 정도의 구조해석을 필요로 한다. 그렇지만, 실제 구조물의 실용적인 설계를 위한 응용에서는 매우 고차 부정정 구조물에서도 최소 3회 정도에서 근접최적해(near-optimum)가 구해졌다. 더구나 해의 수렴에 대한 효율성은 문제의 규모에 거의 무관한 것처럼 보였다. 당시 70년대로서는 이러한 여러 가지 근사화 개념의 도입은 설계자들이 MP기법의 일반성을 유지하면서도 실제 크기의 문제를 다룰 수 있도록 허용하는 주요한 발전 중의 하나로 볼 수 있다. 1970년대 말경까지는 구조 최적화를 위한 OC와 MP기법의 발전이 별개의 연구 분야로 계속되었다. 두 기법을 연관시키는 가장 의미 있는 작업은 두 가지 기법의 기본개념을 수리적으로 상호 제휴시키는 연구로부터 시작되었다. Fleury[24]와 Fleury/Sander[25]의 이 문제에 대한 획기적인 연구결과는 최적화를 위한 접근 방법의 수학적인 근거에 대해 기본적인 직관을 제공하였다. 그리고 실제로 원래문제(original problem)의 기술에 대한 쌍대성(duality)문제 속에 두 기법 사이의 공통된 수학적 기초가 있음을 보여주었다. 이들의 연구

결과에 의하면 OC기법은 수학적으로 분리 가능한 함수형태를 갖는 최적화 문제에 대해 이론적으로 성립되며 고로, OC를 MP의 특수한 경우로 간주할 수 있다고 보았다. 실제로 근사화 개념과 쌍대방법(dual method)의 결합에 의해 대부분의 설계문제에 대한 "양분야의 최선"의 가능성을 제공할 수 있는 것처럼 보였다.

(3) 80년대 : 실용적 설계 도구화

전절까지는 수치최적화 기법을 사용하는 구조최적화기법의 70년대의 발전 현황에 대하여 고찰하였다. 70년대까지의 특기할 만한 주요 발전으로는, 구조 최적화를 위한 효율적인 NLP(Nonlinear Programming)기법의 응용, 일반화된 OC기법의 발전, 여러 가지 다양한 근사화 개념의 개발, 그리고 70년대 말의 근사화개념과 쌍대방법의 결합을 통한 두 기법의 제휴를 꼽을 수 있다. 물론 앞에서 언급한 바와 같이 여기서 다루지는 않지만 MP나 OC기법 같은 수치 최적화 외에 변분법을 이용한 최적화문제의 해석적 모형과 설계 민감도 분석, 그리고 주로 형상최적화와 관련된 해석적 모형을 바탕으로 한 수치최적화 기법의 발전도 빼놓을 수 없는 주요 최적화 이론이라 할 수 있다.

80년대로 넘어오면서 제4세대 컴퓨터의 출현과 더불어 초대형 구조시스템의 실제적인 최적화를 위한 시스템 최적화 프로그램의 연구개발이 CAE/CAD시스템의 개발과 병행하여 각 분야에서 활발하게 추진되었다. 특히 이와 같은 실제적인 대규모 구조시스템의 설계를 위한 최적설계프로그램의 개발에서는 DOSA(Design Oriented Structural Analysis)를 위한 효율적인 구조재해석(structural reanalysis) 방법, 설계민감도 분석(design sensitivity analysis) 기능을 갖춘 FEM 패키지의 개발을 필요로 하였고, 이에 따라 FEM해석과 최적화 기법을 결합하는 메커니즘의 연구개발을 촉진시켰다. 80년대 이래 구조최적화이론 및 기법의 연구개발에 관련된 또 하나의 발전방향을 보면, 지난 30년간 주로 OR분야에서 연구 발전된 결과 현재 고도로 성숙한 단계에 있는 수리계획법(MP)의 각종 최적화 알고리즘을 구조최적화에서 보다 효율적이고 신뢰할 만한 기법이 되도록 만들기 위하여, 기계적인 단순한 적용보다는 상당한 수정을 가하여 응용하는 방향으로 연구 개발되고 있음을 알 수 있다. 이와 같이 수정이 필요한 이유로는 크게 두 가지를 들 수 있는데, 첫째로는, 수학적으로 수렴에 대한 효율성이 증명된 수리적 알고리즘의 개발과 실제 설계문제를 전산화 하는데 이 알고리즘을 사용할 수 있도록 개발하는 것과는 기본적으로 상당한 차이가 있다는 것이다. 흔히 이론적으로 훨씬 더 매력있는 방법도 실제문제를 다룰 때는 그렇지 못한 경우가 많다. 또한 실제 문제에서 사용 가능한 알고리즘이 되기 위해서는 수학적으로 엄격한 알고리즘보다는 근사적이며 융통성 있는 기법을 허용하는 것이 바람직하다. 예를 들면, 어떤 부등제약조건 $g(x) \le 0$이 수학적으로는 $g(x) = 0$일 때 "임계적"이 되지만 재하환경, 재료성질, 제기준 등이 모두 불확실하기 때문에 공학적 의미로는 $g(x) = -0.05$ 같은 것도 "임계적"이라고 간주할 수 있다는 것이다. 결과적으로, 공학적 관점에서 수학적으로 엄격한 최적해는 거의 의미가 없다는 것이다. 둘째로는, 최적설계과정에서 주어진 하나의 설계에 대하여 1회 해석비용이 매우 많이 들기 때문에 최적화 알고리즘의 수렴속도가 무엇보다도 중요하다. 고로 근접해(near-optimum)로 신속히 수렴하는 알고리즘이 엄밀해로 느리게 수렴하는 것보다 더 바람직하다. 한편, 오늘날 MP기법의 수준은 고도로 발전되었기 때문에 현대적인 최적화 알고리즘이 사용되는 한 최적화 알고리즘 자체는 큰 문제가 되지 못한다고 볼 수 있다. 예를 들면 오늘날 Steepest Descent방법이 매우 효율적인 알고리즘인 Conjugate Direction방법을 대신하여 사용되지는 않는다. 문헌 [26]~[28]에 MP기법의 개요와 NLP Code의 효율성에 대한 비교 연구 결과가 상술되어 있다. 이들 알고리즘의 효율성은 CPU시간이나, 함수나 도함수의 계산 횟수, 준비시간, 사용의 난이도 등으로 쉽게 비교할 수는 있지만, 실제 설계문제에서는 다음과 같은 두 가지 기준이 프로그램의 효율성에 관한 척도가 될 수 있다. 첫째는 근접최적해(near-optimum)를 구하는 신뢰도가 높아야 하고, 둘째는, 주어진 설계과업을 수행하는데 몇 회 이내의 함수(및 도함수) 계산만으로도 충분해야 한다. 그러나 무엇보다도 최적화 및 해석 프로그램이 최적설계를 창출하는데 어떤 방식으로 결합되어 있는지가 이들 구조최적화 기법의 궁극적 효율성을 결정한다. 그리고 특정 최적 설계문제에다 효율적인 최적화 알고리즘을 결부시키는 개발자의 능력도 전반적인 결과에 매우 중요한 영향을 미친다. 대개 대규모 컴퓨터 시스템은 여러 개의 NLP코드를 갖추고 있다. 설계자가 알아야 할 점은 동일한 알고리즘을 사용하여 서로 다른 두 사람이 만든 프로그램도 신뢰도와 개선의 효율성면에서 큰 차이가 있는데, 이는 좋은 설계를 위하여 필요한 판단, 경험과 직관적 능력의 대부분은 도외시하고 단순히 수치적으로만 컴퓨터 프로그램화 하려 들기 때문이다. 고로 , 수치최적화 코드는 이런 특정한 알고리즘에 바탕을 두고 있기는 하지만 이와 같이 고도로 복잡한 설계과정을 모형화 하기위하여 프로그램을 개발한 개개인의 능력을 그대로 반영하고 있다. 만일 국부적으로 기용한 MP코드가 만족스럽지 않는 경우 문헌 [26]~[27]에 소개된 최적화 코드에 대한 풍부한 정보를 활용할 수 있다. 특정한 최적화 코드의 구입비는 새로운 최적화 코드의 개발비에 비하면 거의 무시할 수 있는 정도이다. 요약하자면, 첫째로 오늘날 MP코드 개발 수준은 엔지니어들이 자신의 프로그램을 개발할 필요성이 전혀 없다는 것이다. 그러나 특정한 설계문제를 해결하기 위하여 경험에 바탕을 두고 기존의 코드를 보다 효율적으로 개조하기를 원할 수도 있다. 오늘날 구조최적화 프로그램이 갖추어야 할 두 번째 필수적인 요건은 구조해석 능력이다. 대개의 엔지니어는 대개 설계시에 FEM프로그램의 사용에 친숙하여, 오늘날 FEM해석 프로그램은 PC나 Main Frame용으로 널리 사용되고 있다. SAP, ADINA, GT-STRUDL, NASATRAN 같이 범용화된 패키지 프로그램들이 널리 사용되고 있다. 그러나 구조최적화와 관련하여 이들 프로그램들이 빠뜨리고 있는 해석요소의 일부분으로 설계민감노(design sensitivity) 성보의 처리능력을 들 수 있다. 물론, 이러한 능력이 없는 FEM패키지를 이용한 재해석이나 설계민감도 분석기법은 고도로 발전되어 있다. 이러한 능력을 갖추고 있고 대개 해석 및 설계 종합코드로 개발되어 최적화 능력을 갖춘 프로그램으로는 ACCESS, ASOP, EAL, PARS, SAVES, SPAR, STARS, TSO 등을 들 수 있다[5,6]. 그러나 이들 프로그램이 갖는 탁월한 설계능력에도 불구하고 이들은 대개 우주, 항공, 기계, 조선분야의 설계문제를 다루도록 개발되었기 때문에 토목, 건축, 플랜트분야에 그대로 적용하기는 어렵고 토목, 건축분야의 설계문제를 위하여 수정되어 사용되어야 하므로, 상기 프로그램들이 광범위하게 활용되지도 못하는 실정에 있다.

마지막으로 구조최적화 프로그램이 갖추어야할 가장 중요한 기능적 요소는 해석 및 최적화 프로그램사이의 커뮤니케이션 메커니즘이다. 가장 직접적인 접근 방법은 최적 설계 코드를 해석코드에 단순하게 연결시켜 설계자들에 의해 최초에 주어진 형태로 설계문제를 취급하는 방식이다. 설계민감도 정보는 유한 차분식으로 계산하고 최적화 프로그램에서 요구하는 각 함수의 계산은 완전히 새로운 구조해석이 된다. 이와 같은 “Black Box”적 접근방법은 실제설계 문제를 다루는데 매우 타당한 방법이다. 만일 구조요소를 설계하는 경우에는 해석은 전혀 문제가 되지 않을 뿐 아니라 요소별로 여러 설계변수가 사용되며 여러 재하조건 및 제약조건이 부여될 수 있고 이 경우 이러한 직접적인 방법은 매우 단순하며 실용적인 방법이 된다.

보다 더 복잡한 구조시스템의 설계를 위해서는 반복해석의 내용이 엄청나므로 Black Box적 접근방법은 통상 사용이 불가능하다. 이때는 먼저 FEM해석 코드에 설계민감도 계산능력을 포함시켜야 하는데 응력, 변위, 고유진동수, 좌굴제약조건에 대한 정보를 제공하는 것은 상당한 계산 능력이 필요하나 개념적으로는 매우 쉽다. 일단 이와 같은 능력을 갖추고 난 후에도 효율적이고 신뢰도 높은 설계 프로그램을 개발하는 데는 상당한 노력이 필요하다. 이때 문헌 [22,23]에 기술된 각종 근사화 개념이 매우 중요한 역할을 한다. 결국 Substructure최적화 기법[7], 효율적인 재해석 및 DOSA기법 그리고 근사적인 문제로의 변환기법 등을 효과적으로 사용함으로써, 해를 구하기 위한 계산과정을 엄청나게 줄일 수 있다. 더구나, 쌍대

방법(dual method)을 사용함으로써 이제는 자동화 설계과정에서 복합재료의 적층의 수, 사용표준단면 치수 같은 이산형 설계변수까지도 취급 가능하게 되었다. 그러나 이러한 근사화기법이 모든 실제적인 설계문제를 효율적으로 다룰 수 없고, 아직도 해결해야 될 한계점을 일부 지니고 있다. 첫째, 근사화개념 자체를 고려해 보자. 근사화의 질적 수준은 해석모형 또는 보다 구체적인 수준에서 언급하자면 중간설계변수의 선택에 직접 좌우 된다. 둘째로는 제 1개 Taylor급수 전개에 의한 구조응답의 선형화는 구조응답을 제대로 나타낼 수 없는 경우가 많다. 예를 들면 폭과 높이를 변수로 갖는 사각형 뼈대요소의 요소강성행렬은 요소수준에서 상호 종속적이고 절점위치나 기하적 형상관련 기하변수의 경우에는 문제가 더 복잡해진다. 이러한 문제는 서로 분리 가능한 목적함수를 전제로 하는 쌍대법을 최적화기법으로 사용하는 경우에도 일어난다.

이러한 새로운 기법의 한계성은 많은 설계문제에 대해 이들의 직접적인 응용을 어렵게 만든다. 그러나 때로는 다단계(multi-level)최적화 방법에서 이들 기법을 효과적으로 활용할 수 있다. 문헌[29,30]에서는 근사화 개념을 시스템 수준의 변수에 대해 사용하고, 반면에 요소수준에서는 직접적인 부최적화(suboptimization)문제로 최적화를 수행하였다. 때로는 다른 형태의 다단계 개념에서는 이 방법이 역으로 적용될 수 있다. 문헌 [31]에는 형상 최적화문제에서 절점좌표 변수의 경우 직접 최적화 방법을 사용하는 시스템 변수로 취급하고, 각각의 제안된 형상에 대해 부재 치수는 근사화기법을 사용하여 부 최적화 문제로서 개선하는 방식으로 최적화를 시도하였다. 그러나, 아직도 주어진 설계문제의 최적화 모형에 대한 가장 효율적인 근사화를 성취하기 위해서는, 요소가 하나 이상의 변수를 갖고 기하적 변수가 고려되는 경우, 중간 변수로는 어떤 것이 최선의 선택인가 하는 문제가 미해결된 과제이다.

요약하면, 이상에서 고찰한 바와 같이 현재의 고도화된 구조최적화 기법의 발전수준을 고려해 볼 때, 현대적 구조 최적화 기법은 자동화 최적설계를 위한 탁월한 능력을 갖추고 있다고 볼 수 있다. 즉, 이제는 여러 재하조건하에 부재치수, 응력, 변위, 안정, 진동수 등의 제약조건을 받는 수백 개의 설계변수를 갖는 대형 구조물의 효율적인 설계가 가능한 최적설계 기술을 보유하고 있다고 볼 수 있다. 문헌[6]은 이 분야의 최근의 발전현황을 요약하고 있고, Schmit가 말한 대로 구조 최적화는 이제 "추상적 개념"에서 "실제적 도구"로 성장되었다. 주지하는 바와 같이 현재 고도로 발전된 제4세대의 고성능 H/W와 S/W의 능력을 최대한으로 활용하는 고도의 선후행 Graphic처리 기능과 Visualization기법을 갖춘 CAE/CAD 시스템의 개발에서 설계문제의 특성에 따라 시스템 수준이나 요소수준 또는 두 수준 모두를 망라한 자동화최적설계가 단순히 "Optimizer" 루틴이나 또는 Black Box형식의 최적설계 시스템 프로그램으로 쉽게 포함될 수 있음을 알 수 있다.

(4) 90년대~00년대 : 실제 응용 및 자동화 구축

항공, 우주, 선박, 기계, 자동차 등에 이론적으로 발전한 최적화기법들을 토목 및 건축에의 실무적용 단계로, 기존의 실무설계에서 효율적으로 적용되지 못했던 주 원인이 "해 알고리즘(solution algorithm)"이었으나, 이 시기에 기존의 이론들을 바탕으로 주요한 최적화 문제에 대하여 문제의 정식화 및 모델링 등에 대한 구체화와 컴퓨터의 CAD/CAE를 이용하여 기존의 알고리즘을 입력사항과 출력사항만으로 단순화한 사용자 편의를 고려한 자동화 프로그램들을 개발하고자 하는 연구가 다수 시도되었다. 이 시기에는 최적설계에 의한 자동화 최적설계가 설계 전반에 걸친 완전한 이해와 제어능력을 가지고서 이루어지고자 시도되었으며, 컴퓨터 성능의 발전으로 방대한 수치해석을 수행하는데 있어 기존에 비하여 구조해석 및 자동화 설계에 의한 시간이 많이 줄어드는 장점이 있다. 5장과 6장에서는 실제 토목구조물과 건축구조물에서의 자동화 최적설계에 대한 예제를 언급하였다.

(5) 앞으로의 전망

구조최적화 분야와 같이 역동적으로 발전하는 분야의 앞날을 예측하려는 시도는 헛된 일이기 쉽다. 최소한 구조최적화는 현재도 실제적인 구조설계의 도구로 사용될 수 있는 수준으로 발전되어 있기 때문에 그 앞날이 매우 밝다고 말할 수 있다. 그 이유는 수치 최적화 및 유한요소법 그리고 Expert System같은 종합적 CAD설계개념이 동시에 고도로 성숙된 발전단계에 이르고 있는 결과에 연유한다. 여기에다, 앞으로는 과거 어느 때보다 에너지와 자원절약형 구조설계가 요구되고 있는 점을 고려하면 모든 구조물의 진정한 최적설계가 불가피하다.

구조최적화 분야의 미래의 형태에 대한 정확한 예측은 불합리하고 이러한 예측 역시 논란의 여지가 있고 불완전하다는 것을 알기 때문에 여기서는 구조 최적화의 몇 가지 바람직한 발전방향을 언급하고자 한다. 먼저, MP최적화 분야에서는 두 가지 면의 보완이 꼭 필요하다고 본다. 첫째는, 현재 수준의 다양한 주요 알고리즘을 모두 포함하는 잘 개발되고 보급된 컴퓨터 Code가 공용의 응용 S/W로 되어 누구나 쉽게 이용할 수 있도록 할 필요가 있다. 둘째는, 대규모의 NLP문제의 해를 위한 효율적인 알고리즘 개발의 필요성이다. 이는 구조최적화에서 고도의 기술이 요구되는 근사화기법의 필요성을 어느 정도 피할 수 있게 해줄 것이다.

한편 FEM해석 분야에서는 해석기법 자체는 고도로 발전된 범용패키지들이 수없이 많이 있지만 설계민감도 정보를 획득할 수 없기 때문에 구조최적화가 실무설계에서 광범위하게 응용되려면 설계민감도 정보를 해석의 일부로 제공할 수 있는 S/W의 개발이 필요하다. 물론 이것은 기술적인 문제는 아니고 응용 S/W의 고급설계 능력에 대한 설계 S/W시장의 수요에 따라 결정될 문제이다. 여기에 매우 효율적인 DOSA의 재해석 기법 개발의 필요성을 추가해야 한다. 이상과 같은 이유로 하나의 통합된 구조설계 능력을 갖는 수단으로서 MP최적화와 FEM코드의 개발은 앞으로도 계속 집중 연구 발전되어야 할 분야이다. 그 외에도 최적화 분야에서 중점적인 발전이 기대되는 여러분야가 많이 있다. 그 중에 첫째는 여러 개의 요소설계변수와 시스템설계변수를 갖는 설계문제에 대한 다단계 최적설계방법이나 직접적인 종합 최적화방법을 사용하여 효과적으로 이러한 문제를 취급하는 수단의 연구 개발이 필요하다. 이러한 설계문제의 획기적인 해결은 형상 최적화 문제의 효과적인 최적화 수단을 제공하게 될 것이다. 또한 부재치수와 구조물의 절점좌표를 변수로 취급하는 외에 실제 요소-절점 간에 연결성을 결정하기 위한 Topology최적화 문제도 보다 더 고도화된 연구 개발이 필요한 분야이다. 또한 최근 구조물의 신뢰성 최적화(Reliability-Based Optimization)에 대한 연구가 다수 진행되고 있으며, 실구조물에의 적용을 위해 해결해야 할 난제가 많아 계속적인 발전이 기대되는 분야이다. 이 분야는 추계적 재하와 Parameter화된 제약조건을 갖는 최적화 문제에 대한 기본적인 통찰력을 제공한다는 의미에서 특히 흥미있는 연구 과제라 할 수 있다. 이 분야에 대한 심도있는 내용은 본 교재 외의 「신뢰성」 및 「생애주기비용」 교재를 참고하길 바란다. 이외에도 여러 가지 실제적인 설계문제에서 구조최적화에 의해 해결되어야 할 문제가 많이 있지만 이러한 분야의 나열이 여기서 의도하는 바가 아니므로 더 이상 언급하지 않기로 한다. 분명한 것은 이제 앞으로 인공지능형 제5세대 컴퓨터가 곧 실용화되는 날이 오면 모든 지식화 된 설계업무는 컴퓨터가 대신하게 되고 이때가 되면 고도화된 구조최적화 기술이 컴퓨터에 의한 설계의 필수도구 내지는 설계언어화 될 것이 틀림없다고 본다. 물론 그 이전에도 진정한 의미의 Knowledge Based Expert System을 포함하는 CAE/CAD 시스템의 개발에서 구조최적화는 Fuzzy이론과 더불어 결정적인 역할을 할 것은 누구나 쉽게 이해할 수 있을 것이다.

1.3 구조설계의 최적화 과정

1.3.1 개설

앞에서 언급한 바와 같이 일반적으로 구조시스템의 최적설계란 모든 설계상수(design parameter)와 설계하중들이 주어졌을 때, 목적함수가 최초로 됨과 동시에 모든 설계제약조건을 만족시키는 설계변수를 결정하는 설계법이라고 정의할 수 있다. 여기서 설계상수란 기본계획 단계에서 결정된 구조형태, 배치, 구조재료 등과 같이 설계를 위해 미리 정해진 상수들이다. 설계하중으로는 설계에서 고려해야 하는 모든 형태의 하중 즉, 고정하중 및 활하중, 횡방향풍하중 또는 지진하중, 동하중, 온도하중, 기변형 등의 제반하중이 동시에 포함된다. 목적함수란 구조시스템의 보다 바람직하고 경제적이며 효율적인 설계를 위한 선택기준을 수식화 한 것으로서 통상적으로 구조물의 제작비, 중량, 성능, 신뢰도 등이 목적함수의 최적기준이 된다. 설계제약조건에서는 시방서의 제반 설계제약 조건과 설계하중으로 인하여 발생가능한 모든 파괴모드, 또는 구조재료나 제작상의 한계 등이 모두 포함된다. 설계변수로는 구조요소들의 미지 치수가 되는 게 보통이지만 그밖에 구조물의 형상, Topology, 재료 등이 모두 설계재료로 취급가능하다. 이에 대해서는 2장에서 상세하게 취급할 것이다. 이 절에서는 최적설계의 중요성을 인식하기 위하여 위에서 정의한 구조물의 최적설계가 구조물 시스템의 전반적인 설계과정에서 어떠한 기능을 갖고 어떤 역할을 하는가, 그리고 설계과정의 다음 단계와 어떤 연관을 갖는 가에 대하여 개괄적으로 고찰하였다.

(1) 구조설계과정

구조시스템의 설계과정에서 시스템의 최적화가 중요한 단계는 주로 기술적인 견지에서 보아 가장 중요한 과정인 예비설계(preliminary design)단계이다. 그 이유는 설계에 관한 모든 기술적인 주요결정 즉, 구조형상이나 치수에 대한 결정이 이 단계에서 이루어지기 때문이다. 고로 이 단계의 최적화가 시스템의 최적화를 좌우한다고 볼 수 있다. 먼저 구조시스템의 최적화를 위한 기본적인 3단계를 도해적으로 나타낸 것이 그림 1-1이다. 구조물의 최적화는 먼저 구조형태, 하중, 시방서, 공법, 사용재료 등의 결정에부터 시작된다. 최적화과정에서는 이들의 타당성은 문제 삼지 않는다. 일단, 이러한 설계자료들이 결정되면 최적화 문제의 정식화가 가능하다. 문제 정식화, 즉, 모델링단계에서는 설계변수를 정의하고, 설계에 적용할 제반 제약조건식을 설정하며, 목적함수, 즉, 최적화기준을 수식화하는 작업이 이루어진다. 건축이나 토목구조물의 목적함수는 대개의 경우 구조물의 공사비로 되고, 항공이나 선박구조물에서는 구조물의 중량이 된다. 일단 문제가 정식화되면 문제에 적합한 최적화

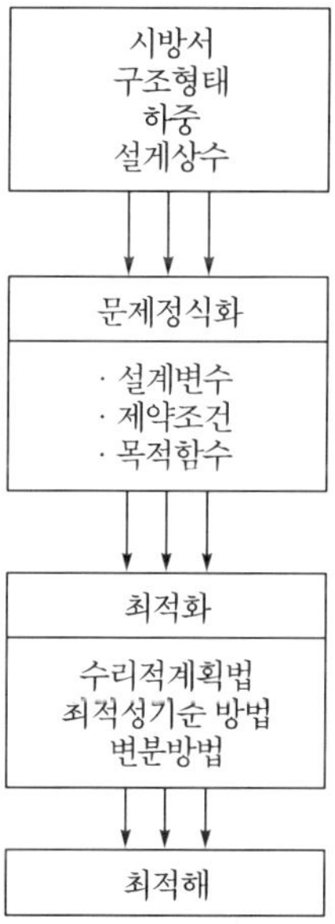

그림 1-1 구조 최적화의 3단계

기법을 적용하여 최적해를 구한다.

최적화 문제는 대개 수리적 계획법의 문제로 되기 때문에 통상 선형계획(Linear Programming) 또는 각종 비선형계획(Nonlinear Programming) 알고리즘이 사용되고 때로는 동적계획(Dynamic Programming), 기하적계획(Geometric Programming), 이산형 또는 정수계획(Discrete or Integer Programming) 등의 최적화 기법도 사용된다. 그 외에 최적성 기준(optimality criteria)방법 또는 변분법이나 Computer Program의 Logic을 이용하는 Heuristic Algorithm도 최적화기법으로 사용되기도 한다. 그림 1-1에서 설계과정의 흐름을 나타내는 수직선들은 시방서와 문제정식화의 방법에 따라 상이한 최적해가 존재할 수 있음을 보여주는 것이다. 상술한 최적화과정을 예비설계과정 속에 포함시켜 좀 더 상세하게 나타낸 것이 그림 1-2이다.

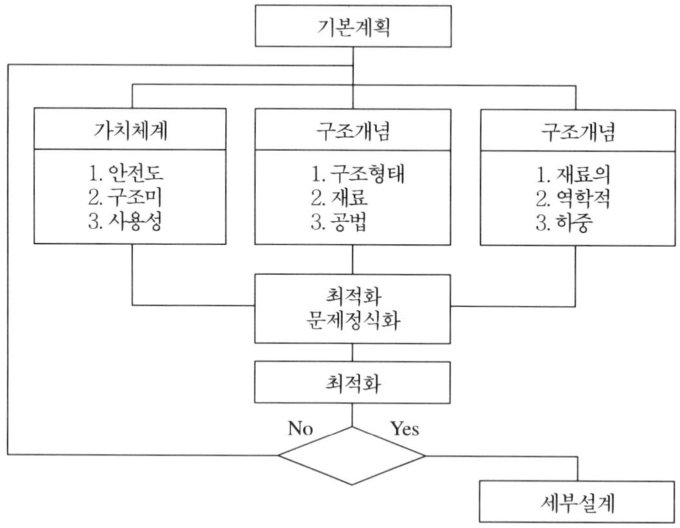

그림 1-2 예비설계과정

기본계획에 이은 구조물의 예비설계 단계에서 시스템의 최적화문제의 정식화를 위하여 필요한 설계자료는 그림 1-2에 도시한 바와 같이 구조개념(structural concepts)의 결정, 가치체계(value system)의 설정, 설계정보(design information)의 발췌 및 획득 등으로 대별할 수 있다. 구조개념의 정립이란 구조형태, 구조재료, 공법 등에 관한 결정을 의미하는데, 이는 상당한 수준의 판단력과 창의성이 요구된다. 그리고 구조물의 기능, 구조미, 안전도 등에 관한 중요성과 가치면의 비중 체계를 뜻하는 구조시스템의 가치체계 또한 최적해의 선택을 좌우하는 중요한 사항이다. 뿐만 아니라 재료의 성질, 구조물의 역학적 거동, 하중 등에 관한 정보도 최적화에 지대한 영향을 미치는 요소들이다. 기본 설계단계에서 결정된 이상과 같은 자료를 기초로 하여 전술한 바와 같은 최적화문제가 정식화 되고 최적화가 이루어진다. 그러나 이와 같이 하여 얻는 최적해가 최종해로 되지 않을 수도 있다. 이러한 경우에는 이들 결과를 Feed Back시켜 구조개념, 가치체계, 설계정보들을 재수정함으로서 최적화를 다시 시도하여야 한다. 그림 1-2는 이와 같은 Feed Back에 의한 반복시행석 최석과정을 노해석으로 보여주고 있다.

(2) 최적설계와 재래식 설계의 비교

지금가지 설명한 최적화수법에 기초한 최적설계의 개념과 특성을 재래식 설계와 대비시켜 비교하면 주된 차이점은 다음과 같이 세 가지로 요약할 수 있다.

① 일향적 설계(directed design)대 시행착오적 설계(trial & error design)

최적설계에서는 구조물 제작경비의 최소화, 구조성능, 정밀도의 최대화 등과 같은 최적화 기준에 의해 효율적인 설계가 자동적으로 일정한 방향으로 진행되지만 반면에 재래식 설계에서는 설계를 설계자의 직관, 경험에 의존하여 주로 반복시행적으로 진행시킨다.

② 합리적설계(rational design)대 비합리적 설계

구조물은 구조물에 작용하는 모든 하중에 의한 파괴모드에 대응하는 제반거동 제약조건을 모두 만족시키고 재료, 공법 및 제작상의 한계를 나타내는 설계제약조건을 모두 고려하는 경제적인 시스템으로 설계되어야 한다. 최적설계에서는 이러한 모든 설계제약조건을 만족시키며 동시에 최소공사비로 되는 설계를 시스템설계 문제로서 과학적이며 자동적으로 수행하지만 재래식설계에서는 주로 전응력설계를 목표로 주요 파괴모드의 응력제약조건만을 고려하여 부재치수를 결정하고 다른 제약조건은 안전여부를 검사하는 정도에만 그치므로 이와 같은 설계가 경제적인 시스템의 설계를 보장하지 않는 다는 것은 자명한 사실이다.

③ 직접적 설계(direct design)대 간접적 설계(indirect design)

최적설계에서는 구조시스템의 설계변수를 직접 미지수로 하여 설계모델의 최적화과정을 통하여 자동으로 결정하지만, 재래식 설계에서는 설계자가 구조물의 주요부재치수를 가정하여 재해석 및 검사라는 반복시행과정에 의해 간접적으로 설계변수를 결정한다.

1.4 구조설계 실무와 최적설계

1.4.1 개설

구조물의 실무설계를 다루는 설계용역 또는 엔지니어링 회사의 입장에서 구조물의 최적설계가 주는 이점과 가치가 무엇인가를 이해하는 일은 매우 어렵고 중요한 문제이다. 현재 선진외국의 항공, 선박, 기계, 플랜트, 건설 등의 설계를 다루는 설계용역 또는 엔지니어링 회사에서는 설계업무가 거의 CAE/CAD화가 되어 있고 이들 회사의 CAE/CAD 시스템에는 최소한 구조물의 자동화설계 (automatic design)과정에 "Optimizer" Routine이나 최적설계 프로그램들이 갖추어져 있지만, 아직도 우리나라에서는 고층건물, 교량 등의 설계에서는 극히 일부를 제외하고는 최적설계가 보편적인 설계도구가 되지 못하고 있는 것도 사실이다. 그러나 앞으로 대형 토목 건축구조물의 설계에서도 제4세대 고성능 컴퓨터 H/W 및 S/W 에 맞추어 CAE/CAD화가 급속도로 확산될 전망이고 우리나라에서도 일부 대기업의 엔지니어링 회사에서는 CAD시스템의 개발이 이미 어느 정도 실용적인 응용수준에 이르고 있고 현재 개발이 진행 중인 곳도 많다. 구조설계의 진정한 의미의 CAD화는 구조물의 최적설계를 위한 최적화 루틴이나 최적설계 프로그램이 CAD시스템 내에 포함되어야 한다. 그렇기 때문에 오늘날 구조설계자는 최소한 구조물의 최적화에 대한 기초개념을 알아야 하고 설계자의 입장에서 구조최적화 컴퓨터 프로그램을 실무설계에 사용하기 위해서는 이 프로그램들이 갖추어야 할 요건이 무엇인가를 알고 있어야 할 것이다. 뿐만 아니라 어떤 종류의 구조설계 문제가 최적화 과정에서 가장 적절하며 최적화의 대상은 무엇인가, 그리고 구조설계자는 어떤 특정한 최적화 수법을 사용해야 하고 알고 있어야 하는가도 중요한 문제이다. 여기서는 이러한 문제에 대한 예비지식을 개괄적으로 소개하고자 한다.

1.4.2 실용적 구조최적화의 이점

오늘날 우리나라 설계용역이나 엔지니어링 회사에는 어느 사무실을 막론하고 최소한 규모의 차이는 있지만 고성능 PC로부터 Workstation이나 Main Frame에 이르기 까지 각종 여러 수준의 컴퓨터를 사용하지 않는 곳은 없다. 어떤 설계사무실에서 어느 수준의 컴퓨터 장비를 갖추느냐는 그 설계사무실의 전반적인 설계작업에서 컴퓨터의 활용도 및 전산화가 주는 이점과 경제적 가치에 의해 좌우된다. 컴퓨터의 시설은 그 활용수준 및 경제성에 따라 구입되고, 유지관리 되어야 하며, 이에 따라 재래적인 제반 설계업무를 점차 대치시키거나 설계업무 전반의 전산화 수준을 고도화 시켜야 한다. 마찬가지로 S/W도 주로 구입이나 개발비용의 경제성 분석에 기초하여 구입하거나 자체 개발하여야 할 것이다. 이와 더불어, 모든 전산시설을 고도로 이용할 수 있도록 구조설계자들을 교육훈련 시켜야 한다. 이 모든 것이 투자경비와 기대되는 경제적 이점에 대한 분석을 바탕으로 이루어져야 하지만, 어떤 설계 사무실에서 컴퓨터가 제 기능을 갖추기 위해서는 이러한 내용에 대한 단순한 보상 이상의 가치가 있어야 한다. 단순한 비용절감 차원 이상의 컴퓨터의 활용가치는 여러 가지 면에서 찾을 수 있지만 무엇보다도 가장 중요한 것은 컴퓨터의 활용 즉, 전산화 설계에 의해 어떤 설계 프로젝트의 설계시간을 단축하는 것이 가능하다는 점이다. 무엇보다도 프로젝트의 설계비용은 시간과 투입되는 인건비에 좌우되므로 설계업무의 상당한 부분을 컴퓨터가 수행하도록 함으로서 시간과 비용은 절감되기 마련이다.

수치적인 구조최적화 방법의 주된 특성은 근본적으로 모든 설계문제에 대한 해답을 컴퓨터로부터 얻도록 구조적으로 프로그램화 되어 있다는 것이다. 실무 구조설계에서 구조최적화 방법을 사용함으로서 설계자는 대부분의 설계과정을 컴퓨터에 넘겨주면서 설계내용이나 계산을 보다 효율적으로 수행할 수 있고, 결과적으로 설계업무 전반을 신속하게 처리할 수 있다. 이와 같이 설계과정을 신속하게 할 수 있게 만드는 것이 구조설계에서 최적화 방법이며, 이것이야 말로 자동화 최적설계 방법을 채택함으로써 얻을 수 있는 가장 중요한 이점이라고 볼 수 있다.

또 하나의 이점은 구조최적화가 주는 구조설계 결과의 최적성으로부터 찾을 수 있다. 이는 아마도 대부분의 최적설계 연구자들이 믿고 있는 것 보다는 훨씬 덜 중요한 것인지 모른다. 왜냐하면 최적화에 의한 공비 최적설계로부터 얻어지는 공비의 절감은 그다지 대단한 것이 되지 못하는 경우가 적지 않기 때문이다. 그러나 표준단면이나 부재를 대량 생산하여 가설되는 산업화된 구조물의 설계에서는 전반적인 비용절감이 매우 큰 폭이 될 수 있다. 그러나 무엇보다 중요한 점은 바람직한 최적성에 대한 기준이 최적설계에 의해 만족된다는 사실 자체가, 설계자들이 최적화를 하지 않는 컴퓨터 프로그램보다 최적설계프로그램의 사용들을 선호해야 하는 충분한 논리적인 이유가 될 수 있다. 분명히, 설계정보를 보다 효율적으로 제공하기 위하여 컴퓨터를 사용하려 한다면, 가장 경제적이고 효율적인 구조물에 대응하는 설계정보를 생산하는데 컴퓨터를 최대한 효과적으로 사용하도록 하는 것이 바람직하다. 한마디로 비효율적이고 비경제적인 구조설계정보를 생산하기 위하여 컴퓨터를 사용한다는 것은 가치없는 일이라 할 수 있다.

1.4.3 최적설계에 대한 설계자의 요구사항

1.2절에서 살펴본 바와 같이 지난 30년간의 구조최적화의 관한 수많은 연구결과에도 불구하고 그 중에 오직 일부분만이 설계실무에 적용되고 있는 주된 이유는, 오직 소수의 최적화 프로그램만이 실무 설계에서의 잠재적인 사용자들의 실제 구미에 맞게끔 되어 있기 때문이다. 전산화 설계보조용 프로그램에 대해 실무설계에서 설계자들이 원하는 구체적인 몇 가지 요구사항을 나열하면 다음과 같다.

(1) 설계자는 최적화로부터 자신의 전반적인 설계업무를 수행하는데 도움을 받을 수 있어야 한다.
(2) 최적설계프로그램은 무엇보다도 사용하기 쉬워야 한다.
(3) 최적화 프로그램은 설계과정을 신속하게 수행할 수 있어야 한다.
(4) 구조최적화는 실제적인 설계문제를 다룰 수 있어야 한다.
(5) 최적화 결과는 실제적이고 유용한 설계결과로 되어야 한다.
(6) 최적설계의 결과를 쉽게 점검할 수 있어야 한다.

위의 열거한 것 중에 첫째 항목이 가장 중요하다고 볼 수 있다. 설계자는 궁극적으로 자신의 설계의 모든 결과에 대해 책임질 수 있어야 한다. 설계자 자신이 설계를 책임져야 하기 때문에 그는 설계의 발단 및 전개 과정 전반에 걸쳐 완전한 제어능력을 갖고 있어야 한다. 어떠한 경우에도 설계자의 설계에 대한 제어가 컴퓨터에 의해 과도하게 혹은 지나치게 압도당할 가능성이 있어서는 안 된다.

그러나 설계의 전 과정에 걸쳐 수치계산이 요구되는 순간들이 많이 있고 설계자는 무엇이 효율적이고 경제적인 설계를 구성하는가에 대하여 도움을 받고자 원하는 경우가 많이 있다. 설계에서의 이러한 상황에 대비하여 최적설계 프로그램이 사용되어야 할 것이다. 따라서 결과적으로 설계실무의 관점에서는 "최적설계"라는 용어보다는 "최적설계보조물"(Optimum Design Aids)이라는 말이 더 적절하다고 본다. 이는 최적설계프로그램은 설계과정 전반에 설계자를 대치하기 보다는 설계자를 보조하는 수단이라는 의미를 내포하고 있다. 위에 나열한 항목 중에 나머지 모든 항목들도 설계자의 설계에 대한 책임과 통제는 그대로 남겨둔 채, 설계과정 정반에 걸친 설계업무를 보조하고 수준을 향상시키고 설계속도를 높인다는 아이디어에 기본적으로 맥락을 같이하고 있다. 위에 열거한 항목 중에 4, 5 항에 관련된 구조 최적화에 대한 일반 설계자들의 공통된 오해는 설계자들에게는 반드시 최대의 관심사가 된다고 볼 수 없는 최소 공비 또는 최소 중량 구조물의 설계만을 최적설계가 추구하고 있다고 생각하는 데서 비롯된다.

실제로 오늘날 구조 최적화 방법은 공비 최소화뿐만 아니라 개별적이거나 종합적이거나를 막론하고 설계자가 궁극적으로 원하는 어떠한 구조적 효율성이나 최적기준에 관련된 최적설계를 위해서도 사용할 수 있는 고도의 수준으로 발전했다는 점을 알아야 한다. 최적설계는 설계자의 취향과 의도에 따라 예를 들면, 발생최대 응력, 최대변위 또는 균열폭 능을 최대한 억제하게 만드는 설계를 비롯한 어떠한 구조성능 관련기준에 대한 최적설계도 가능하다. 또한 원한다면 구조물에 발생 가능한 모든 파괴모드에 대한 안전여유도 어느 요소의 어느 파괴모드에 대해서도 상대적으로 더 위험하지 않도록 하는 즉, 균일한 안전율을 보유하도록 만드는 기준도 최적설계과정에 포함시킬 수 있다. 결론적으로 이제는 실무 설계측면에서 충분히 실용적인 설계가 가능한 최적설계보조용(optimum design aids)프로그램을 만들 수 있다. 이점에 관해서는 아래 몇 가지 예를 통하여 상세하게 기술할 것이다.

1.5 최근 최적화 동향 및 최근기법

1.5.1 다분야(MDO, Multidisciplinary Design Optimization)의 최근 동향

일반적으로 현실적이고 복잡한 시스템에 적용되는 최적 설계의 응용 분야는 물리적 관점에서 볼 때 한 가지 이상의 여러 공학적인 현상을 연계하고 있다

최적설계기법은 많은 응용분야를 내포하고 있지만, 그 중에서도 많은 설계변수를 가진 복잡한 기계구조 시스템에서의 중량 및 형상 최적화를 통한 경량화 설계기법의 개발에 중점을 두고 있다. 최근 컴퓨터의 급속한 발전과 최적화 기술의 발달에 힘입어 다양한 설계조건의 통합화, 복잡한 설계 절차의 자동화, 다분야 해석(구조. 진동, 열…) 등을 동시에 고려한 최적 실계 신기술인 MDO(Multidisciplinary Design Optimization)기법의 중요성이 인식되고 있다.

MDO기법은 NASA 연구소를 중심으로 1980년대 후반에 개발된 Concurrent Subspace Optimization (CSSO)라고 하는 방법론에 기반을 두고 있다. 현재 MDO기법을 기반으로 한 CAE 분야에서의 최적화 해석은 항공우주 산업을 시작으로 자동차, 선박, 전기, 의공학 등 그 영역이 점차 확대 되었고, 컴퓨터 응용 시스템인 해석 및 설계에서 CAD System과 CAE System의 이용의 활용성은 더욱 더 요구된다.

미국의 경우 항공우주업체와(보잉, GE) 자동차 제조 업체(GM, Ford)에서 오랜 기간 동안 MDO에 대한 연구를 해왔고 자체에서 개발한 통합 해석 프로그램을 이용하여 설계비용 절감 및 설계시간의 단축과 제품의 성능 향상에 성과를 얻고 있다(그림 1-3).

국내에서는 최근 몇 년 동안 대학들을 중심으로 MDO 기술개발에 대한 중요성이 높아졌고 대학을 중심으로 한 연구소에서 국내실정에 맡게 독자적인 MDO Framework 구축에 노력하고 있다.

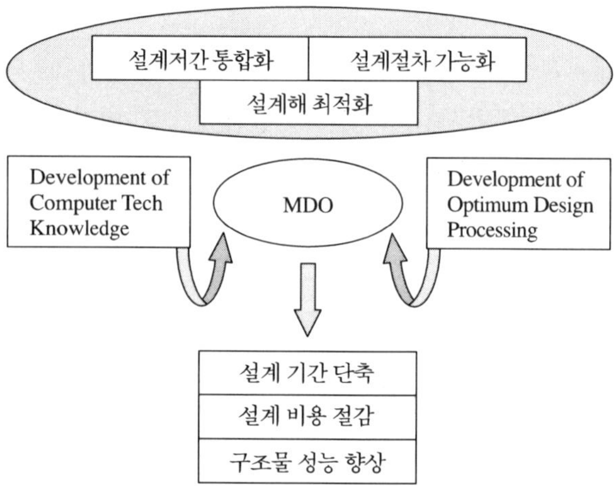

그림 1-3 MDO Design 계통적 분류법

1.5.2 인공지능형 최적화 동향

최근 수행되고 있는 최적화 방법들은 기존의 수치적, 이론적 방법에서 더 나아가 인간의 뇌 기능을 모사하는 지능화와 불확실성을 고려한 최적설계가 수행되고 있다. 지능화는 인간의 뇌의 기능에 대응하고 있는 이상 그 범위는 아주 넓고, 또한 아직 그 기능에 대해서 불명확한 부분도 많지만, 지금까지 많은 사람들은 지능에 흥미를 가지고 그것에 접근하는 노력으로서 인공지능(AI)의 연구를 수행하고 있다. 이는 컴퓨터를 하드웨어로서, 한편 AI, 퍼지(Fuzzy), 신경망(Neural Network), 유전 알고리즘(Genetic Algorithms) 등은 소프트웨어적인 측면으로 이해할 수 있다.

실제로 최적화문제는 아주 많은 제약조건을 고려하여야 하고, 그 제약조건 중에는 중요하다는 것을 알고 있어도 정식화될 수 없는 것도 많고, 또한 정식화되어도 최적해(optimum solution)를 구하는 것이 곤란한 경우도 많이 있다. 결국 최적화의 문제를 수리적으로 처리하는 데는 다음과 같은 2개의 큰 어려움이 있다.

① 설계문제를 수리적인 형태로 엄밀히 정식화하는 것의 어려움

② 정식화된 문제로부터 최적인 해를 구하는 것의 어려움

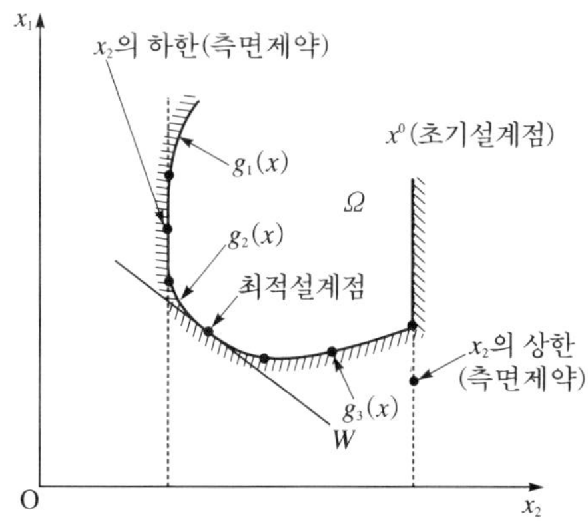

그림 1-4 2변수의 설계공간

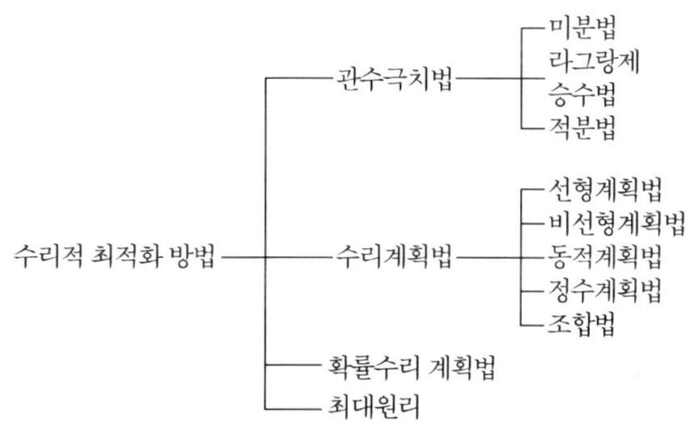

그림 1-5 수리적 최적화방법의 분류

설계문제의 정식화에 관한 ①의 사항은 무엇을 평가하면 좋을지 결정하기 힘들고, 이른바 목적함수가 구체적으로 결정되지 않는 경우(다목적 함수의 규정문제도 그 중 하나로서 고려된다)와 제약조건에 관한 것으로서, 설계 해와의 인과관계가 명확하지만 그 수리적인 표현이 되지 않는 경우 등이 고려된다. 이는 그림 1-5에 나타내듯이, 설계문제의 존재공간이 있다고 하면, 현재 우리들은 그 중에서 가장 간단히 정식화 할 수 있는 범위(그림 1-4의 점 부분)의 문제만을 정식화하고 있는 것에 지나지 않는다고 할 수 있다.

다음에 ②의 사항으로, 이것은 정식화된 문제가 있어도, 그 설계변수가 극히 많고 또한 설계공간의 형태나 목적함수도 그림 1-7과 그림 1-8에 나타내는 것과 같이 복잡한 오목형이나 다봉성(multi-peak)을 가지는 것이면, 앞의 그림 1-5의 기존에 알려져 있는 수리적 방법으로 그 해를 구하는 것은 극히 어려운 것으로 지적되고 있다. 이는 우리들이 해를 구하는 문제가 정확히 그림 1-6의 설계문제공간에서 정식화되어진 문제 중의 그 위에 사선부분으로 나타낸 것과 같은 극히 일부의 것이라는 것을 의미하고 있다.

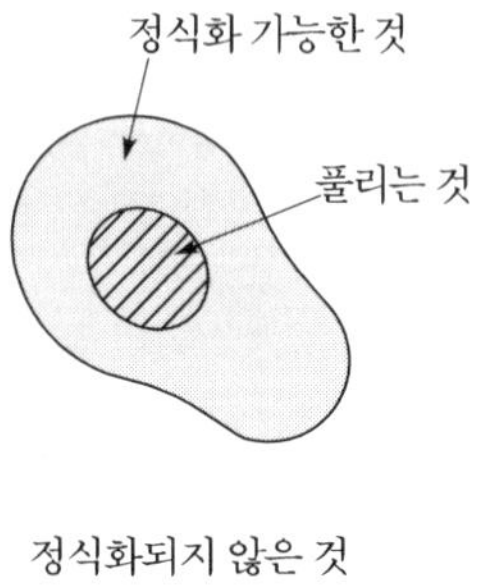

그림 1-6 설계문제 공간의 현상

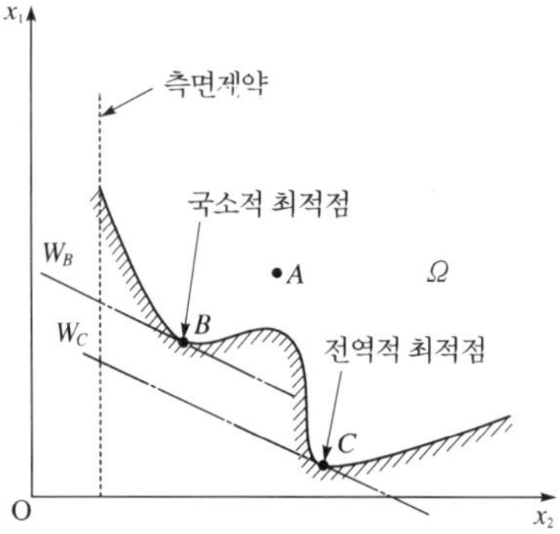

그림 1-7 오목형 영역의 문제

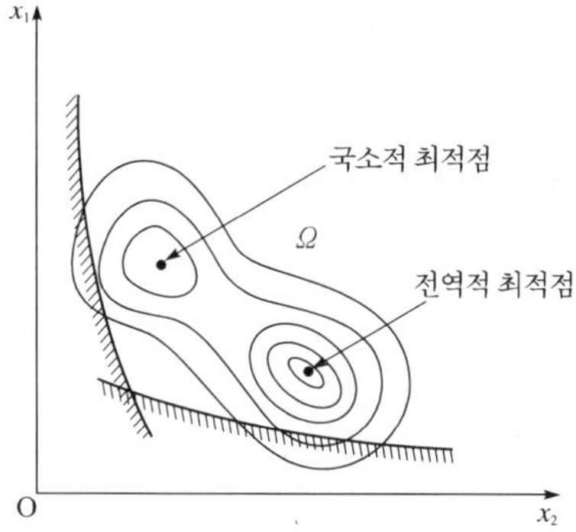

그림 1-8 다봉성의 문제

종래 최적화 방법에 비하여 수리적으로 다루기 어려웠던 다변수나 다봉성의 문제를 효과적으로 해를 구할 수 있는, 엄밀한 해는 아니지만 충분히 실용성이 있는 해를 쉽게 구하고자 하는 것과, 정식화되지 않는 문제도 어떻게 해서든지 풀고자 하는 방법들이 많이 연구되고 있으며, 그 기법들을 간단히 분류하면 다음과 같다.

(1) AI · 퍼지방법의 응용

전문가 시스템(expert system: ES), 객체지향기법(object-oriented approach: OA), 퍼지방법의 응용, 기타

(2) 생물의 정보처리기구의 Analogy

신경망(neural network: NN), simulated evolution(SE)법, 유전 알고리즘(genetic algorithm: GA), 인공신경망(artificial neural network: ANN), 기타

(3) 물리현상의 Analogy

Simulated annealing(SA)법, 터널링 알고리즘(dynamic tunneling algorithm: DTA), 볼츠만 머신, 기타

(4) 기타

병렬처리, 감성공학의 응용 등

먼저 (1)항의 방법으로, 이것은 지금까지 정식화가 곤란하였던 문제, 예로 개념설계에 관한 문제, 인간의 감성이나 애매함 등과 관련된 사상을 포함하는 설계문제에 대해서 조금이라도 이론적으로 또한 범용적으로 풀고자 하는 시도의 일종이라 할 수 있다. 예로 전문가 시스템은 충분히 정식화 될 수 없는 설계문제에 대해서도 그들을 지금까지 어떠한 방법으로 해결하고 허용설계 해를 구하여 왔던 전문가(expert)나 혹은 그와 같은 해법 알고리즘이 존재하는 경우, 이들 알고리즘을 충실히 프로그램화 하는 것에 의해 그 이용의 일반화(generalization)를 고려한 것이다. 따라서 이것은 이른바 최적해를 구하는 것은 아니지만, 지금까지 해를 구하는 것이 곤란했던 상당히 광범위한 설계문제의 허용해를 구하는 유연한 방법으로서 평가된다. 또한 정식화가 곤란한 설계문제 중에 예로 목적함수나 제약조건을 「대체로 어느 값 이하로 하고 싶다」와 같은 애매한 규정 밖에 될 수 없는 것도 많다. 이것들은 종래 이론적으로 처리될 수 없는 것으로 고려되어 왔지만, 이와 같은 애매성을 포함한 제약이나 목표에 대해서 소속도(membership) 함수를 규정하는 것으로 이론적으로 해를 구하는 것을 가능하도록 한 것이 퍼지추론의 응용 방법이라 할 수 있다.

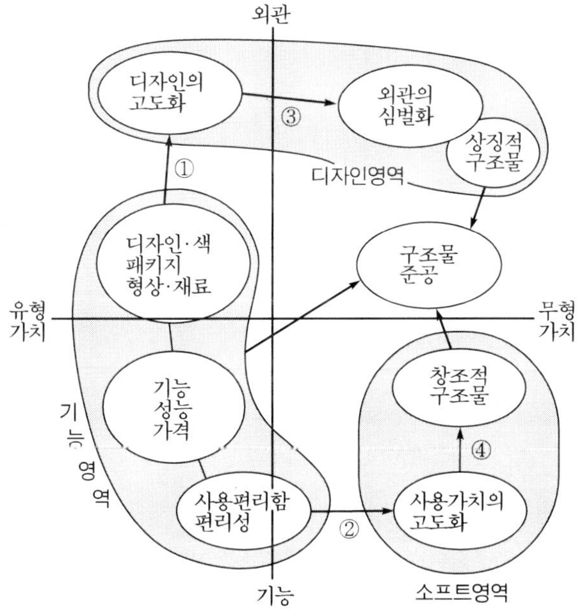

그림 1-9 구조물의 감성화 구조도

한편 최근 인간을 포함한 생물의 적응기능이나 정보처리기구를 최적화 방법으로서 교묘하게 이용하고자 하는 활동도 활발하다. 상기의 (2)항은 이것을 지적한 것이지만, 이것에는 생물의 정보처리기구로서 알려진 뉴런(neuron)이나 DNA의 거동을 analogy한 흥미 깊은 방법이 많다. 예로 신경망과 그 정보처리기능으로서의 학습, 추정, 일반화 및 최적화 등의 기능을 가지고 있으므로, 그림 1-10(a)에 나타낸 계층형 네트워크를 이용하면 몇 가지의 기본 문제에 대한 해로부터 이것과 유사한 조건의 문제에 대한 근사해가 용이하게 동시에 상당한 정도로 구하는 것이 가능하다. 또한 상호결합형 네트워크(그림 1-10(b))를 이용하면, 그 에너지 함수로 표시될 수 있는 설계문제의 최적해를 수리계획법을 이용하지 않고 극히 자연적인 형태로 구하는 것이 가능하다. 한편 결국은 DNA의 거동으로서 보는 것이 가능한 생물의 유전이나 진화의 과정을 시뮬레이션한 GA법에 대해서도 오늘날 각 방면에서 주목되어 왔다. 이것은 설계변수를 유전자라고 하는 2진수로 코드화한 파라미터로 치환하여 그 재생산(reproduction), 교차(crossover), 돌연변이(mutation)를 반복하는 것에 의해 설계공간내의 다수의 점으로부터의 동시탐색에 의해 대국적 최적점(global optimum)을 찾아내는 방법이다. 그 이용은 단지 최적화에 그치지 않고, 학습이나 추론의 방법으로서도 이용되고 있다. 또한 SE법도 거의 이것과 같은 방법이라는 것이 알려져 있다.

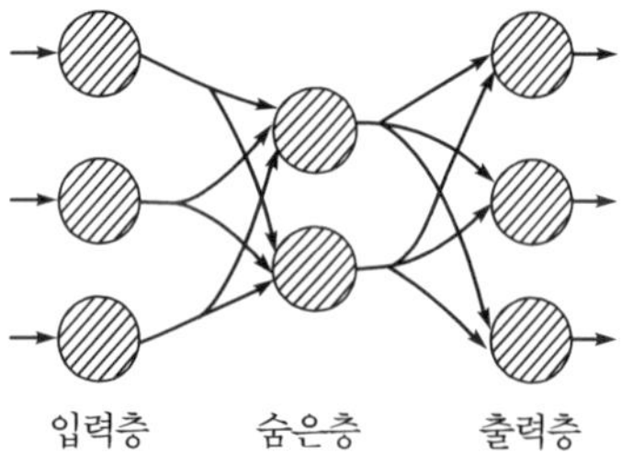

(a) 계층형 신경망

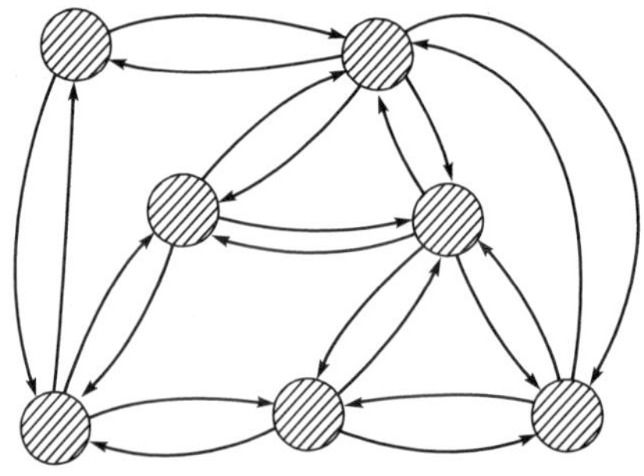

(b) 상호결합형 신경망

그림 1-10 신경망의 종류

이상과 같은 생물에 관련하는 사상의 analogy에 대해, 물리현상을 analogy한 방법도 최근 적용되고 있다. (3)항의 방법이 그것으로, SA법은 재료의 열처리 방법으로서 알려져 있는 풀림(annealing) 현상을 이용하여 다봉성의 문제에 대한 대국적인 해를 구하는 방법이다. 한편 터널링 알고리즘도 이 범주에 드는 것으로, 물성론에서의 터널현상, 즉 어느 극치에 도달한 해를 터널현상에 의해 탈출 시키는 특이한 방법이라 할 수 있다.

이상 최근 등장하여온 몇 가지 설계의 최적해를 구하는 방법의 특징에 관해 기술했지만, 이것은 앞의 그림 1-10으로 표시한 설계문제공간으로 설명하면 그림 1-11과 같이 된다. 결국 SA, SE, GA법은 정식화된 문제 내에서 풀리는 문제의 영역을 확대하는 것으로 고려되고, 한편 신경망, AI, 퍼지추론 및 감성공학의 응용은 지금까지 정식화조차 될 수 없었던 문제영역에의 해법 개척의 시도로 보는 것이 가능하다고 할 것이다. 최근의 최적설계에서는 GA와 신경망, SA 기법들을 적용하는 경우가 대부분이며, 이에 대한 개념은 3장에서 설명하였다.

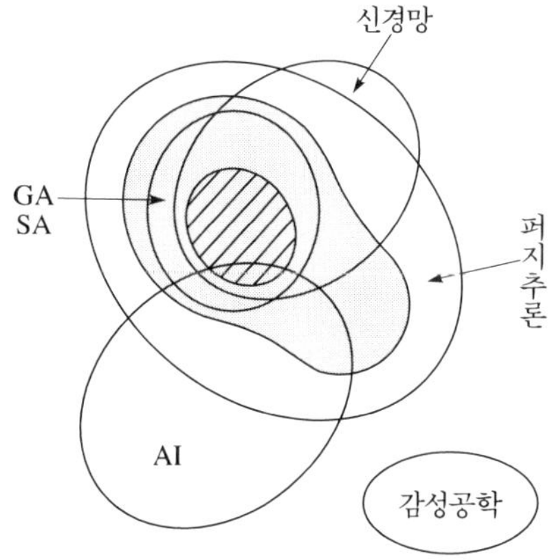

그림 1-11 설계문제공간과 새로운 설계지원기법과의 관계

제2장
구조 최적화의 기본개념

제2장 구조 최적화의 기본개념

2.1 기초개념

1장에서 살펴본 바와 같이 일반 재래적인 설계와는 달리 구조물의 최적설계문제를 수리적으로 최적화문제로 모형화하면 다음과 같이 설계 결과 달성해야 할 제반 구조 거동, 설계 제약, 최적 기준 등을 동시에 고려할 수 있다.

1) 구조를 부재요소 하나하나의 설계만이 아니라 구조시스템 전체의 설계도 고려할 수 있고,
2) 구조물의 거동특성을 별도로 구별하여 취급하지 않고 최적설계 과정의 연속된 한 부분으로 취급할 수 있고,
3) 모든 사용하중 조건에 대한 구조의 파괴형태를 모두 고려할 수 있고,
4) 부재의 제작, 시공, 기타의 이유로 생기는 설계변수의 제한이나 사용성 면의 한계 등을 취급할 수 있고,
5) 응력, 변위, 좌굴, 동적응답, 열응력 등을 포함할 구조거동에 관한 어떠한 제약도 취급할 수 있고,
6) 목적함수로는 대부분이 중량 또는 공비함수가 사용되지만 중량 이외의 함수도 최급할 수 있다.

이상과 같은 사항을 동시에 고려하는 구조설계문제를 수리적 계획문제(mathematical programming)로 모형화하는 개념과 이를 위한 일반적인 수리적 정식화에 대하여 이 장에서

상세하게 기술할 것이다.

먼저, 구조물의 최적설계에 관한 초보적인 개념과 최적해의 특성을 설명하기 위하여 Schmit[2,14,15]가 즐겨 사용해 온 다음의 두 가지 간단한 구조설계 예를 들어본다.

(1) 압축력을 받는 단순지지된 원형관 기둥의 단면최적화

그림 2-1과 같이 압축력 P=22.6kN, 봉의 길이 L=1m 탄성계수 E=6.89×10^{4}MPa, 단위중량 ρ=689Pa, 관의 평균지름 $D=(D_o+D_i)/2$, 두께 T, 봉의 허용압축응력 $f_{ca}\leq$137MPa, $D\leq$3.5cm $T\geq$0.04cm일 때, 이와 같은 설계조건을 갖는 원형관 기둥의 최소중량 설계에 의한 D, T 및 소요중량 W를 구하는 문제를 고려해보자.

설계변수 : D, T

목적함수 : $W=\rho L\pi D\cdot T=10\pi D\cdot T$ (2-1)

설계제약조건 :

지름 : $D\ \leq\ D_{Max}\ =\ 3.5\text{cm}$ (2-2a)

두께 : $T\ \geq\ T_{\min}\ =\ 0.04\text{cm}$ (2-2b)

두께 : $(D/T)\ \geq\ 10$ (2-2c)

거동제약조건 :

Euler 좌굴 : $f_e-f=\dfrac{\pi^2E}{8L^2}(D^2+T^2)-\dfrac{P}{\pi DT}\ \geq\ 0$ (2-2d)

국부좌굴 : $f_c-f=\dfrac{0.4ET}{D}-\dfrac{P}{\pi DT}\geq\ 0$ (2-2e)

식 (2-2)에 대한 설계공간을 도시하면 그림 2-2와 같다. 그림 2-2에서 제약조건을 나타내는 선분 a, b, c, d, e는 식 (2-2)의 대응식을 표시한 것이고, 선분 g와 h는 목적함수의 값이 각각 4와 6인 등중량체적을 표시한 것이다.

그림 2-2의 설계공간으로부터 주어진 제약조건을 만족하면서 목적함수의 값이 최소가 될 수 있는 최적해는 Euler 좌굴응력 제약과 최소 관두께 제약조건의 교점에 해당하는 I점(D=3.2cm, T=0.04cm, W=18N)이라는 것을 바로 알 수 있다. 이 예제에서는 Euler 좌굴응력 제약, 지름과 두께의 제약만이 최적설계에 영향을 주고, 다른 제약은 영향을 주지 않음을 알 수 있다. 그러나 만일 D_{Max}=5cm, $T_{\min}$=0.015cm로 설계변수 제약조건을 변경시키면 최적해는 Euler 좌굴응력과 국부좌굴응력 제약의 교점인 k점(D=4cm, T=0.02cm, W=2.521kN)

에서 형성됨을 알 수 있다. 이 단순한 설계예가 시사하는 중요한 사실은 구조최적화 문제가 최초에 주어지면, 최적설계에서 임계치를 갖게 되는 제약조건이 어느 것인지 알 수 없고 이는 제약조건의 종류와 사용된 상수값에 좌우된다는 것이다.

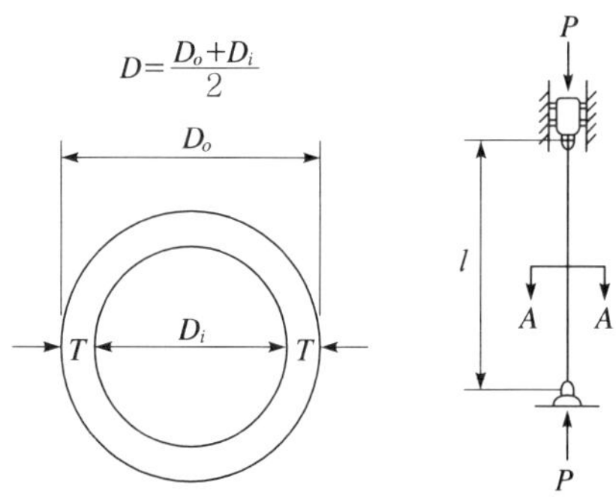

그림 2-1 단순 원형 기둥

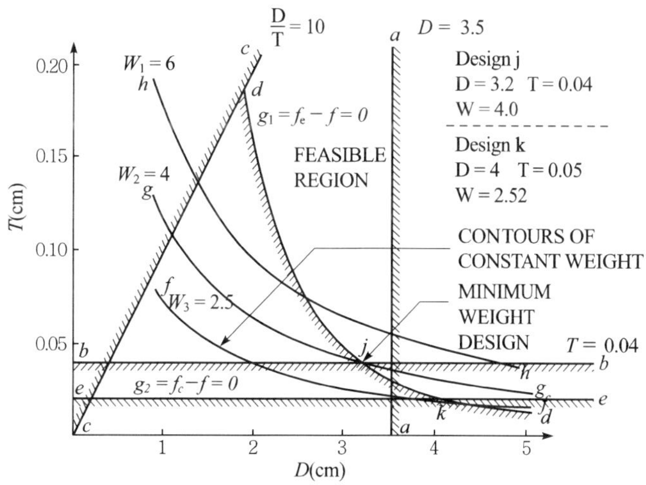

그림 2-2 단순원형관 기둥의 설계공간

(2) 2개의 부재만을 가진 대칭의 정정트러스의 최적설계.

그림 2-3과 같은 트러스에서 2P=300kN, 봉단면의 두께=0.1cm, 2B=60cm, E=2.068×10^5 MPa, ρ=2,068Pa, σ_y=414MPa 및 689MPa일 때 최소중량 설계에 의한 단면의 지름 D, 트러스의 높이 H, 소요중량 W를 구하는 문제를 고려해 보자.

설계변수를 D와 H로 택하여 최적설계문제를 형성하면 다음 식 (2-3) 및 식 (2-4)와 같다.

$$W = 2\rho\pi D\cdot T\left(B^2+H^2\right)^{1/2} \rightarrow \min \tag{2-3}$$

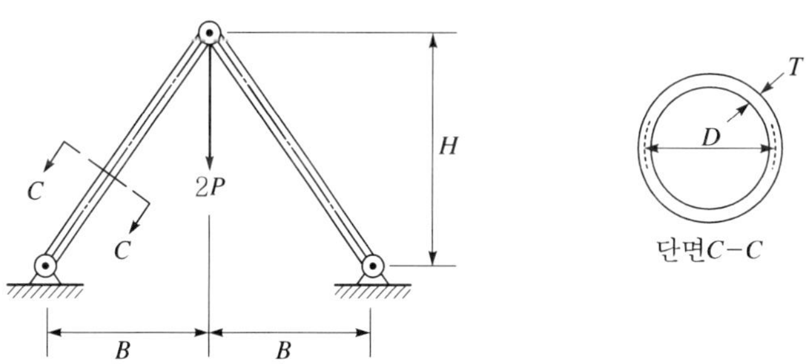

그림 2-3 두 부재의 트러스

$$\text{제약조건 : Euler 좌굴 : } f-f_s=\frac{P(B^2+H^2)^{1/2}}{\pi T\cdot D\cdot H}$$

$$-\frac{\pi^2 E(D^2+T^2)^{1/2}}{8(B^2+H^2)}\le 0 \tag{2-4a}$$

$$\text{항복응력 : } f-f_y=\frac{P(B^2+H^2)^{1/2}}{\pi T\cdot D\cdot H}-\sigma_y\le 0 \tag{2-4b}$$

식 (2-4)에 주어진 자료를 대입하고 f_y=414MPa인 경우와 f_y=689MPa인 경우로 나누어 설계공간에 도시하면 그림 2-4 및 그림 2-5와 같다.

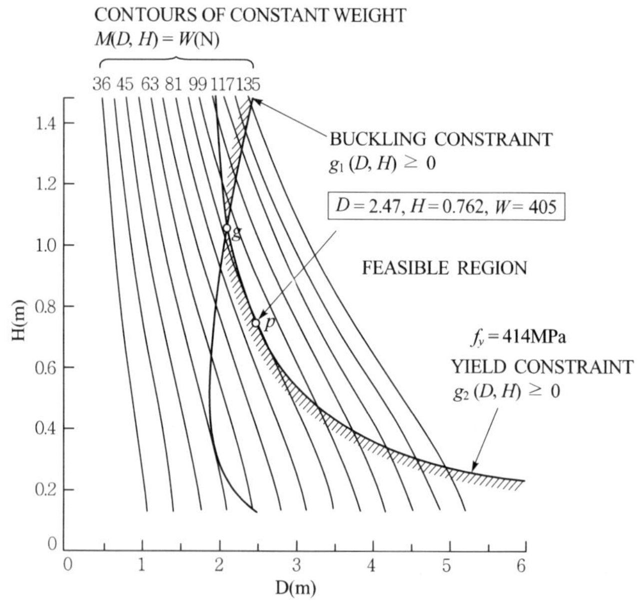

그림 2-4 설계공간 : 두 부재 트러스의 설계
(f_y=414MPa인 경우)

f_y=414MPa인 경우 그림 2-4에서 보면 최적설계점은 항복응력이 임계(critical)값이 되는 점 P이고, D=2.47m, H=0.762m, W=405N임을 알 수 있다. 반면에 f_y=689MPa인 경우 그림 2-5로부터 최적설계점은 점 P' 이고, 식 (2-4a)와 식 (2-4b)의 교차점이 최적설계점이 됨을 알 수 있다.

위에서 살펴본 두 설계예로부터 분명히 알 수 있는 것은 최적설계에서 얼마나 많은 그리고 어느 제약조건이 임계상태가 될지 알 수 없고 최적해가 반드시 정점에서 형성되지 않는다는 것이다. 이와 같은 특성으로 말미암아 최적설계에서는 구조 최적화문제의 일반정식화에 따른 부등제약조건을 이용하는 일반적인 구조최적화 방법을 사용하여 해를 구할 수밖에 없다는 것이다. 따라서, 다음 절 부터는 수리적계획(MP)문제로 되는 구조 최적화문제의 일반적인 정식화 개념과 방법에 관하여 상술한다.

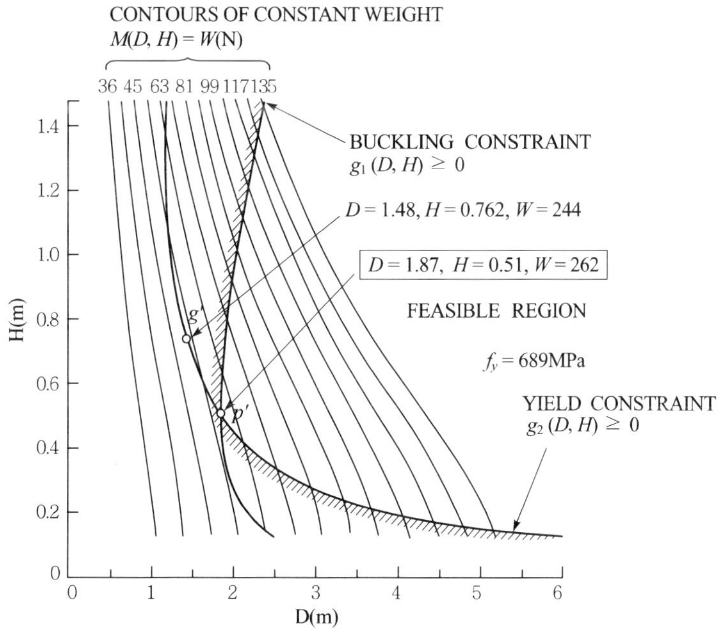

그림 2-5 설계공간 : 두 부재 트러스의 설계(f_y=689MPa인 경우)

2.2 설계변수

구조물의 설계는 토목, 건축, 기계, 선박, 항공 구조물을 막론하고 모두 복잡한 시스템의 설계문제로 되며 구조시스템의 최적화를 위해서는 이러한 구조 시스템을 구성하는 요소들을 물리적 기하적 양을 정의하고 기술해야 하는데 이중 시스템 최적화 과정에서 결정해야 하는 양들을 변수(variable)라 일컫는데 이와 같이 미리 산정되지 않는 미지의 양들을 설계변수(design variable)라 한다. 반면에 자동화 최적설계 과정에서 설계 전에 고정된 양들은 사전에 지정된 설계상수(preassigned design parameter)라고 일컬으며 최적화 알고리즘에서는 변하지 않는 량들이다. 따라서 지정된 설계상수와 더불어 설계변수에 의해 구조 시스템의 설계를 완전히 기술할 수 있다. 구조물의 설계에서 미리 지정된 상수로 취급하는 량들은 여러 가지 이유로 설계과정에서 고정된 값으로 사용하게 되는데, 구조형식, 재료의 종류, 재료의 강도, 강재의 배치 등과 같이 설계자가 자유롭게 취급할 수 있는 것이 아닌 것들이거나, 경험상 특정한 구조상수값이 좋은 결과를 준다는 것은 이미 알고 있기 때문에 상수로 취급하는 경우가 대부분이다. 대개의 경우 어떤 변량을 최적화 과정에서 고정된 양으로 즉, 불변량으로 취급하므로서 문제는 매우 단순화 시킬 수 있다. 물리적인 관점에서 보면, 구조물의 최적화 과정에서 변하는 양인 설계변수로는 보통 다음과 같은 것이 대상이 된다.

(1) 재료의 역학적 또는 물리적 성질
(2) 구조물의 위상(topology), 즉 구조물에서 부재의 연결형태나 요소의 수
(3) 구조물의 형상이나 기하적 배치
(4) 단면 치수나 부재 크기

수학적 관점에서 보면, 설계변수는 연속형 설계변수와 이산형 설계변수로 구분하는게 중요하다. 주어진 구간에 걸쳐 많은 수의 균일하게 분포된 값을 갖는 이산형 변수의 경우에는 연속변수로 표현하여 구한 값을 사용한 다음 가장 가까운 이산형 변수 값으로 선정하는 방법이 대개는 만족할 만한 결과를 준다. 엄격한 의미의 이산형 설계변수를 이와 같이 근사적으로 취급할 때는 의사이산형(pseudo discrete)변수라 일컫는다. 그러나, 때로는 반드시 이산형 또는 정수변수(integer discrete)로 취급해야만 하는 상황이 일어날 수 있음을 알아야 한다. 예를 들면, 구조물에서 경간의 수, 요소의 수, 보강재의 수 같은 것은 반드시 이산형 변수로 취급해야 한다.

2.2.1 재료설계변수(Material Design Variables)

구조물의 설계에서 강재, 콘크리트, 합성재료, 복합재료 등의 주요 구조재료 중에 특정재료의 산정문제는 그리 단순한 문제가 아니며 이들 재료의 종류는 이산형이란 성질을 갖고 있으므로 재료의 선정문제는 이산형 변수(discrete variables)로 취급해야 한다. 최적화 과정에서 이와 같은 이산형 변수의 취급은 문제를 복잡하게 만들고 계산시간도 많이 소요되게 만든다. 따라서, 몇 가지 구조재료만 가용한 경우에는 각 재료에 대해 별도의 최적화를 수행하고 그 결과를 비교하는 방법이 더 효율적이다. 그러나 최근에 재래적인 재료를 대치하여 구조요소에 사용되고 있는 고성능 복합재료(advanced composite material)의 효율적인 사용을 위해서는 재료의 성질 자체를 설계변수로 취급하는 것이 바람직하다고 본다. 예를 들면, 탄소섬유 복합재료에서 탄소섬유의 체적비나 종방향 탄성계수는 연속설계변수로 고려할

수 있다. 그렇지만 복합재료의 경우에도 재료의 종류의 선정 문제는 실제로는 결국 이산형 문제로 되는 경우가 많다. 따라서, 현재로는 구조최적화를 위한 실용적인 최적화 방법의 응용에서는 여러 가지 대안이 되는 이산형 재료에 대한 개개의 최적설계 결과로 비교함으로서 재료의 선정과정이 최적화 되도록 하는 방법을 취하고 있다. 일반적으로 재료의 최적 선정을 위한 최적화 기법의 직접적인 응용은 아직도 비실용적인 단계에 있다고 본다.

2.2.2 위상설계변수(Topological Design Variables)

구조물의 위상이란 구조시스템을 구성하는 각 부재의 구성 상태 및 상호 연결 관계를 나타내는데, 이러한 구조위상은 부재 치수가 최적화 과정에서 영(zero)값을 갖도록 허용하면 특정한 문제의 경우에는 자동적으로 최적화 될 수 있다. 이는 최적화 과정에서 비경제적인 부재를 소거하도록 허용하는 것과 같은 것이다. 그렇지만 구조위상의 최적화를 위하여 일련의 연속 설계변수로 가정해서는 도달할 수 없는 특이한 글로벌 최적해(global optimum)가 존재한다는 사실이 알려져 있다. 이와 같은 사실을 고려하여 볼 때 일반적으로 구조위상 변수로 (0,1) Binary 정수설계변수를 사용함으로서 어떤 구조요소가 존재하거나(1) 없다(0)는 것을 선언하는 식의 이산형 변수의 사용이 필요하다. 정수형 위상변수의 예로는 두 격점을 연결하는 부재에 대해 1(부재가 존재) 또는 0(부재가 없음)으로 제한하는 변수를 생각할 수 있다. 또 다른 정수형 위상변수의 예로는 교량의 지간 수, 지붕구조시스템을 지지하는 기둥의 수, 또는 바닥틀 구조에서 요소의 수 등이 포함한다.

일반적으로 연속적인 설계 과정의 범위내에서는 최적화 과정에서 구조물의 형식을 한 형식에서 다른 형식으로 변경시키도록 허용하지 않는다. 예를 들면, 축력을 받는 트러스구조로부터 휨거동을 하는 라멘구조로의 변환은 허용하지 않는다. 그러나 동적계획(DP: Dynamic Programming)기법과 같은 최적화 방법을 적용하면 구조물의 형식도 설계변수로 고려할 수 있다[7].

2.2.3 형상설계변수(Configurational Design Variables)

구조물의 형상이나 기하적 배치에 관련되는 설계변수로는, 예를 들면 트러스나 라멘의 격점의 위치(좌표)를 나타내는 변수를 들 수가 있다. 그 외에도 교량에서 지지부(교각, 교대)의 위치, 연속보에서 지간장 그리고 쉘 구조물의 높이, 아치의 지간-높이비 등의 일련의 문제도 모두 형상설계변수에 속한다. 대개의 경우, 구조물의 최적화 전에 구조물의 기하적 형상은 미리 선정하여 결정하는게 보통이지만, 대부분 최적화 방법에서 형상 변수를 취급할 수 있는데 일반적으로 구조물의 기하적 형상은 연속변수로 나타낸다.

2.2.4 단면설계변수(Cross-Sectional Design Variables)

구조물의 단면의 치수는 가장 기본적이고 단순한 설계변수이다. 트러스 부재의 단면적, 휨 부재의 단면 2차 모멘트 또는 평판, 쉘 구조물의 두께 등은 이러한 단면 치수 설계 변수의 전형적인 예제의 몇 가지임을 알 수 있다. 어떤 경우에는 단일한 설계변수로 단면적을 기술하기에 적당한 경우도 있지만 때로는 단면형상의 최적화를 위하여 강판형이나 박스거더 단면과 같이 각 단면에 대하여 여러 가지 설계변수를 사용할 필요가 있는 경우가 많다. 예를 들면, 부재의 횡방향 하중을 고려하는 경우에는 단면적과 단면2차모멘트를 정의하는 단면치수를 설계변수로 취할 수 있다. 물리적으로 명확한 의미를 갖는 변수 이외에 다른 량을 설계변수로 선택하는 것이 유용한 경우가 많다. 예를 들면, 위의 예에서 단면치수 대신에 단면적과 단면2차모멘트를 설계변수로 사용할 수 있다. 그리고 단면적과 단면2차모멘트는 독립적인 변량이 아니기 때문에 이러한 변수의 변환 방법에 의해 최적화 문제의 정식화를 상당히 단순화 시킬 수 있고, 때로는 이러한 접근방법이 해를 쉽게 구하는데 상당한 이점을 줄 수 있다.

설계변수의 정식화를 설명하기 위하여 그림 2-6과 같은 단순한 대칭 3부재 트러스 문제를 고려해 보자. 구조재료는 강재이고 구조물은 별개의 두 하중인 P_1 및 P_2를 각각 받는다고 본다. 이 문제에서 최적화 전에 정해진 구조상수로는 재료의 성질(탄성계수, 밀도, 항복강도 등)과 구조물의 위상(격점 사이의 세 부재 연결, AB, AC, AD)과 구조형상 관련 상수인 격점의 좌표 등이다. 따라서 설계변수는 단면변수인 단면적 X_1, X_2를 나타낸다. 이 예제의 최적화에 대한 보다 상세한 설명은 뒤에서 취급할 것이다. 일반적으로 설계변수는 최적화 문제에서 독립변량으로 취급한다. 설계변수의 값들이 어떤 방법으로든 일단 결정되고 나면 구조물의 설계는 완전히 결정되게 되고, 이에 따른 구조물의 거동은 해석 방정식으로부터 알 수 있게 된다. 여기서 구조거동 이라함은 단면력, 응력, 변위, 진동, 좌굴 등과 같은 해석결과를 나타내는 양들을 의미한다. 구조물의 거동은 설계변수에 따라 달라지므로 이들은 일련의 거동변수(behavior variables)로 나타낸다. 이와 같이 독립(설계)변수와 종속(거동)변수 사이의 구분은 매우 분명하지만, 구조최적화를 위한 몇 가지 상이한 형태의 정식화가 가능하다.

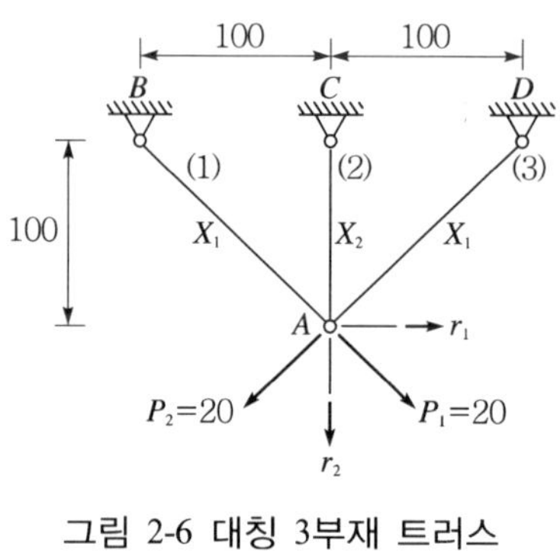

그림 2-6 대칭 3부재 트러스

2.3 제약조건(Constraints)

2.3.1 기본개념

구조설계 과정에서 모든 설계변수를 일단 어떤 값으로 취하고 나면 이는 구조물의 설계를 나타낸다. 분명 어떤 설계는 최적화 문제에 대해 유효한 해가 될 수 있지만, 반면 어떤 설계는 기능, 거동이나 다른 설계 고려사항의 측면에서 볼 때 부적합할 수 있다. 만일 어떤 설계가 구조거동과 설계에 요구되는 모든 제한조건을 만족하면 가능설계(feasible design)라 일컫는다. 가능설계가 되기 위하여 만족해야 하는 모든 제한사항들을 제약조건이라 한다. 물리적, 역학적 관점에서 보면 크게 두 종류의 제약조건으로 대별할 수 있다.

(1) 구조거동을 고려하는 외에 미관, 제작, 시공상의 이유로 설계변수의 가능한 범위를 제한하기 위하여 설계변수에 부여되는 제약조건들은 설계제약조건(design constraints) 또는 한계제약조건(side constraints)라고 한다. 이러한 제약조건은 통상 명시적인 형태로 주어지는데 구조물의 기능성(functionality), 시공성, 제작 또는 미관(aesthetics) 등에 관한 여러 고려사항으로부터 유도된다. 따라서 설계제약 조건은 설계변수의 지정된 상·하한 제한치나 일련의 설계변수들 사이의 상대적인 값을 고정시키는 관계를 나타낸다. 예를 들자면, 단면의 최소치수, 지붕 구조의 최소 기울기, 평판의 최소 두께, 쉘 구조물에서 최소높이 등이다.

(2) 구조거동에 관한 요구조건으로부터 유도되는 제약조건을 거동제약조건(behavior constraints)이라 한다. 이러한 거동제약조건의 전형적인 예로는 최대응력, 변위, 좌굴, 강도 등에 대한 제한을 들 수 있다. 실제 설계에서는 거동제약조건이 명시적(explicit)(양함수적)이거나 암시적(implicit, 음함수적)으로 주어진다. 명시적인 제약 조건은 설계시방서나 표준에 주어진다. 그러나 일반적으로 거동제약조건은 이들과 구조해석과의 관계를 보여주는 후술할 내용에서 알 수 있듯이 음함수적으로 주어진다. 어떤 경우든지 제약조건은 설계변수의 함수로 나타낼 수 있는 것이어야 한다.

수학적인 관점에서 보면, 설계 및 거동제약조건 모두 통상 다음과 같은 부등식으로 표현할 수 있다.

$$g_i(\{X\}) \le 0 \qquad i = 1,\ 2,\ \cdots,\ \mathrm{m} \tag{2-5}$$

여기서, m은 부등식 제약조건의 수

$\{X\}$는 설계 및 거동 변수를 모두 포함하는 변수 벡터이다.

구조설계문제에서 많은 경우에 다음과 같은 일반적인 형태의 등식제약조건도 고려해야 한다.

$$h_j(\{X\}) = 0 \qquad j = 1,\ 2,\ \cdots,\ \mathrm{k} \tag{2-6}$$

여기서, k는 등식의 수이다.

많은 경우에 등식제약조건은 최적화 과정에서 변수의 수를 줄일 목적으로 변수의 소거에 사용될 수 있다. 일반적으로 고려하는 구조설계 문제의 해석 방정식은 식 (2-6)의 형태로 모든 변수의 함수로 표현된다. 그러나 설계변수만을 독립변수로서 선택하면, 주어진 설계에 대한 해석(종속) 변수를 계산하는데 이 식들을 사용할 수 있다. 이러한 작업과정은 대부분의 경우에 유익하다고 볼 수 있는데 그 이유는 가능한 한 보다 적은 수의 변수에 대해 최적치를 찾는 것이 바람직하기 때문이며, 이와 같은 변수의 수를 줄인 문제를 보다 저차원성 문제라 일컫는다.

식 (2-6)은 그 외에도 단면의 폭과 길이 사이의 비(ratio)를 나타내는 것과 같이 설계시의 여러 고려사항들도 나타낸다. 이와 같이 단순하고 명시적인 제약조건은 독립된 변수의 수를 줄이는데 매우 쉽게 사용할 수 있다. 그러나 어떤 경우에는 소거 절차가 매우 복잡하거나 시간이 많이 소요되기 때문에 어떤 등식제약 조건은 최적화 문제에서 그대로 사용되기도 한다.

2.3.2 음함수형 거동제약조건(Implicit Behavior Constraint)

일반적으로 거동제약조건은 설계변수의 비선형 함수로 된다. 이는 탄성구조물의 선형 탄성 해석에서도 마찬가지다. 이러한 점과 거동제약조건의 음함수적 성질을 보다 알기 쉽게 보여주기 위하여 구조물의 변위법에 의한 해석의 일반정식화를 고려해 보자. 변위법은 전산화 구조해석은 물론 구조물의 최적설계에서도 실제적인 최적화 계산의 수행에서 매우 효율적인 해석의 도구로 사용되고 있다. 그러나 최적설계의 정식화는 어떤 특정한 해석 방법에만 국한되는 것이 아니며, 다른 방법도 사용될 수 있다는 점을 유의해야 한다. 변위법에 의한 해석은 요소 강도(element stiffness)방정식을 세우는 것으로부터 시작된다.

$$[K^e]\{D^e\}=\{F^e\} \tag{2-7}$$

여기서, $\{F^e\}$: 요소절점력

$\{D^e\}$: 요소절점변위

$[K^e]$: 요소강도행렬

요소강도계수 K_{ij}^e는 예를 들면 설계변수가 단면적이나 단면 2차 모멘트인 경우에는 대개 설계변수의 선형함수가 된다.

구조시스템 전체에 대한 시스템 강도방정식은 통상 직접강도법(Direct Stiffness Method)에 따른 직접적인 취합방법 ($[K_{ij}]=\sum_e [K_{ij}^e]$, $\{F_i\}=\sum_e \{F_i\}$)에 의해 요소방정식으로부터 쉽게 구해진다.

$$[K]\{D\}=\{F\}, \text{ 또는 } \{D\}=[K]^{-1}\{F\} \tag{2-8}$$

여기서, $[K]$는 전체 강도행렬

$\{D\}$는 절점변위 백터

$\{F\}$는 절점력 백터

식 (2-5)와 같은 형태로 된 변위 $\{D\}$에 대한 제약조건을 고려해 보자.

$$\{D\}-\{D^u\}\le\{0\} \tag{2-9}$$

여기서, $\{D^u\}$는 혀용변위의 상한 또는 지정값을 나타내는 백터이다.

식 (2-8)를 식 (2-9)에 대입하면

$$[K]^{-1}\{F\}-\{D^u\}\le\{0\} \tag{2-10}$$

여기서, 역행렬 $[K]^{-1}$는 다만 상징적이고 개념적인 의미를 나타낼 뿐이고 일반적으로 선형방정식의 수치해석법을 사용하는 것이 보다 효율적이다.

$[K]^{-1}$는 설계변수의 비선형 함수일 뿐 아니라 일반적으로 설계변수의 항으로 명시적으로 표현할 수 없는 게 보통이다.

다음과 같은 응력제약조건을 고려해 보자.

$$\{f\} - \{f^u\} \le \{0\} \tag{2-11}$$

여기서, $\{f\}$는 응력 백터

$\{f^u\}$는 지정된 허용응력 백터

$\{\sigma\}$는 다음과 같이 절점변위로부터 구해진다.

즉, 응력-변형관계식($\{f\}=[E]\{\epsilon\}$)과 변형률-변위식 ($\{\epsilon\}=[B]\{D\}$)으로부터 유도하면 응력-변위 관계식은 다음과 같이 된다.

$$\{f\} = [S]\{D\} \tag{2-12a}$$

또한 식 (2-8)로부터,

$$\{f\} = [S][K]^{-1}\{F\} \tag{2-12b}$$

이때 $[S] = [E][B]$는 시스템 응력 행렬로 응력과 변위의 관계를 나타낸다. 식 (2-12)를 식 (2-11)에 대입하면

$$[S][K]^{-1}\{F\} - \{f^u\} \le \{0\} \tag{2-13}$$

응력이 $[K]^{-1}$의 함수이므로 일반적으로 응력도 설계변수의 비선형 함수이고 음함수가 된다.

상술한 정식화에 따른 실제의 최적화 해석 알고리즘은 설계변수의 변화에 대해 거동제약조건 함수의 값을 연관시키는 일련의 계산 규칙이라고 생각할 수 있다.

대부분의 구조설계문제는 이러한 특성을 갖고 있는데, 다시 말하자면, 설계목적상 제한되어야 할 모든 구조거동은 대개의 경우 설계변수의 항으로 명시적으로 표현할 수 없다.

그림 2-6의 3부재 트러스 문제로 돌아가서 최적화를 위한 제약조건식을 유도해 보자. 다음사항을 설계시 미리 지정된 상수로 가정한다.

작용하중 : P_1 = 20, P_2 = 20

허용응력 :

인장(상한치) f^u = 20

압축(하한치) $f^L = -15$

설계 단면적의 하한치 $X_L = 0$

하중 재하 및 기하적 대칭성으로 인하여 설계변수의 수는(X_1, X_2)로 줄어들고 하나의 독립된 재하조건만 고려하면 된다. 이 설계문제의 제약조건은 다음과 같이 기술할 수 있다.

1. 설계제약조건

$$g_1 = -X_1 \le 0$$
$$g_2 = -X_2 \le 0 \qquad (2-14)$$

2. 거동(응력)제약조건

$$g_3 = f_1 - 20 \le 0$$
$$g_4 = -f_1 - 15 \le 0$$
$$g_5 = f_2 - 20 \le 0 \qquad (2-15)$$
$$g_6 = -f_2 - 15 \le 0$$
$$g_7 = f_3 - 20 \le 0$$
$$g_8 = -f_3 - 15 \le 0$$

식 (2-12)에 의해 응력은 변위의 함수로 다음과 같이 구해진다.

$$\begin{Bmatrix} f_1 \\ f_2 \\ F_3 \end{Bmatrix} = \frac{E}{100}\begin{bmatrix} 0.5 & 0.5 \\ 0 & 1 \\ -0.5 & 0.5 \end{bmatrix}\begin{Bmatrix} D_1 \\ D_2 \end{Bmatrix} \qquad (2-16)$$

즉, $\{f\} = [S]\{D\}$

여기서, E는 탄성계수

변위 D_1, D_2는 변위 해석 위한 강도방정식에 의해 계산된다.

$$\frac{E}{100\sqrt{2}}\begin{bmatrix} X_1 & 0 \\ 0 & X_1 + \sqrt{2}X_2 \end{bmatrix}\begin{Bmatrix} D_1 \\ D_2 \end{Bmatrix} = \begin{Bmatrix} 20 \\ 20 \end{Bmatrix}\frac{1}{\sqrt{2}} \qquad (2-17)$$

$$[K] \cdot \{D\} = \{F\}$$

이와 같이 매우 단순한 설계시에 한하여 예외적으로, 설계변수의 항으로 표현된 양함수적인 변위를 나타낼 수 있다.

$$\begin{Bmatrix} D_1 \\ D_2 \end{Bmatrix} = \frac{20 \times 100}{E} \begin{Bmatrix} 1 / X_1 \\ 1 / (X_1 + \sqrt{2} X_2 \end{Bmatrix} \tag{2-18}$$

식 (2-18)를 식 (2-16)에 대입하여 구체적으로 나타내면

$$\begin{aligned} f_1 &= 20 \frac{X_2 + \sqrt{2} X_1}{2X_1X_2 + \sqrt{2} X_1^2} \\ f_2 &= 20 \frac{\sqrt{2} X_1}{2X_1X_2 + \sqrt{2} X_1^2} \\ f_3 &= -20 \frac{X_2}{2X_1X_2 + \sqrt{2} X_1^2} \end{aligned} \tag{2-19}$$

한편, 실제 설계에서는 설계에 영향을 미칠 가능성이 있는 제약조건 만을 고려해야 한다. 이 설계에 있어서는 주어진 재하조건하에 f_1과 f_2는 언제나 정의값을 갖고 f_3는 부의 값을 가지므로 다음과 같은 응력제약조건만을 고려할 수 있다.

$$\begin{aligned} & f_1 - 20 \le 0 \\ & f_2 - 20 \le 0 \\ & -f_3 - 15 \le 0 \end{aligned} \tag{2-20}$$

식 (2-19)를 식 (2-20)에 대입하면 다음과 같은 양함수적인 응력제약조건을 구할 수 있다.

$$\begin{aligned} f_1 - 20 &\equiv \frac{20(X_2 + \sqrt{2} X_1)}{2X_1X_2 + \sqrt{2} X_1^2} - 20 \le 0 \\ f_2 - 20 &\equiv \frac{20\sqrt{2} X_1}{2X_1X_2 + \sqrt{2} X_1^2} - 20 \le 0 \end{aligned} \tag{2-21}$$

$$-f_3 - 15 \equiv \frac{20X_2}{2X_1X_2 + \sqrt{2}X_1^2} - 15 \le 0$$

식 (2-14) 과 식 (2-21)의 제약조건을 도해적으로 나타내면 X_1 및 X_2 공간상에서 그림 2-7과 같다.

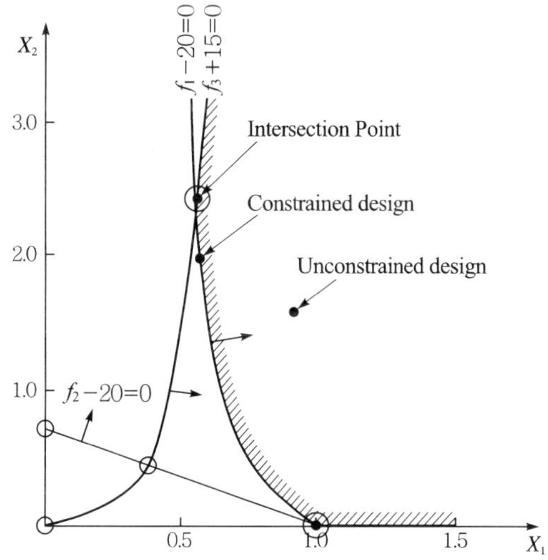

그림 2-7 3부재 트러스 : 설계공간

2.3.3 설계공간(Design Space)

각 설계 변수는 설계공간에서 하나의 차원 즉, 독립된 좌표로, 그리고 설계변수 백터의 특정한 값은 이 설계공간에서의 한 점으로 간주할 수 있다. 2개 변수를 가진 문제의 경우 설계공간은 평면으로 되지만, n개의 변수를 가진 일반적인 설계문제에서는 n차원 초월공간(hyperspace)이 된다. 모든 제약조건을 만족시키는 설계($g_i(\{X\}) \le 0$, i = 1, 2, ⋯, m)를 가능설계(feasible design)라 일컫는다. 제약조건의 $g_i(\{X\})=0$으로 등식 조건을 만족시키는 설계변수의 값들은 설계공간에서 가능설계의 경계면인 초월표면(hypersurface)을 형성한다. 즉 이 면은 $g_i \ge 0$인 쪽과 $g_i < 0$인 쪽으로 된 두 영역으로 설계공간을 나누는 의미를 갖는다. 3부재 트러스 예에서의 설계공간 및 제약조건 경계면은 그림 2-7에 나타낸 바와 같다. 모든 가능 설계의 집합이 가능역(feasible region)을 형성한다. 가능역의 경계를 만드는 각각의 제약조건 표면은 합성제약표면(composite constraints surface)을 형성한다. 가능영역[즉,

$g_i(\{X\}) < 0$, $i = 1, 2, \cdots, m$)] 내에 있는 점들은 자유설계점(free design point) 또는 무제약설계(unconstrained design)라 일컫는다. 제약표면상의 점[즉, 최소한 하나의 제약조건 $g_i(\{X\})=0$이 되는 모든 가능설계점]들은 경계점 또는 제약설계(constrained design)라 한다. 둘 또는 그 이상의 제약조건이 동시에 $g_i(\{X\})=0$이 되게 만족시키는 표면을 교면(intersection)이라 일컫는다. 2차원 공간에서 두 제약조건은 한점에서 교차한다. 또한 i번째 제약조건이 어떤 설계점에 대해서 $g_i(\{X\})=0$이면 지배적(Active)이라고 말하고 $g_i(\{X\}) < 0$이면 비지배적(passive)이라고 한다. 만일 $g_i(\{X\}) > 0$이면 제약조건이 위배되고 이러한 설계를 불가능(infeasible)설계라고 한다.

등식 제약조건 $h_j(\{X\})=0$, $j=1, 2, \cdots, k$는 변수들 사이에 연성(coupling)을 갖게 하며 n차원 설계공간 내에서의 (n-k)차원의 부공간(subspace) 또는 초월면(hypersurface)으로 생각할 수 있다. 이들 등식 제약조건의 교차면에 가능설계 점들이 위치해야 한다. 등식 제약조건식 수는 총 변수의 수가 T인 경우 $k \leq T$를 만족해야 한다. $k=T$ 인 경우에는 설계변수의 해는 원리상 $h_j(\{X\})=0$, $j=1, 2, \cdots, k$ 방정식의 해로 결정되고 최적화 문제의 대상이 되지 않는다.

2.4 목적함수(Objective Function)

일반적으로 구조물의 설계에서는 거의 무한대로 많은 수의 가능해가 존재한다. 최선의 해 즉, 최적설계를 발견하기 위해서는 서로 상이한 가능 설계들을 비교하는데 사용할 수 있는 기준이 되는 설계변수의 함수로 된 어떤 함수를 세울 필요가 없다. 이와 같은 함수를 목적함수(objective function)라 하며 일명 비용(cost), 기준(criterion) 또는 성능(merit)함수라고도 하는데 최적화 과정에서 그 최소값 또는 최대값을 구하는 함수이다. 당연히 목적함수는 설계변수 $\{X\}$의 함수로 표현되며 흔히 구조물의 중량 또는 공비가 되기도 하고, 때로는 어떤 가능한 설계가 다른 설계보다 바람직하게 되는 어떤 기준을 나타내기도 한다. 여기서는 언제나 목적함수 $Z = F(\{X\})$는 최소화시키는 것으로 가정한다. $F(\{X\})$의 최대치를 구하는 문제에서는 $-F(\{X\})$를 최소화하면 된다. 즉, 목적함수의 선정이야 말로 구조물의 최적화를 위한 정식화의 전 과정에서 가장 중요한 것 중에 하나이다.

$$\max F(\{X\}) = -\min(-F(\{X\})) \quad (2-22)$$

물론 어떤 설계 상황에서는 명백한 목적함수가 존재할 수 있다. 이를 테면, 구조물의 제작비가 중량에 비례한다면, 목적함수는 구조물의 중량을 나타낸다. 그러나 때로는 목적함수의 수리적 정식화는 매우 어려운 과제가 되는 경우도 있는데, 예를 들면 구조물의 매우 중요한 미관상의 가치가 설계변수의 영향을 받는 경우가 그 중에 한 예라 할 수 있다. 일반적으로 목적함수는 구조설계 목적상 가장 중요한 지배적인 가치기준을 나타내지만, 때로는 여러 가지 가치기준의 가중합(weighted sum)을 나타낼 수도 있다. 무엇보다도 가장 유의해야 할 것은 최적설계는 설계문제의 참된 목표를 대체로 근사적으로나마 반영하는 목적함수에 대해 최적화해야 한다는 점이다. 구조물의 중량함수는 쉽게 정량화할 수 있다는 장점으로 인하여 가장 보편적으로 사용되는 목적함수이다. 그렇지만 대부분의 최적화 방법들이 중량 최소화에 국한되어 있는 것은 아니다. 또한 구조물의 중량이 흔히 가장 중요한 요소이기는 하지만, 최소중량이 반드시 최소공비나 비용을 뜻하지는 않는다. 공비가 중량보다는 보다 폭넓게 실용적인 중요성을 갖고 있지만 실제적인 공비나 경비함수를 만들기 위한 충분한 데이터를 획득하기 어려운 경우가 많다. 일반적으로 공비함수는 재료비, 제작비, 운송비, 가설비 등을 포함하게 된다. 그 외에도 설계 및 시공관련 제반 비용과 그밖에 운영, 유지비나 보수비, 보험비 등도 고려해야 하는 경우가 있다. 그렇다고 해서 반드시 비용함수가 가능한 한 일반적인 함수로 고려되어야 바람직하다는 것은 아니다. 여러 가지 비용요소들을 포함시켜 정식화한 결과가 흔히 설계변수의 변화에 민감하지 않는 "편평한(Flat)"함수가 되는 수가 있으며 이러한 경우 최적화 과정은 실제적으로 설계를 향상시키지 않을 것이다. 따라서 실용적인 관점에서 보면 설계변수의 변화에 민감할 뿐 아니라 가장 중요한 비용 항목만을 고려하는 목적함수를 도입하는 것이 바람직하다. 또 하나의 상이한 접근방법은 구조물의 초기 제작비와 유지관리 비용 및 파괴확률에 좌우되는 파괴비용을 모두 고려하는 소위 총 생애주기 기대비용(total life-cycle expected cost)을 고려하는 것이다. 이 방법에서는 특정 파괴상태의 발생확률을 곱하여 구한 기대손상 비용(PFCF)을 파괴비용(failure cost)으로 산주하는 것이 기본가정이다. 그러나 무엇이 적절한 파괴 손상비를 구성하는가에 대한 실질적인 질문에 답하는 것만큼, 허용파괴확률의 선정이나 실제 구조물의 파괴확률을 추정하는 것들이 어렵다는 것은 잘 알려져 있는 문제점이다. 일반적으로 목적함수는 설계변수의 비선형 함수이다. 그림 2-6과 같은 3부재 트러스의 예를 다시 고려해 보면, 목적함수를 구조물의 중량, 즉, 재료의 체적으로 가정하는 경우 다음과 같은 선형목적 함수가 구해진다.

$$Z = 282.8\,X_1 + 100\,X_2 \tag{2-23}$$

F({X}) = 상수를 만족하는 모든 점의 궤적은 하나의 곡면(surface)을 형성한다. 개개의 상수 값에 대해 각각 상이한 형태의 면이 대응된다. 그림 2-8은 3부재 트러스 예제에 대한 소위 목적함수 등고선 이라 일컫는 등체적(중량) 등고선 들을 보여주고 있다. 특정한 등고선상의 모든 설계는 동일한 체적을 갖게 한다. 그림 2-8에서 가능영역에서의 F({X})의 최소치는 A점에서 발생하고 이는 최적설계를 나타낸다.

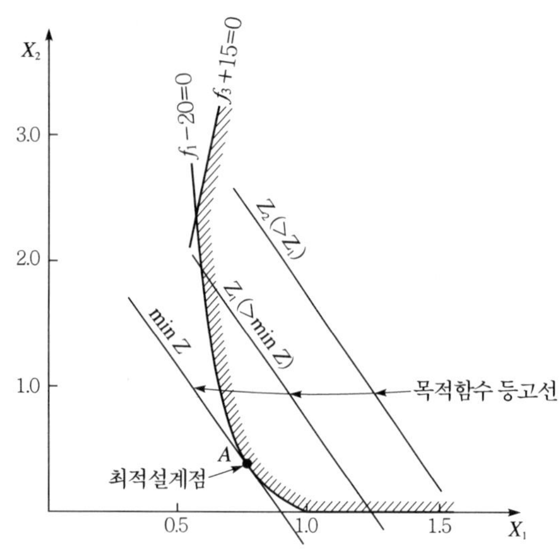

그림 2-8 3부재 트러스 예제의 설계공간과 목적함수 등고선

2.5 수리적 정식화(Mathematical Formulation)

2.5.1 설계변수 공간에서의 정식화

구조물의 최적설계 문제는 구조물의 설계 및 거동관련 제반 제약조건을 만족시키는 설계변수 및 이에 대응하는 거동변수를 목적함수가 최소가 되도록 선정하는 것이라고 할 수 있다. 만일 임의의 주어진 설계변수값에 대한 구조물의 거동을 쉽게 해석적으로 표현할 수 있거나 또는 계산할 수 있는 경우에는 해석 방정식은 수리적인 정식화에서 제외시킬 수 있다. 이와 같은 경우에는 음함수적인 형태로 주어진 제약조건의 거동 값을 구하기 위하여 해석

방정식을 사용한다. 제약조건의 양함수적 정식화는 정정 또는 매우 단순한 구조물에서만 가능하다. 해석방정식을 포함한 모든 등식 제약조건식을 소거할 수 있다고 가정하면, 최적설계 문제는 설계변수 백터{X}를 선택하는 문제로서 수리적으로 다음과 같이 정식화 할 수 있다.

$$\text{Min } Z = F(\{X\}) \tag{2-24}$$

subject to

$$g_i(\{X\}) \le 0, \ i = 1, \ 2, \ \cdots\cdots, \ m) \tag{2-25}$$

식 (2-24)는 목적함수 F({X})가 최소화된다는 것을 의미하며, 설계변수만이 유일한 독립변수들이므로 이러한 최적화 문제는 설계공간에서 기술되었다고 한다. 식 (2-24) 및 (2-25)는 수리적계획(mathematical programming)문제의 한 형태이다.

그림 2-6과 같은 3부재 트러스 예의 경우 식 (2-14) 및 (2-21)을 제약조건으로 하고 식 (2-23)의 목적함수를 가정하면 다음과 같은 수리계획 형태로 기술할 수 있으며, 문제는 다음 조건을 충족하는 설계변수 X_1, X_2를 구하는 것이 된다.

$$Min\ Z = 282.8X_1 + 100X_2 \tag{2-26}$$

subject to

$$\begin{aligned}
&g_1 \equiv -X_1 \le 0 \\
&g_2 \equiv -X_2 \le 0 \\
&g_3 = \sigma_1 \quad 20 = \frac{20\,(X_2 + \sqrt{2}\,X_1)}{2X_1X_2 + \sqrt{2}\,X_1^2} - 20 \le 0 \\
&g_4 \equiv \sigma_2 - 20 \equiv \frac{20\sqrt{2}\,X_1}{2X_1X_2 + \sqrt{2}\,X_1^2} - 20 \le 0 \\
&g_5 \equiv -\sigma_3 - 15 \equiv \frac{20X_2}{2X_1X_2 + \sqrt{2}\,X_1^2} - 15 \le 0
\end{aligned} \tag{2-27}$$

2차원 설계변수 공간에서의 이 문제의 도해적인 해는 그림 2-8에 보인 바와 같다. 최적설계는 목적함수의 최소치를 가지는 가능해로서 점 A가 되며 다음 값을 갖는다.

$$X_1 = 0.788, \quad X_2 = 0.410, \quad Min\ Z = 263.9$$

그림에서 보는 바와 같이 제약조건 $f_1 - 20 \le 0$이 최적설계점에서 지배적이 되며 고로 $f_1 = 20$임을 알 수 있다.

어떤 최적화 문제에서 기하적 비선형성을 가진 비선형 거동을 가정해 보자 이 때 해석 방정식은 변형된 구조물의 기하적 형상에 기초를 두고 구해야 하는데, 이와 같은 경우 설계변수 공간에서 통상적인 방법으로 문제를 정식화하게 되면 구조물의 거동을 구하기 위하여 개개의 설계변수 값에 대해 매번 비선형 해석 방정식을 풀어내야 하는 문제에 직면하게 된다. 반면에 아래와 같이 종합적으로 문제를 정식화하는 경우에는 이와 같은 반복 비선형 해석이 요구되지 않는다.

2.5.2 종합적(Integrated) 문제 정식화

최적화 문제의 정식화를 위한 또 하나의 접근방법으로 최적설계의 결정과 해석 방정식의 해가 동시에 구해지도록 종합적으로 문제를 기술하는 방법을 사용할 수 있다. 이러한 형태의 최적화 문제기술을 종합적 정식화(integrated formulation)라고 일컫는다. 이때 변수 벡터 {X}는 설계 및 해석 모두로 구성되고, 해석 방정식이 정식화에 포함된다. 따라서 일반적인 수리계획 문제는 다음과 같이 기술할 수 있다. 즉 사전에 가능한 구조상수가 주어지면, 다음 조건을 만족시키는 변수 백터 {X}를 구하는 문제가 된다.

$$Min\ Z = F(\{X\}) \tag{2-28}$$

subject to

$$g_i(\{X\}) \le 0, \quad i = 1,\ 2,\ \cdots,\ m \tag{2-29}$$

$$h_j(\{X\}) = 0, \quad j = 1,\ 2,\ \cdots,\ k \tag{2-30}$$

이러한 형태의 수리계획 정식화는 식 (2-30)을 소거하기가 불가능하거나 실제적인 방법이 되지 못하는 경우에 사용된다. 예를 들면, 비선형 거동을 내포하는 문제에서 이러한 접근방법을 사용하면, 반복적인 비선형 해석을 피할 수 있지만 보다 많은 변수가 문제에 포함된다. 종합적인 문제 정식화를 구체적으로 설명하기 위하여 다음 그림 2-6의 3부재 트러스 예를 고려해보자. 식 (2-14), (2-16), (2-17) 및 (2-20)에 기초를 두고 문제를 다음과 같이 기술할 수 있다. 즉, 다음 조건을 만족시키는 단면적 $\{X\}^T = \{X_1, X_2\}$와 변위 $\{D\} = \{D_1, D_2\}$ 및 응력 $\{f\}^T = \{f_1, f_2, f_3\}$를 구하는 문제가 된다.

$$Min\ \ Z = 282.8\,X_1 + 100\,X_2 \tag{2-31}$$

subject to

$$\begin{aligned}
g_1 &\equiv -X_1 \le 0 \\
g_2 &\equiv -X_2 \le 0 \\
g_3 &\equiv f_1 - 20 \le 0 \\
g_4 &\equiv f_2 - 20 \le 0 \\
g_5 &\equiv -f_3 - 15 \le 0 \\
h_1 &\equiv f_1 - \frac{E}{100}(0.5D_1 + 0.5D_2) \\
h_2 &\equiv f_2 - \frac{E}{100}D_2 = 0 \\
h_3 &\equiv f_3 - \frac{E}{100}(-0.5D_1 + 0.5D_2) = 0 \\
h_4 &\equiv \frac{E}{100}X_1 D_1 - 20 = 0 \\
h_5 &\equiv \frac{E}{100}(X_1 + \sqrt{2X_2})\,D_2 - 20 = 0
\end{aligned} \tag{2-32}$$

이와 같은 접근방법에서의 가장 큰 단점은 훨씬 더 큰 차원을 갖는 모든 변수의 공간에서 최적해를 찾아야 한다는 점이다.

상술한 두 가지 정식화 방법 외에도 설계변수 대신에 해석 변수를 이용하여 최적화문제를 정식화하는 방법도 있지만 특수한 경우를 제외하고는 실용적이 아니므로 본 교재에서는 취급하지 않는다.

제3장
구조 최적화기법

제3장 구조 최적화기법

3.1 개설

구조요소 또는 전체 구조시스템의 최적화는 전장에서 기술한 최적화 문제의 설계변수, 목적함수 및 제약조건의 특성과 종류에 따라 달라지게 마련이지만, 특정한 설계문제에 대한 설계방법상의 철학이나 접근방법과 설계이론이나 설계방법에 따라 최적화 문제의 정식화도 달라지며 이에 따라 적용되는 최적화 수법도 달라진다. 따라서 구조물의 최적설계를 위하여 어떤 최적화 수법의 적용이 적절한가를 조사하기에 앞서, 먼저 고려하는 설계문제에 대한 접근방법, 즉, 설계원리나 설계철학이 확정적 이론인가 아니면 확률적 이론인가를 분류한 다음 이에 따른 설계이론도 탄성설계, 또는 비탄성(극한, 소성)설계인가, 또한 설계방법도 허용응력설계(WSD, ASD) 또는, 한계상태설계(LSD, LRFD)인가를 확인할 필요가 있다. 뿐만 아니라 고려하는 재하조건도 사용하중 또는 초과하중(overload)에 대한 것인가, 또한 이에 대응하는 파괴모드의 종류도 확인해야 한다. 이상과 같이 설계접근방법을 결정하는데 고려해야 할 사항들을 요약하면 다음과 같다.

(1) 확정적 또는 확률적 설계철학(Deterministic or Probability-based Design Philosophy)

구조시스템은 통상 복잡하여 시간에 따라 변하는 외적하중을 받는다. 설계실무에서는 이러한 실제 재하환경은 확정적 또는 확률적 설계철학에 바탕을 두고 구한 유한개의 뚜렷하게 대별되는 재하조건으로 대치된다. 뿐만 아니라 설계모수들도 흔히 엄격하게는 랜덤변수로 간주해야 하는 경우가 많다. 만일 구조설계에서 재하조건, 재료의 성질 등 어느 것이라도 랜덤변수로 취급하면 확률적(probability-based) 최적화 문제로 정식화된다. 모든 변수를 확정적으로 취급하면 최적화문제는 확정적으로 정식화된다. 거의 대부분의 경우에 확정적인 설계철학이 시방서 규준에 따른 실무설계에서 적용되기 때문에 확률적인 최적화에 대해서는 실무차원에서는 알 필요가 없지만, 이론적인 연구나 특수한 최적화 문제에서는 하중, 강도 또는 기타의 변량들을 랜덤변수로 취급하는 것이 더 합리적인 경우가 있다.

(2) 파괴모드의 종류

구조시스템의 설계는 기능적인 면에서의 소기의 목적을 충분히 달성하고 각종의 파괴모드의 발생을 확실하게 피할 수 있도록 하는 모든 방법을 강구해야 한다. 구조시스템의 적절한 성능확보를 위해서는 사용 하중하에서 초기항복이나 과도한 처짐, 균열 또는 국부적 손상, 과도한 진동 같은 사용성 한계상태 파손모드를 피할 수 있는 설계가 되고, 과하중 조건하에서 파단(rupture), 붕괴 평형상실로 인한 불안정(전도, 활동)같은 극한한계상태 파괴모드를 방지할 수 있는 설계가 되도록 최적설계의 정식화에서는 발생가능한 모든 파손, 파괴 모드를 빠짐없이 고려해야 한다.

(3) 사용하중 및 과하중 조건

위에서 기술한 바와 같이 사용하중 조건하에서 고려하는 파괴모드의 종류와 과하중조건하에서 고려하는 파괴모드가 통상 상이하게 된다. 전자는 구조물의 정상적인 용도와 관련되는 설계하중조건으로 정의되고, 후자는 구조물의 예기치 못한 특수한 돌발상황에 대비한 재하조건으로 정의된다. 또한 사용하중에 하중계수를 곱하여 나오는 과하중조건과 사용하중조건과는 달리 강한 지진이나 폭발 효과 등과 같은 과하중조건은 상이하므로 설계시에 서로 구분하여 적용할 필요가 있다.

이상과 같은 고려사항에 바탕을 두고, 거동 및 해석제약조건의 종류와 형태가 달라지며, 제2장에서 기술한 설계변수와 목적함수의 선정과 더불어 결과적으로는 구조 최적화 문제정식화의 형태가 달라지고 이에 따라 구조 최적화 수법도 달라지게 된다. 이 장에서는 이상에서 언급한 바와 같이 다양한 구조 설계문제의 최적화를 위해 사용되는 최적화 방법과 현대적 최적화기법에 대하여, 제2편과 제3편에서 상세한 기술에 앞서 제3장의 요소최적화를 이해하기 위한 예비지식으로서 최적화기법의 개괄적인 개요만을 요약 소개한다.

3.2 최적화 방법의 분류

구조최적화를 위한 최적화 방법은 이미 제1장에서 언급하였지만 크게 다음과 같이 대별되는 두 가지 방법으로 분류할 수 있다.

(1) 해석적 최적화 방법

오래전부터 대개 미분 해석학, 또는 변분방법 같은 수학적 이론을 사용하여 주로 트러스와 같은 구조물의 최적배치나 보, 기둥, 관 구조 같은 비교적 단순한 구조요소의 최적 기하적 형상의 해석적 해를 구하는 방법을 해석적 방법이라 일컫는다. 고로 이 방법은 대형 구조시스템의 최적화 보다는 단순한 구조요소의 최적형태, 최적형상 같은 기본 구조물의 최적화에 가장 적합한 방법이라 할 수 있다. 해석적 최적화 문제에서 구조설계는 여러 형태의 목적함수와 제약조건의 미지함수로 모형화되고 최적화의 목표는 이러한 함수의 최적형태를 구하는 것이다. 이론적으로 최적설계는 최적성 조건을 나타내는 시스템 방정식의 해법에 의해 해석적으로 구할 수 있다. 이와 같이 구한 해석적인 해는 서로 상이한 구조형태에 대한 비교를 할 수 있게 하고 최적해에 대한 직관을 제공한다. 그러나 최근에는 Haug/Arcra[9,18] 등을 중심으로 해석적인 최적화기법에 사용해온 변분법을 이론적인 바탕으로 하여 구조물의 형상 최적화문제를 모형화하고 선형화방법, 설계민감도 분석, FEM 등을 적용하여 근사적인 수치 유한 최적화 문제로 바꾸어 구조요소 시스템의 최적형상을 구하는 연구가 관심을 끌고 있다.

(2) 수치적 최적화방법

이 방법은 수리적계획법(mathematical programming)이라 일컫는 OR의 한 분야인 수치최적화방법과 최적성기준 방법(optionality criteria)이라고 일컫는 보다 단순한 반복시행 알고리즘을 최적해 탐색의 기본 수치해석기법으로 하고, 여기에 FEM해석과 설계민감도 분석기법을 이용하여 최적해를 구하는 전산화를 전제로 하는 최적화기법이다. 따라서 이 방법의 효율성은 컴퓨터의 H/W와 S/W성능에 의해 좌우되며, 지난 70년대에 제 3세대 컴퓨터 시대에는 대규모 구조최적화의 수단으로 효율성을 인정받지 못하였지만, 오늘날 고도의 제 4세대 컴퓨터 시스템을 이용하면 FEM과 더불어 수치해석화 방법이 대규모 구조시스템 최적화에 진가를 발휘하고 있다. 이러한 수치해석 방법에서는 언제나 개선된 설계의 반복시행 탐색

기법에 의해 자동적으로 최소한 근사 최적설계가 구해진다. 즉, 최적해의 탐색은 현 단계의 설계가 어떤 수렴기준에 의해 진최적설계(true optimum design)에 충분히 근접한 설계를 지시할 때 종료된다. 80년대 이래로 MP와 OC방법과 FEM에 의한 설계 민감도 분석을 중심으로 하는 이러한 수치 최적화 기법은 오늘날 초대형 구조시스템의 실용적 최적화가 가능한 수준으로 까지 고도 발전되어 왔다. 한편, 이와 같은 수치 최적화 방법에 의해 해를 구하는 문제를 유한 최적화(finite optimization)문제라 일컫는다. 그 이유는 이 방법도 FEM과 마찬가지로 유한개의 변수에 의해 최적화 문제를 정식화하여 수치적으로 해를 구하기 때문이다. 오늘날, 실제적인 구조물의 설계 최적화는 주로 유한 최적화 방법을 사용하여 이루어지고 있다.

3.3 수치 최적화 수법의 개요

3.3.1 고전적인 방법

매우 단순한 구조물의 최소중량설계를 위한 종래의 고전적인 최적화수법으로는 LMM (Lagrange Multiplier Method)과 소위, SFM(Simultaneous Failure Mode)방법을 들 수 있다. Lagrange 승계수 방법은 비교적 설계변수의 수와 제약조건의 수가 적은 단순한 문제에 대해 해석적인 해를 구할 수 있는 수단을 제공하기도 하지만, 일반적으로 SFM방법이 더 실용적인 최적화 방법으로서, 특정한 종류의 최적화 문제에 많이 적용되어 왔다. SFM에서 부등식 제약조건을 등식제약조건으로 바꾸고, 최적해는 일련의 제약조건이 지배적(active)으로 되는 정점(vertex)에서 형성된다고 가정하고, 변수의 수 만큼의 제약조건이 지배적으로 되는 소위 임계(critical)제약조건을 미리 선정함으로서 이들에 대한 연립방적식의 해를 구하여 최적해를 구한다. 당연히 SFM은 임계제약조건을 쉽게 알 수 있는 최적화 문제에서 그리고 변수의 수와 임계제약조건의 수가 같은 어떤 경우에는 최적설계가 가능하게 된다. 그러나 임계제약조건을 잘못 선정할 때는 잘못된 설계결과를 주게 되고 지배적이 아니라고 가정한 제약조건이 위반될 수도 있다. 또한 이 방법은 최적설계에서 설계변수의 수보다 임계제약조건의 수가 적은 경우에도, 잘못된 해가 구해질 수 있다. 이 경우에는 구조물의 중량, 즉 목적함수는 적절한 임계제약조건을 미리 선정함으로서 보다 적은 설계변수의 함수로 감소시킬 수 있다. 일반적으로 얼마나 많은 그리고 어떤 제약조건이 최적설계점에서 지배적이 될 것인지를 미리 예측할 수는 없다. 따라서 이러한 경우에는 일반적인 비선형 제약조건을 사용하여 문제를 취급하는 것이 불가피하다. 이상의 문제들을 보다 상세하게 설명하기 위하여 그림 2-6에 보인 3부재 트러스 최적설계 문제를 다시 고려해 보자. 식 (2-22) 및 (2-23)의 정식화에 따라 최적설계문제는 X_1, X_2의 최적해를 구하는 다음과 같은 문제가 된다.

$$Min\ \ Z = 282.8\,X_1 + 100\,X_2 \tag{3-1}$$

subject to

$$\frac{X_2 + \sqrt{2}\,X_1}{2\,X_1 X_2 + \sqrt{2}\,X_1^2} - 1 \le 0 \tag{3-2}$$

$$\frac{\sqrt{2}\,X_1}{2\,X_1 X_2 + \sqrt{2}\,X_1^2} - 1 \le 0 \tag{3-3}$$

$$\frac{X_2}{2\,X_1 X_2 + \sqrt{2}\,X_1^2} - 0.75 \le 0 \tag{3-4}$$

$$-X_1 \le 0 \tag{3-5}$$

$$-X_2 \le 0 \tag{3-6}$$

두 개의 임계제약조건의 여러 가지 가능성을 조사하고 이에 대응하는 해가 표 3-1에 주어져 있다. 구조물이 불안정하게 되는 X_1 = 0인 경우는 고려되지 않았다. 경우 1, 2, 4, 5에서는 어느 제약조건도 위반되지 않음을 보여주고 있다. 그중에 경우 1, 2, 4가 최소체적(Z = 282.8)을 최적해로 갖는다. 경우 3 및 6에서는 가정된 제약조건이 지배적으로 되지 않고 제약조건이 위배된다. 그러나 그림 2-8에서 보는 바와 같이 진 최적해는 X_1 = 0.788, X_2 = 0.410, Z = 263.9이고, 식 (3-3)만이 지배적이 됨을 알 수 있다. 이 예제의 경우에는 최적해에서 임계제약조건의 수는 설계변수보다 작고 이러한 최적해를 찾는다는 것은 지극히 어려움을 알 수 있다. 더구나 이러한 접근방법은 최적해에서 임계제약조건이 될 가능성이 있는 제약조건의 수가 많은 경우나 이러한 설계변수의 값을 구하기 위하여 비선형연립 방정식을 풀어야 하는 경우에는 실용적인 해법이 될 수 있다.

표 3-1 3부재 트러스 최적화와 임계제약조건이 2개인 모든 경우의 가능한 해

경 우	임계제약조건	설계변수 값		위 제약조건	Z
1	(3-2), (3-6)	1.0	0		282.8
2	(3-3), (3-6)	1.0	0		282.8
3	(3-4), (3-6)	0	0	(3-2), (3-6)	
4	(3-3), (3-2)	1.0	0		282.8
5	(3-4), (3-2)	0.57	2.45		406.2
6	(3-4), (3-3)	0.40	0.42	(3-2)	

3.3.2 최적성기준 방법(Optimality Criteria Method : OCM)

최적성기준 방법은 최적해에서 구조물의 거동에 관련되는 어떤 기준이 만족된다는 가정에 바탕을 두고 있다. 재래적 설계에서 지향하는 전응력설계(Fully Stressed Design : FSD)가 이러한 접근방법 중의 가장 기본적인 한 예이다. FSD에서는 최적구조물이란 각 부재가 최소한 하나의 재하조건하에서 한계응력을 받는다고 가정한다. 그 외에도 변위, 구조안정성 등에 관련되는 다른 최적성기준도 사용될 수 있다. OCM에서의 해를 구하는 과정은 구조물의 반복해석과정에서 각 해석 후에 비교적 단순한 최적성기준 관련 계산규칙에 따라 설계변수를 수정하는 일련의 과정으로 구성된다. 미리 결정되어 있는 최적성기준이 만족될 때 까지 이러한 반복시행 과정은 계속된다. 많은 경우 이러한 방식으로 한 해가 최소중량설계가 됨을 보여주고 있다. 그러나 OCM의 해가 최적해가 아닌 경우에도 진최적해로부터 그리 멀지 않은 합리인 설계를 주는 경우가 많다. OCM은 보다 이론적인 최적화 수법인 후술할 수리적 계획법(Mathematical programming)과는 달리, 보통 재래적인 설계 방식을 사용하여 구해지는 설계 보다는 더 좋은 설계를 얻을 수 있도록 비교적 단순한 방법으로 개선된 설계를 달성할 목적으로 주로 사용된다. OCM은 구조물의 거동에 좌우되므로 최적해로 수렴한다는 보장이 없이 통상 적용된다. 고로, 아래에 소개할 수리적 계획법만큼 일반적인 것은 못되지만, 대개의 경우 OCM은 특수하지만 수치 계산면에서 매우 효율적인 계산과정을 도출한다. OCM에 대해서는 3.6절에 보다 상세하게 기술되어 있다.

그림 2-6의 3부재 트러스에 대한 FSD설계 예는 위에서 언급한 OCM의 특성의 일부를 잘 설명해 준다.

$$f_1 = \frac{20(X_2 + \sqrt{2}X_1)}{2X_1X_2 + \sqrt{2}X_1^2} \tag{3-7a}$$

$$f_2 = \frac{20\sqrt{2}X_1}{2X_1X_2 + \sqrt{2}X_1^2} \tag{3-7b}$$

$$-f_3 = \frac{-20X_2}{2X_1X_2 + \sqrt{2}X_1^2} \tag{3-7c}$$

허용응력은 f^U=20.0, f^L=-15.0이고, 반복시행과정은 다음과 같은 응력비(stress ratio)표현에 바탕을 두고 있다.

$$X_1^{(k+1)} = X_1^{(k)} \max\left(\frac{f_1^{(k)}}{f^U}, \frac{f_3^{(k)}}{f^L} \right) \tag{3-8}$$

$$X_2^{(k+1)} = X_2^{(k)} \frac{f_2^{(k)}}{f^U}$$

여기서, k는 반복시행 사이클 수이다. 식 (3-7)과 (3-8)은 수렴이 될 때까지 사용된다. 표 2-2에 반복계산 결과의 상세한 내용이 수록되어 있다. 반복시행과정은 X_1=1.0, X_2=0인 완전응력설계점으로 서서히 수렴한다. 그러나 이 해는 진최적해가 아님을 알 수 있다(그림 2-7). 완전응력 트러스의 체적은 Z=282.8이지만 최적해는 X_1 = 0.788, X_2 = 0.410, Z = 263.9 이다.

표 3-2 응력비(stress ratio)방법에 의한 3부재 트러스 예의 해

Cycle k	$X_1^{(k)}$	$X_2^{(k)}$	$f_1^{(k)}$	$f_2^{(k)}$	$f_3^{(k)}$
0	1.0	1.0	14.14	8.28	-5.86
1	0.707	0.414	21.87	15.47	-6.40
2	0.773	0.320	21.09	16.32	-4.77
3	0.815	0.261	20.71	16.89	-3.82
.					
.					
.					
	1.0	0	20.0	……	0

3.3.3 수리적 계획법(Mathematical Programming : MP)

일반적으로 최적해에서 어느 제약조건이 지배적으로 되는지를 미리 예측할 수는 없다. 따라서 최적설계문제에서 적절한 정식화를 위해서는 부등식 제약조건은 그대로 사용하는 것이 필연적이다.

수리적 계획법(MP)는 2-4절에 기술한 일반적인 최적화문제를 수치적인 탐색 알고리즘에 의해 구하는데 가장 효과적인 해법이다. MP방법은 어떠한 종류의 목적함수와 제약조건도 고려할 수 있는 일반성을 갖고 있으며, 임계제약조건들을 사전에 예측할 필요가 없다. 따라서 MP기법에 의한 최적화 과정은 상이한 종류의 설계문제에서 쉽게 적용할 수 있다. 그러나, 어떤 특정한 하나의 MP최적화 방법으로 모든 최적화 문제의 해를 효율적으로 구할 수는 없으며, 초대형 구조물 전체를 특정한 MP알고리즘의 단순한 적용에 의해 최적화 할 수 있는 정확한 방법은 없다. 다음 절에서 기술할 구조시스템 최적화 방법에서 보다 상세하게 설명하겠지만, 통상 설계변수나 제약조건의 수가 매우 큰 실제적인 시스템 설계문제에 대해 효율적인 최적화 기법은 효율적인 MP알고리즘 외에 흔히 여러 가지 근사화 개념에 바탕을 두고 있다. 그러나, 구조 최적화를 위한 MP기법은 진술한 OCM과는 달리 가장 일반적인 최적화 수법으로서 다룰 수 있는 최적화 문제의 특징에는 다음 사항들이 포함된다.

① 여러 가지 다하중조건의 각 하중에 대한 다양한 파괴모드가 일어날 수 있는 복잡한 구조시스템을 취급가능하다.

② 응력, 변위, 좌굴과 동적응답과 같은 구조거동에 관한 광범위한 제약조건 뿐 아니라 시공, 제작이나 미관상의 제약으로 인해 발생하는 설계변수의 제약 까지도 고려할 수 있다.

③ 예를 들면, 단순한 중량최소화를 위한 목적함수가 아닌 구조물의 건조 공비나 구조성능을 나타내는 목적함수와 같이 어떠한 종류의 목적함수도 사용할 수 있다.

MP방법은 단일 글로벌(global) 최적해만 존재하는 소위 Convex문제의 최적점은 쉽게 구할 수 있다. 그러나 일반적인 구조최적화 문제에는 구하고자 하는 글로벌 최적해 외 여러 가지 상대적인 국부 최적해가 존재하기 때문에 글로벌 최적해를 구하기는 매우 어렵다. MP문제에서 상대최적해는 비용함수와 제약조건함수에 본질적으로 내재된 비선형성의 특성으로 인하여 존재한다. 이러한 비선형계획(Nonlinear Programming : NLP)의 각종 주요해법과 탐색알고리즘에 대해서는 다음 절에서 상세하게 소개되었으며 해의 수렴성 문제에 대해서도 논의할 것이다.

여기서는 MP최적화 방법에 관한 제4장 요소최적화와 관련된 설명의 편의상 구조최적화에서 보편적으로 사용되고 있는 주요 수리계획법의 개념적 기초의 개요에 대해서만 이론적인 내용의 설명없이 요약 소개하고자 한다.

1) 선형계획(Linear Programming : LP) 문제 : 일반 수리적 계획법 문제의 목적함수와 제약조건식이 모두 설계변수 $\{x\}$의 선형함수로 될 때는 다음과 같은 선형계획 문제로 된다.

Minimize $\{C\}^T\{x\}$

subject to

$$[A]\{x\} \geq \{b\} \qquad (3-9)$$
$$x \geq 0$$

여기서, {c}는 목적함수의 비용상수이고 [A]와 {b}는 각각 제약조건식의 계수 매트릭스와 우측 항 벡터이다.

선형계획법은 O.R.의 이론 중에서 가장 널리 알려진 최적화 기법으로서 수많은 과학기술분야의 시스템 문제에 성공적으로 적용되어 왔으며 Danzig가 개발한 Simplex Algorithm[31]을 이용하면 비교적 쉽게 해를 구할 수 있다. 대개의 전산실에서는 선형계획 패키지 Program들이 갖추어져 있다. 구조물의 설계는 근본적으로 비선형계획문제이지만 강구조물의 소성설계이론(plastic design theory)을 사용하거나 비선형 최적화문제를 축차적으로 선형화시키면 선형계획 알고리즘으로 해를 구할 수 있다.

2) 비선형계획(Nonlinear Programming : NLP)문제 : 수리적 계획문제에서 목적함수나 제약조건식 중에 어느 하나라도 설계변수의 비선형함수로 되면 비선형계획문제가 되는 비선형계획문제는 선형계획문제보다 훨씬 복잡하고 해를 구하기가 용이하지는 않다. 비선형계획문제의 해법은 여러 가지가 있지만 그 중에서 구조 최적화문제에 많이 사용되어온 주요기법을 대별하면 다음과 같다.

a) 직접해법 : 이는 목적함수와 제약조건의 Gradient를 이용하여 직접적으로 가능해를 탐색하는 방법으로서 Zoutendijk의 Feasible Direction Method, 또는 Rosen의

Gradient Projection Method, Generalized Reduced Gradient Method 등을 비롯한 무수하게 많은 알고리즘[33, 34, 35]이 현재 개발되어 사용되고 있다. 기본적으로 이들 알고리즘은 일련의 가능설계(feasible design)를 위한 다음 설계점 $X^{r+1} = X^r + \alpha_r d^r$의 탐색을 매 단계에서 목적함수 및 제약조건식의 함수값과 구배함수값 $-\nabla F(x^r), \nabla g_i(x^r)$을 효과적으로 이용하여 추적해 감으로서 국부적인 최적해에 도달하고자 하는 기법이다. 이와 같은 알고리즘은 문제가 복잡하고 설계변수가 많은 경우에는 잘 수렴하지 않기 때문에 구조시스템 최적화 기법과 근사 최적화 수법을 병행하여 최적화를 수행하여야 한다.

b) 등가적 정식화(equivalent formulation) 수법 : 비선형계획문제를 상술한 직접적인 알고리즘을 이용하여 해를 구하기 곤란한 경우에 이들 비선형계획문제를 보다 해를 구하기 쉬운 일련의 선형계획문제나 무제약 최적화 문제로 변환시켜 축차적으로 해를 구하는 것이 보다 효과적이다. 등가최적문화제에 의한 해법 중에 중요한 두 기법인 SLP(Successive Linear Programming)와 SUMT(Sequential Unconstrained Minimization Technique)의 기초개념을 소개하면 다음과 같다[7, 33~35]

i) 축차적 선형계획법(SLP) : 비선형계획문제를 축차적인 선형 계획문제로 변환하기 위해서는 어떤 설계점에 대한 목적함수와 제약조건식의 Taylor급수 전개에서 일차항만을 취하면 된다. 즉, 어떤 설계점 x^r주위에서 목적함수 $F(x)$의 Taylor 급수전개는

$$F(\underline{x}) \approx F(\underline{x}^r) + \overrightarrow{\nabla} F(\underline{x}^r)(\underline{x} - \underline{x}^r) \tag{3-10}$$

로 되고 제약조건식 $g_i(x)$의 전개는

$$g_i(x) \approx g_i(x^r) + \overrightarrow{\nabla} g_i(x)(x - x^r) \tag{3-11}$$

이 된다. 고로 r+1번째 설계를 위한 SLP문제는 식 (3-10)과 (3-11)로부터 식 (3-9)의 LP와 같이

$$Min \ \{C\}^T\{x\}$$

$$[A^r]x \geq \{b^r\}$$

$$\{x\} \geq 0$$

여기서, $\{C^r\} = \nabla F\{x^r\}$

$$[A^r] = \begin{bmatrix} \nabla g_1(x^r) \\ \nabla g_2(x^r) \\ \vdots \\ \nabla g_j(x^r) \\ \vdots \end{bmatrix} \qquad b^r = \begin{bmatrix} g_1(x^r) \\ g_2(x^r) \\ \vdots \\ g_j(x^r) \\ \vdots \end{bmatrix} - \begin{bmatrix} \nabla g_1(x^r)X^r \\ \nabla g_2(x^r)X^r \\ \vdots \\ \nabla g_j(x^r)X^r \\ \vdots \end{bmatrix}$$

이와 같은 SLP기법을 구조요소나 구조시스템의 최적설계에 적용하여 최적해를 효과적으로 구할 수 있다. 그러나 SLP기법은 문제가 Nonconvex문제인 경우에는 Move Limit, Adaptive 또는 Reduced Move Limit 등의 기법을 사용하여 보완시켜야 국부적 최적해(local optimum solution)를 얻을 수 있다.

ii) SUMT(or Penalty Function Method) : Fiacco-McCormick의 Peanalty Function 방법은 비선형계획문제를 다음과 같은 일련의 무제약 최적화문제로 바꾸어 축차적으로 최적해를 찾아가는 기법이다. 최초에 어떤 스칼라를 $\alpha^\gamma = \alpha^1$과 $g_i(x^r) < 0$인 가능해가 되는 한 초기설계점 $x = x^0$가 주어지면 일련의 설계 벡터 x^r, $r = 1, 2, \cdots$는 다음과 같은 일련의 무제약함수

$Min \quad \phi(x, a^r)$

의 최소치를 구하는 문제로부터 구한다.

여기서, $\phi(x, a^r) - F(x) - a^r \sum_{j=1}^{N} \frac{1}{g_j(x)}$ (3-13)

이고 $\alpha^1 > \alpha^1 > \cdots \alpha^r > \alpha^{r+1}$ 이다.

상기 식 (3-13)과 같은 함수를 사용하는 방법을 Interior Penalty Function Method 라 한다. 반면에 초기치 $\alpha^r = \alpha^1$으로 어떤 적은 값을 취하고 초기설계치 $x = x^0$를 사용하여 다음과 같은 일련의 무제약함수

$Min\ \ \phi(x, a^r)$

의 최소치를 구함으로써 일련의 설계점 $x^r, r = 1, 2 \cdots$를 구할 수 있다. 이 경우,

$$\phi(x, a^r) = F(x) + a^r \sum_{i=1}^{N} \{g_i(x)\}^2 \tag{3-14}$$

이때, $g_i(x) = g_i(x) : g_i(x) > 0$

$\qquad\qquad\qquad 0 \quad : g_i(x) < 0$

상기 식 (3-14)와 같은 함수를 사용하는 경우를 Exterior Penalty Funtion Method라 한다. 공학적 견지에서 보면 근사적인 수치해로써 가능설계(feasible design)치를 얻을 수 있는 Interior Penalty Function Method가 Exterior Penalty Function Method 보다 효율적이다. 그러나 Interior Function Method 에서는 초기설계치로 반드시 가능설계치를 선택해야 하는 어려움이 있다. 그러나 그동안 다양한 Extend Penalty Function 기법이 개발되었고 이들은 효율적인 무제약최적화 알고리즘인 Powell Conjugate Direction Method 보다는 다양한 구조 최적화문제에 적합하고 여러 가지 면에서 장점이 많다고 알려져 있다.

3) 이산형 최적화(Discrete Optimization)문제

2.2절의 설계변수에서 설명한 바와 같이 건축이나 토목구조물의 설계에 사용되는 강재나 철근 또는 거푸집 등은 대개 표준치수로 된 것을 표준 편람 또는 상용 카탈로그에서 취하여 설계해야 하기 때문에 엄격한 의미에서 설계변수는 연속이 아니고 이산치의 집합으로 되어있다. 고로 이러한 경우에 식 (3-14)는 이산형계획(Discrete Programming)문제로 된다. 또한 때로는 설계변수 자체가 정수값을 취해야 하는 경우가 많으며 이러한 경우에는 Integer 또는 Mixed Integer Programming문제가 된다. 실제로는 엄격한 이산형 최적화 방법보다는 연속 최적해 부근에서 실제적인 이산해를 탐색하거나 근사적으로 가장 근접한 실제 단면으로 근사화하는 소위 Pseudo Discrete 최적화 기법이 많이 사용되고 있다.

4) 동적계획(Dynamic Programming : DP)문제 : 동적계획문제[7] 50년대초에 Bellman에 의해 개발되었으며, Multi stage Decision Process문제에 대해 Bellman의 최적성 원리(Principle of Optimality)에 기초한 대단히 효과적인 최적화수법이다. 최근에 교량설계, 트러스구조물의 Topological Optimization 문제를 동적 계획문제로 최적화함으

로써 동적계획법의 구조최적화기법으로써의 가능성을 보여주고 있다. 동적 계획법의 결정적인 결점은 문제가 복잡해지면 컴퓨터의 많은 기억용량이 요구되고 해의 수렴속도가 느려지므로 구조시스템의 최적화문제와 같이 복잡한 문제에 효율적인 최적화기법이라 할 수는 없지만 오늘날 고성능 제4세대 컴퓨터를 이용하면 DP정식화가 가능한 문제에 대해 비교적 효율적으로 해를 구할 수 있다.

5) 기하적 설계(Geometric Programming : GP)문제 : 기하적 설계법[7]은 복석함수와 세약조건식이 Polynomial Form으로 될 때 문제가 Dual 설계변수의 Convex Problem으로 되는 점을 이용하여 효율적으로 해를 구하는 알고리즘으로서 〈화공학〉이나 〈전자공학분야〉의 최적화문제에 성공적으로 적용되어온 비교적 새로운 계획수법이다. 구조시스템의 최적화문제에서는 시스템의 최적 Layout 문제와 같이 형상설계변수의 적(product)의 형태로 목적함수와 제약조건식이 표현되는 문제에 적절한 최적화수법으로 앞으로의 활용이 기대되는 최적화 수법이다.

이상에서 언급한 수치적 개념 분야에 포함되지 않은 것으로서 구조 최적화를 위하여 변분리법 원리(Variational principle)와 변분해석(Variational Calculus)에 바탕을 두고 유도한 해석적 정식화를 이용하는 특수한 수리적 방법에 속하는 것들이 있는데 다음 절에 소개하였다.

최적화 문제를 수학적 모델(목적함수, 제약조건)로 형성할 수 있다면 지금까지 개발되어 있는 각종 해석 방법을 적용하여 해를 구할 수 있다. 그러나 수리적 모형으로의 정식화가 불가능하게 되면 수리적 접근 방법으로는 해를 구할 수 없게 되므로 이 경우에는 Heuristic Algorithm과 같이 수치적으로 또는 Programming Logic에 바탕을 두고 최적해를 탐색해야 한다.

상술한 많은 방법 중에서 다음과 같은 조건을 미리 검토하여 특정한 설계문제에 사용할 최적화 방법을 선택하여야 한다.

(i) 문제의 정점 또는 동적 정시화
(ii) 문제의 선형 또는 비선형 정식화
(iii) 단일변수 또는 다변수 문제정식화
(iv) 제약조건의 유무, 등식 또는 부등식 여부

3.4 현대적 최적화 기법

구조설계는 기본적으로 시스템 수준의 설계로부터 요소나 부재의 단면 형상이나 치수를 기술하는 보다 많은 상세설계 변수를 포함하는 요소수준에 이르기까지 다단계(multi-level) 설계문제라 할 수 있다. 따라서 구조최적화하는 시스템 수준의 최적화와 요소수준의 최적화를 구분할 필요가 있다. 시스템수준에서는 FEM해석결과에 바탕을 둔 구조강성(stiffness), 처짐, 시스템 좌굴, 고유 진동수 등의 제약조건을 만족시키는 구조물의 Topology, 구조형상, 배치, 또는 총 단면의 최적화를 수행한다. 반면에 요소수준에서는 강도(strength), 강성(stiffness), 부재좌굴, 국부좌굴 및 균열제한 등과 같은 제약조건을 고려하는 구조물의 구성요소의 상세설계 최적화를 개개의 요소와 부재별로 한번에 수행한다. 전절에서 소개한 최적화기법의 단순한 적용은 요소최적화 문제에서만 가능하며 실제 대규모 구조물의 시스템수준의 구조 최적화를 위해서는 각종 근사화 개념의 도입과 효율적인 민감도 분석 및 재해석 기법의 사용이 필요하다. 여기서는 1.2절에서 현대적 최적화 기법의 발전과정에 대해 기술할 때 제대로 언급하지 못한 일부 중요한 개념을 개괄적으로 소개한다.

1.2절에서 살펴본 바와 같이 1960~1970년대 기간에는 구조 최적화를 위한 NPL(Nonlinear Programming)기법은 기본적으로 반복적으로 사용되는 성질을 가진 설계문제인 구조물의 구성 요소 수준의 최적화와 FEM 해석과 NPL알고리즘을 함께 결합시켜 정식화한 시스템 수준의 구조 최적화에 모두 응용되었다. 60년대부터 성공적으로 구조 최적화에 응용되어온 요소수준의 최적화 문제는 (1) 설계변수의 수가 비교적 적고, (2) 여러 재하 환경하에 점점 더 복잡해지는 다수의 파괴 모드를 고려하고, (3) 어떤 경우에 단순한 중량함수 외에 공비, 성능 같은 다른 목적함수도 고려하는 최적화 문제로 되는 특징을 갖고 있다. 1.2절에서 설명한 바와 같이 70년대 후반에 와서야 시스템 수준의 최적화 프로그램은 설계민감도 분석을 위한 FEM해석과 MP알고리즘을 결합시키는 일반적이며 고도의 복잡한 시스템 프로그램이 성공적으로 개발되었다. 시스템 수준의 최적화 프로그램은 효율적인 구조해석을 위하여 유한요소 변위법을 사용하고 설계변수 중심의 효율적인 DOSA(Design-Oriented Structural Analysis) 재해석 기법(reanalysis techniques)과 설계민감도 분석(design sensitivity analysis) 기법을 포함하고 있다. 설계변수 Linking 기법 등을 사용함으로서 구조해석을 위한 FEM모형에서 사용한 유한요소의 수와 설계변수의 수를 무관하게 만들 수 있다. 특히, 대형구조 문제의 최적화에서는 구조 재해석의 수와 설계민감도 계선의 수를 줄이는 것이 매우 중요하고, 나아가 설계 최적화 문제의 전반에 걸쳐 효율성을 개선하는 다양한 기법이 도입되었다. 특히, 시

스템 수준의 구조최적화 문제를 취급할 때는 FEM해석 모형과 설계 모형을 구분하는 것이 특히 중요하다. 구조해석 모형은 요소분할, 요소의 종류, 자유도 등은 통상적으로 구조시스템 해석에서 사용하는 FEM 기법을 그대로 사용하면 되지만, 설계모형을 세우기 위해서는 (1) 설계변수의 종류와 수 및 분포나 상호 Linking 관계를 결정하고, (2) 적절한 목적함수를 선정하는 문제가 포함된다. 설계에 관한 이러한 제반결정을 내림으로서 구조설계 최적화문제는 수리적인 형태로 정식화된다. 대부분의 구조 최적화 문제에서 구조물의 거동을 예측하기 위한 FEM해석 모형에서 사용하는 유한요소의 수보다도 실제적인 설계문제를 일반적으로 기술하기 위하여 요구되는 설계변수의 수가 이론적으로는 훨씬 더 많지만, 효율적인 다단계 정식화 및 주요설계 변수의 선정이나 Linking 등에 의해 문제를 단순화시키는 것이 매우 중요하다. 또한 일부 구조 최적화 문제에서는 설계가 진행되면서 해석 모형을 역동적으로 Update화 할 필요가 있으며, 따라서 해석모형과 설계모형은 분명 두 개의 대별되는 그러나 상호 연관된 판단과 결정이 수반됨을 알아야 한다.

시스템수준에서의 효율적인 구조최적화를 위한 여러 가지 기법에 대해 언급하기에 앞서 시스템 수준의 최적설계 문제가 매우 어려운 최적화 문제로 되는 특징을 열거하면 다음과 같다.

① 일반적으로 최적설계에서 얼마나 많은 그리고 어느 부등식 제약조건이 지배적 등식 제약조건이 되는지를 예측할 수 없다.
② 많은 수의 거동제약조건이 설계변수의 음함수 형태로 주어지기 때문에 대개의 경우 수치적으로 계산하는데 부담이 된다.
③ 여러 재하조건하의 각 하중조건에 대해 여러 파괴모드를 고려해야 할 필요가 있기 때문에 실제 구조문제에서는 수많은 부등식 제약조건이 포함된다.
④ 대개의 경우 초대형 구조물의 설계에서는 복잡한 구조시스템을 기술하기 위하여 요구되는 독립된 설계변수의 수가 수백 내지 수천이 될 정도로 매우 많기 때문에, 단순히 MP최적화기법의 직접적인 적용으로는 최적해를 구하기 어렵다.

이상과 같은 시스템 수준의 구조최적화 문제가 갖는 어려움으로 인하여 초대형 구조시스템의 효율적인 최적화기법의 개발을 위해서는 몇 가지 근사화기법을 도입하는 것이 불가피하다는 사실을 유의해야 한다. 이러한 기법 중에는 반복시행에 의한 재설계 과정에서 설계변수의 Scaling 기법이나 역설계변수(inverse design variable, reciprocal, or compliance variable)의 사용이 효율적인 경우도 있고, 부구조물(substructure)로 분해한 후 축차적인 최적화를 수행하거나, 매 싸이클당 소수의 위험가능성이 있는 제약조건만을 고려하여 축차적으로 해석하는 기법 등 다양한 근사화 개념 이용방법(approximate concept approach)이 있다. 특히 설계중심구조해석(DOSA)으로서의 설계 민감도 분석기법과 재해석기법 등 여러 가지 기법들이 도입되고 있다. 이중에 여기서는 설계민감도 분석의 기초개념과 재해석 기법만을 중심으로 개요만 간략하게 소개한다.

구조물에 대한 구조해석시 유한요소 해석을 사용하는 효율적인 시스템수준 최적화 과정의 개발에 관한 꾸준한 노력은 70년대 후반에 DOSA(Design Oriented Structural Analysis)기법의 발전을 가져오게 하였다. 설계측면에서 보면 설계과정의 매 단계에서 구조재해석의 목적은 설계 수정의 지침을 제공하는데 필요한 위험(critical)이거나 위험할 가능성이 있는 구조응답의 추정치만을 최소한의 노력으로 해석할 수 있어야 한다. 이를 위한 DOSA기법의 발전은 다음과 같이 세 가지 분야로 대별할 수 있다.

(1) 설계변수의 관한 구조응답치(변위, 응력, 진동수 등)의 변화율을 획득하는 방법
(2) 소수의 잘 선택된 기저벡터(basis vector)를 사용한 근사해석 해를 도출하는 기법
(3) 설계최적화를 위한 DOSA에 적합하도록 FEM해석과정을 어떻게 개선할 것인가에 대해 중점을 두면서 FEM해석과정을 수정하는 방법

구조최적화 과정에서 구조거동에 관한 설계 민감도를 분석하는 기본 목적은 설계변수의 변화에 따른 응답치의 변화율에 대한 정보를 획득하는데 있다. 이를 성취하기 위한 기본아이디어는 구조해석을 위한 지배 방정식의 설계변수에 관한 음미분(implicit differentiation)에 바탕을 두고 있다. 예를 들면 FEM변위법에 의한 정적 구조 해석의 경우에 기본해석방정식은 다음과 같은 형태가 된다.

$$[K]\ \{D\} = \{P\} \tag{3-15}$$

이를 설계 X_i에 관해 음미분 하여 재정리하면

$$[K]\left\{\frac{\partial D}{\partial X_i}\right\} = \left\{\frac{\partial P}{\partial X_i}\right\} - \left[\frac{\partial K}{\partial X_i}\right]\{D\} \tag{3-16}$$

이제, 식 (3-15)에서 변위해 벡터 $\{D\}$를 구하기 위하여 시스템 강도 매트릭스가 이미 분해 (decomposition)되어 있다면, 변위설계 민감도$\left\{\frac{\partial D}{\partial X_i}\right\}$의 계산은 다만 식 (3-16)의 우측항 벡터에 대한 후방 대입(back substitution)에 의해 이루어짐이 명백하다. 상기한 설계 민감도$\left\{\frac{\partial D}{\partial X_i}\right\}$의 계산은 개념적으로는 단순하다. 그러나 이와 같은 계산 방법은 X_i에 관한 모든 변위 성분의 편도함수 즉 변화율을 모두 계산한다는 가정 하에서는 타당하지만, 실제로는 설계수정에 필요한 민감도 도함수는 일부변위에 대해서만 필요한 경우가 많다. 설계 민감도의 분석 방법으로는 상태 공간(state space) 혹은 거동 공간 방법(behavior space approach), 설계공간방법(design space approach), 가상하중 방법(virtul-load approach)[7,36,37] 등이 있지만, 계산해야 할 변위 민감도의 수가 소수로 제한된 경우에는 상태공간 방법과 가상하중 방법이 효율적이다.

뿐만 아니라 설계변수의 변화에 따른 효율적인 구조 재해석 방법도 매우 중요하다. 재해석 문제는 기본적으로 설계변수가 $\{X^*\}$로부터 $\{\Delta X^*\}$만큼 변화하는데 따른 강성도의 $[K] = [K^*] + [\Delta K]$로 인한 변위의 변화률 $\{D\} = \{D^*\} + \{\Delta D\}$를 효율적으로 수치계산하는 문제로 된다. $\{\Delta D\}$의 계산을 위한 즉, 재해석 기본 방정식은 다음과 같다.

$$([K^*] + [\Delta K])(\{D^*\} + \{\Delta D\}) = \{P\} \tag{3-17}$$

상기한 식 (3-17)의 효율적인 재해석 기법은 문제 종류별로 다양하게 많이 있지만, 그중에 대표적인 주요방법을 열거하면 다음과 같다[7]. 각 방법의 해석 기본식은 표 3-3에 수록되어 있다.

(1) 직접방법(direct method)

- Modified Inverse of the Stiffness Matrix
- Modified Displacement Vecter

이 방법은 구조물의 요소 중에 비교적 작은 부분만 수정되는 문제에 효율적이며 정확한 해를 준다.

(2) 반복시행방법(Iterative Methods)

- 단순 Iteration
- Jacobi Iteration
- Block Gauss-Seidal Iteration
- Separate Iteration of Components

표 3-3 재해석방법 기법 요약

	Method	Equations
직접법	Modified inverse	$[K]^{-1}=[K^*]^{-1}-[K^*]^{-1}[b]^T[l]+[\Delta K_R][b][K^*]^{-1}[b]^T)^{-1}[\Delta K_R][b][K^*]^{-1}$ $\{\gamma\}=[K]^{-1}\{R\}$
	Modified displacement	$\{\Delta\gamma\}=-[K^*]^{-1}[b]^T([l]+[\Delta K_R][b][K^*]^{-1}[b]^T)^{-1}[\Delta K_R][b]\{\gamma^*\}$ $\{\gamma\}=\{\gamma^*\}+\{\Delta\gamma\}$
반복법	Simple Iteration	$[K^*]\{\gamma^{(k)}\}=\{R\}-[\Delta K]\{\gamma^{(k-1)}\} \quad \rightarrow \quad \{\gamma^{(k)}\}=\cdots$
	Jacobi iteration	$[B]=[K^*]^{-1}[\Delta K]$ $\{\gamma^{(k)}\}=([l]+[B_d])^{-1}\{\gamma^*\}-([l]+[B_d])^{-1}([B]-[B_d])\{\gamma^{(k-1)}\}$
	Block Gauss-Seidal	$[E]=([E_L]+[l]+[E_u])=([I]+[B])_d^{-1}([l]-[B])$ $[F]=([l]+[B])_d^{-1}\{\gamma^{(k-1)}\}$ $([E_L]+[l])\{\gamma^{(k)}\}=-[E_U]\{\gamma^{(k-1)}\}+\{F\} \quad \rightarrow \quad \{\gamma^{(k)}\}=\cdots$
	Separate iteration	$[B]=[K^*]^{-1}[\Delta K]$ $\{T_1\}\equiv[B]\{\gamma^*\} \quad \{T_2\}\equiv[B]\{T_1\} \quad \{T_3\}\equiv[B]\{T_2\}$ $\alpha_j=T_{1,j}/\gamma_j^*$ $\gamma_j=\frac{1}{1+\alpha_j}\left(\gamma_j^*-\frac{T_{1,j}-\alpha_j\gamma_j^*}{(1+\alpha_j)}+\frac{T_{2,j}-2\alpha_j T_{1,j}+\alpha_j^2\gamma_j^*}{(1+\alpha_j)^2}-\frac{T_{3,j}-3\alpha_j T_{2,j}+3\alpha_j^2 T_{1,j}-\alpha_j^3\gamma_j^3}{(1+\alpha_j)^3}+\cdots\right)$
근사법	Reduced basis	$[K^*]\left\{\frac{\partial\gamma^*}{\partial X_j}\right\}=-\left[\frac{\partial K^8}{\partial X_j}\right]\{\gamma^*\} \quad \rightarrow \quad \left\{\frac{\partial\gamma^*}{\partial X_j}\right\}=\cdots$ $[\gamma_B^*]=\left[\{\gamma^*\},\left\{\frac{\partial\gamma^*}{\partial X_1}\right\},\left\{\frac{\partial\gamma^*}{\partial X_2}\right\},\cdots,\left\{\frac{\partial\gamma^*}{\partial X_n}\right\}\right]$ $[K_R]=[\gamma_B^*]^T[K][\gamma_B^*] \quad \{R_R\}=[\gamma_B^*]^T\{R\}$ $[K_R]\{y\}=\{R_R\} \quad \rightarrow \quad \{y\}=\cdots$ $\{\gamma\}\simeq[\gamma_B^*]\{y\}$
	Taylor series	$[K^*]\left\{\frac{\partial\gamma^*}{\partial X_j}\right\}=-\left[\frac{\partial K^*}{\partial X_j}\right]\{\gamma^*\} \quad \rightarrow \quad \left\{\frac{\partial\gamma^*}{\partial X_j}\right\}=\cdots$ $\{\gamma\}\simeq\{\gamma^*\}+\sum_{j=1}^{n}(X_j-X_j^*)\left\{\frac{\partial\gamma^*}{\partial X_j}\right\}$

이 방법은 구조물의 전반에 걸친 설계변수의 미소한 변화의 경우에 적절하고 $\{D^*\}$가 Iteration 해의 초기치로 사용된다.

(3) 근사방법(Approximate Methods)

- Reduced Basis Method
- Taylor Series Expansion
- Substructure Modification

이 방법은 정확한 해석보다는 근사해가 허용되는 보통규모의 구조물 설계에서는 Reduced Basis Method가 비교적 효율적으로 알려져 있고, 대규모 구조물 내에서는 Substructure 기법이 효율적이다.

결론적으로 1.2절에서 이미 강조한 바와 같이 시스템 수준의 구조최적화를 위한 현대적인 최적화 기법은 기본적으로 각종 근사화개념 이용방법과 효율적인 재해석 및 설계 민감도 분석 기법의 사용과 더불어 FEM해석과 MP알고리즘의 효율적인 결합에 기초를 두고 있다.

3.5 수리 계획법(Mathematical Programming)

3.5.1 무제약 재래적 최적화(Unconstrained Classical Optimization)

(1) 기본 개념

변수들의 함수로 표시되는 어떤 제약 조건을 만족하면서 특정한 의미를 갖는 목적함수를 최소화 하거나 최대화 하는 것을 최적화라 할 때 최적화하는 수학적 기법은 무수히 많지만 본 장에서는 가장 보편적으로 널리 쓰이고 있는 몇 가지의 최적화 기법을 취급하고자 한다. 목적함수 $f(\underline{x})$가 변수 벡터$(\underline{x})$들에 관하여 어떠한 제약을 받지 않는다면 무제약 최적화 문제가 되며 최소화 문제에 대한 해 $\left(f(\underline{x}^*)\right)$는 다음과 같은 조건하에서 결정된다.

Problem : min $f(\underline{x})$

상대 또는 국부 최소(strong relative or local minimum)

$$: f(\underline{x}) > f(\underline{x}^*) \text{ for } \quad 0 < \| \underline{x} - \underline{x}^* \| < \epsilon \qquad (3-18)$$

절대 또는 전체 최소(absolute or global minimum)

$: f(\underline{x}) > f(\underline{x}^{*}) \qquad \text{for} \, every \;\; \underline{x} \in X$

또는 (3-19)

$f(\underline{x}^{*}) > f(\underline{x}_{i}^{o}), \qquad i = 1,\, 2, \cdots p$

여기서, $f(\underline{x}_i^o)$는 국부 최소치이며 $f(\underline{x}^*)$는 고유한 절대 최소치로서 유일하게 된다.

① 일변수 함수의 최적화

한 개의 변수 x 만을 갖는 함수 $f(x)$의 최적화를 위한 해석과정은 다음과 같다.

$$f(x) = a_o + a_1(x - x_o) + a_2(x - x_o)^2 + \cdots + a_n(x - x_o)^n + \cdots$$

$$= \sum_{n=0}^{\infty} a_n(x - x_o)^n \tag{3-20}$$

$$f'(x) = a_1 + 2a_2(x - x_o) + \cdots + n\, a_n(x - x_o)^{n-1} + \cdots$$

$$= \sum_{n=1}^{\infty} n\, a_n(x - x_o)^{n-1}$$

$$f''(x) = 2a_2 + (3)(2)a_3(x - x_o) + \cdots + n(n-1)a_n(x - x_o)^{n-2} + \cdots$$

$$= \sum_{n=2}^{\infty} n(n-1)a_n(x - x_o)^{n-2}$$

$$\vdots$$

$$f(n) = n!\, a_n + (n+1)!\, a_{n+1}(x - x_o) + \cdots$$

$$= \sum_{k=n}^{\infty} k!\, ak(x - x_o)^n$$

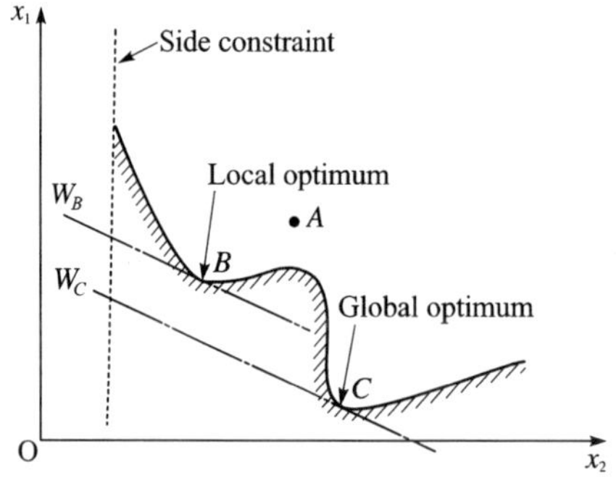

그림 3-1

$x=x_o$일 때 $f(x_o)=a_o$, $f'(x_o)=a_1$, $f''(x_o)=2!a_2, \cdots f(n)(x_o)=n!a_n$이다. 그러므로 식 (3-20)은 식 (3-21)과 같은 Taylor 급수형으로 된다.

$$f(x_o+h)=f(x_o)+hf'(x_o)+\frac{h^2}{2!}f''(x_o)+\cdot\ \cdot\ \cdot\ \cdot\ \cdot\ +\frac{h^n}{n!}f(n)(x_o)+\cdot\ \cdot\ \cdot \qquad (3-21)$$

식 (3-21)에서 h는 변수 x가 x_o에서의 미소 증분량(Δx)를 나타내며 무제약 일변수 함수에서의 최소치 및 최대치를 갖기 위한 조건은 식 (3-21)로부터 다음과 같이 나타낼 수 있다.

최소화를 위한 조건

필요조건 : $$\frac{df}{dx}|_{x=x_o}=0 \qquad (3-22)$$

충분조건 : $$\frac{d^2f}{dx^2}|_{x=x_0}>0 \qquad (3-23)$$

최대화를 위한 조건

필요조건 : $$\frac{df}{dx}|_{x=x_o}=0 \qquad (3-24)$$

충분조건 : $$\frac{d^2f}{dx^2}|_{x=x_0}<0 \qquad (3-25)$$

국부적인 최적화 조건 :

$f'(x)=f''(x)=0$인 경우는 Saddle point가 되며 이 경우에는 국부적인 최적치를 갖으며 다음 조건에 따라 국부적인 최소 및 최대치를 갖게 된다.

$$f(x_o+h)-f(x_o)=\frac{d^3f}{dx^3}\frac{h^3}{3!}>0 \quad \text{국부적 최소} \qquad (3-26)$$

$$<0 \quad \text{국부적 최대}$$

식 (3-26)에서 등호가 성립하게 된다면 식 (3-21)의 4차 미분항의 값의 부호로서 국부적인 최소, 최대 조건을 결정하게 된다.

예제 3.1

$\underset{x}{Min}\, f(x)\ :\ f(x) = (x-1)^4$

$f'(x) = 4(x-1)^3 = 0 \quad \therefore x = 1$

$f''(x) = 12(x-1)^2$

$f'''(x) = 24(x-1)$

$f''''(x) = 24 > 0$

여기서, $f'(1) = f''(1) = f'''(1) = 0$이며

$f''''(1) > 0$ 이므로 $f(1) = 0$은 절대적인 최소인 동시에 국부적 최소치가 된다.

② 두 변수 함수의 최적화

두 변수 (x,y)함수의 최적화 과정은 일변수 함수인 경우와 마찬가지의 방법으로 해석될 수 있다.

$$f(x_o + h, y_o + k) = f(x_o, y_o) + h\frac{\partial f}{\partial x} + k\frac{\partial f}{\partial y} + \frac{h^2}{2!}\frac{\partial^2 f}{\partial x^2} + kh\frac{\partial^2}{\partial x\,\partial y} + \frac{k^2}{2!}\frac{\partial^2 f}{\partial y^2} + 0(h^3, k^3) \tag{3-27}$$

식 (3-27)을 메트릭스 형으로 표기하면 식 (3-28)과 같다.

$$f(x_o + h, y_o + h) = f(x_o, y_o) + [h, k]\begin{pmatrix} f_x(x_o, y_o) \\ f_y(x_0, y_o) \end{pmatrix} + \frac{1}{2}[h, k]\, H(x_o, y_o)\begin{pmatrix} h \\ k \end{pmatrix} + 0(h^3, k^3) \tag{3-28}$$

여기서, $f_x = \dfrac{\partial f}{\partial x}$, $f_y = \dfrac{\partial f}{\partial y}$

$H(x_o, y_o) = \begin{pmatrix} f_{xx} & f_{xy} \\ f_{yx} & f_{yy} \end{pmatrix}_{(x_o, y_o)}$ 로서 H는 Hessian Matrix이다.

i) (x_o, y_o)가 최적해일 필요조건

$$\frac{\partial f}{\partial x} = \frac{\partial f}{\partial y} = 0$$

ii) (x_o, y_o)가 최적해일 충분조건

① 국부최소인 경우

$$\Delta = f_{xx} f_{yy} - {f_{xy}}^2 > 0$$

$$f_{xx} > 0,\ f_{yy} > 0$$

이 경우, H(x_o, y_o)는 Positive Semidefinite이다.

② 국부최대인 경우

$$\Delta = f_{xx} f_{yy} - {f_{xy}}^2 > 0$$

$$f_{xx} < 0,\ f_{yy} < 0$$

이 경우, H(x_o, y_o)는 Negative point이다.

③ Saddle Point인 경우

$\Delta < 0$이면 (x_o, y_o)는 Saddle point이다.

④ 최적해 판단 불가능한 경우

$\Delta = 0$이면 최적해를 판단할 수가 없다.

예제 3.2 $f(x,y) = 3xy - x^3 - y^3$의 최적해를 판단하라.

$$\left.\begin{array}{l} f_x = 3y - 3x^2 = 0 \\ f_y = 3x - 3y^2 = 0 \end{array}\right] \quad \therefore\ (0,0)\ ,\quad (1,1)$$

$$f_{xx} = -6x$$

$$f_{yy} = -6y$$

$$f_{xy} = 3$$

$$|H| = \begin{pmatrix} f_{xx} & f_{xy} \\ f_{yx} & f_{yy} \end{pmatrix} = \begin{pmatrix} -6x & 3 \\ 3 & -6x \end{pmatrix} = 36xy - 9 = f_{xx} f_{yy} - f_{xy}^2$$

(0,0)에서

$f_{xx} = 0$ 최소 또는 최대점이 아님

$|H| = -9$

(1,1)에서

$f_{xx} = -9,\ f_{yy} = -6$

$|H| = 27 \quad \therefore$ (1,1)에서 국부최대점임

예제 3.3 $f(x,y) = x^2 - y^2$ 의 최적해를 판단하라.

$f_x = 2x = 0$

$f_y = -2y = 0$

$f_{xx} = 2, f_{yy} = -2, f_{xy} = 0$

$|H| = \begin{pmatrix} 2 & 0 \\ 0 & -2 \end{pmatrix} = -4 < 0$

$\Delta = 2(-2) - 0^2 = -4 < 0 \qquad \therefore (0,0)$는 Saddly Point

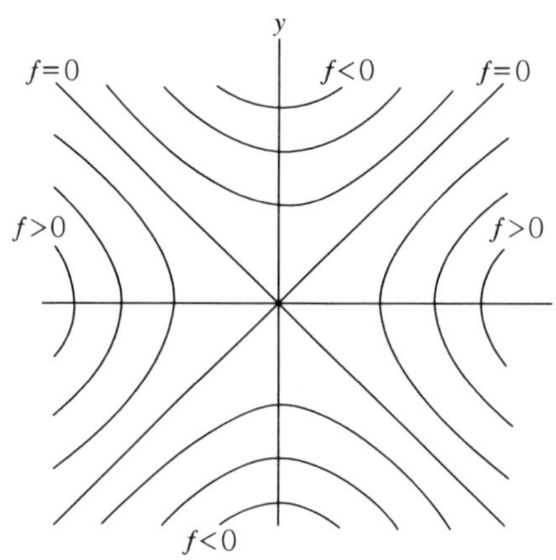

그림 3-2

③ 다변 함수의 최적화

다변수($\underline{x}$)함수의 최적화 과정은 일변수 함수와 두변수 함수의 경우와 마찬가지의 방법으로 해석될 수 있다.

$$f(\underline{x_o} + \Delta\underline{x}) = f(\underline{x_o}) + \nabla f(\underline{x}_o)\Delta\underline{x} + \Delta\underline{x_o}^T H \Delta\underline{x_o} + \cdot\ \cdot\ \cdot \tag{3-29}$$

i) $(\underline{x_o})$가 최적해일 필요조건

$f(\underline{x}) = 0$

ii) $(\underline{x_o})$가 최적해일 충분조건

① 국부최소인 경우

H : Positive Definite일 때

② 국부최대인 경우

H : Negative Definite일 때

예제 3.4

$f(x_1, x_2, x_3) = x_1^2 + 2x_1x_2 + 4x_1x_3 + 3x_2^2 + 2x_2x_3 + 5x_3^2 + 4x_1 - 2x_2 + 3x_3$의 최적해를 구하라.

$$f = \underline{x}^T A \underline{x} + B^T \underline{x}$$

$$\nabla f = 2A\underline{x} + B = 0 \quad \therefore \underline{x} = -\frac{1}{2} A^{-1} B$$

여기서, $A = \begin{pmatrix} 1 & 1 & 2 \\ 1 & 3 & 1 \\ 2 & 1 & 5 \end{pmatrix} \qquad B = [4 \ -2 \ 3]$

행렬 A의 Successive Principal Minor는 다음과 같다.

$$1 > 0$$

$$\begin{vmatrix} 1 & 1 \\ 1 & 3 \end{vmatrix} = 2 > 0$$

$$\begin{vmatrix} 1 & 1 & 2 \\ 1 & 3 & 1 \\ 2 & 1 & 5 \end{vmatrix} = 1 > 0$$

∴ A는 Positive Definite

∴ 최소점 : $x = -\frac{1}{2} A^{-1} B = [-35/2 \quad -13/2 \quad 8]^T$

(2) 함수의 수치해

무제약 목적 함수 $f(\underline{x})$의 최적해를 구하기 위해서는 필요조건으로 $f'(\underline{x})$의 근을 구하여야 하며 해석적으로 정확한 근을 구할 수 없을 경우에는 수치해로서 구하게 된다. 일반적으로 많이 쓰이는 수치해석의 몇 가지 방법을 소개하면 다음과 같다.

① Newton's Method(or Secant Method)

i) 일변수 함수

$$f(x_o + \triangle x) = f(x_o) + f'(x_o) \triangle x = 0$$

$$\triangle x = -\frac{f(x_o)}{f'(x_o)}$$

$\Delta x = x_1 - x_o$ 라 하면

$$x_1 = x_o + \Delta x = x_o - \frac{f(x_o)}{f'(x_o)}$$

일반적인 알고리즘 형태로 표시하면 다음과 같다.

$$x_{n+1} = x_n - \frac{f(x_n)}{f'(x_n)} \tag{3-30}$$

* **Newton Method의 기하학적 해석**

함수 $f(x)$의 $(x_o, f(x_o))$에서의 접선이 x축과 만나는 점을 x_1, 접선과 x축과 이루는 양의 각을 θ라 할 때 그림 3-3으로부터 다음식이 성립된다.

$$\tan\theta = \frac{f(x_o)}{x_o - x_1} = f'(x_o)$$

$$x_1 = x_o - \frac{f(x_o)}{f'(x_o)} \qquad \therefore x_{n+1} = x_n - \frac{f(x_n)}{f'(x_n)}$$

ii) 다변수 함수

단변수 함수의 경우와 마찬가지로 다변수 $(\underline{x})$함수의 해 $f(\underline{x}) = 0$를 Newton Method로 다음과 같이 적용할 수 있다.

$$\underline{x_{n+1}} = \underline{x_n} - \left[f'(\underline{x})^{-1} f(\underline{x})\right] \tag{3-31}$$

여기서, $f'(\underline{x})$는 Jacobian Matrix로서 다음과 같다.

$$f'(x) = \begin{pmatrix} \frac{\partial f_1}{\partial x_1} & \frac{\partial f_1}{\partial x_2} \cdots & \frac{\partial f_1}{\partial x_n} \\ \frac{\partial f_2}{\partial x_1} & \frac{\partial f_2}{\partial x_2} \cdots & \frac{\partial f_2}{\partial x_n} \\ & \vdots & \\ \frac{\partial f_n}{\partial x_1} & \frac{\partial f_n}{\partial x_2} \cdots & \frac{\partial f_n}{\partial x_n} \end{pmatrix}$$

예제 3.5 $f(x) = x^2 - 8 = 0$ 의 근사해를 구하라.

$$x_{n+1} = x_n - \frac{f(x_n)}{f'(x_n)} = x_n - \frac{{x_n}^2 - 8}{2x_n}$$

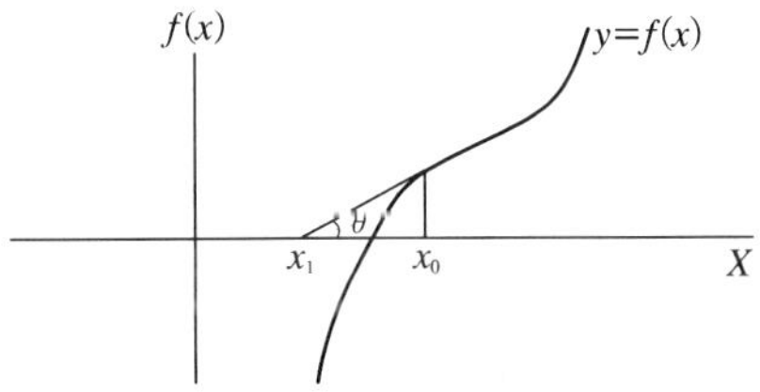

그림 3-3

$x_o = 3.000$에서 시작하면

$$x_1 = x_o - \frac{{x_o}^2 - 8}{2x_o} = 2.833$$

$$x_2 = x_2 - \frac{{x_1}^2 - 8}{2x_1} = 2.829$$

Iter	x_n	x_n^2
1	3.000	9.000
2	2.833	8.026
3	2.829	8.003

② **Newton-Raphson Method**

최적화 문제의 필요조건을 Taylor 급수 전개를 이용하여 다음과 같은 최적 수치해를 구할 수 있는데 이와 같은 알고리즘의 식 (5-15)를 Newton-Raphson Method라 한다.

$$\nabla f(\underline{x}) = 0$$

$$\nabla f(\underline{x} + \Delta x) = \nabla f(\underline{x}) + \nabla \nabla f(\underline{x}) \Delta \underline{x}$$

$$= \nabla f(\underline{x}) + H(\underline{x}) \nabla \underline{x} = 0$$

$$\therefore \Delta x = -H^{-1}(\underline{x}) \nabla f(\underline{x})$$

$$\therefore \underline{x}_{n+1} = \underline{x} - H^{-1}(\underline{x}_n) \nabla f(\underline{x}_n) \tag{3-32}$$

③ Muller's Method

Newton Method를 확장한 방법으로서 함수 $y=f(x)$의 정확한 근에 가까운 근사치를 구하는데 함수 $y=f(x)$상에 있는 임의의 세 점 $\{x_{i-1}, f(x_{i-1})\}$, $\{x_i, f(x_i)\}$, $\{x_{i+1}, f(x_{i+1})\}$을 지나는 2차 다항식 $y=p(x)$의 근으로서 다음 근사치 x_{i+1}를 정하는 방법이다. Muller's Method는 반복법이고 근의 근처에서 2차의 수렴을 하며 실근과 허근을 다 구할 수 있다는 특징을 가지고 있다. 이 방법의 장점은 미분을 계산할 필요가 없는 점이며 실근에 대해서는 수렴이 매우 빠르다는 장점이 있으나 계산 과정이 조금 복잡하다는 단점이 있다.

정의

$$f(x_i, x_{i-1}) = \frac{f(x_i)-f(x_{i-1})}{x_i - x_{i-1}} = \frac{f(x_i)-f(x_{i-1})}{h_i} \tag{3-33}$$

$$f(x_i, x_{i-1}, x_{i-2}) = \frac{f(x_i, x_{i-1}) - f(x_{i-1}, x_{i-2})}{x_i - x_{i-2}}$$

$$= \frac{f(x_i, x_{i-1}) - f(x_{i-1}, x_{i-2})}{h_i - h_{i-1}} \tag{3-34}$$

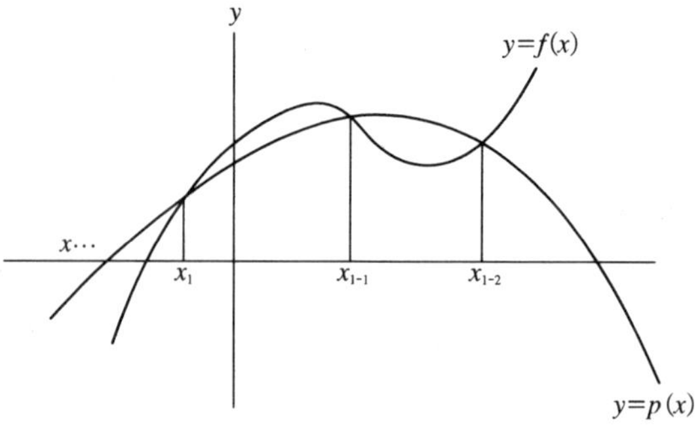

그림 3-4

$$p(x) = f(x_i) + f(x_i, x_{i-1})(x-x_i) + f(x_i, x_{i-1}, x_{i-2})(x-x_i)(x-x_{i-1})$$

$$= f(x_i) + (x-x_i)\,C_i + f(x_i, x_{i-1}, x_{i-2})(x-x_i)^2 \tag{3-35}$$

여기서, $(x-x_i)(x-x_{i-1}) = (x-x_i)^2 + (x-x_i)(x_i - x_{i-1})$

$C_i = f(x_i, x_{i-1}) + f(x_i, x_{i-1}, x_{i-2,})(x_i, x_{i-1})$이다.

$p(x)=0$ 로부터 $(x-x_i)$의 근사치를 다음 식으로부터 구할 수 있다.

$$(x-x_i)=\frac{-2f(x_i)}{C_i\pm\{C_i^2-4f(x_i)f(x_i,x_{i-1},x_{i-2})\}^{1/2}} \qquad (3-36)$$
$$=h_i+1$$

여기서, $x=x_i+h_{i+1}$이며 $C_i>0$이면 식 (3-36)의 분모의 복부호는 (+)를 취하며 $C_i'<0$ 이면 (-)부호를 택하게 된다. Muller's Method의 알고리즘은 다음과 같다.

$$x_{i+1}=x_i+h_{i+1} \qquad (3-37)$$

Muller's Method로 한번에 하나의 근을 구할 수 있다. 한개 이상의 근을 구하기 위해서는 수축(Deflation) 이라고 알려져 있는 과정을 이용한다. 예를 들어 한 개의 근 ζ_1이 구해지고 다른 근을 구하는 순서는 다음과 같다.

$$f_1(x)=\frac{f(x)}{(x-\zeta_1)} \qquad (3-38)$$

$f_1(x)$는 수축함수(Deflated or Reduced Function)라 하며, 만일 r개의 근 $\zeta_1,\cdots,\zeta_r$을 이미 얻었을 때 다음 근을 구하는데 다음과 같은 수축함수를 이용한다.

$$f_r(x)=\frac{f(x)}{(x-\zeta_1)(x-\zeta_2)\dots(x-\zeta_r)} \qquad (3-39)$$

만일 초기의 $y=f(x)$상의 x의 3개의 값이 주어지지 않았을 경우에는 다음과 같은 값을 초기에 이용한다.

$$x_i=0,\ x_{i-1}=0-0.5,\ x_{i-2}=0+0.5$$

지금까지의 Muller's Method의 알고리즘을 요약하면 다음과 같다.

(a) $f(x)$의 근 ζ의 3개의 근사치를 x_o,x_1,x_2 라하고 $f(x_o),f(x_1),f(x_2)$를 계산한다.

(b) 다음을 계산한다.

$$h_2 = x_2 - x_1,\ h_1 = x_1 - x_o$$

$$f(x_2, x_1) = \{f(x_2) - f(x_1)\}\ /\ h_2$$

$$f(x_1, x_o) = \{f(x_1) - f(x_o)\}\ /h_1$$

(c) $i = 2$로 한다.

(d) 다음을 계산한다.

$$f(x_i, x_{i-1}, x_{i-2}) = \{f(x_i, x_{i-1}) - f(x_{i-1}, x_{i-2})\} / (h_i - h_{i-1})$$

$$C_i = f(x_i, x_{i-1}) + h_i f(x_i, x_{i-1}, x_{i-2})$$

(e) 다음을 계산한다.

$$h_{i+1} = -2f(x_i) / \left\{C_i^2 - 4f(x_i) f(x_i, x_{i-1}, x_{i-2})^{1/2}\right\}$$

복부호는 분모의 크기가 큰 쪽으로 택한다.

(f) 다음을 계산한다.

$$x_{i+1} = x_i + h_{i+1} \quad , \quad f(x_{i+1})$$

$$f(x_{i+1}, x_i) = \{f(x_{i+1}) - f(x_i)\} / h_{i+1}$$

(g) $i = i+1$로 놓고 미리 정해진 ζ_1, ζ_2에 대하여 다음과 같은 규준 (ㄱ), (ㄴ), (ㄷ)가운데 어느 것이든 만족될 때까지 과정 (d)~(f)까지를 계속한다.

(ㄱ) $|x_i - x_{i-1}| < \epsilon_1 |x_1|$

(ㄴ) $|f(x_1)| < \epsilon_2$

(ㄷ) 정해진 최대 반복 횟수

예제 3.6

$p(x) = x^3 + x - 3$의 근을 구하여라. 단 $\epsilon_1 = \epsilon_2 = 10^{-6}$임.

Muller's Method를 이용하여 계산한 결과는 다음과 같다.

근		함수 값	
실 수 부 분	허 수 부 분	실 수 부 분	허 수 부 분
1.21341117E+00	0.	-4.2632564E-14	0.
-6.0670583E-01	1.4506122E+00	2.8421709E-14	4.2632564E-14
-6.0670583E-01	-1.4506122E+00	2.8421709E-14	-2.6290081E-13

3.5.2 라그랑즈 승계수법(Lagrange Multiplier Method)

(1) 등제약 조건

등제약조건을 갖는 최적화 문제를 라그랑즈 승계수법을 이용하여 최적해를 구하는 방법은 다음과 같다.

$$\text{Optimize } f(\underline{x}) \tag{3-40}$$

subject to

$$g_i(\underline{x}) = 0, \ i=1,\ 2,\ \cdots,\ m < n$$

제약 조건식이 존재하므로 위와 같은 최적화 문제의 최적 가능해의 영역은 분명히 줄어들게 되며 등제약 조건을 갖는 경우에는 주어진 제약 조건식의 교차점 위에 최적해가 존재하게 된다.

조정계수인 라그랑즈승계수 λ_i를 이용하여 무제약 함수로 변형하여 최적화 문제를 형성하면 다음과 같다.

$$\begin{aligned} L(\underline{x}, \lambda) &= f(\underline{x}) + \lambda^T \underline{g}(\underline{x}) \\ &= f(\underline{x}) + \sum_{i=1}^{m} \lambda_i g_i(\underline{x}) \end{aligned} \tag{3-41}$$

식 (3-41)의 필요조건은 앞절에서와 같이 다음과 같이 유도된다.

$$\frac{\partial L}{\partial x_j} = \frac{\partial f(\underline{x})}{\partial x_j} + \sum_{i=1}^{m} \lambda_i \frac{\partial g_i(\underline{x})}{\partial x_j} = 0, \qquad i = 1, 2, \ldots, m \tag{3-42}$$

$$\frac{\partial L}{\partial \lambda_i} = g_i(\underline{x}) = 0$$

여기서, $\frac{\partial \underline{g}}{\partial \underline{x}} = \begin{pmatrix} \frac{\partial g_1}{\partial x_1} & \frac{\partial g_2}{\partial x_1} & \cdots & \frac{\partial g_m}{\partial x_1} \\ \vdots & \vdots & & \vdots \\ \frac{\partial g_1}{\partial x_n} & \frac{\partial g_2}{\partial x_n} & \cdots & \frac{\partial g_m}{\partial x_n} \end{pmatrix}$

λ_i : 라그랑즈 승계수

$L(\underline{x}, \underline{\lambda})$: *Lagrangian*

m : 제약 조건의 수, n = 변수의 수

식 (3-41)의 충분조건은 전절에서 기술한 바와 같이 Hessian Matrix H의 정의에 따라 국부최대, 국부최소, Saddle Point 및 최적해 판단 불가능이 결정된다.

예제 3.7

$$Min.\ f(x) = {x_1}^2 + 4{x_2}^2$$

subject to $x_1 + 2x_2 = 6$

$Define\ L(\underline{x}, \lambda) = {x_1}^2 + 4{x_2}^2 + \lambda(x_1 + 2x_2 - 6)$

필요조건

$$\frac{\partial L}{\partial x_1} = 2x_1 + \lambda = 0$$

$$\frac{\partial L}{\partial x_2} = 8x_2 + 2\lambda = 0$$

$$\frac{\partial L}{\partial \lambda} = x_1 + 2x_2 - 6 = 0$$

$x_1 = 3$

$x_2 = 3/2$

$\lambda = -6$

충분 조건

$$\frac{\partial^2 L}{\partial x_1^2} = 2,\quad \frac{\partial^2 L}{\partial x_1 \partial x_2} = 0,\quad \frac{\partial^2 L}{\partial {x_2}^2} = 8$$

Heissian Matrix는 Positive Definite 이므로 x=(3, 3/2)이 최적해임.

예제 3.8

$$Min.\ \frac{1}{2} X^T A X + b^T X$$

subject to $C\ X = d$

여기서, A : m×n Positive Definite Matrix

C : m×n Matrix, m 〈 n이다.

$$L(X, \lambda) = \frac{1}{2} X^T A X + b^T X + \lambda^T [CX - d]$$

$$\nabla_x L(X^*, \lambda^*) = AX^* + b + C^T \lambda^* = 0$$

$$\nabla_\lambda L(X^*, \lambda^*) = CX^* - d = 0$$

$$\left(\begin{array}{c|c} A & C^T \\ \hline C & 0 \end{array}\right) \begin{bmatrix} X^* \\ \lambda^* \end{bmatrix} = \begin{bmatrix} -b \\ d \end{bmatrix}$$

$$\therefore \begin{bmatrix} X^* \\ \lambda^* \end{bmatrix} = M^{-1} \begin{bmatrix} -b \\ d \end{bmatrix}$$

여기서, $M = \left(\begin{array}{c|c} A & C^T \\ \hline C & 0 \end{array} \right)$ 이다.

정방행렬 M이 Nonsingular라면 M-1가 존재하며 최적해 (X^*, λ^*)는 결정된다.

(2) 부등제약 조건

부등제약 조건을 갖는 최적화문제는 부등제약 조건을 Slack Variable을 사용하여 등제약 조건으로 변환한 후 이를 라그랑즈 승계수법으로 해석하면 된다.

Optimize f(x)
subject to Ci 〉 hi(x), i=1, 2, …, m

부등제약 조건을 Slack Variable S_i를 이용하여 등제약 조건으로 변환하면 다음과 같다.

$$h_i(\underline{x}) + S_i^{\,2} = C_i \tag{3-43}$$

식 (5-26)의 등제약조건과 라그랑즈승계수법을 이용하여 최적화 문제를 형성하면 다음과 같다.

$$L(\underline{x}, \underline{s}, \underline{\lambda}) = f(\underline{x}) + \lambda^T \underline{g}(\underline{x}, \underline{s}) \tag{3-44}$$

여기서, $\underline{g}(\underline{x}, \underline{s}) = h(\underline{x}) + S^T S - C$이다.

식 (5-27)의 최적화 문제에 대한 필요조건은 아래와 같다.

$$\left.\begin{aligned} \frac{\partial L}{\partial x_j} &= \frac{\partial f}{\partial x_j} + \sum_{i=1}^{m} \lambda_i \frac{\partial g_i(\underline{x}, \underline{s})}{\partial x_j} = 0 \\ \frac{\partial L}{\partial s_j} &= 2s_j + \lambda_j = 0 \\ \frac{\partial L}{\partial \lambda_j} &= h_j(\underline{x}) + s_j^{\,2} - C_j = 0 \end{aligned}\right] \tag{3-45}$$

식 (5-28)중 $2s_j\lambda_j = 0$에 대하여 생각해보면 $s_j = 0$, $\lambda_j \neq 0$이면 해는 제약방정식 상에 존재하게 되며 $s_j > 0$, $\lambda_j = 0$이면 무제약 최적화 문제가 된다.

예제 3.9

$$Min.\ f(\underline{x}) = x_1^{\ 2} + 2x_2^{\ 2}$$

subject to $x_1 x_2 > 5$

$$x_1, x_1 > 0$$

$$L(x_1, x_2, \lambda, s) = x_1^{\ 2} + 2x_2^{\ 2} + \lambda(5 - x_1 x_2 + s^2)$$

필요 조건

$$\frac{\partial L}{\partial x_1} = 2x_1 - \lambda x_2 = 0 \ \rightarrow \ \lambda = \frac{2x_1}{x_2}$$

$$\frac{\partial L}{\partial x_2} = 4x_2 - \lambda x_1 = 0 \ \rightarrow \ \lambda = \frac{4x_2}{x_1}$$

$$x_2 = \frac{x_1}{\sqrt{(2)}}$$

$$\frac{\partial L}{\partial s} = 2\lambda_s = 0$$

$$\frac{\partial p}{\partial \lambda} = 5 - x_1 x_2 + s^2 = 0$$

$$\therefore \lambda = \frac{4x_2}{x_1} = \frac{4\frac{x_1}{\sqrt{(2)}}}{x_1} = 2\sqrt{(2)} \neq 0$$

$s = 0$

$$x_1 x_2 = 5$$

$$x_2 = \frac{x_1}{\sqrt{(2)}}$$

$$\therefore x_1 = \{5\sqrt{(2)}\}^{1/2}$$

$$\therefore x_2 = \frac{\{5\sqrt{(2)}\}^{1/2}}{\sqrt{(2)}}$$

$$f(x) = x_1^{\ 2} + 2x_2^{\ 2} = 10\sqrt{(2)}$$

충분 조건

$$\frac{\partial^2 f}{\partial x_1^2} = 2,\ \ \frac{\partial^2 f}{\partial x_1 \partial x_2} = 0,\ \ \frac{\partial^2 f}{\partial x_2^{\ 2}} = 4$$

Hessian Matrix가 Positive Definite이므로 위의 해(x_1, x_2)는 최적해이다.

3.5.3 Kuhn-Tucker 조건

1951년 Kuhn과 Tucker는 Slack Variable을 사용한 라그랑즈 승계수법을 이용하여 부등제약조건을 갖는 최적화 문제의 필요조건을 합리적으로 체계화시켰는데 다양한 부등 제약조건을 갖는 최적화 문제들에 대한 Kuhn-Tucker의 조건은 각각 다음과 같다.

(1) Max. $f(\underline{x}) = f(x^*)$

subject to $\underline{x} \geq 0$

Kuhn-Tucker 조건

$$\left.\begin{array}{l} ①\ \nabla f(\underline{x}^*) \leq 0 \\ ②\ (\underline{x}^*)^T \nabla f(\underline{x}^*) = 0 \\ ③\ x^* \geq 0 \end{array}\right] \quad (3\text{-}46)$$

(2) Max. $f(\underline{x})$

subject to $g_i(\underline{x}) \leq 0, \quad i = 1, 2, \ldots, m$

위의 최적화 문제를 Slack Variable S_i를 사용하여 라그랑즈 승계수법으로 변환하면 다음과 같다.

$$L(\underline{x}, \underline{s}, \underline{\lambda}) = f(\underline{x}) + \sum_{i=1}^{m} \lambda_i \{s_i + g_i(\underline{x})\}$$

여기서, $s_i \geq 0$ 이며 $s_i + g_i(\underline{x}) = 0$ 이다

Kuhn-Tucker 조건

$$\left.\begin{array}{l} ①\ \nabla_x L(\underline{x}^*, \underline{\lambda}^*) \leq 0 \ : (\underline{x}^*)^T \nabla_x L(\underline{x}^*, \underline{\lambda}^*) = 0 \\ ②\ \nabla_\lambda L(\underline{x}^*, \underline{\lambda}^*) = g(\underline{x}^*) \leq 0 \ : (\underline{\lambda}^*)^T \underline{g}(\underline{x}^*) = 0 \\ ③\ \underline{x}^* \geq 0 \ : \underline{\lambda}^* \leq 0 \end{array}\right] \quad (3\text{-}47)$$

(3) Max. $f(\underline{x})$

subject to $g_i(\underline{x}) \leq b_i, \quad i = 1, 2, \ldots, p$

$g_j(\underline{x}) \geq b_j, \quad j = p+1, p+2, \ldots, m$

$$x_k \geq 0 \qquad k = 1, 2, \dots, n$$

위의 최적화 문제를 라그랑즈 승계수법을 이용하여 변환하면 다음과 같다.

$$L(\underline{x}, \underline{\lambda}, \underline{\mu}) = f(\underline{x}) + \sum_{i=1}^{p} \lambda_i \{b_i - g_i(\underline{x})\} + \sum_{j=p+1}^{m} \mu_i \{b_j - g_j(\underline{x})\}$$

여기서, $\lambda_i \geq 0$이며 $\mu_j \leq 0$이다.

x*를 상대적인 최적해라면 Kuhn-Tucker의 필요조건은 다음과 같이 정리된다.

Kuhn-Tucker 조건

$$\left.\begin{aligned}
&① \ \frac{\partial L}{\partial x_j^*} \leq 0\ ;\ \frac{\partial L}{\partial \lambda_k} \leq 0\ ;\ \frac{\partial L}{\partial \mu_1} \geq 0 \\
&② \ x_j^* \geq 0\ ;\ \lambda_k^* \geq 0\ ;\ \mu_1^* \leq 0 \\
&③ \ x_j^* \frac{\partial L}{\partial x_j} = 0,\ \lambda_k^* \frac{\partial L}{\partial \lambda_k} = 0\ ;\ \mu_1^* \frac{\partial L}{\partial \mu_1} = 0
\end{aligned}\right] \qquad (3\text{-}48)$$

(4) Max. $f(\underline{x})$

subject to $g_i(\underline{x}) < 0, \quad i = 1, 2, \dots, m$

위의 최적화 문제를 라그랑즈 승계수법을 이용하여 변환하면 다음과 같다.

$$L(\underline{x}, \underline{\lambda}) = f(\underline{x}) + \sum_{i=1}^{m} \lambda_i g_i(\underline{x})$$

Kuhn-Tucker 조건

$$\left.\begin{aligned}
&① \ \nabla_{\underline{x}} L(\underline{x}^*, \underline{\lambda}^*) \geq 0 \ :\ (\underline{x}^*)^T \nabla_{\underline{x}} L(\underline{x}^*, \underline{\lambda}^*) = 0 \\
&② \ \nabla_{\lambda} L(\underline{x}^*, \underline{\lambda}^*) = g_i(\underline{x}^*) \leq 0 \ :\ (\underline{\lambda}^*)^T \underline{g}(\underline{x}^*) = 0 \\
&③ \ \underline{x}^* \geq 0 \ :\ \underline{\lambda}^* \geq 0
\end{aligned}\right] \qquad (3\text{-}49)$$

(5) Max. $f(\underline{x})$

subject to $g_i(\underline{x}) \le 0, \quad i = 1, 2, ..., m$

위의 최적화 문제를 라그랑즈 승계수법을 이용하여 변환하면 다음과 같다.

$$L(\underline{x}, \underline{\lambda}) = f(\underline{x}) + \sum_{i=1}^{m} \lambda_i g_i(\underline{x})$$

Kuhn-Tucker 조건

$$\left.\begin{array}{l} ① \ \nabla_{\underline{x}} L(\underline{x}^*, \underline{\lambda}^*) \le 0 \ : (\underline{x}^*)^T \nabla_{\underline{x}} L(\underline{x}^*, \underline{\lambda}^*) = 0 \\ ② \ \nabla_{\lambda} L(\underline{x}^*, \underline{\lambda}^*) = g(\underline{x}^*) \le 0 \ : \underline{\lambda}^* \underline{g}(\underline{x}^*) = 0 \\ ③ \ \underline{x}^* \ge 0 \ : \underline{\lambda}^* \le 0 \end{array}\right] \quad (3-50)$$

(6) Min. $f(\underline{x})$

subject to $g_i(\underline{x}) \ge 0, \quad i = 1, 2, ..., m$

위의 최적화 문제를 라그랑즈 승계수법을 이용하여 변환하면 다음과 같다.

$$L(\underline{x}, \underline{\lambda}) = f(\underline{x}) + \sum_{i=1}^{m} \lambda_i g_i(\underline{x})$$

Kuhn-Tucker 조건

$$\left.\begin{array}{l} ① \ \nabla_{x} L(\underline{x}^*, \underline{\lambda}^*) \ge 0 \ : (\underline{x}^*)^T \nabla_{\underline{x}} L(\underline{x}^*, \underline{\lambda}^*) = 0 \\ ② \ \nabla_{\lambda} L(\underline{x}^*, \underline{\lambda}^*) = g(\underline{x}^*) \ge 0 \ : (\underline{\lambda}^*)^T \underline{g}(\underline{x}^*) = 0 \\ ③ \ \underline{x}^* \ge 0 \ : \underline{\lambda}^* \le 0 \end{array}\right] \quad (3-51)$$

(7) Max. $f(\underline{x})$

subject to $g_i(x) \ge 0$, i = 1, 2, ⋯, m

위의 최적화 문제를 라그랑즈 승계수법을 이용하여 변환하면 다음과 같다.

$$L(\underline{x}, \underline{\lambda}) = f(\underline{x}) + \sum_{i=1}^{m} \lambda_i g_i(\underline{x})$$

Kuhn-Tucker 조건

$$\left.\begin{array}{l} ① \ \nabla_{\underline{x}} L(\underline{x}^*, \underline{\lambda}^*) \le 0 : (\underline{x}^*)^T \nabla_{\underline{x}} L(\underline{x}^*, \underline{\lambda}^*) = 0 \\ ② \ \nabla_{\lambda} L(\underline{x}^*, \underline{\lambda}^*) = \underline{g}(\underline{x}^*) \ge 0 : (\underline{\lambda}^*)^T \underline{g}(\underline{x}^*) = 0 \\ ③ \ \underline{x}^* \ge 0 : \underline{\lambda}^* \ge 0 \end{array}\right] \quad (3\text{-}52)$$

예제 3.10

Kuhn-Tucker 조건을 이용하여 다음 최적화 문제를 해석하라.

Min. $\{ f(x) = (x_1 - 1)^2 + (x_2 - 2)^2 \}$

subject to $x_2 - x_1 = 1$

$x_1 + x_2 \le 2$

$x_1 , x_2 \ge 0$

라그랑즈 승계수법을 이용하여 변환된 최적화문제 및 Kuhn-Tucker 조건은 다음과 같다.

$$L(\underline{x}, \lambda, \mu) = (x_1 - 1)^2 + (x_2 - 2)^2 + \lambda(x_2 - x_1 - 1) + \mu(x_1 + x_2 - 2)$$

$$\frac{\partial L}{\partial x_1} = 2(x_1 - 1) - \lambda + \mu \ge 0 \quad \text{(a)}$$

$$\frac{\partial L}{\partial x_2} = 2(x_1 - 2) + \lambda + \mu \ge 0 \quad \text{(b)}$$

$$x_1 \ge 0, x_2 \ge 0 \quad \text{(c)}$$

$$x_1 [\, 2(x_1 - 1) - \lambda + \mu \,] = 0 \quad \text{(d)}$$

$$x_2 [\, 2(x_2 - 1) + \lambda + \mu \,] = 0 \quad \text{(e)}$$

$$x_1 + x_2 - 2 \le 0 \quad \text{(f)}$$

$$\mu \ge 0 \quad \text{(g)}$$

$$\mu(x_1 + x_2 - 2) = 0 \quad \text{(h)}$$

$$x_2 + x_1 - 1 = 0 \quad \text{(i)}$$

위의 방정식을 풀기 위하여 $x_1 \neq 0$, $x_2 \neq 0$, $\mu=0$라 가정하면 식 (d), (e) 및 (i)로 부터 다음과 같이 해석된다.

$$\left.\begin{aligned} 2(x_1-1)-\lambda&=0\\ 2(x_2-2)+\lambda&=0\\ x_2-x_1-1&=0 \end{aligned}\right] \quad x_1^*=1,\ x_2^*=2,\ \lambda^*=0$$

그런데 이 해는 식(f)를 만족하지 않으므로 $\mu \neq 0$로 놓고 식 (d), (e), (h) 및 (i)를 연립으로 풀면 다음과 같은 해를 얻는다.

$$\left.\begin{aligned} 2(x_1-1)-\lambda+\mu&=0\\ 2(x_2-2)+\lambda+\mu&=0 \end{aligned}\right] \quad x_1^*=\frac{1}{2},\ x_2^*=\frac{3}{2},\ \mu^*=1,\ \lambda^*=0$$

$$\left.\begin{aligned} x_1+x_2-2&=0\\ x_2+x_1-1&=0 \end{aligned}\right] \qquad f(x_1^*,\ x_2^*)=1/2$$

이들의 해는 Kuhn-Tucker 조건을 모두 만족시키므로 최적해가 되며 최소값은 1/2이 된다. 그림 3-5는 이 문제의 해와 가능해의 영역을 보여준 것이다.

예제 3.11 Kuhn-Tucker 조건을 이용하여 다음 최적화 문제를 해석하라.

Min. $(x-a)^2 + b$

subject to $x \geq c$

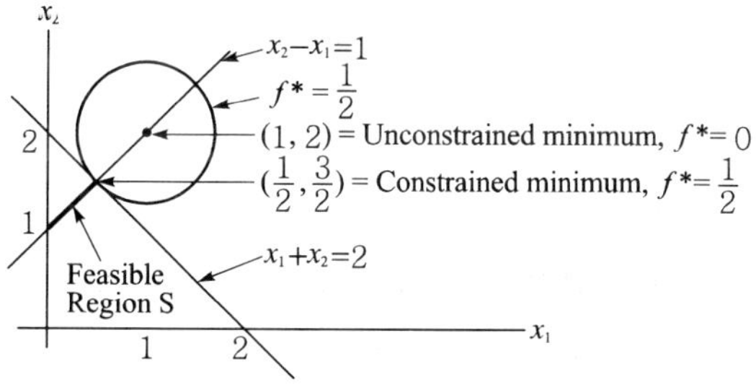

그림 3-5

$$L(x,\lambda) = (x-a)^2 + b + \lambda(x-c)$$

$$\nabla_x L(x^*,\lambda^*) = 2(x^*-a) + \lambda^* \geq 0 \qquad : \ x^*[2(x^*-a)+\lambda^*] = 0$$

$$\nabla_\lambda L(x^*,\lambda^*) = (x^*-c) \geq 0 \qquad : \ \lambda^*(x^*-c) = 0$$

$$x^* \geq 0 \qquad : \ \lambda^* \leq 0$$

1) a ≥ c인 경우

$x^* = a, \ \lambda^* = 0$

2) a < c인 경우

$x^* = c, \ \lambda^* = 2(a-c) < 0$

3.5.4 선형 계획법(Linear Programming)

목적함수와 제약조건식이 모두 변수들에 대하여 일차 함수식으로 구성되어 있는 경우의 최적화 문제를 선형계획법이라 하며 해석 방법은 여러가지가 있으나 여기서는 주로 Simplex Method를 소개한다.

(1) 기하학적 해석

선형계획문제를 기하학적으로 설명하기 위하여 다음의 몇 가지의 실례를 들어 도식적으로 해석한다.

$$\text{Opt. } Z = 2x_1 - 4x_2$$

$$\text{subject to } 3x_1 + 5x_2 \geq 15$$

$$4x_1 + 9x_2 \leq 36$$

$$x1 \ , \ x_2 \geq 0$$

위의 선형 최적화 문제를 도시하면 그림 3-6과 같다. 그림 3-6에서 빗금친 부분은 제약조건을 만족시키며 최적해를 가질 수 있는 가능영역(Feasible Region)이며 목적함수의 평행직선군(Level Lines)과 가능 영역과의 교점에 따라 최대 및 최소값이 결정된다.

최대점 : B(9, 0) : 최대값 Z_{max} = 18

최소점 : A(0, 4) : 최소값 Z_{min} = −16

(a) Max. $Z = 2x_1 + 0.5x_2$

subject to $6x_1 + 5x_2 \le 30$

$4x_1 + x_2 \le 12$

$x_1 , x_2 \ge 0$

위의 선형 최적화 문제를 도시하면 그림 3-7과 같다.

최대값을 갖는 목적함수의 직선이 제약 조건식 경계 직선 AB와 일치하게 되므로 최대값은 Z=6이 되나 이 값을 갖는 최대점은 AB 직선상의 모든 점이 되므로 이런 경우 해는 Non Unique하다고 한다.

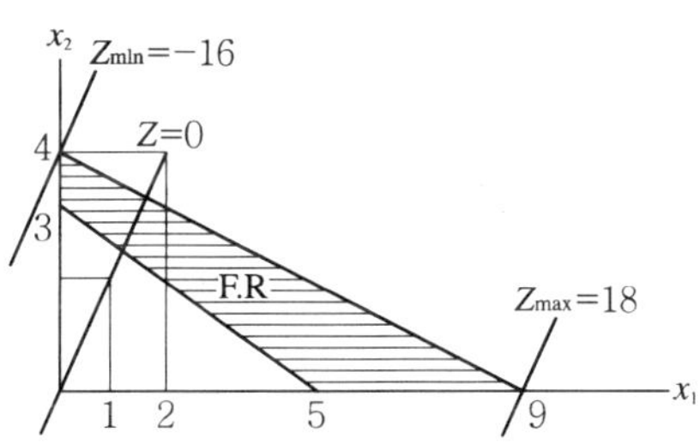

그림 3-6

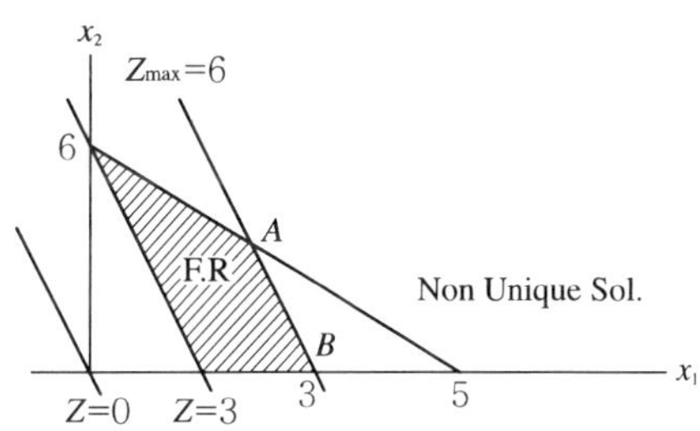

그림 3-7

(b) Max. $Z = 3x_1 + 2x_2$

subject to $-3x_1 + 2x_2 \le 6$

$-4x_1 + 9x_2 \le 36$

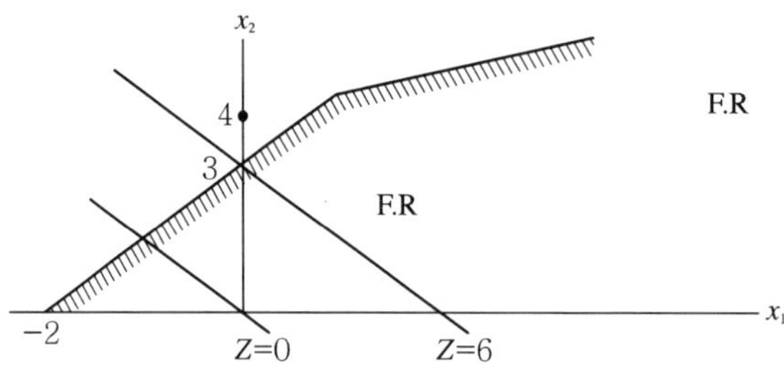

그림 3-8

위의 선형 최적화 문제를 도시하면 그림 3-8과 같다.

그림 3-8에서 보는 바와 같이 목적함수의 평행 직선군이 최대 또는 최소값을 결정할 수가 없으므로 이런 경우의 최적화의 해는 Unbounded Solution이라 한다.

(c) Max. $Z = 2x_1 - 3x_2$.

subject to $x1 - x_2 \geq 0$

$x_2 \leq 5$

위의 선형 최적화 문제를 도시하면 그림 3-9와 같으며 이 경우에는 변수 x_1의 최적해를 구할 수 없으므로 x_1은 Unbounded Solution이고 목적함수 Z역시 최적값을 결정할 수 없는 Unbounded이다.

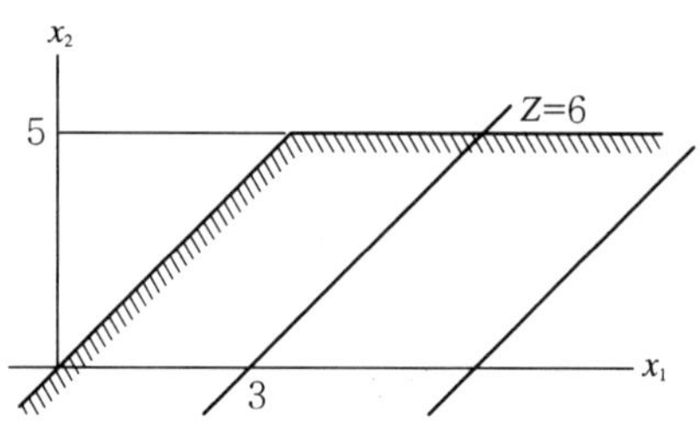

그림 3-9

(d) Max. $Z = -3x_1 - 4x_2$

subject to $2x_1 + 3x_2 \leq 6$

$4x_1 + 5x_2 \geq 20$

$x_1 , x_2 \geq 0$

위의 선형 최적화 문제를 도시하면 그림 3-10과 같으며 이 경우에는 변수 x_1과 x_2의 최적해를 결정할 수 없으므로 Unbounded Solution을 갖으며 목적함수 Z 역시 Unbounded이다.

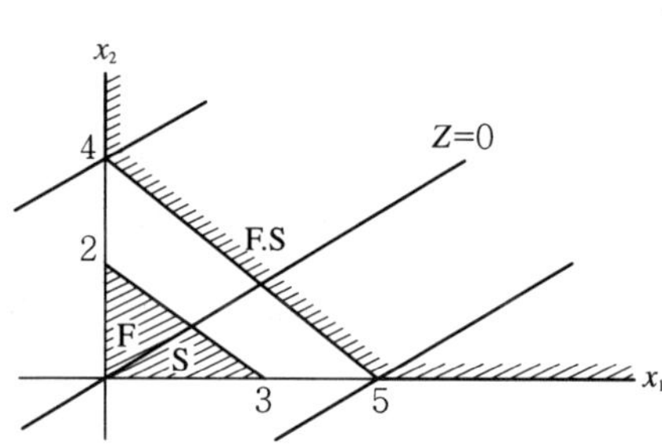

그림 3-10

(2) Simplex Method

① 등제약 조건

n개의 변수 (x)와 m개의 선형 등제약조건을 갖는 다음과 같은 선형계획문제의 식 (3-53)을 Simplex Method로 해석하기 위하여 식 (3-54)와 같이 변형한다.(n〉m인 경우)

$$\left.\begin{aligned} &Max.\,Z = \underline{C}^T\underline{x} \\ &\text{subject to A x = g} \\ &\qquad\qquad\quad \text{x} \ge 0 \end{aligned}\right] \tag{3-53}$$

$$\left.\begin{aligned} &Max.\,Z = [\underline{C}_B{}^T\ \underline{C}_N{}^T]\begin{pmatrix} x_B \\ x_N \end{pmatrix} = \underline{C}_B{}^T\ \underline{x}_B + \underline{C}_N{}^T\ \underline{x}_N \\ &\text{subject to B xB + N xN = g} \end{aligned}\right] \tag{3-54}$$

식 (3-54)에서 CT, x 및 A는 다음과 같다.

$$C^T = [\,C_1\ C_2\ \dots\ C_r\ \dots\ C_m : C_{m+1}\ \dots\ C_j \dots\ C_n\,]$$

$$= [\,\underline{C}_B{}^T\ \underline{C}_N{}^T\,]$$

$$\underline{x} = [x_1\ x_2\ \dots\ x_r\ \dots\ x_m\ :\ x_{m+1}\ \dots\ x_j\ \dots\ x_n\,]^T$$

$$= [\,\underline{x}_B\ \underline{x}_N\,]^T$$

$$A = \begin{pmatrix} a_{11} & a_{12} & \dots & a_{1r} & \dots & a_{1m} & : & a_{1m+1} & \dots & a_{1j} & \dots & a_{1n} \\ a_{21} & a_{22} & \dots & a_{2r} & \dots & a_{2m} & : & a_{2m+1} & \dots & a_{2j} & \dots & a_{2n} \\ \vdots & & & & & \vdots & & \vdots & & & & \vdots \\ a_{m1} & a_{m2} & \dots & a_{mr} & \dots & a_{mm} & : & a_{mm+1} & \dots & a_{mj} & \dots & a_{mn} \end{pmatrix}$$

$$= \left[a_1\, a_2 \cdots a_r \cdots a_m : a_{m+1} \cdots a_j \cdots a_{mn}\right]$$

$$= [B\ : N]$$

여기서 행렬 [B]는 m×m의 정방행렬로서 기저행렬(Basis Matrix)이라 하며 행렬 [N]는 m×(n−m)의 행렬로서 비기저행렬(Nonbasis Matrix)라 한다.

n>m이므로 제약조건을 만족하는 선형 독립적인 해 $\underline{x}_B$는 m개만 결정할 수 있다. 목적

함수 Z의 최적값을 가질 수 있는 $\underline{x}_B$의 해를 결정하는 방법이 Simplex Method로서 그 해석과정은 다음과 같다.

$\underline{x}_B$가 기본적인 가능해(Basic Feasible Solution)를 갖기 위해서는 $\underline{x}_N = 0$이 되어야 한다. 식 (5-37)로 부터

$$B\,\underline{x}_B = \underline{q} \tag{a}$$

$$\underline{x}_B = B^{-1}\,\underline{q} > 0 \tag{b}$$

$$Z = \underline{C}_B{}^T\,\underline{x}_B \tag{c}$$

(a) 기본적인 가능해의 개선

Old basis matrix [B]	Old nonbasis matrix [N]
$[\ a_1\ \ a_2\ \cdots\ a_r\ \cdots\ a_m\ ]$	$[\ a_{m+1}\ \cdots\ a_j\ \cdots\ a_n\ ]$

교 환

New basis matrix $[\hat{B}]$	New nonbasis matrix $[\hat{N}]$
$[\ a_1\ \ a_2\ \cdots\ a_j\ \cdots\ a_m\ ]$	$[\ a_{m+1}\ \cdots\ a_r\ \cdots\ a_n\ ]$

최적해에 가까운 $\underline{x}_B$를 구하기 위하여 기저행렬 [B]의 한열 벡터 a_r과 비기저 행렬 [N]의 한열 벡터 a_j를 서로 교환하여 새로운 기저행렬 $[\hat{B}]$를 형성한다. 이러한 교환은 한 과정에서 한 벡터만이 교환된다.

(b) 비기저 벡터의 기저 벡터로의 변형

임의의 비기저 벡터 a_j는 기저 벡터들의 선형조합으로 다음과 같이 나타낼 수 있다.

$$a_j = \sum_{i=1}^{m} \lambda_{ij}\,\underline{a}_i,\ \ j = m+1, \ldots, n \tag{d}$$

여기서, λ_{ij}는 Constant Multiplier이다.

$$\underline{a}_j = \lambda_{rj}\,\underline{a}_r + \sum_{\substack{i=1 \\ i=r}}^{m} \lambda_{ij}\,\underline{a}_i :\ \lambda_{ij} \neq 0$$

여기서, λ_{rj}는 Pivot Element이다.

$$\therefore \underline{a}_r = \frac{1}{\lambda_{rj}} \underline{a}_j - \sum_{\substack{i=1 \\ i=r}}^{m} \frac{\lambda_{ij}}{\lambda_{rj}} \underline{a}_i \tag{e}$$

식 (a)로 부터

$$\sum_{i=1}^{m} x_{Bi} \underline{a}_i = \underline{g} \tag{f}$$

식 (f)로 부터

$$\sum_{\substack{i=1 \\ i=r}}^{m} x_{Bi} a_i + x_{Br} \underline{a}_r = \underline{g} \tag{g}$$

식 (e)를 식 (g)에 대입하면

$$\sum_{\substack{i=1 \\ i=r}}^{m} x_{Bi} \underline{a}_i + x_{Br} [\frac{1}{\lambda_{ij}} \underline{a}_j - \sum_{\substack{i=1 \\ i=r}}^{m} \frac{\lambda_{ij}}{\lambda_{rj}} \underline{a}_i] = \underline{g}$$

$$\sum_{\substack{i=1 \\ i=r}}^{m} (x_{Bi} - x_{Br} \frac{\lambda_{ij}}{\lambda_{rj}}) \underline{a}_i + \frac{x_{Br}}{\lambda_{rj}} \underline{a}_j = \underline{g}$$

$$\therefore \sum_{i=1}^{m} \hat{x}_{Bi} \underline{a}_i = \underline{g} \tag{h}$$

여기서, $\hat{x}_{Bi}$는 새로운 기본 가능해이다.

$$\left.\begin{array}{l} i = r \text{ 인 경우 : } \hat{x}_{Br} = x_{Br} / \lambda_{rj} \\ i \neq r \text{ 인 경우 : } \hat{x}_{Br} = x_{Bi} - x_{Br} \dfrac{\lambda_{ij}}{\lambda_{rj}} = x_{Bi} - \hat{\lambda}_{ij} x_{Br} \end{array}\right] \tag{i}$$

$\hat{x}_{Bi}$가 가능해 이어야 하므로 $\hat{x}_{Bi} \rangle 0$이며 $\hat{x}_{Br} \rangle 0$이므로 $x_{Br} \rangle 0$이라면 $\lambda_{rj} \rangle 0$이 된다.

식(i)로부터

$$\frac{\hat{x}_{Bi}}{\lambda_{ij}} = \frac{x_{Bi}}{\lambda_{ij}} - \frac{x_{Br}}{\lambda_{rj}}, \ (\lambda_{ij} > 0) \tag{j}$$

i) 기저 행렬에서 제거되는 벡터 $\underline{a}_r$의 선택

새로운 가능해를 형성하기 위하여 다음조건에 적합한 벡터 $\underline{a}_r$를 택하여야 한다.

$$\theta = \frac{x_{Br}}{\lambda_{rj}} = \underset{i}{Min}\left\{\frac{x_{Bi}}{\lambda_{ij}} \mid \lambda_{ij} > 0\right\} \tag{k}$$

ii) 새로운 기저 행렬로 들어오는 벡터 a_j의 선택

$$\hat{Z} = \underline{C}_B{}^T \underline{x}_B = \sum_{i=1}^{m} \hat{C}_{Bi} \hat{x}_{Bi} \tag{l}$$

$i \neq r$인 경우

$$\hat{x}_{Br} = (x_{Bi} - x_{Br}\frac{\lambda_{ij}}{\lambda_{rj}})$$

$$\hat{C}_{Bi} = C_{Bi}$$

$i = r$인 경우 (m)

$$\hat{x}_{Br} = \frac{x_{Br}}{\lambda_{rj}}$$

$$\hat{C}_{Br} = C_j$$

식 (m)을 식 (l)에 대입하여 정리하면 다음과 같다.

$$\hat{Z} = \sum_{\substack{i=1 \\ i=r}}^{m} C_{Bi}(x_{Bi} - x_{Br}\frac{\lambda_{ij}}{\lambda_{rj}}) + \frac{x_{Br}}{\lambda_{rj}}C_j$$

$$= \sum_{i=1}^{m} C_{Bi}(x_{Bi} - x_{Br}\frac{\lambda_{ij}}{\lambda_{rj}}) - C_{Br}(x_{Br} - x_{Br}\frac{\lambda_{rj}}{\lambda_{rj}}) + \frac{x_{Br}}{\lambda_{rj}}C_j$$

$$= \sum_{i=1}^{m} C_{Bi}\, x_{Bi} - \frac{x_{Br}}{\lambda_{rj}}\sum_{i=1}^{m} C_{Bi}\lambda_{ij} + \frac{x_{Br}}{\lambda_{rj}}C_j$$

$$= Z - \frac{x_{Br}}{\lambda_{rj}}Z_j + \frac{x_{Br}}{\lambda_{rj}}C_j$$

$$\therefore \hat{Z} = Z + \frac{x_{Br}}{\lambda_{rj}}(C_j - Z_j) \tag{n}$$

여기서, $Z_j = \sum_{i=1}^{m} C_{Bi}\lambda_{ij} = \underline{C}_B{}^T \lambda_j$이다.

$\hat{x}_{Br} = \dfrac{x_{Br}}{\lambda_{rj}} > 0$이므로 새로운 기저 벡터로 들어오는 벡터 $\underline{a}_j$는 최대 최적화 문제에서는 $C_j - Z_j > 0$인 조건을 만족하는 비기저 벡터들 중에서 선택하여야 한다. 등제약조건을 갖는 선형최적화 문제를 Simplex Method로 해석하기 위해서는 진술한 바와 같은 기저 벡터 중의 $\underline{a}_r$와 비기저 벡터 중의 $\underline{a}_j$의 교환을 반복하면서 최적해를 수정한다. 이와 같은 반복과정은 최종 기저벡터들이 모두 $C_j - Z_j > 0$의 조건을 만족치 않을 때까지 수행하여 최적해를 구한다.

② **부등제약 조건**

부등제약조건을 갖는 선형계획문제를 Simplex Method로 해석하기 위해서는 부등제약 조건식을 Slack Variable을 사용하여 등제약 조건의 선형계획문제로 변환한다. 이와 같이 변환된 선형계획문제를 전술한 바와 같은 해석과정을 거쳐 최적해를 구하면 된다.

Slack Variable을 이용하는 경우

$$A\underline{x} \le \underline{g} \rightarrow A\underline{x} + \underline{s} = \underline{g}$$

$\underline{s}$: *Slack Variable*

Surplus Variable을 이용하는 경우

$$A\underline{x} \ge \underline{g} \rightarrow A\underline{x} - s = \underline{g}$$

s : *Surplus Variable*

예제 3.12 Simplex Method를 이용하여 다음의 선형계획문제를 해석하라.

$$Max.\ Z = 2x_1 - 4x_2$$

subject to $3x_1 + 5x_2 > 15$

$4x_1 + 9x_2 < 36$

$x_1 ,\ x_2 > 0$

부등제약조건을 등제약조건으로 변환하면 다음과 같다.

$3x_1 + 5x_2 - x_3 = 15$

$4x_1 + 9x_2 + x_4 = 36$

$x \ge 0$

여기서 x_3은 Surplus Variable이고 x_4는 Slack Variable이다.

$$A = \begin{bmatrix} \underset{\sim}{a}_1 & \underset{\sim}{a}_2 & \underset{\sim}{a}_3 & \underset{\sim}{a}_4 \\ 3 & 5 & -1 & 0 \\ 4 & 9 & 0 & 1 \end{bmatrix} \quad : \underset{\sim}{g} = \begin{bmatrix} 15 \\ 36 \end{bmatrix}$$

$$C^T = [2 \quad -4 \quad 0 \quad 0]$$

ITER 1

초기 기저 벡터 선택 : $B = [\underline{a}_1 \quad \underline{a}_4] = \begin{bmatrix} 3 & 0 \\ 4 & 1 \end{bmatrix}$

$$x_1 \begin{bmatrix} 3 \\ 4 \end{bmatrix} + x_4 \begin{bmatrix} 0 \\ 1 \end{bmatrix} = \begin{bmatrix} 15 \\ 36 \end{bmatrix}$$

$$x_B = \begin{bmatrix} x_1 \\ x_4 \end{bmatrix} = \begin{bmatrix} 3 & 0 \\ 4 & 1 \end{bmatrix}^{-1} \begin{bmatrix} 15 \\ 36 \end{bmatrix} = \begin{bmatrix} 5 \\ 16 \end{bmatrix}$$

$$Z = \underline{C}_B{}^T \underline{x}_B = [2,\ 0] \begin{bmatrix} 5 \\ 16 \end{bmatrix} = 10$$

목적함수 값 Z의 개선 유무를 다음과정에서 판단한다.

벡터 a_j의 선택 :

$\underline{a}_j = \sum^{i} \lambda_{ij} \underline{a}_i$ 로 부터 (이 경우에 $i = 1, 4$ 이며 $j = 2, 3$ 임)

$j = 2 : \underline{a}_2 = \lambda_{12} \underline{a}_1 + \lambda_{42} \underline{a}_4$

$j = 3 : \underline{a}_3 = \lambda_{13} \underline{a}_1 + \lambda_{43} \underline{a}_4$

$$\therefore \lambda_2 = \begin{bmatrix} \lambda_{12} \\ \lambda_{42} \end{bmatrix} = \begin{bmatrix} 5/3 \\ 7/3 \end{bmatrix} : \quad \lambda_3 = \begin{bmatrix} \lambda_{13} \\ \lambda_{43} \end{bmatrix} = \begin{bmatrix} -5/3 \\ 7/3 \end{bmatrix}$$

$Z_j = \underline{C}_B{}^T \lambda_j$로 부터

$$j = 2 : \underline{z}_2 = [2,\ 0] \begin{bmatrix} 5/3 \\ 7/3 \end{bmatrix} = \frac{10}{3}$$

$$j = 3 : \underline{z}_3 = [2,\ 0] \begin{bmatrix} -1/3 \\ 4/3 \end{bmatrix} = -\frac{2}{3}$$

$$c_2 - z_2 = -4 - \frac{10}{3} = -\frac{22}{3} < 0$$

$$c_3 - z_3 = 0 - (-\frac{2}{3}) = \frac{2}{3} > 0$$

∴ 벡타 $\underline{a}_3$가 새로운 기저 행열로 들어온다(∴ $j=3$).

벡터 ar 의 선택 :

$$\theta = \frac{x_{Br}}{\lambda_{rj}} = \underset{i}{Min}\left\{\frac{x_{Bi}}{\lambda_{i3}} \mid \lambda_{i3} > 0\right\}$$

여기서 i=1, 4 이다.

$$i=1: \frac{x_{B1}}{\lambda_{13}} = \frac{5}{-(1/3)} = -15$$

$\lambda_{ij} > 0$ 이어야 하므로 $i=1$은 안됨

$$i=4: \frac{x_{B4}}{\lambda_{43}} = \frac{16}{4/3} = 15$$

$\lambda_{13} < 0$ 이므로 λ_{43} 만이 선택의 대상이 된다. 그러므로 $\underline{a}_r = \underline{a}_4$가 되며 벡타 $\underline{a}_4$가 기저 벡타에서 제거된다.

ITER 2

새로운 기저 벡터 : $B = [a_1 \quad a_3] = \begin{bmatrix} 3 & -1 \\ 4 & 0 \end{bmatrix}$

$x_1 \underline{a}_1 + x_3 \underline{a}_3 = \underline{g}$ 로 부터

$$x_1\begin{bmatrix} 3 \\ 4 \end{bmatrix} + x_3\begin{bmatrix} -1 \\ 0 \end{bmatrix} = \begin{bmatrix} 15 \\ 36 \end{bmatrix}^{-1}$$

$$\therefore \underline{x}_B = \begin{bmatrix} x_1 \\ x_3 \end{bmatrix} = \begin{bmatrix} 3 & -1 \\ 4 & 0 \end{bmatrix}^{-1}\begin{bmatrix} 15 \\ 36 \end{bmatrix} = \begin{bmatrix} 9 \\ 12 \end{bmatrix}$$

$$Z = \underline{C}_B{}^T \underline{x}_B = [2,\ 0]\begin{bmatrix} 9 \\ 12 \end{bmatrix} = 18$$

목적함수 값 Z의 개선 유무를 다음과정에서 판단한다.

벡터 $\underline{a}_j$의 선택 :

$\underline{a}_j = \sum^{i} \lambda_{ij}\underline{a}_i$ 로부터 ($i=1,3$이며 $j=2,\ 4$ 임)

$$j=2: \lambda_2 = \begin{bmatrix} \lambda_{12} \\ \lambda_{32} \end{bmatrix} = \begin{bmatrix} 9/4 \\ 7/4 \end{bmatrix}$$

$$j=4: \lambda_4 = \begin{bmatrix} \lambda_{14} \\ \lambda_{34} \end{bmatrix} = \begin{bmatrix} 1/4 \\ 3/4 \end{bmatrix}$$

$Z_j = \underline{C}_B{}^T \lambda_j$ 로 부터

$$j = 2 : z_2 = [2,\ 0] \begin{bmatrix} 9/4 \\ 7/4 \end{bmatrix} = \frac{9}{2}$$

$$j = 4 : \underline{z}_4 = [2,\ 0] \begin{bmatrix} 1/4 \\ 3/4 \end{bmatrix} = \frac{1}{2}$$

$$c_2 - z_2 = -4 - \frac{9}{2} = -\frac{17}{2} < 0$$

$$c_4 - z_4 = 0 - \frac{1}{2} = -\frac{1}{2} < 0$$

∴ 새로운 기저 행렬로 들어오는 벡터가 없으므로 최적해는 더 이상 개선되지 않는다.

최적 해 : $(x_1{}^*, x_2{}^*) = (9,\ 0)$

최적 값 : $Z(x_1{}^*, x_2{}^*) = 18$

(3) Tabular Simplex Method

해석 Simplex Method에 의한 과정을 간략하고 체계적으로 해석하기 위하여 Simplex tableau를 이용하여 반복과정을 수행하는데 각 과정마다의 Simplex tableau에는 다음과 같은 내용이 포함되게 된다.

① 기저 행렬 : B

② 기본 가능해 : x_B

③ 목적함수의 값 : Z

④ Constant Multiplier : λ_j

⑤ 새로운 기저행렬로 들어오는 벡터 a_j를 선택하는 기준치 : $C_j - Z_j$

⑥ 기저행렬에서 제거되는 벡터 a_r를 선택하는 기준치 : θ

⑦ Basis set의 값 : $\underline{C}_B$

Standard Simplex Tableau

$\underline{C}_B$	Basis	Cost, C_j	C_1	C_2	......	C_n	Decision
	Vectors	x_B	$\underline{\lambda}_1$	$\underline{\lambda}_2$	......	$\underline{\lambda}_n$	Column θ
C_1	$\underline{a}_1$	x_{B1}	λ_{11}	λ_{12}		λ_{1n}	
C_2	$\underline{a}_2$	x_{B2}	λ_{21}	λ_{22}	......	λ_{2n}	
⋮	:	:	⋮	⋮		⋮	
C_m	$\underline{a}_m$	x_{Bm}	λ_{m1}	λ_{m2}		λ_{mn}	
Decision Row		$Z=\underline{C}_B{}^T\underline{x}_B$	C_1-Z_1	C_2-Z_2	......	C_n-Z_n	

(a) 새로운 기저행렬로 들어오는 벡터 $\underline{a}_k$의 선택

; 모든 (C_j-Z_j)의 값들 중에서 최대양의 값을 갖는 (C_k-Z_k)에 해당되는 k행의 벡터 $\underline{a}_k$를 택하면 된다.

(b) 기저행렬에서 제거되는 벡터 $\underline{a}_r$의 선택

; 새로운 기저 벡터 $\underline{a}_k$의 행에 있는 모든 λ_{ik}를 이용하여 다음 식으로 부터 θ의 최소값을 갖는 r열의 벡터 $\underline{a}_r$를 택하면 된다. 만일 모든 $\lambda_{ik} \le 0$이면 Unbounded 해를 갖게 된다.

위의 두 과정으로부터 구해진 k행과 r열에 해당하는 λ_{ik}를 Pivot Element라 하며 k행을 Pivot행이라고 한다. 다음 반복시행을 위한 Simplex tableau은 식 (i)를 이용하여 다음 과정으로부터 재구성된다.

〈Pivot 행의 구성〉

$$\hat{x}_{Br} = \frac{x_{Br}}{\lambda_{rk}} \qquad \hat{\lambda}_{ik} = \frac{\lambda_{ik}}{\lambda_{rk}}$$

〈Pivot 행 이외의 행들의 구성〉

$$\hat{x}_{Bi} = x_{Bi} - \frac{\lambda_{ik}}{\lambda_{rk}} x_{Br} = x_{Bi} - \lambda_{ik}\,\hat{x}_{Br}$$

$$\hat{\lambda}_{ij} = \lambda_{ij} - \frac{\lambda_{rj}\,\lambda_{ik}}{\lambda_{rk}} = \lambda_{ij} - \lambda_{rj}\,\widehat{\lambda_{ik}}$$

식 (n)으로부터 새로운 목적함수 값 $\hat{Z}$ 및 $(C_j - \hat{Z}_j)$는 다음과 같이 구하여 진다.

$$\hat{Z} = Z + \frac{x_{Br}}{\lambda_{rk}}(C_k - Z_k) = Z + \hat{x}_{Br}(C_k - Z_k)$$

$$C_j - \hat{Z}_j = (C_j - Z_j) - \frac{\lambda_{rj}}{\lambda_{rk}}(C_k - Z_k)$$

예제 3.13

Max. Z = $4x_1 + 3x_2$

subject to $2x_1 + 3x_2 \le 18$

$4x_1 + 2x_2 \le 10$

Slack Variable을 이용하여 부등제약조건식을 등제약조건식으로 변형하여 Simplex Tableau Method을 적용하면 다음과 같다.

Max. Z = $4x_1 + 3x_2 + 0\,x_3 + 0\,x_4$

subject to $2x_1 + 3x_2 + x_3 = 18$

$4x_1 + 2x_2 + x_4 = 10$

1) ITER. 1.

$\underline{C}_B$	Basis Vectors	Cost, $C_j \rightarrow$	4	3	0	0	Decision Column θ
		$\underline{x}_B$	$\underline{\lambda}_1$	$\underline{\lambda}_2$	$\underline{\lambda}_3$	$\underline{\lambda}_4$	
0	$\underline{a}_3$	18	2	3	1	0	9
0	$\underline{a}_4$	10	4	2	0	1	5/2
Decision Row		0	4	3	0	0	

2) ITER. 2.

$\underline{C}_B$	Basis Vectors	Cost, $C_j \rightarrow$	4	3	0	0	Decision Column θ
		$\underline{x}_B$	$\underline{\lambda}_1$	$\underline{\lambda}_2$	$\underline{\lambda}_3$	$\underline{\lambda}_4$	
0	$\underline{a}_3$	13	0	2	1	−1/2	13/2
4	$\underline{a}_1$	5/2	1	1/2	0	1/4	5
Decision Row		10	0	1	0	−1	

〈Pivot 행의 구성〉

r = 4, k =1 이므로

$$\hat{x}_{B4} = \frac{x_{B4}}{\lambda_{41}} = \frac{10}{4} = \frac{5}{2}$$

$$\hat{\lambda}_{4l} = \frac{\lambda_{4i}}{\lambda_{41}} \Rightarrow \frac{4}{4},\ \frac{2}{4},\ \frac{0}{4},\ \frac{1}{4}\ (i = 1, 2, 3, 4)$$

〈Pivot 행 이외의 행들의 구성〉

$$\hat{x}_{B3} = x_{B3} - \frac{\lambda_{31}}{\lambda_{41}} x_{B4} = x_{B3} - \lambda_{31}\hat{x}_{B4} = 18 - 2(\frac{5}{2}) = 13$$

$$\hat{\lambda}_{3j} = \lambda_{3j}\ \frac{\lambda_{31}}{\lambda_{41}}\lambda_{4j} = \lambda_{3j} - \lambda_{31}\hat{\lambda}_{4j} \Rightarrow 0,\ 2,\ 1,\ -1/2\ (j = 1, 2, 3, 4)$$

$$\hat{Z} = \underline{\hat{C}}_B{}^T \underline{x}_B = [0\,4]\begin{bmatrix}13\\5/2\end{bmatrix} = 10$$

or

$$= Z + \hat{x}_{Br}(C_k - Z_k) = 0 + \hat{x}_{B4}(C_1 - Z_1) = 0 + \frac{5}{2}(4-0) = 10$$

$$C_j - \hat{Z}_j = (C_j - Z_j) - \frac{\lambda_{rj}}{\lambda_{rk}}(C_k - Z_k)$$

$$= (C_j - Z_j) - \hat{\lambda}_{4j}(C_1 - Z_1) \equiv 0,\quad ,0, -1\ (j = 1, 2, 3, 4)$$

최대 $\therefore k = 2$

$\therefore \underline{a}_2$ 가 들어옴

$$\theta = Min\left\{\frac{x_{Bi}}{\lambda_{i2}}\ \middle|\ \lambda_{i2} > 0, (i = 2, 3)\right\} = \{13/2,\ 5/2\}$$

최소 $\therefore r = 1$

$\therefore \underline{a}_1$ 이 배제됨

Pivot element : $\lambda_{12} = 1/2$

들어오는 벡터 : $\underline{a}_2$

배제되는 벡터 : $\underline{a}_1$

3) ITER. 3.

$\underline{C}_B$	Basis Vectors	Cost, $C_j \rightarrow$	4	3	0	0	Decision Column θ
		$\underline{x}_B$	$\underline{\lambda}_1$	$\underline{\lambda}_2$	$\underline{\lambda}_3$	$\underline{\lambda}_4$	
0	$\underline{a}_3$	3	-4	0	1	-3/2	
3	$\underline{a}_2$	5	2	1	0	1/2	
Decision Row		15	-2	0	0	-3/2	

ITER. 3에서의 Simplex tableau는 ITER. 2와 같은 작성과정과 방법에 의해 완성된 것이다. $C_j - Z_j$의 모든 값이 양의 값이 없으므로 최적화 수행이 완료된 것이다.

최적해 : $\underline{x}^T = [0\ 5\ 3\ 0]$

최적값 : Z = 15

(4) Dual 선형계획법

최대화를 위한 선형계획문제를 최소화의 선형계획문제로 또한 최소화의 선형계획문제를 최대화의 선형계획문제로 변환하여 Simplex Method를 사용할 수 있는 Dual 선형계획법을 1954년 Lemke가 개발하였는데 이와 같은 Dual-Simplex Algorithm의 변환과정을 요약하면 다음과 같다.

Primal	Dual
Max. $Z = \underline{C}^T \underline{x}$	Min. $V = \underline{g}^T \underline{w}$
subject to $A\underline{x} \le \underline{g}$	subject to $A^T \underline{w} \ge \underline{C}$
$x \ge 0$	$\underline{w} \ge 0$

예제 3.14

Max. $Z = 3x_1 + 4x_2$

subject to $-2x_1 + 7x_2 \le -24$

$3x_1 + 4x_2 \le 31$

$x_1 - 5x_2 \le 20$

$x \ge 0$

위의 최대화를 위한 선형계획문제를 최소화의 선형계획문제로 변환하면 다음과 같다.

Min. $V = -24w_1 + 31w_2 + 20w_3$

subject to $-2w_1 + 3w_2 + w_3 \geq 3$

$7w_1 + 4w_2 - 5w_3 \geq 4$

$w \geq 0$

3.5.5 비선형 계획법

목적함수 또는 제약조건식이 일차 함수식이 아닌 비선형 함수식으로 구성되어 있는 경우의 최적화 문제를 비선형 계획법이라 하며 비선형 계획의 해석방법은 무수히 많지만 본 절에서는 보편적으로 널리 쓰이고 있는 몇 가지의 최적화 기법을 다루고자 한다.

(1) 일변수 함수의 Search

일변수 함수로 구성된 어떤 함수의 최대값 또는 최소값을 구하는 방법에는 필요조건인 미분을 이용하는 방법과 이용하지 않는 방법이 있는데 후자의 경우는 이분법, Golden Section Method 및 Fibonacci Method 등이 있으며 전자의 경우는 Bisecting Method와 Newton Method 등이 있다.

① 이분법(Dichotomous Method)

변수 x의 폐구간 [a, b]에서 함수 f(x)의 최소 또는 최대값을 구하고자 할 때 a와 b의 중앙점 c를 택하여 [a, c] 구간과 [c, b] 구간 사이의 최소 또는 최대를 판정하여 두 구간 중 한 구간만을 택하여 변수의 구간을 줄인다. 이와 같은 과정을 반복하여 최소 또는 최대값을 찾는 방법이다. 그림 3-11은 n번 반복 후 구간 $[a_n, b_n]$을 결정한 후 적절한 다음 구간을 찾는 과정을 보여 준 것이다.

$$C^n = (a^n + b^n)/2$$

$$x_1{}^n = C^n - \epsilon/2$$

$$x_2{}^n = C^n + \epsilon/2$$

여기서 ε 는 허용 오차의 범위이며 위의 첨자는 반복 수행횟수를 나타낸다. 최소값을 찾기 위한 수행과정은 다음과 같다.

① $f(x_1{}^n) > f(x_2{}^n)$ 이면 $a_{n+1} = x_1{}^n$, $b_{n+1} = b_n$ 이다

② $f(x_1{}^n) < f(x_2{}^n)$ 이면 $a_{n+1} = a_n$, $b_{n+1} = x_2{}^n$ 이다

③ $f(x_1{}^n) = f(x_2{}^n)$ 이면 최소치는 $x_1{}^n \le x^* \le x_2{}^n$ 에 존재한다.

예제 3.15

Min. $f(x) = x^2 - 8x + 4$

subject to $0 \le x \le 10$

$\varepsilon = 0.2$

ITER. 1. $x_2{}^1 = 5 + 0.1 = 5.1 : f(5.1) = -10.79$

$x_1{}^1 = 5 - 0.1 = 4.9 : f(4.9) = -11.19$

$\therefore 0 \le x \le 5.1$

ITER. 2. $x_2{}^2 = 2.55 + 0.1 = 2.65 : f(2.65) = -10.18$

$x_1{}^2 = 2.55 - 0.1 = 2.45 : f(2.45) = -9.69$

$\therefore 2.45 \le x \le 5.1$

.
.
.

ITER. 10. $3.675 \le x \le 4.1825$

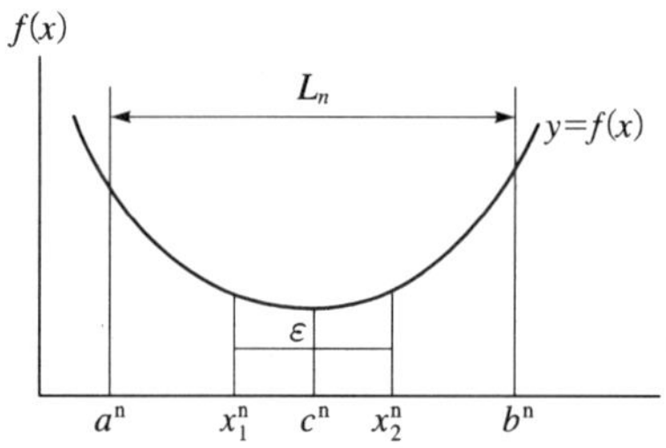

그림 3-11

② **등간격법(Equal Interval Search)**

변수 x의 폐구간 [a, b]사이에 등간격을 삼등분하는 두 점을 택하여 이분법과 마찬가지 반복시행으로 변수의 구간을 줄여 나감으로써 근사적인 최소값 도는 최대값을 구하는 방법을 이점 등간격법(Two-Point Equal-Interval Search)이라 하며 사등분하는 세 점을 택하여 시행할 경우는 삼점 등간격법(Three-Point Equal-Interval Search)라 한다.

(1) 이점 등간격법

간략히 소개하고자 폐구간 [a, b]를 [0, 1]로 택하여 최대화 문제를 생각한다.

그림 3-12에서 x는 이점법이므로 1/3이 된다.

f(1/3) 〈 f(2/3) 이면 빗금친 구간 0≤x≤1/3은 제외되며 1/3≤x≤1 구간에 최대값이 존재하게 된다. 다음 시행은 남아있는 구간을 마찬가지 반복시행으로 변수의 구간을 줄여나가 허용오차의 범위 내에 존재하는 최대값을 구하면 된다.

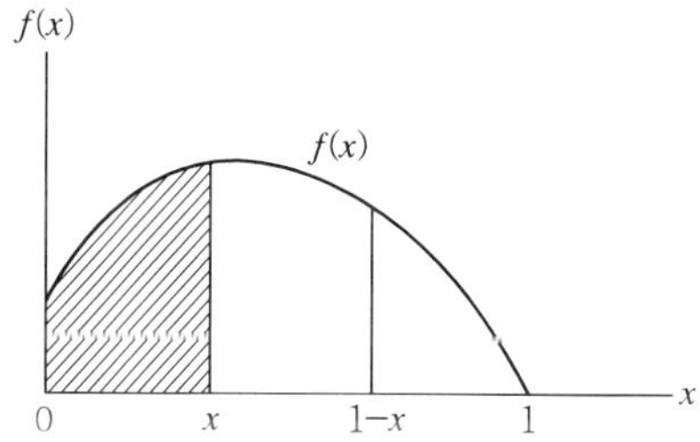

그림 3-12

(2) 삼점 등간격법

이점 등간격법과 유사한 방법이므로 도해적으로 최대화 문제를 간략히 소개한다.

i) $f(0) < f(\frac{1}{4}) < f(\frac{1}{2}) > f(\frac{3}{4})$ 이면 $\frac{1}{4} \le x \le \frac{3}{4}$ 에 최대값 존재

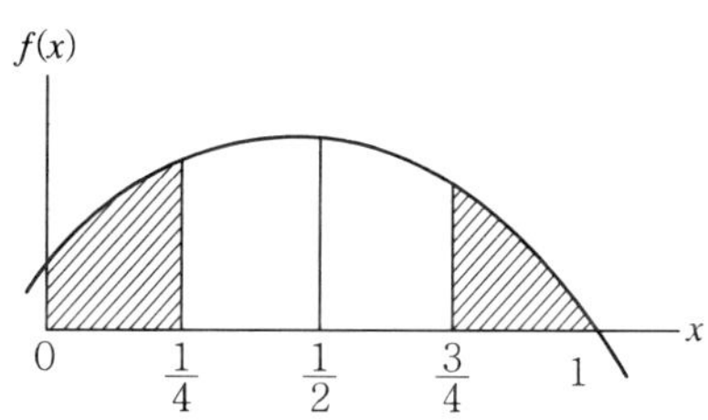

그림 3-13-1

ii) $f(\frac{1}{4}) > f(\frac{1}{2}) < f(\frac{3}{4})$ 이면 $0 \le x \le \frac{1}{2}$ 에 최대값 존재

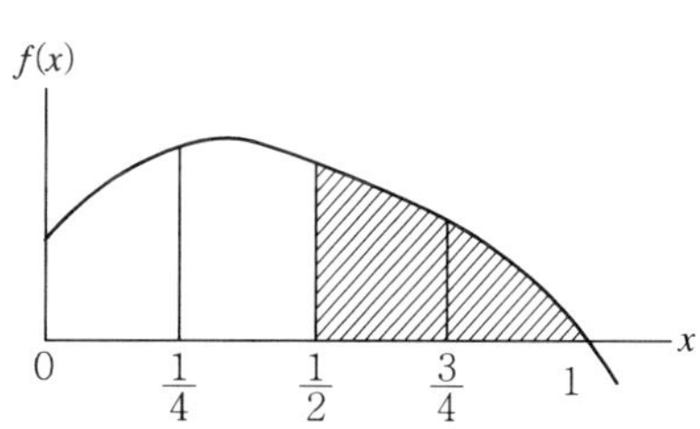

그림 3-13-2

iii) $f(\frac{1}{4}) < f(\frac{1}{2}) < f(\frac{3}{4})$ 이면 $\frac{3}{4} \leq x \leq 1$에 최대값 존재

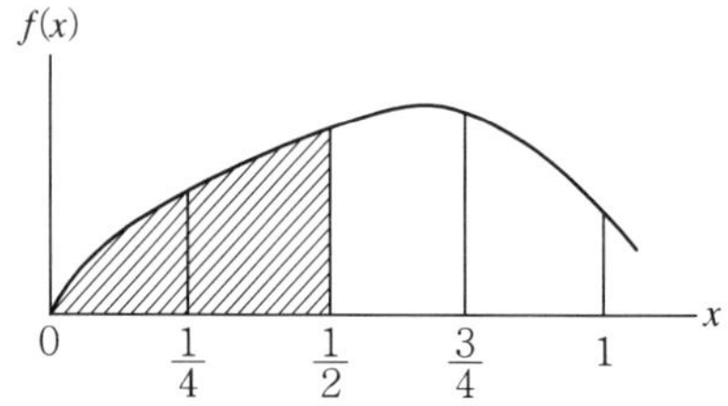

그림 3-13-3

예제 3.16

삼점 등간격법을 사용하여 다음 최적화 문제를 해석하라.

Min. $f(x) = 8x^2 - 2x^2 - 7x + 3$

subject to $0 < x < 1$

i) $f(0) = 3$, $f(0.25) = 1.24$, $f(0.5) = f(0.75) = 0$

$\therefore f(0.5) = f(0.75) < f(0.25)$ $\therefore 0.5 \leq x \leq 1$

ii) $f(0.625) < f(0.75) < f(0.875)$ $\therefore 0.5 \leq x \leq 0.75$

iii) 마찬가지 방법으로부터 $\therefore 0.5625 \leq x \leq 0.6875$

.
.
.

최소값 : $f(0.63) = -0.2$ 로 접근됨

③ Bisecting Method

미분을 이용한 이분법으로서 최소화 문제에 대한 해석 알고리즘을 요약하면 다음과 같다.

Min. f(x)

subject to a1 ≤ x ≤ b1

a) 초기 과정(Initialization Step)

최종 허용오차 범위 1를 선택한다.

다음 식을 이용하여 최소 양의 정수 n을 결정한다. n은 반복 횟수임.

$$(\frac{1}{2})^n \leq \frac{1}{b_1 - a_1}$$

k=1로 두고 주 과정을 수행한다.

b) 주 과정(Main Step)

① $x_k = \frac{1}{2}(a_k + b_k)$ 로 놓고 $f'(x_k)$ 를 구한다.

$f'(x_k) = 0$ 이면 x_k는 최적해로서 시행이 끝난다.

$f'(x_k) > 0$ 이면 ②과정을 시행한다.

$f'(x_k) < 0$ 이면 ③과정을 시행한다.

② $a_{k+1} = a_k,\ b_{k+1} = x_k$ 라 놓고 ④과정을 시행한다.

③ $a_{k+1} = x_k,\ b_{k+1} = b_k$ 라 놓고 ④과정을 시행한다.

④ k=n이면 수행이 끝나며 최적해는 $[a_{n+1},\ b_{n+1}]$ 사이에 존재한다.

k≠n이면 k=k+1로 놓고 ① 과정부터 다시 반복 시행한다.

예제 3.17

Min. x^2+2x

subject to $-3 \le x \le 6$

초기과정

$1 \le 0.2$로 선택

$$(\frac{1}{2})^n < \frac{1}{b_1 - a_1} = \frac{0.2}{9} = 0.0222 \qquad \therefore n = 6$$

주과정

Bisecting Method의 주과정의 알고리즘을 이용하여 해석한 결과는 다음 표와 같다.

ITER. K	a_k	b_k	x_k	$f'(x_k)$
1	−3.0000	6.0000	1.5000	5.0000
2	−3.0000	1.5000	−0.7500	0.5000
3	−3.0000	−0.7500	−1.8750	−1.7500
4	−1.8750	−0.7500	−1.3125	−0.6250
5	−1.3125	−0.7500	−1.0313	−0.0625
6	−1.0313	−0.7500	−0.8907	0.2186
7	−1.0313	−0.8907		

$$\therefore\ x_k \cong \frac{-1.0313 - 0.8907}{2} = -0.9610(\text{최적해})$$

f(−0.9610) = −0.9985(최소값)

④ **Newtons Method**

함수 f(x)를 Taylor 급수에 의해서 전개하면 다음과 같다.

$$f(\underline{x}+\Delta\underline{x}) \cong f(\underline{x})+(\Delta\underline{x})^T\nabla f(\underline{x})+\frac{1}{2}\Delta\underline{x}^T H\Delta\underline{x}$$

$$\cong f(\underline{x})+\sum_{i=1}^{n} g_i\,\Delta x_i+\frac{1}{2}\sum_{i=1}^{n}\sum_{j=1}^{m} h_{ij}\,\Delta x_i\,\Delta x_j \qquad (3-55)$$

여기서, H : Hessian Matrix

$$g_i=\frac{\partial f}{\partial x_i}$$

$$h_{ij}=h_{ji}=\frac{\partial^2 f}{\partial x_i \partial x_j}$$

함수 f(x)의 최적화를 위한 필요조건부터 식 (3-55)는 다음과 같이 된다.

$$g_k+\frac{1}{2}\sum_{i=1}^{n} h_{ik}\,\Delta x_i+\frac{1}{2}\sum_{j=1}^{m} h_{kj}\,\Delta x_j=0$$

H가 대칭 행렬이므로

$$\sum_{i=1}^{n} h_{ik}\,\Delta x_i=-g_k$$

또는 $H\Delta\underline{x}=-\nabla f(\underline{x})$

고로 $\Delta\underline{x}=-H^{-1}\nabla f(\underline{x})$ (3-56)

식 (3-56)이 Newton의 공식이며 해석 알고리즘을 요약하면 다음과 같다.

Newton's Algorithm

① 현재의 시행점 x*에서 f(x*), ∇f(x*) 및 H(x*)를 계산한다.

② $x_{\neq w}=x^*-H^{-1}\nabla f(\underline{x}^*)$

③ $f(x_{\neq w})$를 계산하고 f(x*)와 비교하여 수렴여부를 판단하여 반복 시행한다. 수렴하면 해석과정이 끝난다.

예제 3.18

Newton's Method로 다음 문제를 해석하라

Min. $f(x) = 10(x_1^2-x_2)^2 + (1-x_1)^2$

초기점(0, 0)

ITER. 1.

i) $f(0,\ 0) = 1,\ \nabla f(0,\ 0) = [-2\ \ 0]^T$

$$H(x_1, x_2) = \begin{bmatrix} 40(3{x_1}^2 - x_2) + 2 & -40x_1 \\ -40x_1 & 20 \end{bmatrix}$$

$$H(0,0) = \begin{bmatrix} 2 & 0 \\ 0 & 20 \end{bmatrix} \qquad \therefore H^{-1} = \frac{1}{40}\begin{bmatrix} 20 & 0 \\ 0 & 2 \end{bmatrix}$$

ii) $x_{\neq w} = \underline{x}^{old} - H^{-1} \nabla f(\underline{x}^{old})$

$= [1\ \ 0]^T$

iii) $f(x_{\neq w}) = 10$

ITER. 2.

i) $f(1,\ 0) = 10,\ \nabla f(1, 0) = [40\ \ -20]^T$

$$H(1,0) = \begin{bmatrix} 122 & -40 \\ -40 & 20 \end{bmatrix} \qquad \therefore H^{-1} = \frac{1}{840}\begin{bmatrix} 20 & 40 \\ 40 & 20 \end{bmatrix}$$

ii) $x_{\neq w} = \underline{x}^{old} - H^{-1} \nabla f(\underline{x})$

$= [1\ \ 1]^T$

iii) $f(1, 1) = 0$

$\nabla f(1, 1) = [0, 0] \qquad \therefore f(1, 1) = 0$: 최소값

(2) 다변수 함수의 Search

다변수 함수로 구성된 어떤 함수의 최대값 또는 최소값을 구하는 방법은 일변위 함수의 경우와 마찬가지로 최적화의 필요조건인 미분을 이용하는 방법과 이용하지 않는 방법이 있는데 후자의 경우는 Cyclic Coordinate Method, Hooke-Jeeve's Method, Rosenbrock's Method 등이 있으며 전자의 경우는 Optimal Gradient Method, Newton's Method, Acceleration-Step Method(PARTAN), Gradient Projection Method, Penalty-Function Method 등의 많은 방법이 있다.

① Cyclic Coordinate Method

다변수 함수를 갖는 최소화를 위한 함수 f(x)의 최적해를 변위의 좌표축 방향으로 정한 Search Direction을 따라 반복적으로 최적해를 찾아가는 방법이다. Search Direction Vector를 d_1, d_2, …, d_n이라 하면 d_j vector는 다음과 같은 unit vector이다.

$d_j = (0,\ 0,\ \cdots,\ 1,\ 0,\ \cdots,\ 0)$
└── j번째 위치

Search Direction d_j를 따라서 변수 x_j 만 $x_j+\lambda_j d_j$로 변하게 되며 그 밖의 다른 변수는 변하지 않게 된다. 여기서 λ_j는 함수 f(x)의 최적해의 변수 x중 x_j를 최적점 방향으로 이동시키는 Step Size로서 Scalar값이다.

Cyclic Coordinate Method의 알고리즘을 요약하면 다음과 같다.

a) 초기 과정

$\| x_{k+1} - x_k \| < \epsilon$가 되는 허용오차 ϵ를 선택한다.

좌표측 방향 벡터 d_1, d_2, $\cdots$, d_n을 설정한다.

초기점 x_1을 선택한다.

$y_1 = x_1$, $k = j = 1$ 이라 놓는다.

b) 주 과정

i) $f(y_j + \lambda_j d_j)$를 최소화 하는 λ_j를 결정한다.

$y_j+1 = y_j + \lambda_j d_j$을 수행한다.

$j < n$이면 $j = j+1$로 하고 i) 과정을 차례로 반복한다.

$j = n$이면 ii) 과정을 수행한다.

ii) $x_{k+1} = y_{k+1}$

$\| x_{k+1} - x_k \| < \epsilon$ 이면 수행이 끝남

$\| x_{k+1} - x_k \| \geq \epsilon$ 이면 $\underline{y_1} = x_{k+1}$, $j=1$, $k=k+1$ 로 놓고 i 의 과정부터 반복 시행한다.

예제 3.19

Cyclic Coordinate Method를 이용하여 다음 최적화 문제를 해석하라.

Min. $(x_1 - 2)^4 + (x_1 - 2x_2)^2$

Cyclic Coordinate Method의 알고리즘을 이용하여 해석한 결과는 다음 장의 표와 같으며 최적해로 수렴하는 과정은 그림 3-14와 같다.

② Hooke-Jeeve's Method

이 해석방법은 그림 3-15에서 보이는 바와 같이 함수 f(x)의 변위를 최적해로 수렴하는

과정이 좌표축 방향의 d_1, d_2, …, d_n 벡터 방향 V와 Pattern 방향을 따라 반복적으로 이루어지면서 최적해로 접근해 가는 방법이다. 초기의 변위 x_1이 좌표축 방향의 접근으로 x_2가 되었다면 Pattern 방향은 $x_2 - x_1$ 방향이 된다.

Hooke-Jeeve's Method의 알고리즘을 요약하면 다음과 같다.

a) 초기 과정

$\| x_{k+1} - x_k \| < \epsilon$가 되는 허용오차 ϵ와 초기점 $\underline{x}_1$을 선택한다.

$y_1 = x_1$, $k = j = 1$ 로 놓고 주과정을 수행한다.

ITER. k	x_k $f(x_k)$	j	d_j	y_j	λ_j	y_{j+1}
1	(0.00, 3.00) 52.00	1 2	(1.0, 0.0) (0.0, 1.0)	(0.00, 3.00) (3.13, 3.00)	3.13 -1.44	(3.13, 3.00) (3.13, 1.56)
2	(3.13, 1.56) 1.63	1 2	(1.0, 0.0) (0.0, 1.0)	(3.13, 1.56) (2.63, 1.56)	-0.50 -0.25	(2.63, 1.56) (2.63, 1.31)
3	(2.63, 1.31) 0.16	1 2	(1.0, 0.0) (0.0, 1.0)	(2.63, 1.31) (2.44, 1.31)	-0.19 -0.09	(2.44, 1.31) (2.44, 1.22)
4	(2.44, 1.22) 0.04	1 2	(1.0, 0.0) (0.0, 1.0)	(2.44, 1.22) (2.35, 1.22)	-0.09 -0.05	(2.35, 1.22) (2.35, 1.17)
5	(2.29, 1.14) 0.007	1 2	(1.0, 0.0) (0.0, 1.0)	(2.35, 1.17) (2.29, 1.17)	-0.06 -0.03	(2.29, 1.17) (2.29, 1.14)
6	(2.29, 1.14) 0.007	1 2	(1.0, 0.0) (0.0, 1.0)	(2.29, 1.14) (2.28, 1.14)	-0.04 -0.02	(2.25, 1.14) (2.25, 1.12)
7	(2.25, 1.12) 0.004	1 2	(1.0, 0.0) (0.0, 1.0)	(2.25, 1.12) (2.22, 1.12)	-0.03 -0.01	(2.22, 1.12) (2.22, 1.11)

b) 주 과정

i) $f(y_j + \lambda d_j)$를 최소화 하는 λ_j를 결정한다.

$y_{j+1} = y_j + \lambda_j d_j$을 수행한다.

$j < n$이면 $j = j+1$로 하고 i) 과정을 차례로 반복한다.

$j = n$이면 $x_{k+1} = y_{n+1}$로 한다.

$\| x_{k+1} - x_k \| < \epsilon$ 이면 수행이 끝남

$\| x_{k+1} - x_k \| \geq \epsilon$ 이면 $ii)$ 과정을 수행한다.

ii) d = x_{k+1} − x_k를 수행한다.

$f(x_{k+1} + \lambda d_1)$을 최소화 하는 $\hat{\lambda}$를 결정한다.

$\underline{y}_1 = \underline{x}_{k+1} + \hat{\lambda}_{\underline{d}}$ 를 수행한다.

j=1, k=k+1로 놓고 i) 과정부터 반복 시행한다.

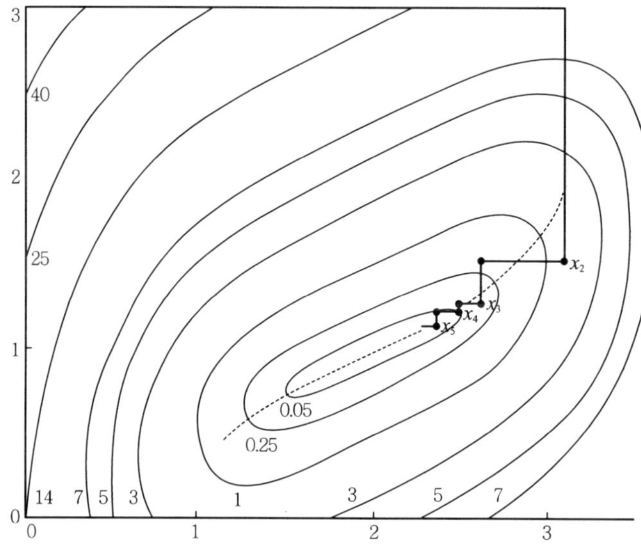

그림 3-14

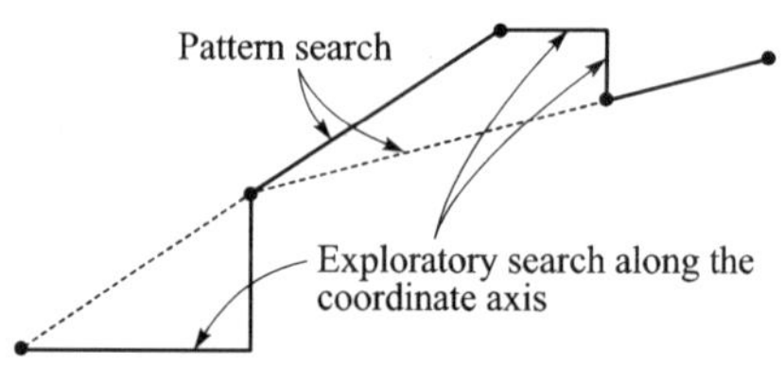

그림 3-15

예제 3.20 Hooke-Jeeve's Method을 이용하여 다음 최적화 문제를 해석하라.

Min. $(x_1-2)^4 - (x_1-2x_2)^2$

Hooke-Jeeve's Method의 알고리즘을 이용하여 해석한 결과는 다음과 같으며 최적해로 수렴하는 과정은 그림 3-16과 같다.

ITER. k	x_k $f(x_k)$	j	y_j	d_j	λ_j	y_{j+1}	d	λ	$y_3+\lambda_d$
1	0.00, 3.00	1	0.00, 3.00	1.0, 0.0	3.13	3.13, 3.00	---	---	---
	52.00	2	3.13, 3.00	0.0, 1.0	−1.44	3.13, 1.56	3.13, −1.44	0.10	2.82, 1.70
2	3.13, 1.56	1	2.82, 1.70	1.0, 0.0	−0.12	2.70, 1.70	---	---	---
	1.63	2	2.70, 1.70	0.0, 1.0	−0.35	2.70, 1.35	−0.43, −0.21	1.50	2.06, 1.04
3	2.70, 1.35	1	2.06, 1.04	1.0, 0.0	−0.02	2.04, 1.04			
	0.24	2	2.04, 1.04	0.0, 1.0	−0.02	2.04, 1.02	−0.66, −0.33	0.06	2.00, 1.0
4	2.04, 1.02	1	2.00, 1.00	1.0, 0.0	0.00	2.00, 1.00			
	0.000003	2	2.00, 1.00	0.0, 1.0	0.00	2.00, 1.00			
5	2.00, 1.00	1							
	0.00	2							

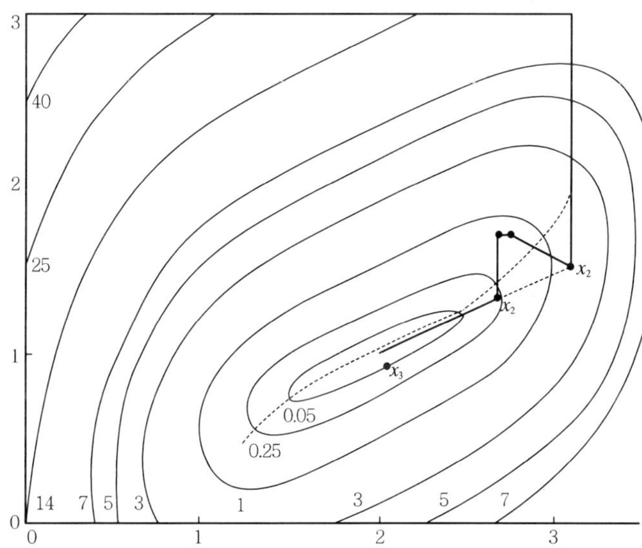

그림 3-16

③ **무제약** Optimal Gradient Method

최적화 문제로 주어진 함수 y=f(x)의 최적해를 구하기 위해서 진정한 최적해에 접근할 수 있는 가장 적절한 탐사 방향을 찾는다는 것은 아주 중요한 것이다. Optimal Gradient Method는 최적해에 접근할 수 있는 가장 적절한 탐사 방향을 찾아 반복적으로 수행하는 최적화 기법으로서 최소화 문제인 경우는 Steepest Descent Method, 최대화 문제인 경우는 Steepest Ascent Method 라고도 하며 해석과정은 다음과 같다.

Optimize y = f(x) (a)

y = f(x) 함수의 최적해를 찾기 위한 가장 적절한 탐사 방향의 벡터를 u라하고 다음과 같이 정의한다.

$$D_{\underline{u}} f(\underline{x}) = \nabla f(\underline{x}) \cdot \underline{u} = \sum_{i=1}^{n} \frac{\partial f}{\partial x_i} u_i, \ \| u \| = 1 \tag{b}$$

식 (b)는 벡터 u를 변수로 갖는 다음과 같은 최적화 문제로 변환된다.

Optimize $\nabla f(x) \cdot u$

$$\text{subject to } \sum_{i=1}^{n} {u_i}^2 = 1 \tag{c}$$

식 (c)를 라그랑즈 승계수법을 해석하면 다음과 같다.

$$L(u, \lambda) = \nabla f(\underline{x}) \cdot \underline{u} + \lambda (1 - \sum_{i=1}^{n} {u_i}^2)$$

$$\frac{\partial L}{\partial u_j} = \frac{\partial f}{\partial x_j} 1 - 2\lambda u_j = 0$$

$$\therefore u_j = \frac{1}{2\lambda} \frac{\partial f}{\partial x_j}, \ (j = 1, 2, \cdots, n)$$

$$\frac{\partial L}{\partial \lambda} = 1 - \sum_{i=1}^{n} {u_j}^2 = 0, \ (j = 1, 2, \cdots, n)$$

$$\therefore \frac{\partial L}{\partial \lambda} = 1 - \sum_{i=1}^{n} \frac{1}{4\lambda^2} (\frac{\partial f}{\partial x_j})^2 = 0$$

$$\therefore \lambda = -\frac{1}{2} \| \overline{\nabla} f(\underline{x}) \|$$

$$\| \overline{\nabla} f(\underline{x}) \| = \nabla f \cdot \nabla f = (\nabla f)^T \nabla f$$

$u_j = \dfrac{1}{2\lambda} \dfrac{\partial f}{\partial x_j}$ 로 부터

$$\therefore \underline{u} = \pm \frac{\overline{\nabla} f(\underline{x})}{\| \overline{\nabla} f(\underline{x}) \|} \tag{3-57}$$

여기서, $\dfrac{1}{\| \nabla f(\underline{x}) \|}$는 Normalizing Factor 로 다음과 같다.

$$\frac{1}{\| \nabla f(\underline{x}) \|} = \frac{1}{\left[\sum_{i=1}^{n} \left\{ \frac{\partial f}{\partial x_i}(x) \right\}^2 \right]^{1/2}}$$

식 (3-57)에서 함수 y=f(x)의 최적해를 찾기 위한 가장 적절한 탐사 방향의 벡터 u가 결정되었으며 복부호 중 + 부호는 최대화 문제에 사용되며 − 부호는 최소화 문제에 적용된다. 무제약 Optimal Gradient Method 의 알고리즘을 요약하면 다음과 같다.

① $x=x^n$에서 초기점 선택

$f(x^*)$ 과 $\nabla f(x^n)$을 계산한다.

② $x=x^n \pm \lambda \nabla f(x^n)$이라 놓는다. (최소화 문제는 복부호 중 −, 최대화 문제는 복부호 중 +를 택한다.

③ $\nabla x\ f(x) = 0$으로부터 최적의 λ_{opt}를 구한다.

④ $x^{n+1} = x^n \pm \lambda_{opt}\ \nabla f(x_n)$를 계산한다.

⑤ $\| x^{n+1} - x^n \| < \epsilon$ 이면 수행이 끝남.

$\| x^{n+1} - x^n \| \geq \epsilon$ 이면 $x^n = x^{n+1}$ 로 놓고 ①과정부터 반복한다.

예제 3.21 다음 최적화문제의 Optimal Step Size를 결정하라.

Min. $\left[f(\underline{x}) = \frac{1}{2} \underline{x}^T Q\ \underline{x} \right]$

$\nabla f(\underline{x}^n) = Q\ \underline{x}^n$

$\underline{x}^{n+1} = \underline{x}^n - \lambda\ Q\ x^n$

$$f(\underline{x}^{n+1}) = \frac{1}{2}(\underline{x}^n - \lambda\ Q\ \underline{x}^n)^T Q\ (\underline{x}^n - \lambda\ Q\ \underline{x}^n)$$

$$= \frac{1}{2}[\underline{x}^T Q\ \underline{x} - \lambda\ \underline{x}^T Q^2\ \underline{x} - \lambda\ \underline{x}^T Q^T Q\ \underline{x} + \lambda^2\ \underline{x}^T Q^T Q\ \underline{x}]$$

$$\frac{\partial f}{\partial \lambda} = \frac{1}{2}[\underline{x}^T Q^2\ \underline{x} + \underline{x}^T\ Q^T Q\ \underline{x} - 2\lambda\ \underline{x}^T Q^T Q^2\ \underline{x}] = 0$$

quadratic form에 대해서 $Q = Q^T$이므로

$$\lambda_{opt} = \left[\frac{\underline{x}^T Q^2 \underline{x}}{\underline{x}^T Q^3 \underline{x}} \right]$$

예제 3.22 Optimal - Gradient 알고리즘을 이용하여 다음 함수를 해석하라.

Min. $f(x) = 2x_i^2 + 2x_1 x_2 + 5x_2^2$

함수 f(x)를 quadratic form으로 변형하여 앞의 예제를 이용한다.

초기점을 (2, −2)로 택하면 4번의 반복수행을 하면 그 해석과정은 다음과 같다.

ITER. 1.

$$f(\underline{x}) = \frac{1}{2}\underline{x}^T \begin{bmatrix} 4 & 2 \\ 2 & 10 \end{bmatrix} \underline{x}$$

$$\nabla f(\underline{x}) = Q\underline{x} = \begin{bmatrix} 4 & 2 \\ 2 & 10 \end{bmatrix} \begin{bmatrix} x_1 \\ x_2 \end{bmatrix}$$

$$Q^2 = \begin{bmatrix} 4 & 2 \\ 2 & 10 \end{bmatrix} \begin{bmatrix} 4 & 2 \\ 2 & 10 \end{bmatrix} = \begin{bmatrix} 20 & 28 \\ 28 & 104 \end{bmatrix}$$

$$Q^3 = \begin{bmatrix} 20 & 28 \\ 28 & 104 \end{bmatrix} \begin{bmatrix} 4 & 2 \\ 2 & 10 \end{bmatrix} = \begin{bmatrix} 136 & 320 \\ 320 & 1096 \end{bmatrix}$$

앞의 예제의 결과식 λ_{opt} 을 이용하면 다음과 같다.

$$\lambda = \frac{20x_1^2 + 56x_1x_2 + 104x_2^2}{136x_1 + 640x_1x_2 + 1096x_2^2}$$

초기치 $\underline{x}^o = [2-2]^T$ 에서 $\lambda_o = 0.122$

$$\therefore \underline{x}^1 = \left[\underline{x}^o - \lambda \nabla f(\underline{x}^o)\right] = [0.1511 - 0.046]^T$$

ITER. 2.

x_1을 초기치로 하여 ITER. 1과 같은 과정을 수행한다. 이와 같은 과정을 4번 반복 수행한 후 해의 결과와 수렴과정은 다음과 같다.

Iteration	λ	x^1	x^2
1	0.122	0.1511	−0.046
2	0.156	0.577	−0.448
3	0.141	0.377	0.022
4	0.134	0.183	0.101

④ **Gradient Projection Method**

앞 절에서 기술한 바와 같은 무제약의 Steepest Descent Method는 Gradient가 음의 방향을 갖고 최적해에 반복적으로 접근해 가지만 제약 조건을 갖는 경우에는 Steepest Descent 방향을 따라 움직이면 다음 Search Point가 가능해를 갖는 영역을 벗어날 수가 있다. 따라서 gradient 방향을 가능해의 영역으로 투사하여 다음 Search Point가 가능해의 영역을 유지하면서 목적함수를 개선하여야 한다. 이와 같이 Gradient의 방향을 개선하면서 최적해를 구하는 방법이 Gradient Projection Method이다. 그림 3-17은 제약조건의 경계에서 Gradient $-\nabla f(\underline{x})$를 가능해의 영역으로 투사하여 개선된 Gradient $-P\nabla f(\underline{x})$로 변환시키는 것을 보여준 것이다.

(1) 선형제약 조건을 갖는 경우

다음과 같은 선형 제약조건을 갖는 최소화 문제의 Gradient projection method의 해석과정을 살펴보면 다음과 같다.

$$\left.\begin{array}{l}\text{Min. } f(x)\\ \text{subject to } \underline{A}_x = \underline{b}\end{array}\right] \qquad \text{(a)}$$

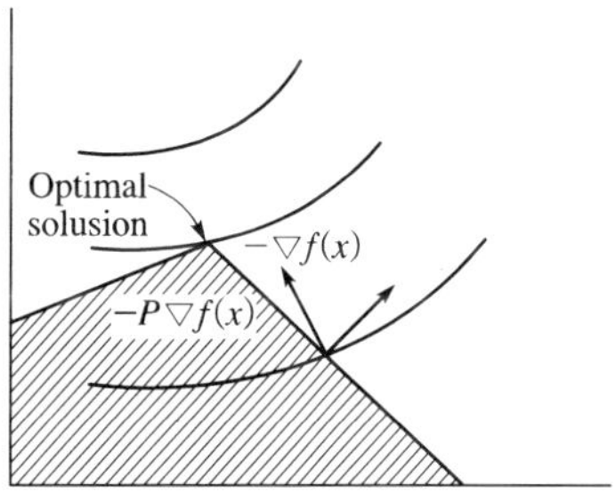

그림 3-17

p번째 반복과정의 변수 x^n이 가능해의 영역상에 있다면 p+1 번째의 변수 x^{n+1}은 다음과 같이 정의된다.

$$\underline{x}^{p+1} = \underline{x}^p + d\underline{x}^P \qquad \text{(b)}$$

x^{P+1}이 가능해의 영역에 존재하기 위해서는 제약조건식으로부터

$$A\, d\underline{x}^{P} = 0 \tag{c}$$

이다. 최적해에 접근할 수 있는 가장 좋은 방향을 따라 다음 접근점을 찾기 위해서는 목적함수의 변화율을 최대로 하는 경로 ds를 선택하여야 한다.

$$\frac{\partial f}{\partial s} = \sum_{i=1}^{n} \frac{\partial f}{\partial x_i} \frac{dx_i}{ds} \tag{d}$$

여기서, $(ds)^2 = \sum_{i=1}^{n} (dx_i)^2$ 이며 최적화 문제는 다음과 같이 변형된다.

$$\left.\begin{aligned} &\text{maximise } \frac{df}{ds} \\ &\text{subject to } (ds)^2 = \sum_{i=1}^{n} (dx_i)^2 \\ &A \frac{df}{ds} = 0 \end{aligned}\right] \tag{e}$$

식 (e)를 해석하기 위하여 라그랑즈 승계수법을 적용하면

$$L\left(\frac{df}{ds}, a, a_o\right) = \left\langle \nabla f(\underline{x}),\ \frac{df}{ds} \right\rangle + a^T A \frac{d\underline{x}}{ds} + a_o \left[1 - \left\langle \frac{d\underline{x}}{ds}, \frac{d\underline{x}}{ds} \right\rangle \right] \tag{f}$$

식 (f)의 필요조건

$$\nabla_{\frac{dx}{ds}} L = \frac{df}{d\underline{x}} - 2a_o \frac{d\underline{x}}{ds} + A^T a = 0 \tag{g}$$

$$\nabla_{\lambda} L = A \frac{d\underline{x}}{ds} = 0 \tag{h}$$

$$\nabla_{\lambda_o} L = 1 - \left\langle \frac{d\underline{x}}{ds}, \frac{d\underline{x}}{ds} \right\rangle = 0 \tag{i}$$

식 (g)로부터

$$\frac{d\underline{x}}{ds} = \frac{1}{2a_o}\left[\frac{df}{d\underline{x}} + A^T\lambda\right] \tag{j}$$

식 (j)를 식(f)에 대입하여 정리하면

$$\lambda_o = \frac{1}{2}\left\langle \frac{df}{d\underline{x}} + a^T A,\ \frac{df}{d\underline{x}} + a^T A \right\rangle^{1/2} \tag{k}$$

식 (k)를 식 (j)에 대입하여 정리하면

$$\frac{d\underline{x}}{ds} = \frac{\left[\frac{df}{d\underline{x}} + A^T\underline{a}\right]}{\left\langle \frac{df}{d\underline{x}} + a^T A,\ \frac{df}{d\underline{x}} + a^T A \right\rangle^{1/2}}$$

$$\therefore \frac{d\underline{x}}{ds} = \frac{df}{d\underline{x}} + A^T\underline{a}\ (Normalized\ direction) \tag{l}$$

식 (j)를 식 (h)에 대입하여 정리하면

$$\underline{a} = (-A A^T)^{-1} A \frac{df}{d\underline{x}} \tag{m}$$

식 (m)을 식(l)에 대입하여 정리하면

$$\frac{d\underline{x}}{ds} = \left[I - A^T(A A^T)^{-1} A\right] \nabla f(\underline{x}) \tag{n}$$

$$\therefore d\underline{x} = \lambda_P \left[I - A^T(A A^T)^{-1} A\right] \nabla f(\underline{x}) \tag{o}$$

식 (o)중의 I는 단위행렬이며 λ_P는 Step Size로서 $\lambda_P = ds$이다. 식 (o)을 식 (b)에 대입하여 정리하면 선형 제약조건을 갖는 경우의 Gradient Projection Method의 알고리즘이 된다.

$$\underline{x}^{P+1} = \underline{x}^{P} + \lambda_P\, P\, \nabla f(\underline{x}^{P}) \tag{3-58}$$

식 (3-58)에서 $P = \left[I - A^T(A\,A^T)^{-1}A\right]$이다.

여기서, P : normalized Projection Matrix이고

λP 〈 0이면 최소화 문제

λP 〉 0이면 최대화 문제가 된다.

(2) 비선형 등제약 조건을 갖는 경우

비선형의 등제약조건 $g_i(\underline{x})$ = 0를 갖는 최소화 문제를 살펴본다.

Min $f(\underline{x})$

subject to $g_i(\underline{x})$ = 0, i = 1, 2, ⋯, m

가능해의 영역에 있는 변수 $\underline{x}^P$를 갖는 제약조건을 선형화하면 다음과 같다.

$$g_i(\underline{x}^P + d\underline{x}^P) \cong g_i(\underline{x}^P) + \left[\nabla g_i(\underline{x}^P)\right]^T d\underline{x}^P$$

$\underline{x}^P + d\underline{x}^P$ 가 가능해의 영역에 있기 위해서는 위의 식이 0이 되어야 한다. 그러므로 다음 식이 성립된다.

$$\left[\nabla g_i(\underline{x}^P)\right]^T d\underline{x}^P = 0,\ i = 1, 2, \cdots, m$$

위의 식은 선형 등제약조건을 갖는 경우의 식 (c)인 $A\ \ d\underline{x}^P = 0$와 동일한 식으로서 비선형 등제약 조건을 갖는 경우의 행렬 A는 다음과 같이 된다.

$$A = A(\underline{x})^P = \begin{bmatrix} \frac{\partial g_1}{\partial x_1} & \frac{\partial g_1}{\partial x_2} & \cdots & \frac{\partial g_1}{\partial x_n} \\ \frac{\partial g_2}{\partial x_1} & \frac{\partial g_2}{\partial x_2} & \cdots & \frac{\partial g_2}{\partial x_n} \\ \vdots & \vdots & & \vdots \\ \frac{\partial g_m}{\partial x_1} & \frac{\partial g_m}{\partial x_2} & \cdots & \frac{\partial g_m}{\partial x_n} \end{bmatrix}$$

결과적으로 비선형 등제약 조건을 갖는 경우의 Gredient Projection Method의 알고리즘은 선형 등제약조건을 갖는 경우와 동일하나 각 반복수행 과정에서 행렬 A가 일정하지 않으므로 매 과정마다 행렬 A와 Normalized Projection Matrix P를 구하여야 하는 번거로움이 있다. 또한 행렬 P가 A(x^P)에 의해서 정의된 선형 Subspace 위에 Gradient를 투사한 것이므로 변위 x^P가 x^{P+1}로 움직일때 제약조건을 만족치 않게 되므로 step size λ_P를 아주 작

게 택하여야 하는 어려움도 있다. 고로 계산과정의 복잡성과 늦은 수렴 속도로 인하여 고차의 비선형 제약조건을 갖는 경우에는 Gradient Projection Method는 불편한 점이 있다.

(3) 비선형 등제약 조건을 갖는 경우

선형 부등제약조건을 갖는 다음과 같은 최소화 문제를 살펴본다.

Min. $f(\underline{x})$

subject to $A\underline{x} - \underline{b} \ \geq 0$; A : m×n 행렬이다.

변수 x^P가 가능해 영역의 경계에 존재하면서 최적해를 주도하는 제약조건을 active 제약조건이라 하며 최적해의 수렴과정에 영향을 미치지 않는 경계 제약조건을 Inactive 제약조건이라 한다. 선형 부등제약조건을 갖는 경우의 Gradient Projection Method는 선형 등제약조건을 갖는 경우와 동일한 알고리즘이 적용되나 알고리즘의 반복시행 과정에서 Active한 제약 조건에 의해서 행렬 A가 형성되므로 다음과 같이 이 과정을 수정하면서 알고리즘을 사용하여야 한다.

$$\begin{aligned} \underline{x}^{P+1} &= \underline{x}^{P} + \lambda_P \left[I - A_q{}^T (A_q A_q{}^T)^{-1} A_q \right] \nabla f(\underline{x}^P) \\ &= \underline{x}^{P} + \lambda_P \ P_q \ \nabla f(\underline{x}^P) = \underline{x}^P + \lambda_P \ \underline{dp} \end{aligned} \tag{3-58}$$

식 (3-58)에서 λ_P 〈 0이면 최소화 문제가 된다. 여기서 행렬 A_q는 P번째 반복시행에서 얻어진 변수 $\underline{x}^P$에서 지배적인 경계 제약조건식들 만에 의해서 이루어진 $q_P x^n$의 Submatrix 이다. 만일 목적함수 $f(\underline{x})$가 최소화가 이루어지기전의 어떤 반복시행에서 새로운 지배적인 제약 조건이 생긴다면 그 제약조건의 gradient는 행렬 A_q의 한 행(row)에 부가되어야 하며 반면 다음 식으로 표시되는 벡터 u_q의 어떤 Component가 (+)값을 갖는다면 이 Component와 일치하는 제약 조건은 지배적인 경계조건이 아니므로 행렬 A_q에서 해당되는 행을 제외하여야 한다. 이와같이 하여 수정한 행렬을 A_q라 하면 이에 따라 Projection Matrix P_q도 다음과 같이 수정하여 P_q가 된다.

$$\underline{u}^q = -(A_q A_q{}^T)^{-1} A_q \nabla f(\underline{x}^p) \tag{p}$$

$$\overline{P}_q = \left[I - \overline{A}_q{}^T (\overline{A}_q \overline{A}_q{}^T)^{-1} \overline{A}_q{}^S \right] \tag{q}$$

매 반복시행 과정마다 행렬 A_q, $\overline{A}_q$, P_q 및 $\overline{P_q}$ 가 구성되면 목적함수가 선형 및 비선형인 경우에 따라 다음과 같이 반복 시행한다.

① 목적함수가 선형일 경우

다음 식 (r)과 식 (s)이 성립될 때까지 식 (3-58)의 알고리즘을 반복시행한다.

$$\underline{d}_p = -P_q \nabla f(\underline{x}^P) = 0 \quad \text{(r)}$$

$$\underline{u}^P > 0 \quad \text{(s)}$$

$$\text{알고리즘 : } \underline{x}^{p+1} = \underline{x}^p + \lambda_P \, P_q \nabla f(\underline{x}^P) \quad \text{(3-59)}$$

② 목적함수가 비선형일 경우

다음의 식 (t)와 식 (u)가 성립될 때까지 식 (3-58)과 식 (3-59)의 알고리즘을 반복 시행한다.

$$\overline{\underline{d}}_p = -\overline{P_q} \nabla f(\underline{x}^P) = 0 \quad \text{(t)}$$

$$\underline{u}^P > 0 \quad \text{(u)}$$

$$\text{알고리즘 : } \underline{x}^{p+1} = \underline{x}^p + \lambda_P \, P_q \nabla f(\underline{x}^P) \quad \text{(3-60)}$$

$$\underline{x}^{p+1} = \underline{x}^p + \lambda_P \, \overline{\underline{d}}_P \quad \text{(3-61)}$$

식 (3-61)은 Line Search 문제이므로 max λ_P는 $\nabla f(\underline{x}^P + \lambda_p \overline{\underline{d}}_P) = 0$에서부터 구한다.

예제 3.23

Gradient Projection Method를 이용하여 다음 최적화 문제를 해석하라.

Min $2x_1^2 + 2x_2^2 - 2x_1x_2 - 4x_1 - 6x_2$

subject to $x_1 + x_2 \le 2$ ①

$x_1 + 5x_2 \le 5$ ②

$-x_1 \le 0$ ③

$-x_2 \le 0$ ④

$\nabla f(x) = [4x_1 - 2x_2,\ 4x_2 - 2x_1 - 6]^T$

ITER. 1.

i) Search Direction

x_1 = [0, 0]T : 지배적인 제약 조건(③, ④)

$\nabla f(x_1) = [-4, -6]^T$

Active Constrainte에 의한 행렬 : A_1

Inactive Constrinte에 의한 행렬 : A_2

$$A_1 = \begin{bmatrix} -1 & 0 \\ 0 & -1 \end{bmatrix}, \quad A_2 = \begin{bmatrix} 1 & 1 \\ 1 & 5 \end{bmatrix}$$

$$P = I - A_1{}^T (A_1 A_1{}^T)^{-1} A_1 = \begin{bmatrix} 0 & 0 \\ 0 & 0 \end{bmatrix}$$

$$\underline{d}_1 = -P \nabla f(\underline{x}^1) = [0, 0]^T$$

$$\underline{u} = -\left(A_1 A_1{}^T\right)^{-1} A_1 \nabla f(\underline{x}^1) = [-4, -6]^T$$

u_3, u_4 〈 0이므로 u_4 = −6을 선택하면 행렬 A_1에서 제약조건 ④에 해당하는 행이 제거된다.

$$\overline{A}_1 = [-1, 0]$$

$$\overline{P} = I - \overline{A}_1{}^T (\overline{A}_1 \overline{A}_1{}^T)^{-1} \overline{A}_1 = \begin{bmatrix} 0 & 0 \\ 0 & 1 \end{bmatrix}$$

$$\overline{\underline{d}}_1 = -\hat{P} \nabla f(\underline{x}_1) = \begin{bmatrix} 0 & 0 \\ 0 & 1 \end{bmatrix} \begin{bmatrix} -4 \\ -6 \end{bmatrix} = \begin{bmatrix} 0 \\ 6 \end{bmatrix}$$

ii) Line Search

$$\underline{x}^2 = \underline{x}^1 + \lambda \overline{\underline{d}}_1 = [0, 6\lambda]^T$$

$$f(\underline{x}^2) = 72\lambda^2 - 36\lambda$$

$$\left.\begin{array}{l} \text{Min} \quad 72\lambda^2 - 36\lambda \\ \text{subject to } 0 \le \lambda \le 1/6 \end{array}\right] \qquad \therefore \lambda_1 = \lambda_{opt} = \frac{1}{6}$$

$$\underline{x}^2 = \underline{x}^1 + \lambda \overline{\underline{d}}_1 = [0, 1]^T$$

ITER. 2.

i) Search Direction

x_2 = $[0, 1]^T$: active 제약 조건(②, ③)

$\nabla f(x_2) = [-6, -2]^T$

$$A_1 = \begin{bmatrix} 1 & 5 \\ -1 & 0 \end{bmatrix}, \quad A_2 = \begin{bmatrix} 1 & 1 \\ 0 & -1 \end{bmatrix}$$

$$P = I - A_1^{\,T}(A_1 A_1^{\,T})^{-1} A_1 = \begin{bmatrix} 0 & 0 \\ 0 & 0 \end{bmatrix}$$

$$\underline{d}_2 = -P\nabla f(\underline{x}^2) = [0\,,\,0]^T$$

$$\underline{u} = -\left(A_1 A_1^{\,T}\right)^{-1} A_1 \nabla f(\underline{x}^1) = [2/5,\ -28/5]^T$$

u_3 〈 0이므로 제약조건 ③에 해당 되는 행이 제거된다.

$$\overline{A}_1 = [1,\ 5]$$

$$\overline{P} = I - \overline{A}_1^{\,T}(\overline{A}_1\,\overline{A}_1^{\,T})^{-1}\overline{A}_1 = \begin{bmatrix} 25/26 & -5/26 \\ -5/26 & 1/26 \end{bmatrix}$$

$$\overline{\underline{d}}_1 = -\hat{P}\,\nabla f(\underline{x}_1) = \begin{bmatrix} 70/13 \\ -14/13 \end{bmatrix} \equiv \begin{bmatrix} 5 \\ -1 \end{bmatrix}$$ ($\therefore$ $norm$이 문제가 되지 않으므로)

ii) Line Search

$$\underline{x}^3 = \underline{x}^2 + \lambda\,\overline{\underline{d}}_2 = [\,5\lambda\,,\,1-\lambda\,]^T$$

$$f(\underline{x}^3) = 62\lambda^2 - 28\lambda - 4$$

$$\left.\begin{array}{l} \text{Min} \quad 62\lambda^2 - 28\lambda - 4 \\ \text{subject to } 0 \le \lambda \le 1/4 \end{array}\right] \qquad \therefore\ \lambda_2 = \lambda_{opt} = \frac{7}{31}$$

$$\underline{x}^3 = \underline{x}^2 + \lambda_2\,\overline{\underline{d}}_2 = [35/31\ ,\ 24/31]^T$$

ITER. 3.

i) Search Direction

$$x_3 = [35/31,\ 24/31]^T$$

$$\nabla f(x_2) = [-32/31,\ -160/31]^T$$

$$A_1 = [1,\ 5]\,, \qquad A_2 = \begin{bmatrix} 1 & 1 \\ -1 & 0 \\ 0 & -1 \end{bmatrix}$$

$$P = I - A_1^{\,T}(A_1 A_1^{\,T})^{-1} A_1 = \frac{1}{26}\begin{bmatrix} 25 & -5 \\ 5 & 5 \end{bmatrix}$$

$$\underline{d}_3 = -P\nabla f(\underline{x}^3) = [0\,,\,0]^T$$

$$\underline{u} = -\left(A_1 A_1^{\,T}\right)^{-1} A_1 \nabla f(\underline{x}^3) = \frac{32}{31} \ge 0$$

$\therefore\ \underline{d}_3 = 0,\ \underline{u} \ge 0$ 이므로 $\underline{x}^3 = [35/31\,,\,24/31]^T$가 최적해이다. 특히 u_2 = 32/31에 대하여 $\nabla f(\underline{x}^3) + u_2 \nabla g_2(\underline{x}^3) = 0$이므로 x_3를 Kuhn - Tucker Point라고 한다. 이 예제의 해석 결과와 알고리즘의 진행과정은 다음 표와 그림 3-18과 같다.

Iter	x^k	$f(x^k)$	Search direction						Line search		
			$\nabla f(x^k)$	1	A_1	P	d_k	u	λ_{max}	λ_k	x^{k+1}
1	0, 0	0	−4, −6	3, 4	$\begin{bmatrix}-1 & 0\\ 0 & -1\end{bmatrix}$	$\begin{bmatrix}0&0\\0&0\end{bmatrix}$	0, 0	−4, −6	−	−	−
				3	$[-1, 0]$	$\begin{bmatrix}0&0\\0&1\end{bmatrix}$	0, 6	−	$\frac{1}{6}$	$\frac{1}{6}$	0, 1
2	0,1	−4.00	−6, −2	2, 3	$\begin{bmatrix}1 & 5\\ -1 & 0\end{bmatrix}$	$\begin{bmatrix}0&0\\0&0\end{bmatrix}$	0, 0	$\frac{2}{5}, -\frac{28}{5}$	−	−	−
				2	$[1, 5]$	$\begin{bmatrix}\frac{25}{26} & -\frac{5}{26}\\ -\frac{5}{26} & \frac{1}{26}\end{bmatrix}$	$\frac{70}{13}, -\frac{14}{13}$	−	$\frac{1}{4}$	$\frac{7}{31}$	$\frac{35}{31}, \frac{24}{31}$
3	$\frac{35}{31}, \frac{24}{31}$	−7.16	$-\frac{32}{31}, -\frac{160}{32}$	2	$[1, 5]$	$\begin{bmatrix}\frac{25}{26} & -\frac{5}{26}\\ -\frac{5}{26} & \frac{1}{26}\end{bmatrix}$	0, 0	$\frac{32}{31}$	−	−	−

⑤ **Penalty Function Method**

Penalty Function Method는 등제약 또는 부등제약조건을 갖는 비선형의 최적화 문제를 간단한 제약조건을 갖는 최적화 문제나 무제약의 최적화 문제로 변환시켜 최적화를 수행하는 방법이다. 제약조건식들은 제약 조건의 Violation을 방지하기 위하여 Penalty Parameter를 사용하여 목적함수의 항으로 부가됨으로써 결과적으로 무제약의 최적화문제가 형성된다.

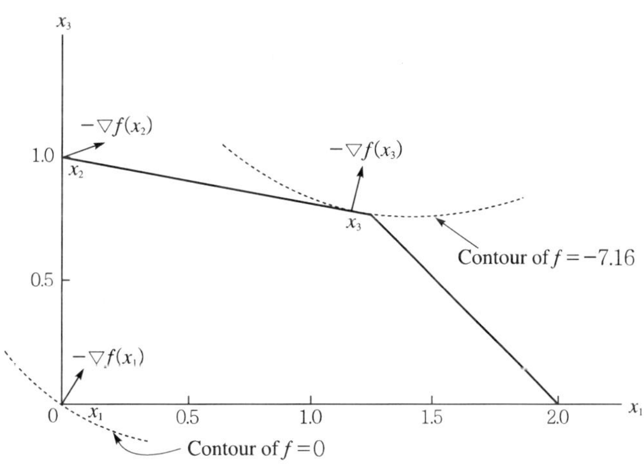

그림 3-18

(1) Exterior Penalty Function Method

Exterior Penalty Function Method 는 일련의 Penalty Parameter 들을 사용하여 무제

약 최소화 문제로 변형시킨 목적함수의 최소해를 가능해의 영역 밖에서부터 가능해의 영역 안으로 연속적으로 접근시켜 가능해의 영역의 경계점에서 최적해를 구하는 방법으로 그 해석 과정은 다음과 같다. 이 방법의 장점은 초기치를 가능해의 영역 밖에서 택하게 되므로 초기치의 선택에 부담이 없다는 점이다. 단점은 최적해에 도달할 때까지 무제약의 최소해가 가능해의 영역 내에 없다는 것이다.

① 등제약 조건을 갖는 경우

Min. f(x)

subject to $g_i(x) = 0, \quad i = 1, 2, \cdots, m$

위의 최소화 문제를 새로운 목적함수를 갖는 무제약 최소화 문제로 변환하면 다음과 같다.

$$Min.\ \phi(\underline{x}, \underline{k}) = f(\underline{x}) + p(\underline{x}, \underline{k}) = f(\underline{x}) + \sum_{i=1}^{m} k_i \left[g_i(\underline{x})\right]^2 \tag{3-62}$$

여기서, $\phi(\underline{x}, \underline{k})$는 Penalty Function이라 하며 이는 가능해의 영역 밖에 있는 점에서 최소해가 일차적으로 존재하기 때문에 부과된 함수이다.

k는 Weighting Factor 또는 Penalty Parameter 또는 Response Factor라 하는 양의 실계수이다.

$$0 \leq k_i \leq \infty$$

k_i=0이면 제약조건이 무시된 것이고, $k_i=\infty$이면 제약조건은 정확하게 만족된 것이다. 고로 식 (3-58)의 Penalty Function의 최소화를 위한 필요조건 $\nabla_{\underline{x}} \phi = 0$으로부터 $\underline{x} = q(\underline{k})$를 구한 후, $\underline{k}$의 변화에 따른 반복시행으로부터 최적해를 구하게 된다.

예제 3.24

Min. $x_1^2 + x_2^2$

subject to $x_2 = 1$

Min. $\phi(\underline{x}, k) = x_1^2 + x_2^2 + k(x_2 - 1)^2$

$$\frac{\partial P}{\partial x_1} = 2x_1 = 0 \qquad \therefore x_1 = 0$$

$$\frac{\partial P}{\partial x_2} = 2x_2 + 2k(x_2 - 1) = 0 \qquad \therefore x_2 = \frac{k}{k+1}$$

$$x_2^* = \lim_{k \to \infty} \frac{k}{k+1} = 1$$

최적해 $\underline{x} = [0,\ 1]^T$

이 예제를 반복시행으로 해를 구하면 다음과 같다.

k	0	1	2	5	10	∞
x_2	0.00	0.50	0.67	0.83	0.91	1.00

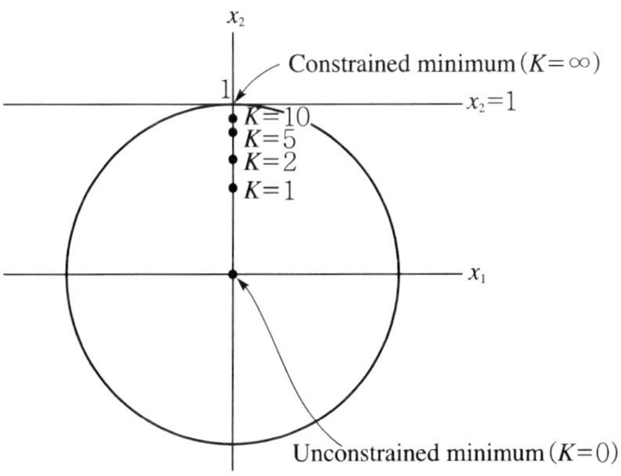

그림 3-19

② **부등제약 조건을 갖는 경우**

Min. f(x)

subject to $g_i(x) \le 0$, i = 1, 2, ⋯, m

위의 최수화 문제를 무제약 최소화 문제로 변화하면 다음과 같다.

$$Min.\ \phi(\underline{x}, \underline{k}) = f(\underline{x}) + \sum_{i=1}^{m} k_i \left[g_i(\underline{x}) \right]^2 \delta_i \tag{3-63}$$

여기서 δ_1는 Step Function으로서 변수 x가 가능해의 영역 안에 있는 제약조건을 무시하고 가능해 영역 밖에 있으면 제약 조건으로 취급하게 된다. 즉,

$$g_i(\underline{x}) \le 0 \text{이면 } \delta_i = 0, \quad g_i(\underline{x}) > 0 \text{이면 } \delta_i = 1 \tag{3-64}$$

이다. 최대화 문제를 위한 Penalty Function은 식 (3-63)과 식 (3-64)와 같이 변형된다.

Min. f(x)

subject to $g_i(x) \le 0$, $i = 1, 2, \cdots, m$

$$Max.\ \phi(\underline{x}, \underline{k}) = -f(\underline{x}) + \sum_{i=1}^{m} k_i \left[g_i(\underline{x})\right]^2 \delta_i \tag{3-65}$$

$$g_i(\underline{x}) \le 0 \text{이면 } \delta_i = 0, \quad g_i(\underline{x}) > 0 \text{이면 } \delta_i = 1 \tag{3-66}$$

동일한 최적화 문제에 대한 Penalty Function과 라그랑즈식 사이에는 최적화의 필요조건 $\frac{\partial \phi}{\partial \underline{x}} = \frac{\partial L}{\partial \underline{x}} = 0$으로부터 다음과 같은 관계가 있다.

$$\lambda_i = k_i\, g_i(\underline{x})\, \delta_i \tag{3-67}$$

$$\lambda_i^{*} = \lim_{k_i \to \infty} 2k_i\, g_i(\underline{x})\, \delta_i \tag{3-68}$$

여기서, λ_i는 라그랑즈 승계수이다.

예제 3.25

Exterior Penalty Function Method를 이용하여 다음의 최적화를 수행하라.

Min. $f(x) = x^2 - x$

subject to $g(x) = x - 2 \ge 0$

$\phi(x, k) = x^2 - x + k(x-2)^2$

$\frac{\partial \phi}{\partial x} = 2x - 1 + 2k(x-2) = 0 \qquad \therefore x_{\min} = \frac{4x+1}{2k+2}$

Weighting Factor k의 변화에 따른 해의 수렴과정은 그림 3-52와 같다.

③ 등제약 조건과 부등제약 조건을 함께 갖는 경우

이 경우의 Penalty Function은 다음과 같이 변형된다.

i) 최소화 문제

Min. f(x)

subject to $g_i(x) \le 0, \quad i = 1, 2, \cdots, m$

$h_j(x) = 0, \quad j = 1, 2, \cdots, r$

$$Min.\ \phi(\underline{x}, \underline{k}) = f(\underline{x}) + k\left\{\sum_{i=1}^{m}[g_i(\underline{x})]^2\delta_i + \sum_{j=1}^{r}[h_j(\underline{x})]^2\right\} \tag{3-69}$$

ii) 최대화 문제

Max. f(x)

subject to $g_i(x) \le 0, \quad i = 1, 2, \cdots, m$

$h_j(x) = 0, \quad j = 1, 2, \cdots, r$

$$Min.\ \phi(\underline{x}, \underline{k}) = -f(\underline{x}) + k\left\{\sum_{i=1}^{m}[g_i(\underline{x})]^2\delta_i + \sum_{j=1}^{r}[h_j(\underline{x})]^2\right\} \tag{3-70}$$

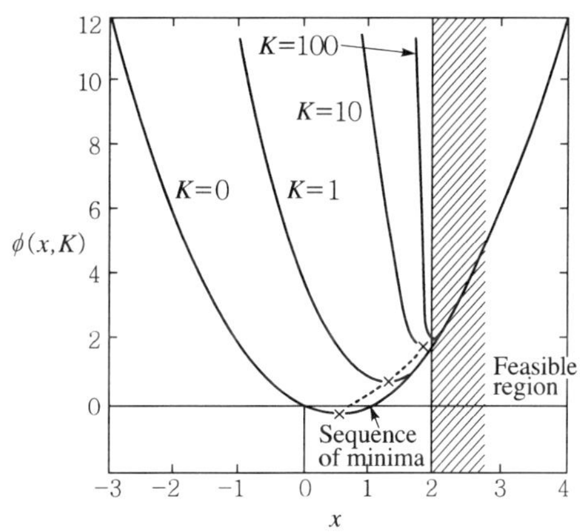

그림 3-20

(2) Interior Penalty Function Method

이 방법은 일련의 Penalty Parameter들을 사용하여 무제약 최소화 문제로 변형시킨 목적함수의 최소해를 가능해의 영역 안에서부터 지배적인 제약 조건의 경계부로 연속적으로 접근시켜 최적해를 구하는 방법이다.

이 방법의 대표적인 것이 SUMT(Sequential Unconstrained Minimization Techniques)법이다. SUMT법에서 사용되는 대표적인 Penalty Function은 다음과 같다.

(i) Penalty Function으로 $k\sum\frac{1}{g_i(\underline{x})}$ 을 사용하는 경우

이 경우에 최소화 문제는 식 (3-71)과 같이 무제약 최소화 문제로 변형된다.

Max. f(x)

subject to $g_i(x) \geq 0$, i = 1, 2, ⋯, m

$$Min.\ \phi(\underline{x}, \underline{k}) = f(\underline{x}) + k\sum_{i=1}^{m}\frac{1}{g_i(\underline{x})} \tag{3-71}$$

(ii) Logarithmic Penalty Function $\left[-k\sum \ln g_i(\underline{x})\right]$ 을 사용하는 경우

이 경우에 최소화 문제는 식 (3-73)과 같이 무제약 최소화 문제로 변형된다.

Min. f(x)

subject to $g_i(x) \geq 0$, i = 1, 2, ⋯, m

$$Min.\ \phi(\underline{x}, \underline{k}) = f(\underline{x}) - k\sum_{i=1}^{m}\ln g_i(\underline{x}) \tag{3-72}$$

Interior Penalty Function Method를 사용한 SUMT법의 알고리즘을 요약하면 다음과 같다.

① 엄격하게 가능해의 영역 안에서 초기치 $\underline{x}(k_o) = \underline{x^o} \in R^o$을 선택한다. 또한 $k_1 > 0$을 선택한다. 그리고 p=1로 놓는다.

② $\underline{x}(k_{p-1})$에서 시작되고 $\underline{x}(k_p)$에서 마치는 $\phi(\underline{x}, k_p)$를 최소화 한다.

③ 다음과 같은 최종 수렴 조건을 만족하면 시행과정이 끝나며 만족치 않으면 과정 ④를 시행한다.

수렴조건 : $Min.\phi(\underline{x}, k_p) - Min.\phi(\underline{x}, k_{p-1}) < \epsilon$ (3-73)

④ $k_{P+1} = k_{p/c}$, ($c > 1$ 인 실수 값으로 선택함)

p=p+1로 놓고 ②의 과정부터 반복한다.

예제 SUMP를 사용하여 다음 문제를 해석하라.

Min. $f(\underline{x}) = \frac{1}{3}(x_1 + 1)^3 + x_2$

subject to $g_1(x) = x_1 - 1 \geq 0$

$g_2(x) = x_2 \geq 0$

무제약 Penalty Function으로 변형하면 다음과 같다.

$$Min.\ \phi(\underline{x}, k) = \frac{1}{3}(x_1 + 1)^3 + x_2 + \frac{k}{x_1 - 1} + \frac{k}{x_2}$$

필요조건

$$\frac{\partial \phi}{\partial x_1} = (x_1 + 1)^2 - \frac{k}{(x_1 - 1)^2} = 0 \qquad \therefore x_1(k) = \sqrt{(1 + \sqrt{(k)})}$$

$$\frac{\partial \phi}{\partial x_2} = 1 - \frac{k}{x_2^2} = 0 \qquad \therefore x_2(k) = \sqrt{(k)}$$

$$\therefore \underline{x}(k_p) = \left[\sqrt{(1 + \sqrt{(k)})},\ \sqrt{(k)}\right]^T, \qquad k_{p+1} = k_{p/c}$$

$$\underline{x}_{opt} = [1, 0]^T\ ;\ f(\underline{x}_{opt}) = 8/3$$

k_1 = 9와 c = 2로 택하여 SUMT 알고리즘에 의하여 반복시행을 하면 그 결과는 다음 표와 그림 3-21, 3-22와 같다.

P	k_p	$x_1(k_p)$	$x_2(k_p)$
1	9.	2.	3.
2	4.5	1.768	2.12
3	2.25	1.581	1.50
4	1.125	1.439	1.06
5	0.563	1.322	0.752
6	0.282	1.229	0.503
7	0.141	1.170	0.376
8	0.071	1.120	0.257
9	0.036	1.091	0.190
10	0.018	1.062	0.134
11	0.009	1.047	0.095

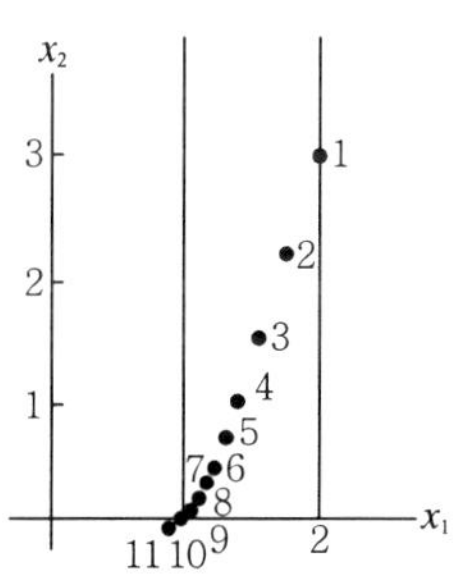

그림 3-21

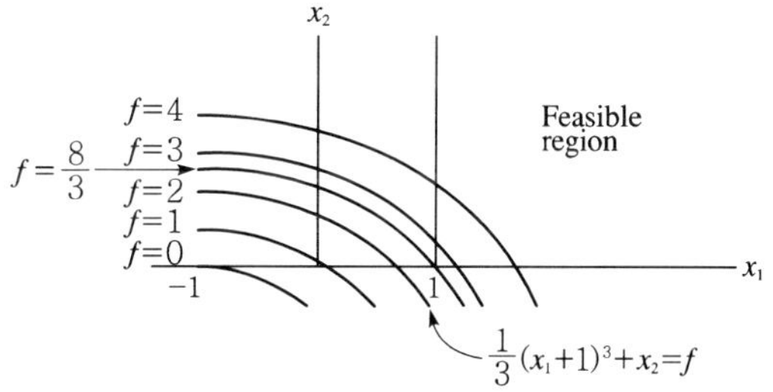

그림 3-22

예제 3.26

SUMT를 사용하여 다음 문제를 해석하라.

Min. $f(x) = x_1 + 2x_2$

subject to $g1(x) = -x_1^{\ 2} + x_2 \geq 0$

$g2(x) = x_1 \geq 0$

무제약 Penalty Function으로 변형하면 다음과 같다.

$$\phi(\underline{x}, k) = x_1 + 2x_2 - k\ln(-x_1^{\ 2} + x_2) - k\ln(x_1)$$

필요조건

$$\frac{\partial\phi}{\partial x_1} = 1 + \frac{2kx_1}{-x_1^2 + x_2} - \frac{k}{x_1} = 0$$

$$\frac{\partial\phi}{\partial x_2} = 2 - \frac{k}{-x_1^2 + x_2} = 0$$

$$\therefore\ \underline{x}(k) = \left[\frac{1}{8}(-1 + \sqrt{(1+16k)}\,,\ \frac{1}{64}\{-1 + \sqrt{(1+16k)}\} + \frac{1}{2}k\right]^T$$

$$\underline{x}_{opt} = [0, 0]^T$$

$$f(\underline{x}_{opt}) = 0$$

$k_1 = 4$와 $c = 2$로 택하여 SUMT 알고리즘에 의하여 반복 시행한 결과는 다음 표와 그림 3-23과 같다.

P	k_p	$x_1(k_p)$	$x_2(k_p)$
1	4.	0.885	2.781
2	2.	0.593	1.350
3	1.	0.391	0.653
4	0.5	0.375	0.390
5	0.25	0.155	0.149
6	0.125	0.090	0.071
7	0.063	0.057	0.035
8	0.032	0.029	0.017
9	0.016	0.016	0.008
10	0.008	0.008	0.004
11	0.004	0.003	0.002

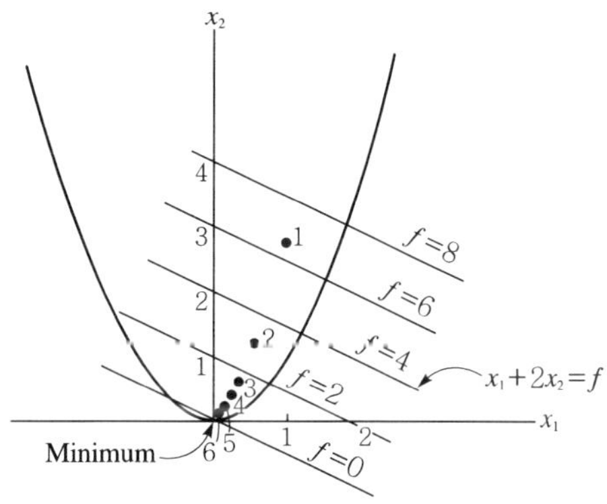

그림 3-23

(3) Mixed Penalty Function Method

Interior Penalty Function Method는 반드시 가능해의 영역 안에서 초기치를 선택하고 그 영역 안에서 해를 연속적으로 지배적인 제약조건의 경계부로 접근시켜 최적해를 구하여야 하는 어려움이 있다. 또한 등제약 조건과 부등제약조건을 함께 갖는 최적화 문제에서는 등제약조건에 의한 가능해의 영역으로 인하여 부등제약조건을 가능해의 영역 안에서 유지할 수가 없다. 따라서 이 두 가지 단점을 개선하기 위하여 고안한 방법이 Mixed Method인데 이 방법에 사용하는 Penalty Function은 다음과 같다.

$$\left.\begin{array}{l} \text{Min. } f(x) \\ \text{subject to } g_i(x) \geq 0, \quad i = 1, 2, \cdots, m \\ \qquad\qquad h_j(x) = 0, \quad j = 1, 2, \cdots, r \end{array}\right]$$

$$Min.\ \phi(\underline{x}, \underline{k}) = f(\underline{x}) - k\sum_{i=1}^{m} \ln g_i(\underline{x}) + \frac{1}{k}\sum_{j=1}^{r} [h_j(\underline{x})]^2 \tag{3-74}$$

여기서, Penalty Parameter k는 k>0으로서 반복시행시 연속적으로 감소하면서 최적해를 찾게 된다.

반복수행과정에서 $k_{p+1} = k_{p/c}$가 된다.

예제 3.27 Mixed Penalty Function을 이용한 SUMT법을 사용하여 다음 문제를 해석하라.

Min. $f(x) = (\ln x_1) - x_2$

subject to $g_1(x) = x_1 - 1 > 0$

$g_2(x) = x_1{}^2 + x_2{}^2 - 4 = 0$

무제약 Mixed Penalty Function으로 변형하면 다음과 같다.

$$\phi(\underline{x}, k) = (\ln x_1) - x_2 - k\ln(x_1 - 1) + \frac{1}{k}(x_1^2 + x_2^2 - 4)^2$$

필요조건

$$\frac{\partial\phi}{\partial x_1} = \frac{1}{x_1} - \frac{k}{x_1 - 1} + \frac{4}{k}(x_1^2 + x_2{}^2 - 4)x_1 = 0$$

$$\frac{\partial\phi}{\partial x_2} = -1 + \frac{4}{k}(x_1^2 + x_2{}^2 - 4)x_2 = 0$$

$$\therefore\ \underline{x}(k) = \left[F(\underline{x}),\ G(\underline{x})\right]$$

$$\underline{x}_{opt} = [1,\ \sqrt{(3)}\,]^T,\ f(\underline{x}_{opt}) = -\sqrt{(3)}$$

k1 = 1.0과 c = 4로 택하여 SUMT 알고리즘을 이용하여 해석한 결과는 다음 표와 그림 3-24와 같다.

k	x_1	x_2	$\Phi(x)$
1.0	1.553	1.334	-0.2648
1/4	1.159	1.641	-1.0285
1/16	1.040	1.711	-1.4693
1/64	1.010	1.727	-1.6447
1/256	1.002	1.731	-1.7048

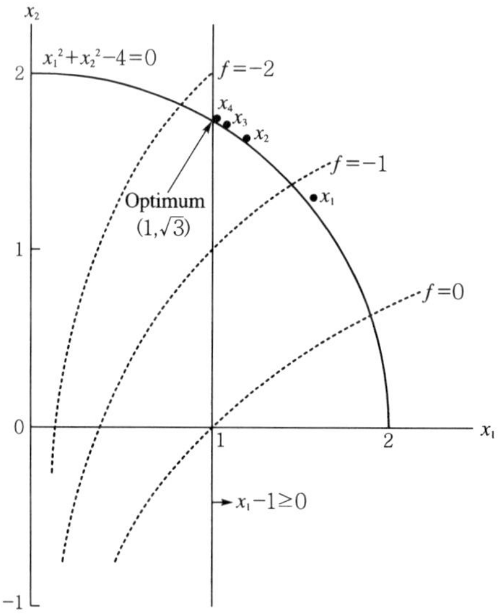

그림 3-24

⑥ Sequential Linear Programming Method(SLP)

축차적 선형계획법 또는 연속 선형계획법이라 부르는 이 최적화 기법은 부등제약조건을 갖는 비선형의 최적화 문제의 목적함수와 제약조건을 Taylor 급수 전개를 하여 선형항인 1차항까지를 택하여 목적함수와 제약조건을 변환시켜 최적화 문제를 형성한다. 즉 초기점 x* 에서 비선형의 제약조건식 및 목적함수를 Taylor 급수 전개에 의하여 선형화하고 이 변형된 선형계획문제를 이용하여 최적치의 근사해를 구한 후, 이 근사해를 이용하여 초기 변수를 수정한다. 이런 과정을 만족할 만한 최적해가 구해질 때까지 반복 시행하게 된다.

즉,

Min. Z = F(x)

subject to $g_i(x) \le 0$, i = 1, 2, ⋯, m

목적함수 F(x)와 제약조건 $g_i(x)$를 초기점 x*에서 Taylor급수에 의해서 전개하면 다음과 같다.

$$F(\underline{x}) \cong F(\underline{x}^*) + \left\{\nabla F(\underline{x}^*)\right\}^T (\underline{x} - \underline{x}^*) \tag{3-75}$$

$$g_i(\underline{x}) \cong g_i(\underline{x}^*) + \left\{\nabla g_i(\underline{x}^*)\right\}^T (\underline{x} - \underline{x}^*), \ i = 1, 2, \cdots, m \tag{3-76}$$

고로 선형 계획으로 변환된 최적화 문제는 다음과 같다.

$$Min. Z = F(\underline{x}^*) + \left\{\nabla f(\underline{x}^*)\right\}^T (\underline{x} - \underline{x}^*) \tag{3-77}$$

$$\text{subject to } g_i(\underline{x}^*) + \left\{\nabla g_i(\underline{x}^*)\right\}^T (\underline{x} - \underline{x}^*), \ i = 1, 2, \cdots, m \tag{3-78}$$

식 (3-77)과 식 (3-78)을 이용하여 초기점 x*를 수정해 가면서 반복시행하여 최적해를 구하면 된다. 그러나 이 과정에 의해서 수행된 해는 최적해에 항상 수렴하지 않을 수도 있으므로 다음 사항을 극복하여 사용하여야 한다.

① 진정한 최적해가 가능해 영역의 제약조건 블록집합의 정점에 존재하지 않을 때에는 LP의 결과는 가능해의 영역의 정점들 사이에서 무한정 진동하게 된다.

② 진정한 최적해가 정점에 존재한다 하여도 초기점을 진정한 최적해에 비하여 큰 차가 나게 택한다면 수렴치 않을 수도 있다.

③ 오목집합의 문제에서는 제약조건의 선형화 과정에서 최적해를 포함하는 영역을 제외시킬 수도 있다.

축차적 선형계획으로 해를 찾는 것은 다음과 같은 방법에 근거를 둔 것이다.

(1) Cutting Plane Method

Cutting Plane Method는 Cheney, Goldstein과 Kelley가 개발한 방법으로서 그림 3-25에서 보는 바와 같이 가능해의 영역이 블록집합을 형성하는 경우에 선형화된 제약 조건들은 항상 가능해의 영역 밖에 존재하며 포락선도를 이루게 된다는 특성에 근거를 둔 것이다. 이 포락선도는 가능해의 영역을 근사화 할 수 있는 선형으로 된 선도이므로 선형목적함수를 갖는 경우에는 LP 문제로서 해석될 수 있다.

Cutting Plane Method를 이용하여 최적해를 찾는 과정은 다음과 같다.

① 목적함수와 제약조건을 초기점 x^* 주위에서 선형화 식 (3-77), 식 (3-78)을 시키고 LP 문제를 풀어 해를 구한다.

② ①의 해를 원래의 비선형 제약조건에 대입하고 아주 크게 위반되는 제약조건은 ①의 해에 대해 선형화시킨다.

③ ②에서 선형화된 제약조건을 원래의 선형화된 제약조건 식 (3-78)에 추가한다.

④ 선형화된 목적함수 식 (3-77)과 원래의 선형화된 제약조건 ①과 ①의 해에 대해 선형화되어 추가된 제약조건 ②로 LP 문제를 풀어 해를 구한다.

⑤ 선형화된 제약조건을 추가하고 수정된 LP 문제를 푸는 과정은 모든 비선형 제약조건이 요구되는 정확도에 이를 때까지 반복된다.

이상의 과정에서 보는 바와 같이 Cutting Plane Method로 해를 구하게 되면 LP문제가 계속적으로 확장되게 되며 계산과정이 아주 지리하게 되고 제약조건들이 블록집합을 형성하는 경우에만 적용할 수 있다는 단점이 있다. 또한 최적해가 가능해의 영역의 정점에 존재하지 않는다면 Round off Error가 심하게 된다. 그러나 과정은 지리하지만 비지배적인 제약조건을 식별할 수가 있으며 거의 모든 블록선형 계획문제의 최적해를 구하는 데는 효과적이라는 장점이 있다.

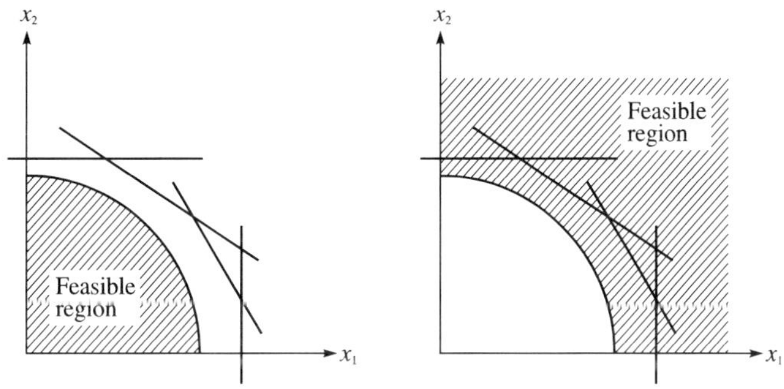

그림 3-25

(2) Method of Approximate Programming

이 방법은 Griff와 Stewart가 제안한 방법으로서 그 해석과정은 다음과 같다.

① 초기점 x*를 선택하고 x* 근처에서 목적함수와 제약조건식을 식 (3-75)와 식 (3-76)을 이용하여 선형화한다.

② 식 (3-77), 식 (3-78), 식 (3-79)를 이용하여 선형화된 LP문제를 풀어 해를 구한다.

③ ②에서의 비선형 함수들은 ②의 해를 이용하여 다시 선형화하여 다음 해를 구한다.

④ 요구되는 해의 정확도가 만족되거나 연속되는 해들이 가능해의 영역의 정점들 사이에서 진동하지 않을 때까지 이와 같은 과정을 반복적으로 시행한다.

아래의 식 (3-79)는 해의 범위를 제한하여 근사해가 적절하다는 것을 보장하기 위한 추가적인 제약조건(Side Constraints)이다.

$$-\Delta \underline{x}^L < x - \underline{x}^* < \Delta \underline{x}^U \tag{3-79}$$

여기서 $\Delta \underline{x}^L$ 과 $\Delta \underline{x}^U$는 Move Limit로서 그림 3-26과 같이 수렴속도를 높이고 x의 편차를 제한하기 위하여 적절하게 택한 양의 상수값들이다. 만일 해가 가능해의 영역의 정점들 사이에서 진동할 경우에는 Lower Limit $\Delta \underline{x}^L$ 와 Upper Limit $\Delta \underline{x}^U$ 사이의 범위를 줄이면 수정될 수 있으나 최적점의 부근에서 수렴이 늦게 되게 된다. Approximate Programming Method는 Nonconvex 문제들에도 적용할 수 있으며 중간과정의 반복해들도 좋은 정확도를 가지고 가능해의 영역이나 거의 근접된 영역에 존재한다는 장점이 있다.

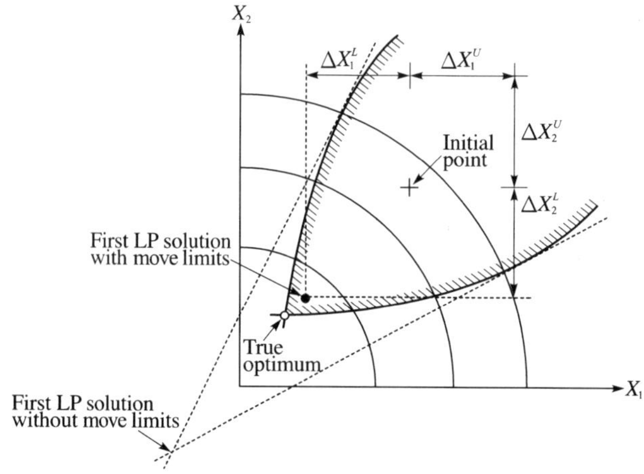

그림 3-26

예제 3.28

SLP를 이용하여 다음 최적화 문제를 해석하라

Min. Z = $x_1^2 + x_2^2$

$$\text{subject to } g_1(\underline{x}) = \frac{x_1^2}{20} - x_2 + 1 \le 0$$

$$g_2(\underline{x}) = \frac{x_2^2}{20} - x_1 + 1 \le 0$$

식 (3−78)과 식 (3−79)를 이용하여 선형계획문제로 변환하면 다음과 같다.

$$Min.\ Z = -(x_1^{*2} + x_2^{*2}) + 2(x_1^* x_1 + x_2^* x_2)$$

$$\text{subject to } (\frac{x_1^*}{10}) x_1 - x_2 + (1\frac{x_1^{*2}}{20}) \le 0$$

$$(\frac{x_2^*}{10}) x_2 - x_1 + (1\frac{x_2^{*2}}{20}) \le 0$$

위의 선형 최적화 문제를 SLP로 해석한 결과는 다음 표와 그림 3−27과 같다.

Cycle−q	$\{x_q^*\}^* T$
1	(6.000, 3.000)
2	(0.378, −0.573)
3	(0.924, 1.028)
4	(1.055, 1.055)

$x_{opt} = [1.056,\ 1.056]^T$

$Z_{opt} = 2.229$

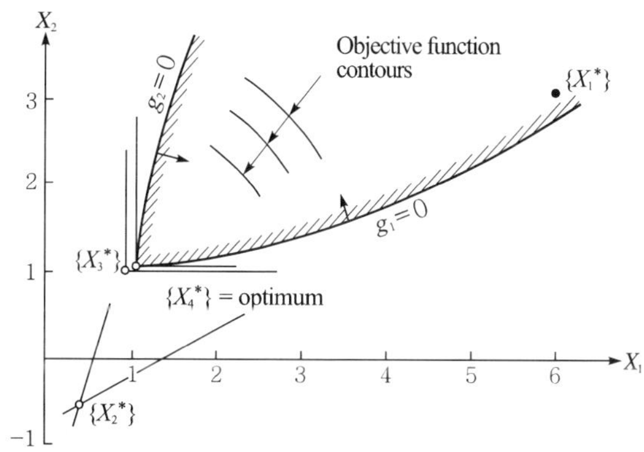

그림 3-27

⑦ **Conjugate Gradient Method**

Fletcher와 Reeve가 제안한 방법으로서 무제약 비선형의 함수의 최적해를 Conjugate Gradient를 이용하여 반복적인 수렴과정을 거쳐 찾아가는 방법으로 Steepest Decent Method를 간단히 수정한 것이다. 임의의 두 벡터 u, v가 다음과 같은 관계에 있을 때 벡터 u, v는 서로 직교한다고 하며 또한 서로 Conjugate 관계에 있다고 한다. $\langle u, v \rangle = 0$이면 u와 v는 상호 Orthogonal이다. $\langle u, A_v \rangle = 0$이면 u와 v는 상호 Conjugate 관계에 있다. 벡터 u, v 가 어떤 함수의 Gradient Vector라면 서로 Conjugate Gradient가 된다. 여기서 행렬 A는 Positive Definite인 정방행렬이다.

임의의 벡터 x는 다음과 같이 기저벡터 v_i의 선형 대수화로서 나타낼 수 있다.

$$\underline{x} = \sum_{i=1}^{n} a_i \underline{v}_i \tag{3-80}$$

여기서, a_i는 Unique Scalar들이며 위의 관계로부터 a_i는 다음과 같이 결정된다.

$$\langle \underline{v}_i , A\underline{x} \rangle = \left\langle \underline{v}_i , \sum_{i=1}^{n} a_i A \underline{v}_i \right\rangle = a_i \langle \underline{v}_i , A \underline{v}_i \rangle$$

$$\therefore a_i = \frac{\langle \underline{v}_i , A\underline{x} \rangle}{\langle \underline{v}_i , A\underline{v}_i \rangle} \tag{3-81}$$

식 (3-82)를 이용하여 Quadratic Function f(x)의 최소화 문제를 수행하는 과정을 살피면 다음과 같다.

$$Min.\, f(\underline{x}) : f(\underline{x}) = \frac{1}{2}\underline{x}^T A\, \underline{x} + b\underline{x} + c \tag{3-82}$$

식 (3-81)에서 초기점 $\underline{x}_0$, 다음 시행점을 $\underline{x}_1 = \underline{x}_0 + a_1 v_1$라 두면 $\underline{x}_1$는 $\underline{x}_0$에서 $a_1 v_1$에 따라 움직이게 된다. a_1의 최적조건을 찾아 최적해를 찾으면 다음과 같이 2차적으로 수렴한다.

$$\frac{\partial}{\partial a_1} f(\underline{x}_1) = \frac{\partial}{\partial a_1} f(\underline{x}_0 + a_1 \underline{v}_1) = 0 \text{ 로 부터}$$

$$a_1 = -\frac{< \underline{v}_1,\ A\underline{x}_0 + \underline{b} >}{< \underline{v}_1,\ A\underline{v}_1 >}$$

$$\therefore\ a_{i+1} = -\frac{< \underline{v}_{i+1},\ A\underline{x}_0 + \underline{b} >}{< \underline{v}_{i+1},\ A\underline{v}_{i+1} >} \tag{3-83}$$

$$\underline{x}_1 = \underline{x}_0 + a_1\, \underline{v}_1$$

$$\underline{x}_2 = \underline{x}_1 + a_2\, \underline{v}_2 = \underline{x}_0 + a_1\, \underline{v}_1 + a_2\, \underline{v}_2$$

$$\vdots$$

$$\underline{x}_n = \underline{x}_0 + \sum_{k=1}^{n} a_k\, \underline{v}_k$$

$$\therefore\ \underline{x}_n = \underline{x}_0 + \sum_{k=1}^{n} \frac{< \underline{v}_k,\ A\underline{x}_0 + \underline{b} >}{< \underline{v}_k,\ A\underline{v}_k >}\, \underline{v}_k \tag{3-84}$$

Fletcher-Reeve의 Conjugate Direction Method의 알고리즘을 요약하면 다음과 같다.

① 초기점 x_0를 선택한다.

$\nabla f(\underline{x}_0)$, $(\underline{x}_0)$를 계산한다.

② i = 1, 2, … , n-1에 대하여

i) $\underline{x}_i = \underline{x}_{i-1} + a_{i-1}\, \underline{v}_{i-1}$라 놓는다.

여기서 a_{i-1} : Optimum Multiplier

ii) $\nabla f(\underline{x}_i)$를 계산한다.

iii) i 〈 n이면

$$\underline{v}_i = -\nabla f(\underline{x}_i) + \frac{\| \nabla f(\underline{x}_i) \|^2}{\| \nabla f(\underline{x}_{i-1}) \|^2} \underline{v}_{i-1} \tag{3-85}$$

③ 다음과 같은 Stopping Rule을 만족하면 시행이 끝나며 만족치 않으면 $x_{i+1} = x_i$로 놓고 ②과정을 반복 시행한다.

Stopping Rule

ⓐ $f(\underline{x}^{old}) - f(\underline{x}^{new}) \le \epsilon$

ⓑ $\sum_{i=1}^{n} \left[\frac{\partial f(\underline{x}^{old})}{\partial \underline{x}_i} \right]^2 \le \epsilon$

알고리즘의 ②의 iii)에서 Steepest Descent Method와 Conjugate Gradient Method가 다음과 같이 다르다.

Steepest Descent Method : $\underline{v}_i = -\nabla f(\underline{x}_i)$

Conjugate Gradient Method : Gradient 방향을 식 (3-85)와 같이 수정하였음.

예제 3.29 다음 식을 Fletcher-Reeve 의 Conjugate Gradient Method를 이용하여 해석하라.

$$Min\ f(\underline{x}) = \frac{1}{2} \underline{x}^T A \underline{x},\ \text{여기서}\ A = \begin{bmatrix} 1 & 1 \\ 1 & 2 \end{bmatrix}\ \text{이다.}$$

ITER. 1.

① $x_0 = [10, -5]^T$ 로 선택

$\nabla f(\underline{x}) = A\underline{x} = [x_1 + x_2,\ x_2 + 2x_2]^T$

$\underline{v}_0 = -f(\underline{x}_0) = -[5, 0]^T$

② i = 1에 대하여

i) $\underline{x}_1 = \underline{x}_0 + \lambda_0 \underline{v}_0 = [10-5\lambda_0,\ -5]^T$

$$f(\underline{x}_1) = f(\underline{x}_0 + \lambda_0 v_0) = \frac{1}{2} [10-5\lambda_0, -5]^T \begin{bmatrix} 1 & 1 \\ 1 & 2 \end{bmatrix} \begin{bmatrix} 10-5\lambda_0 \\ -5 \end{bmatrix}$$

$$= \frac{1}{2} (50 - 75\lambda_0 + 50\lambda_0^2)$$

$$\frac{\partial f(\underline{x}_1)}{\partial \lambda_0} = 0, \quad \therefore \lambda_0 = 0.75$$

$\underline{x}_1 = \underline{x}_0 + \lambda_0 \underline{v}_0 = [6.25, -5]^T$

ii) $\nabla f(\underline{x}_1) = A\underline{x}_1 = [x_1 + x_2,\ x_1 + 2x_2]^T = [1.25, -3.75]^T$

iii) $\underline{v}_1 = -\nabla f(\underline{x}_1) + \dfrac{\| \nabla f(\underline{x}_1) \|^2}{\| \nabla f(\underline{x}_0) \|^2} \underline{v}_0$

$= -[1.25, -3.75]^T + \dfrac{(1.25^2 + (-3.75)^2)}{5^2 + 0^2} [-5, 0]^T$

$= [-4.36, 3.75]^T$

$\underline{x}_1 = \underline{x}_0$로 하여 다음과정 시행

ITER. 2.

i = 2에 대하여

i) $\underline{x}_2 = \underline{x}_1 + \lambda_1 \underline{v}_1 = [6.25 - 4.36\lambda_1, -5 + 3.75\lambda_1]^T$

$f(\underline{x}_2) = \dfrac{1}{2} \underline{x}_2^T A\, \underline{x}_2 = \dfrac{1}{2}(26.55 - 38.95\lambda_1 + 14.45\lambda_1{}^2)$

$\dfrac{\partial f(\underline{x}_2)}{\partial \lambda_1} = 0\ , \quad \therefore \lambda_1 = 1.34$

$\underline{x}_2 = [0.4, 0]^T$

ii) $\nabla f(\underline{x_2}) = A\underline{x_2} = [0.4,\ 0.4]^T$

$\underline{v}_2 = -\nabla f(\underline{x}_2) + \dfrac{\| \nabla f(\underline{x}_2) \|^2}{\| \nabla f(\underline{x}_1) \|^2} \underline{v}_1$

$= [-0.4256, -0.0768]^T$

이와 같은 과정을 반복시행하여 $\underline{x}_{opt} = [0, 0]^T$에 접근하는 근사값을 구한다.

⑧ **Conjugate Direction Method**

무제약 비선형 함수의 최적해를 Conjugate Direction의 개념을 이용하여 구하는 방법은 여러 가지가 있으나 그중에서 Powell이 개발한 방법이 가장 좋은 방법 중에 하나이므로 여기서는 Powell's Method를 이차원의 문제로서 그림 3-28을 이용하여 도해적으로 살펴본다.

그림 3-28에서 보는 바와 같이

i) 초기점 x_o에서 x_1 좌표축방향의 벡터 v_1을 이용하여 최소화 과정으로 다음 점

$\underline{x}_1 = \underline{x}_0 + \lambda_1 \underline{v}_1$를 찾는다.

ii) x_1 점에서 x_2 좌표축 방향의 벡터 v_2를 이용하여 최소화 과정으로 다음 점

$\underline{x}_2 = \underline{x}_1 + \lambda_2 \underline{v}_2$를 찾는다.

iii) x_2점에서 $\underline{x}_3 = \underline{x}_2 + \lambda_3(\underline{x}_2 - \underline{x}_0)$로 정의되는 x_3를 최소화 과정으로 찾는다.

iv) x_3점에서 $\underline{x}_4 = \underline{x}_3 + \lambda_4 \underline{v}_2$로 정의되는 x_4점을 찾는다.

v) x_4점에서 $\underline{x}_5 = \underline{x}_4 + \lambda_5(\underline{x}_2 - \underline{x}_0)$로 정의되는 x_5점을 찾는다.

vi) iv)와 v)의 과정과 마찬가지로 ii)와 iii)의 과정을 반복 시행하여 근사적인 최적해를 찾는다.

여기서 $(\underline{x}_5 - \underline{x}_3)$와 $(\underline{x}_2 - \underline{x}_0)$는 Pattern Direction으로 상호 Conjugate이다.

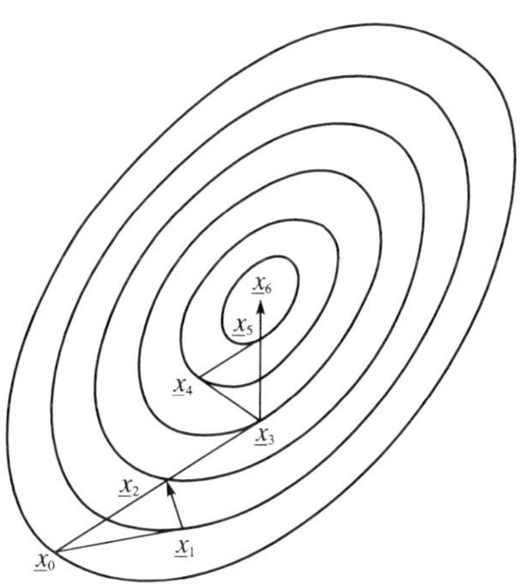

그림 3-28 Conjugate Direction에 따른 Search 과정

Powell의 Conjugate Direction Method의 알고리즘을 i번째 과정에서 요약하면 다음과 같다.

① λ에 관하여 $Min\, f(\underline{x}_{i+1} + \lambda\, \underline{v}_i)$를 하여 λ를 찾는다.

$\underline{x}_i = \underline{x}_{i-1} + \lambda_i \underline{v}_i, \quad (i = 1, 2, \ldots, n)$

② $i = 1, 2, \ldots, n-1$에 대하여

③ $\underline{v}_n = \underline{x}_n - \underline{x}_0$로 놓는다.

④ λ에 대하여 $Min\, f(\underline{x}_n + \lambda\,(\underline{x}_n - \underline{x}_0))$를 하여 λ를 찾는다.

$\underline{x}_0 = \underline{x}_0 + \lambda_n(\underline{x}_n - \underline{x}_0)$라 놓는다.

⑤ Stopping Rule이 만족하지 않으면 ①의 과정으로 돌아가 반복시행한다. $\underline{v}_i = \underline{v}_{i+1}$로 놓는다.

예제 3.30 다음식을 Powell's Method를 이용하여 해석하라

$$Min\ f(\underline{x}) = x_1^{\ 2} + 2x_2^{\ 2} = \frac{1}{2}\underline{x}^T A \underline{x} : A = \begin{bmatrix} 2 & 0 \\ 0 & 4 \end{bmatrix}$$

단 $\underline{v}_1 = [1, -1]^T$, $\underline{v}_2 = [1, 1]^T$ 이며 $\underline{x}_0 = [20, 20]^T$을 선택한다.

① $\underline{x}_1 = \underline{x}_0 + \lambda_1 \underline{v}_1 = [20, 20]^T + \lambda_1[1, -1]^T = [20+\lambda_1, 20-\lambda_1]^T$

$$f(\underline{x}_1) = \frac{1}{2}[20+\lambda_1, 20-\lambda_1]\begin{bmatrix} 2 & 0 \\ 0 & 4 \end{bmatrix}\begin{bmatrix} 20+\lambda_1 \\ 20-\lambda_1 \end{bmatrix}$$

$$= \frac{1}{2}(2400 - 80\lambda_1 + 6\lambda_1^{\ 2})$$

$$\frac{\partial f}{\partial \lambda_1} = 0 : \quad \therefore \lambda_1 = 6.66$$

$$\underline{x} = [26.66,\ 13.34]^T$$

② $\underline{x}_2 = \underline{x}_1 + \lambda_2 \underline{v}_2 = [26.66+\lambda_2,\ 13.34+\lambda_2]^T$

$$\frac{\partial f(\underline{x}_1 + \lambda_2 \underline{v}_2)}{\partial \lambda_2} = 0 : \quad \therefore \lambda_2 = -17.8$$

$$\underline{x}_2 = [8.86, -4.46]^T$$

$$\underline{v}_3 = \underline{u}_1 = \underline{x}_2 - \underline{x}_0 = [8.86, -4.46]^T - [20, 20]^T$$

$$= [-11.14, -24.46]^T$$

③ $\underline{x}_3 = \underline{x}_2 + \lambda_3 \underline{v}_3 = \underline{x}_2 + \lambda_3 \underline{u}_1 = \underline{x}_2 + \lambda_3(\underline{x}_2 - \underline{x}_0)$

$$= [-11.14, -24.46]^T + \lambda_3[-11.14-20, -24.46-20]^T$$

$$\frac{\partial f(\underline{x}_3)}{\partial \lambda_3} = 0 : \quad \therefore \lambda_3 = 0.15$$

$$\underline{x}_3 = x_2 + \lambda_3 \underline{u}_1 = [10.48, -0.92]^T$$

④ 마찬가지 방법으로 반복시행하면

$\lambda_4 = -3.46 \qquad \underline{x}_4 = [7.02, -4.18]^T$

$\lambda_5 = -0.15 \qquad \underline{x}_5 = [8.68, -0.64]^T$

$\underline{u}_2 = \underline{x}_5 - \underline{x}_3 = [-1.8, 0.28]^T$

$\underline{x}_6 = \underline{x}_5 + \lambda_6 \underline{u}_2 = [0.03, 0.7]^T \qquad \therefore \underline{x}_{opt} = [0, 0]^T$

⑨ Variable-Metric Method

Conjugate Direction Method의 장점은 Optimal Gradient Method에 비하여 최적점 근

처에서 수렴율이 보다 빠르다는 것이다. 그림 3-29에서 보는 바와 같이 초기 근사점 x_0가 최적점 x*에 접근되어 있다면 x_0에서의 Gradient 벡터 $\nabla f(\underline{x}_0)$가 거의 $x^* - x_0$ 벡터에 거의 수직하므로 보다 빠른 수렴이 $x^* - x_0$를 따른 일차원 Search에 의해서 이루어질 것이다. 최적점 근처에서 수렴을 용이하게 하기 위하여 최적점 근처에 있는 일련의 이차함수 f(x)를 최적치로 근사화하는 방법을 Davidon, Fletcher, Powell에 의해서 고안되었는데 이 방법을 Variable-Metric Method 또는 Second Order Method라 한다.

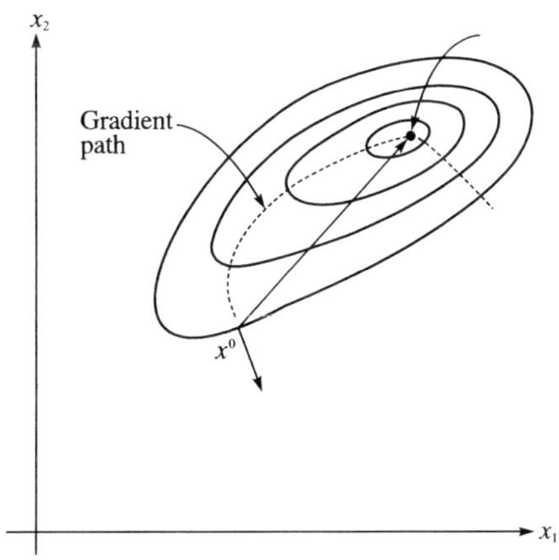

그림 3-29

Variable-Metric Method의 해석과정을 살펴보기로 한다.
최적점이 $\underline{x}^*$이며 연속적으로 두 번 미분 가능한 함수를 $f(\underline{x})$라 한다.

$$f(\underline{x}) = \frac{1}{2}\sum_{i=1}^{n}\sum_{j=1}^{n} a_{ij}\, x_i\, x_j + \sum_{i=1}^{n} b_i x_i + C \tag{3-86}$$

$$\nabla f(\underline{x}) = \begin{pmatrix} a_{11} & a_{12} & \cdots & a_{1n} \\ a_{21} & a_{22} & \cdots & a_{2n} \\ \vdots & \vdots & & \vdots \\ a_{n1} & a_{n2} & \cdots & a_{nn} \end{pmatrix} \begin{pmatrix} x_1 \\ x_2 \\ \vdots \\ x_n \end{pmatrix} + \begin{pmatrix} b_1 \\ b_2 \\ \vdots \\ b_n \end{pmatrix} = A\underline{x} + \underline{b}$$

$$a_{ij} = \frac{\partial f(\underline{x})}{\partial x_i \partial x_j}$$

$\underline{x}_0$를 $\underline{x}^*$ 근처에 있는 점이라 하고 Gradient 함수 $\nabla f(\underline{x})$를 Taylor 급수 전개를 하여 1

차항까지 택하여 $\nabla f(\underline{x}_0)$를 구하면 다음식과 같다.

$$\nabla f(\underline{x}_0) = \nabla f(\underline{x}^*)\, H(\underline{x}^*)\, (\underline{x}_0 - \underline{x}^*)$$

위 식으로부터

$$\underline{x}^* = \underline{x}_0 - [H(\underline{x}^*)]^{-1}\, \nabla f(\underline{x}_0) = \underline{x}_0 - [H(\underline{x}^*)]^{-1}\, (A\underline{x}_0 + \underline{b}) \tag{3-87}$$

여기서, $\nabla f(\underline{x}^*) = 0$이며 $H(\underline{x}^*)$는 $\underline{x}^*$에서 $f(\underline{x})$의 Hessian Matrix이다. 다차원의 Newton-Raphson Method에서는 위의 식은 $\underline{x}^* = -A^{-1}\underline{b}$가 된다. 만일 $f(\underline{x})$가 초기점 $\underline{x}_0$에서 시작되는 이차 함수라면 $\underline{x}^*$는 정확하게 단 한 번의 시행으로 최적점 $\underline{x}^*$를 얻게 된다. 식 (3-87)에서 $[H(\underline{x}^*)]^{-1}$는 Gradient Direction을 수정하는 Modifier로서 Hessian Matrix와 그 역행렬을 구하는데 많은 번거로움과 오차를 동반하게 되므로 이 식을 이용하여 최적해를 구한다는 것은 비합리적이다. 따라서 Fletcher와 Powell은 반복기법으로 Hessian Matrix의 역행렬을 구하는 방법을 고안하였다. 이에 의하면 처음에 단위행렬로서 Hessian Matrix를 놓고 반복시행 과정으로서 Hessian Matrix를 수정해 나가는 것이다. 최적해에 도달하면 최종으로 수정된 행렬이 문제에 대한 Hessian Matrix의 역행렬이 되는 것이다. 현재의 점을 x_i, Gradient를 $\nabla f(\underline{x}_i)$, Hessian Matrix의 근사행렬을 H_i라 할 때 다음의 점 x_{i+1}과 H_{i+1}을 얻기 위한 시행과정인 Variable-Metric Method의 알고리즘은 다음과 같다.

① $\underline{v}_i = -H_i \nabla f(\underline{x}_i)$로 놓는다.

② $\underline{v}_i$를 따르는 일차원 search에 의하여

함수 $f(\underline{x}_i + \lambda \underline{v}_i)$를 최소화하여 λ_{opt}를 구한다.

$\underline{u}_i = \lambda_{opt}\, \underline{v}_i$라 놓는다.

$\underline{x}_{i+1} = \underline{x}_i + \underline{u}_i$라 정의한다.

③ $f(\underline{x}_{i+1})$ 과 $\nabla f(\underline{x}_{i+1})$를 구한다.

④ $\underline{y}_i = \nabla f(\underline{x}_{i+1}) - \nabla f(\underline{x}_i)$라 정의한다.

⑤ H_i는 다음 과정에 의하여 수정된다.

$$H_{i+1} = H_i + A_i + B_i \tag{3-88}$$

여기서, $A_i = \dfrac{(\underline{u}_i)(\underline{u}_i)^T}{(\underline{u}_i)^T(\underline{y}_i)}$ (3-89)

$$B_i = -\frac{H_i\,\underline{y}_i(H_i\,\underline{y}_i)^T}{(\underline{y}_i)^T H_i\,\underline{y}_i} \tag{3-90}$$

⑥ Stopping Rule을 만족하면 시행이 끝나며 만족하지 않으면 $\underline{x}_0 = \underline{x}_n$이라 놓고 ①과정부터 반복 시행한다.

Stopping Rule

i) $(\underline{v}_i)^T\underline{v}_i < \epsilon$

ii) $|\underline{v}_i^{\,j}| < \epsilon$: 여기서 $\underline{v}_i^{\,j}$는 i 번째 시행에서의 $\underline{v}$의 j번째 Component이다.

과정 ⑤의 해석적 증명은 생략한다.

예제 3.31 다음 문제를 Variable-Metric 알고리즘을 이용하여 해석하라.

$$Min\ f(\underline{x}) = \frac{1}{2}(x_1^{\,2} + 2x_2^{\,2}) = \frac{1}{2}\underline{x}^T A\underline{x} : A = \begin{bmatrix}1 & 0\\0 & 2\end{bmatrix}$$

$x_0 = [5, 5]^T$, $H_0 = \begin{bmatrix}1 & 0\\0 & 1\end{bmatrix}$로 선택하면

$f(\underline{x}_0) = 75/2$

$\nabla f(\underline{x}) = [\underline{x}_1, 2\underline{x}_2]^T$이다.

ITER. 1.

① $\underline{v}_1 = -H_0\nabla f(\underline{x}_0) = -\begin{bmatrix}1 & 0\\0 & 1\end{bmatrix}\begin{bmatrix}5\\10\end{bmatrix} = -\begin{bmatrix}5\\10\end{bmatrix}$

② $\underline{x}_1 = \underline{x}_0 + \lambda\underline{v}_1 = \begin{bmatrix}5-5\lambda\\5-10\lambda\end{bmatrix}$

$f(\underline{x}_1) = (225\lambda^2 - 250\lambda + 75)/2$

$\dfrac{\partial f(\underline{x}_1)}{\partial\lambda} = 0, \qquad \therefore \lambda = \dfrac{5}{9}$

$u_1 = \lambda\underline{v}_1 = [-2.78, -5.52]^T$

$\underline{x}_1 = [2.22, 0.55]^T$

③ $f(\underline{x}_1) = \{(2.22)^2 + 2(-0.55)^2\}/2 = 2.77$

$\nabla f(\underline{x}_1) = [2.22, -1.11]^T$

④ $\underline{y}_1 = \nabla f(\underline{x}_1) - \nabla f(\underline{x}_0) = \begin{bmatrix} 2.22 \\ -1.11 \end{bmatrix} - \begin{bmatrix} 5 \\ 10 \end{bmatrix} = \begin{bmatrix} -2.78 \\ -11.11 \end{bmatrix}$

⑤ $A_1 = \dfrac{\underline{u}_1(\underline{u}_1)^T}{(\underline{u}_1)^T \underline{y}_1} = \begin{bmatrix} 0.11 & 0.22 \\ 0.22 & 0.44 \end{bmatrix}$

$B_1 = -\dfrac{H_0 \underline{y}_1 (H_0 \underline{y}_1)^T}{(\underline{y}_1)^T H_0 \underline{y}_1} = \begin{bmatrix} -0.06 & -0.23 \\ -0.23 & -0.94 \end{bmatrix}$

$H_1 = H_0 + A_1 + B_1 = \begin{bmatrix} 1.05 & -0.01 \\ -0.01 & 0.50 \end{bmatrix}$

ITER. 2.

① $\underline{v}_2 = -H_1 \nabla f(\underline{x}_1) = \begin{bmatrix} -2.35 \\ 0.57 \end{bmatrix}$

② $\underline{x}_2 = \underline{x}_1 + \lambda \underline{v}_2 = \begin{bmatrix} 2.22 - 2.35\lambda \\ -0.55 + 0.57\lambda \end{bmatrix}$

$f(\underline{x}_2) = 3.08\lambda^2 - 5.92\lambda + 2.77$

$\dfrac{\partial f(\underline{x}_2)}{\partial \lambda} = 0, \qquad \therefore \lambda = 0.96$

$u_2 = \lambda \underline{v}_2 = [-2.25, 0.55]^T$

$\underline{x}_2 = [-0.03, 0]^T$

③ $f(\underline{x}_2) = 0.00045$ ------→ 매우 큰 개선

$\nabla f(\underline{x}_2) = [-0.03, 0]^T$

④ $\underline{y}_2 = \nabla f(\underline{x}_2) - \nabla f(\underline{x}_1) = [-2.25, 1.11]^T$

⑤ $A_2 = \dfrac{\underline{u}_2(\underline{u}_2)^T}{(\underline{u}_2)^T \underline{y}_2} = \begin{bmatrix} 0.89 & -0.22 \\ -0.22 & 0.55 \end{bmatrix}$

$B_2 = -\dfrac{H_1 \underline{y}_2 (H_1 \underline{y}_2)^T}{(\underline{y}_2)^T H_1 \underline{y}_2} = \begin{bmatrix} -0.94 & 0.23 \\ 0.23 & -0.05 \end{bmatrix}$

$H_2 = H_1 + A_2 + B_2 = \begin{bmatrix} 1 & 0 \\ 0 & 0.5 \end{bmatrix} \cong A^{-1}$

여기서

$B_1 + B_2 = \begin{bmatrix} -1 & 0 \\ 0 & -0.99 \end{bmatrix} \cong -H_0$

$A_1 + A_2 = \begin{bmatrix} 1 & 0 \\ 0 & 0.49 \end{bmatrix} \cong A^{-1}$

$\underline{x}_2$는 $\underline{x}_{opt} = [0, 0]^T$로 접근되었음

지금까지 기술한 비선형계획문제의 최적화 기법 이외에 많은 해석방법이 있으나 지면 관계상 생략한다. 또한 최적화의 방법 중에서도 비선형계획에 대해서는 아직 수학적체계가 완성되지 않은 많은 분야가 남아 있다. 이는 실제적인 요구와 해석방법이 수학적인 문제에 선행되고 있는 결과로 여겨진다.

다단계의 구조로서 형성된 System의 최적화를 적용할 수 있는 방법이 동적계획법(Dynamic Programming : DP)인데, DP의 경우 일정한 정식화를 위한 방법이나 또는 해를 도출하는 일정한 알고리즘은 없고 각 단계 구조별로 하나하나에 대한 최적화문제를 형성하여 단계별 최적해를 구하여야 한다. 그러므로 여기에서 중요한 것은 DP문제에 대해 생각하는 방법이며 접근법이다. 이것이 DP의 특징이다. DP문제를 형성하는 데는 1957년 R. Bellman에 의해서 소개된 최적성의 원리(Principal of Optimality)에 의해서 최적화 문제를 형성하게 되는데 여기서는 지면관계로 생략한다.

3.6 최적성기준 방법(Optimality Criteria Method) : OC method

3.6.1 서론

직접적 수리계획법에서는 목적함수가 여러 수치알고리즘에 의해 직접적으로 최소화되지만 간접적 방법(최적성 기준방법)에서는 먼저 거동과 관련된 기준이 설정되고 이 기준이 만족될 때 최적화가 이루어진다.

계산상으로는 아주 효율적이지만 구조물의 특정한 거동에 좌우되고 최적화에 대한 수렴성이 항상 보장되는 것이 아니다.

(1) 일반식의 형성

$$Z = F(\{X\}) \rightarrow \min \tag{3-91}$$

$$g_j(\{X\}) \leq 0 \qquad j = 1, \cdots, m \tag{3-92}$$

인 단면변수 $\{X\}^T = \{X_1, \ldots, X_n\}$을 구하라. 목적함수를 $\{X\}$의 선형항으로 표시되는 무게로 구하면 식 (3-93)은 다음과 같이 된다.

$$Z = \{C\}^T\{X\} \tag{3-93}$$

여기서, $\{C\}$는 상수 계수 벡터이다.

부등식 (3-92)는 다음과 같은 제약조건일 수도 있다.

최소크기 $\{X^L\} - \{X\} \leq \{0\}$ (3-94)

최대변위 $\{\gamma\} - \{\gamma^u\} \leq \{0\}$ (3-95)

최대응력 $\{\sigma\} - \{\sigma^u\} \leq \{0\}$ (3-96)

역의 설계변수(Compliance 또는 상호 변수)를 다음과 같이 정의한다.

$$\{Y\}^T = \{Y_1, \cdots, Y_n\} = \{1/x_1, \cdots, 1/X_n\} \tag{3-97}$$

가상하중법에서 변위$\{\gamma\}$는 다음과 같이 표현할 수 있다.

$$\{\gamma\} = [B]\{1/X\} = [B]\{Y\} \tag{3-98}$$

여기서 행렬 $[B]$의 요소는 다음 식으로 구할 수 있다.

$$B_{ij} = \frac{A_i A_{ji}^Q l_i}{E} \qquad v.s. \quad \Delta = \int_0^1 \frac{Mm}{EI}\, dx \tag{3-99}$$

A_i는 실제 하중으로 인한 i번째 부재의 부재력이고 A_{ji}^Q는 j번째 방향에 가상하중 Q_j = 1.0으로 인한 i번째 부재의 부재력이고 l_i는 i부재의 길이이고 E는 탄성계수이다. 응력이 변위의 선형함수라고 가정하고 식 (3-98)의 관계를 이용하면 다음 식과 같이 된다.

$$\{0\} = [S]\{\gamma\} = [S][B]\{1/X\} = [S][B]\{Y\} \tag{3-100}$$

식 (3-93)~(3-100)에서부터 식 (3-91)과 식 (3-92)는 식 (3-101)~(3-104)와 같이 된다.

$$Z = \{C\}^T \{X\} \rightarrow \min \tag{3-101}$$

$$\{X^L\} - \{X\} \le \{0\} \tag{3-102}$$

$$[B]\{1/X\} - \{\gamma^u\} \le \{0\} \tag{3-103}$$

$$[S][B]\{1/X\} - \{\sigma^u\} \le \{0\} \tag{3-104}$$

역의 설계변수의 항으로 표시하면 다음과 같다.

$$Z = \{C\}^T \{1/Y\} \rightarrow \min \tag{3-105}$$

$$\{Y\} - \{Y^u\} \le \{0\} \tag{3-106}$$

$$[B]\{Y\} - \{\gamma^u\} \le \{0\} \tag{3-107}$$

$$[S][B]\{Y\} - \{\sigma^u\} \le \{0\} \tag{3-108}$$

여기서, $\{Y^u\} \equiv \{1/X^L\}$ (3-109)

(2) 설계축척의 조정(Scaling of Design)

강성도 행렬 [K]가 {X}의 선형함수이고 하중벡터 {R}이 {X}에 대해 독립이라면 변위 해석 방정식은 다음과 같다.

$$[K]\{\gamma\} = \{R\} \tag{3-110}$$

식 (3-100)과 식 (3-110)의 관계로부터 다음의 성질을 나타낼 수 있다.

$$\begin{aligned} \gamma_j(\Lambda\{X^*\}) &= (1/\Lambda)\gamma_j(\{X^*\}) \qquad j = 1, \cdots, M \\ \sigma_j(\Lambda\{X^*\}) &= (1/\Lambda)\sigma_j(\{X^*\}) \qquad i = 1, \cdots, n \end{aligned} \tag{3-111}$$

여기서, Λ는 주어진 스칼라 승수이고 M은 변위의 개수이다.
상호변수에 대해 식 (3-111)은 다음과 같다.

$$\begin{aligned} \gamma_j(\Lambda\{Y^*\}) &= \Lambda\, \gamma_j(\{Y^*\}) \qquad j = 1, \cdots, M \\ \sigma_i(\Lambda\{Y^*\}) &= \Lambda\, \sigma_j(\{Y^*\}) \qquad i = 1, \cdots, n \end{aligned} \tag{3-112}$$

(3) 제약 조건식의 근사

$\{\gamma\}$과 $\{\sigma\}$를 $\{Y^*\}$에 대한 $\{Y\}$의 항으로 1차 Taylor 급수 전개하고 식 (3-112)를 이용하면 다음과 같이 된다.

$$\{\gamma\} \simeq \left[\nabla \gamma_Y{}^*\right]\{Y\}$$
$$\{\sigma\} \simeq \left[\nabla \sigma_Y{}^*\right]\{Y\} \tag{3-113}$$

(4) 최적화에 대한 조건

라그랑즈 함수를 다음과 같이 정의하자.

$$\Phi(\{X\},\{\lambda\}) = h(\{X\}) + \sum_{j=1}^{J} \lambda_j g_j(\{X\}) \tag{3-114}$$

여기서 λ_j 는 라그랑즈 승계수이고 J는 active 제약조건식의 개수이다. 최적상태에서 다음 조건이 만족되어야 한다.

$$\frac{\partial \Phi}{\partial X_i} = 0 \qquad i = 1, \cdots, n \tag{3-115}$$

$$\frac{\partial \Phi}{\partial \lambda_j} = 0 \qquad j = 1, \cdots, J \tag{3-116}$$

Kuhn - Tucker 조건은 다음과 같다.

$$\{\nabla F\} + [\nabla g]\{\lambda\} = \{0\} \tag{3-117}$$
$$\{\lambda\} \geq \{0\} \tag{3-118}$$

(5) 재설계법칙(재귀관계)

K번째 순환에서의 설계변수 $X_i(K)$를 수정하기 위한 재설계단계에서 사용되는 재설계법칙은 다음과 같다.

$$X_i^{(K+1)} = G_i^{(K)} X_i^{(K)} \qquad (X_i^L \le G_i^{(K)} X_i^{(K)})$$
$$X_i^{(K+1)} = X_i^{(L)} \qquad (X_i^L \ge G_i^{(K)} X_i^{(K)}) \tag{3-119}$$

여기서 $G_i^{(K)}$는 각 설계변수에 대해 최적성 기준방법에 의해 계산되는 승수이다.

3.6.2 전응력설계(Fully Stressed Disign)

전응력설계는 최적구조물에서 각 부재는 최소한 하나의 하중조건에서 허용응력을 받는다고 가정한다.

(1) 1차 근사

f를 {X}로 1차 Taylor 급수 전개하면 다음의 관계를 구할 수 있다.

$$\{f^{(K+1)}\} \simeq \{f^{(K)}\} + \left[\nabla f_X^{(K)}\right](\{X^{(K+1)}\} - \{X^{(K)}\})$$

$\{f^{(K+1)}\} \simeq \{f^u\}$ 이면 다음과 같다.

$$\{f^u\} \simeq \{f^{(K)}\} + \left[\nabla f_X^{(K)}\right](\{X^{(K+1)}\} - \{X^{(K)}\}) \tag{3-120}$$

(2) 0차 근사 (응력비 방법)

응력비 방법에서는 주어진 부재에 대해 구조물의 응력 재분배 영향이 고려되지 않는다.
(K+1)번째 설계변수는 다음과 같은 재설계법칙에 따라 계산된다.

$$X_i^{(K+1)} = X_i^{(K)} \frac{f_i^{(K)}}{f_i^u} \tag{3-121}$$

부재력 $A_i^{(k)} = X_i^{(K)} f_i^{(K)}$이므로

$$X_i^{(K+1)} = \frac{A_i^{(K)}}{f_i^u} \tag{3-122}$$

수렴성을 개선하기 위하여 다음과 같은 방법을 사용한다.

1. 과잉경감인자법 (Overrelation Factor)

$$X_i^{(K+1)} = X_i^{(K)} \left(\frac{f_i^{(K)}}{f_i^{u}}\right)^{v} \qquad v > 1 \tag{3-123}$$

2. 2차 포물선법(Quadratic Fit Extrapolation by Melosh)

$$X_i^{(K+3)} = X_i^{(K+1)} + 2\frac{(X_i^{(K)} - X_i^{(K+1)})(X_i^{(K+2)} - X_i^{(K+1)})}{X_i^{(K)} - 2X_i^{(K+1)} + X_i^{(K+2)}} \tag{3-124}$$

3. Venkayya 는 변형 에너지 조건에 따라 순환 알고리즘을 제안하였다.

$$(\Lambda \overline{X}_i)^{(K+1)} = V\frac{A_i^{(K)}}{\sigma_i^{u}} \tag{3-125}$$

여기서, 상대 설계변수 $\{\overline{X}\}$와 실제 설계변수 $\{X\}$의 관계는

$$\{X\} = \Lambda \{\overline{X}\}$$

이고 V는 비례상수이고 Λ는 구조물의 절대응답을 조작하기 위해 변할 수 있는 스칼라이다.

예제 3.32

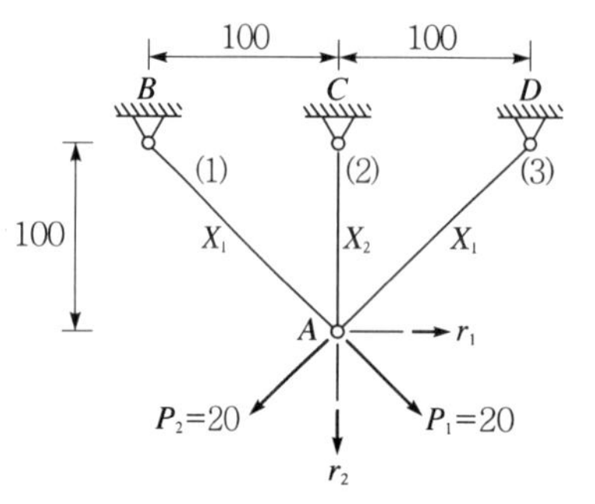

그림 3-30 3부재를 가진 트러스의 예

부피를 목적함수로 취하면

$Z = 282.8X_1 + 100X_2$이다.

응력제약조건식은 다음과 같다.

$$f_1 - 20 \equiv \frac{20(X_2 + \sqrt{(2)}\,X_1)}{2X_1X_2 + \sqrt{(2)}\,X_1^{2}} - 20 \leq 0$$

$$f_2 - 20 \equiv \frac{20\sqrt{(2)}\,X_1}{2X_1X_2 + \sqrt{(2)}\,X_1^{\,2}} - 20 \le 0$$

$$-f_3 - 15 \equiv \frac{20\,X_2}{2X_1X_2 + \sqrt{2}\,X_1^{\,2}} - 15 \le 0$$

응력비 방법에 의해 풀면 다음과 같이 된다.

$$X_1^{(K+1)} = X_1^{(K)} \max\left(\frac{f_1^{(K)}}{f^u}, \frac{f_3^{(K)}}{f^L}\right)$$

$$X_2^{(K+1)} = X_2^{(K)} \frac{f_2^{(K)}}{f^u}$$

K	$X_1^{(K)}$	$X_2^{(K)}$	$f_1^{(K)}$	$f_2^{(K)}$	$f_3^{(K)}$
0	1.0	1.0	14.14	8.28	-5.86
1	0.707	0.414	21.87	15.47	-6.40
2	0.773	0.320	21.09	16.32	-4.77
3	0.815	0.261	20.71	16.89	-3.82
.					
.					
	1.0	0	20.0	…	0

부피 = 282.8

최적해는 X_1 = 0.788, X_2 = 0.410, Z = 263.9이므로

X_1 = 1.0, X_2 = 0은 전응력설계이지만 최적해는 아니다.

예제 3.33

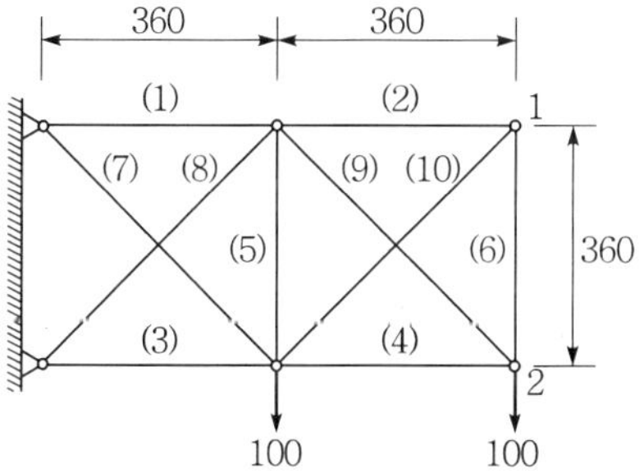

그림 3-31 10부재를 가진 트러스의 예

부피를 목적함수로 취하면

$$Z = \sum_{i=1}^{10} l_i X_i \text{이고}$$

부재크기에 대한 제약조건은

$0.1 \le X_i \qquad i = 1, \ldots, 10$이다.

다음 경우의 응력조건에 대해 Berke와 Knot가 풀었다.

Case A : $-25 \le f_i \le 25 \quad \text{for } i = 1, \ldots, 10$

Case B : $-25 \le f_i \le 25 \quad \text{for } i = 1, \ldots, 8, 10$

$-50 \le f_9 \le 50$

Case C : $-25 \le f_i \le 25 \quad \text{for } i = 1, \ldots, 8, 10$

$-70 \le f_9 \le 70$

	단 면 적		
	Case A	Case B와 Case C	
부 재	전응력설계와 최적점	전응력설계	최적점
1	7.94	4.11	7.90
2	0.10	3.89	1.10
3	8.06	11.89	8.10
4	3.94	0.11	3.90
5	0.10	0.10	0.10
6	0.10	3.89	0.10
7	5.74	11.16	5.80
8	5.57	0.15	5.51
9	5.57	0.10	3.68
10	0.10	5.51	0.14
체 적	15932	17252	14976

Case B와 Case C에 대해 해는 개선되지 않고 전응력설계로 수렴하였으나 최적설계로 수렴하지 않았으며 이것은 응력비 방법에서 Case A보다 더 큰 허용응력을 사용하여 나눈 까닭으로 9번 부재가 제거되는 결과를 가져왔다.

3.6.3 변위 제한 설계

(1) 한 개의 변위제약에 대한 조건

지배적인 변수의 개수가 I개라하고 관계없는 변위를 γ_0라 하고 $\gamma^u - \gamma_0 = \gamma^*$하면 최적 설계점에서 만족되어야 하는 조건은 식 (3-124)에서부터 다음과 같다.

$$X_h = \frac{1}{\gamma^*}\sqrt{\frac{B_h}{C_h}}\sum_{i=1}^{I}\sqrt{B_i C_i} \qquad h = 1, \ldots, I \tag{3-126}$$

여기서, C_h와 B_h는 식 (3-101) ~ 식 (3-104)에서 나온 것이다.

(2) 여러 개의 변위제약에 대한 조건

$$X_h{}^2 = \sum_{j=1}^{J}\lambda_j\left(\frac{B_{jh}}{C_h}\right) \qquad h = 1, \ldots, I \tag{3-127}$$

여기서, J : 등변위 제약의 수

(3) 행렬-변위법의 정식화

$$X_h = \sum_{j=1}^{J}\left(\frac{\lambda_j}{C_h}\{\gamma\}^T[K]_h\left\{\gamma_j{}^Q\right\}\right) \qquad h = 1, \ldots, I \tag{3-128}$$

여기서, $\left\{\gamma_j{}^Q\right\}$는 j에서 단위크기를 갖는 가상하중벡터에 대한 가상변위벡터이다.

(4) 재귀관계

식 (3-126)에서부터 한 개의 변위제약에 대한 재귀관계는 다음과 같이 나타낼 수 있다.

$$X_h{}^{(K+1)} = \left(\frac{1}{\gamma^*}\sqrt{\frac{B_h}{C_h}}\sum_{i=1}^{I}\sqrt{B_i C_i}\right)^{(K)} \qquad h = 1, \ldots, I \tag{3-129}$$

식 (3-127)에서부터 여러 개의 변위제약에 대한 재귀관계는 다음과 같이 나타낼 수 있다.

$$X_h{}^{(K+1)} = \sqrt{\sum_{j=1}^{J}\left(\lambda_j\frac{B_{jh}}{C_h}\right)(K)} \qquad h = 1, \ldots, I \tag{3-130}$$

3.6.4 일반적 반복수행 방법

(1) 설계변수에 대한 재귀관계

식 (3-117)과 식 (3-118)에서부터 다음의 관계를 나타낼 수 있다.

$$1 = -\sum_{j=1}^{J} \lambda_j \frac{\partial g_j}{\partial X_i} \Bigg/ \frac{\partial F}{\partial X_i} \qquad i = 1, \ldots, n$$

윗식의 오른편을 다음과 같이 정의하자.

$$T_i = -\sum_{j=1}^{J} \lambda_j \frac{\partial g_j}{\partial X_i} \Bigg/ \frac{\partial F}{\partial X_i} \qquad i = 1, \ldots, n \tag{3-131}$$

지수재귀관계는 다음과 같다.

$$X_i^{(K+1)} = (T_i^{(K)})^{1/\beta} X_i^{(K)} \qquad i = 1, \ldots, n \tag{3-132}$$

여기서, β는 Step Size를 결정하는 상수이다.
선형재귀관계는 다음과 같다.

$$X_i^{(K+1)} = (\alpha + (1-\alpha) T_i^{(K)}) X_i^{(k)} \qquad i = 1, \ldots n \tag{3-133}$$

여기서, α는 경감인자이다.
식 (3-132)와 식 (3-133)의 α와 β의 관계는 다음과 같다.

$$\alpha = 1 - \frac{1}{\beta} \tag{3-134}$$

(2) 라그랑즈 승계수에 대한 재귀관계

지수관계는 다음과 같다.

$$\lambda_j^{(K+1)} = (\frac{\gamma_j^{(K)}}{\gamma_j^{u}})^{1/\delta} \lambda_j^{(K)} \tag{3-135}$$

여기서, δ는 Step Size를 결정하는 상수이다.

선형관계는 다음과 같다.

$$\lambda_j^{(K+1)} = (\frac{\delta-1}{\delta} + \frac{1}{\delta}\frac{\gamma_j^{(K)}}{\gamma_j^{u}})\, \lambda_j^{(K)} \tag{3-136}$$

J개의 연립선형방적식을 풀어서 라그랑즈 승계수를 구하고자 할때 그 연립 선형방정식은 다음과 같다.

$$\sum_{i=1}^{n} \frac{\partial g_h^{(K)}}{\partial X_i} X_i^{(K)} \sum_{j=1}^{J} \frac{\partial g_j^{(K)}}{\partial X_i} \Big/ \frac{\partial F}{\partial X_i} = \frac{g_h^{(K)}}{1-\alpha} - \sum_{i=1}^{n} \frac{\partial g_h^{(K)}}{\partial X_i} X_i^{(K)} \quad \text{h = 1, } \cdots \text{ , J} \tag{3-137}$$

평균자승오차를 최소화하는 방법을 사용하여 라그랑즈 상수를 구하고자 할 때는 다음 식을 사용한다.

$$\sum_{j=1}^{J} \left(\frac{\sum_{i=1}^{n} \frac{\partial g_j}{\partial X_i} \frac{\partial g_h}{\partial X_i}}{(\frac{\partial F}{\partial X_i})^2} \right) \lambda_j = (-\sum_{i=1}^{n} \frac{\partial g_h}{\partial X_i} \Big/ \frac{\partial F}{\partial X_i})^{(K)} \qquad h = 1, \dots, J \tag{3-138}$$

Newton-Raphson법을 사용하여 라그랑즈 상수를 구하고자 할때 그 재귀관계는 다음과 같다.

$$\{\lambda^{(K+1)}\} = \{\lambda^{(K)}\} - \gamma([\nabla g]^{-1}\{g\})^{(K)} \tag{3-139}$$

여기서, γ는 단계의 크기를 결정하는 상수이다.

3.7 변분법

3.7.1 변분해석학

변분해석학(calulus of variations)이란 함수(functions)또는 함수의 함수(functional)의 극치(minimum, maximum, stationary point)에 관한 일반이론에 관련된 분야이다.

(1) 응용분야 : 역학, 물리학, 공학, 수리해석학 등.

① 극대, 극소에 관련된 문제

② 다른 수단(예를 들면 벡터)을 이용하여 정식화된 문제를 변분원리를 이용하여 변환하는 문제 - 문제특성에 대한 통찰력

③ 실제문제의 해의 특성파악은 물론 근사수리해법을 얻기 위한 강력한 수단

(2) 응용방법

- 해의 존재성 : Quadratic Functional, 편미분방정식(Euler-Lagrange 방정식)
- 근사해의 안정성(stability)과 정확성(accuracy)
- 문제의 내재특성 : 지배방정식, 경계조건, 초기조건, 제약조건, 도약(불연속)조건 등 - Hamilton의 원리
- 변분에 근거한 근사해법 : Rayleigh-Ritz Method, Galerkin's Method, Method of Kantrovich, Collocation Method, Least-Squares Method, Weighted Residual Method 등

3.7.2 함수의 극대, 극소

(1) 비제약 최소화문제

: 미분가능함수 $f(x)$의 극대 또는 극소를 찾는 문제

① 필요조건 : $f'(x_0)=0$ 또는 $\nabla f(x_0)=0$

② 충분조건(2계 충분조건)

- 극소 : $f''(x_0)>0$ 또는 $\nabla^2 f \equiv H(x_0)$ 는 Positive-definite
- 극대 : $f''(x_0)<0$ 또는 $H(x_0)$ 는 Negative-definite

(2) 제약최소화 문제

Min. $f(x,y)$

subject to $G(x,y)=0$

① Direct Method : 제약조건에서 y를 x의 함수로 표현가능 할 때 사용

$G(x,y)=0 \rightarrow y=g(x)$, $dy=g'(x)dx$

minimize $f(x,y)=f(x,g(x))$

필요조건 : $df=0 \rightarrow \dfrac{\partial f}{\partial x}+\dfrac{\partial f}{\partial g}\dfrac{dg}{dx}=0$

② Language Multiplier Method : Lagrange 함수의 이용

$L(x,y,\lambda)\equiv f(x,y)+\lambda G(x,y)$

λ : Lagrange Multiplier

필요조건 : $dL=0$

$$\frac{\partial L}{\partial x}=0$$

$$\frac{\partial L}{\partial y}=0$$

$$\frac{\partial L}{\partial \lambda}=0$$

③ Penalty Method : 일련의 비제약최소화문제

$P(x,y,\epsilon)=f(x,y)+0.5\epsilon[G(x,y)]^2$

ϵ : Penalty Parameter

minimize $P(x,y,\epsilon)$ with $\epsilon \rightarrow \infty$

예제 3.34

$f(x,y)=2x^2+y^2-8x+y+1$의 극치

제약조건 : $2x-y=0$

1. Direct Method : $y-2x$를 f에 대입

$f(x,y)=f(x,g(x))=f(x)=6x^2-6x+1$

$f'(x)=0 \rightarrow 12x-6=0 : x=0.5, y=1.0$

2. Lagrange Multiplier Method

$L(x,y,\lambda)=(2x^2+y^2-8x+y+1)+\lambda(2x-y)$

$\dfrac{\partial L}{\partial x}=4x-8+2\lambda=0$

$$\frac{\partial L}{\partial y} = 2y + 1 - \lambda = 0$$

$$\frac{\partial L}{\partial \lambda} = 2x - y = 0$$

$$\Rightarrow \ x = 0.5, y = 1.0, \lambda = 3.0$$

3. Penalty Method

$$P(x,y,\epsilon) = (2x^2 + y^2 - 8x + y + 1) + 0.5\epsilon(2x - y)^2$$

$$\frac{\partial P}{\partial x} = 0 = 4x - 8 + 2\epsilon(2x - y)$$

$$\frac{\partial P}{\partial x} = 0 = 2y + 1 - \epsilon(2x - y)$$

$$\Rightarrow \ x_\epsilon = \frac{8 + 3\epsilon}{4 + 6\epsilon}, \ y = \frac{3\epsilon - 1}{2 + 3\epsilon}$$

$$\epsilon \to \infty : x = 0.5, y = 1.0$$

Convergence of the Penalty Solution

t	1.0	2.0	6.0	10.0	25.0	50.0	100.0	1000.0
x_ϵ	1.1	0.875	0.650	0.5937	0.5389	0.5197	0.5099	0.5010
y_ϵ	0.4	0.625	0.850	0.9063	0.9610	0.9803	0.9901	0.9990
$2x_\epsilon - y_\epsilon$	1.8	1.125	0.450	0.2812	0.1167	0.0591	0.0298	0.0030

3.7.3 Functional의 극대, 극소와 Euler 방정식

(1) 고전적인 변분문제

① The brachistochrone problem : 질점이 자신의 무게에 의해 마찰없이 미끄러져서 $A(0.0)$에서 $B(x_b, y_b)$로 최단시간 이동할 수 있는 활강로를 설계하라.

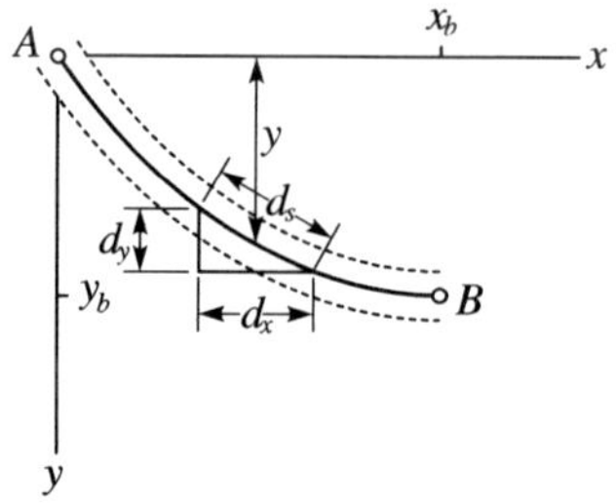

A와 B를 잇는 곡선의 식을 $y=u(x)$라 하면 속도는$v=(2gy)^{0.5}=(2gu)^{0.5}$이 된다.

A점으로 부터의 곡선의 길이를 S라 하면

$$v=\frac{ds}{dt}=\sqrt{1(\frac{du}{dx})^2}\frac{dx}{dt}$$

즉,

$$vdt=\sqrt{1+(\frac{du}{dx})^2}\,dx.$$

따라서 질점이 A에서 B까지 이동하는데 걸린 시간은

$$T=\frac{1}{\sqrt{2g}}\int\sqrt{\frac{1+(du/dx)^2}{u}}\,dx\equiv I_1(u).$$

따라서 이 문제는 다음과 같이 정식화된다.

Min. the definite integral $I_1(u)$

subject to the end conditions $u(0)=0,\ u(x_b)=y_b$

위의 end condition을 경계조건 (boundary condition)이라고도 하며, 이 문제의 해는 Cycloid이다.

② 회전체의 최소표면적문제 : 평면상의 두 점 $A(a,y_a)$와 $B(b,y_b)$를 잇는 곡선 $y=u(x)$ 중에서, 이를 x축을 중심으로 회전시켰을 때 표면적이 최소가 되는 곡선을 구하라.

$$\text{Min. } S=2\pi\int_a^b yds=2\pi\int_a^b u(x)\sqrt{1+(\frac{du}{dx})^2}\,dx\equiv I_2(u),$$

end conditions $y(a)=y_a,\ y(b)=y_b$

이 문제의 해는 Catenoid(catenary 곡선에 의한 회전표면적)이다.

③ Geodesic Problem : 평면상의 두 점 $A(a,y_a)$와 $B(b,y_b)$를 연결하는 곡선 중 길이가 최소인 함수 $y-y(x)$를 구하라.

$$\text{Min. } L=\int_a^b\sqrt{1+(\frac{dy}{dx})^2}\,dx\equiv I_3(y).$$

end conditions $y(a)=y_a,\ y(b)=y_b$

이 문제의 해는 두 점을 잇는 직선(선분)이다.

④ Isoperimetric problem 두 점 $A(a, y_a)$와 $B(b, y_b)$를 길이 L인 선으로 연결할 때 포함되는 면적이 최대가 되는 곡선 $y = y(x)$를 구하라.

$$\text{Max.} \quad I_4(y) = \int_a^b y(x)dx$$

subject to

$$y(a) = y_a \ , \ y(b) = y_b \ , \ L = \int_a^b \sqrt{1 + (\frac{dy}{dx})^2}\, dx$$

이 문제의 해는 Circular Arc임이 알려져 있다.

또 이 문제에서는 적분형태의 제약조건이 있음이 특징이다.

Note :

i) 설계변수가 함수이고 Functional을 최적화시키는 문제에서는 변분법이 이용된다.

ii) 설계변수가 유한차원의 벡터(특수한 경우의 함수로 취급)인 경우에도 변분법을 이용할 수 있다.

(2) Functional의 미분

다음과 같은 Functional $I(u)$가 어떤 함수 $u(x)$에 대해서 극대 또는 극소가 될까?

$$I(u) = \int_a^b F(x, u, \frac{du}{dx})dx,$$

이 Functional이 의미를 가지려면 먼저 $u(x)$ 와 F에 다음 조건이 만족되어야 한다.

(i) $u(a) = u_a, \ u(b) = u_b$: specified ends

(ii) $u \in H^2(\Omega)$ (continuity)

(iii) F는 twice-differentiable w.r.t. x.

$\bar{u}$가 I를 최소화하는 함수라 하자. 그러면 $\bar{u} \equiv u + a\eta$는 u의 이웃함수이다.

a = 임의의 작은 실수

$\eta \in H^2(\Omega)$, $\eta(\alpha) = \eta(b) = 0$

a의 값이 달라지면 다른 이웃함수들이 얻어지며 이들은 모두 $(a, u_a), (b, u_b)$를 지니는 것들이다. 또 $a = 0$이면 $\bar{u}$를 Functional의 미분은 보통함수의 미분과 같은 형태가 된다.

$$\bar{I} \equiv \lim_{\alpha \to \infty} \frac{I(u+\alpha\eta) - I(u)}{\alpha} \equiv \frac{d}{d\alpha}(I(u+\alpha\eta)_{\alpha=0'}$$

여기서, $\overline{I'}$은 I의 a에 관한 미분이며(독립변수 x에 관한 미분이 아님), 혼돈을 피하기 위해 $a\bar{I}'(0)$을 δI라 쓰며 이를 I의 u에 관한 1차변분이라 한다. $\bar{I}$에서의 증분$a\eta$를 u의 변분이라 한다.

• 1차변분의 예

$$I(u) = \int_a^b [\frac{c_0}{2}u^2 + \frac{c_1}{4}(\frac{du}{dx})^4 + \frac{c_2}{2}(\frac{d^2u}{dx^2})^2 + fu]dx.$$

$$I(u+a\eta) = \int_a^b [\frac{c_0}{2}(u+a\eta)^2 + \frac{c_1}{4}(\frac{du}{dx} + \frac{ad\eta}{dx})^4 + \frac{\epsilon_2}{2}(\frac{d^2u}{dx^2} + ad^2\frac{\eta}{dx^2})^2 + f(u+a\eta)]dx$$

$$\delta I(u) = a[\frac{d}{da}[I(u+a\eta)]]_{a=0}$$

$$= a[\int_a^b [c_0(u+a\eta)\eta + c_1(\frac{du}{dx} + \frac{ad\eta}{dx})^3\frac{d\eta}{dx} + c_2(\frac{d^2u}{dx^2} + \frac{ad^2\eta}{dx^2})\frac{d^2\eta}{dx^2} + f\eta]dx]_{a=0}$$

$$= a\int_a^b [c_0u\eta + c_1(\frac{du}{dx})^3\frac{d\eta}{dx} + c_2\frac{d^{2u}}{dx^2}\frac{d^2\eta}{dx^2} + f\eta]dx.$$

(3) 변분계산

$u = u(x)$

$F = F(x,u,u')$

u에서 F의 1차변분 :

$$\delta F = a[\frac{d}{da}F(x,u+a\eta,u'+a\eta)]_{a=0}$$

$$- a[\frac{d}{da}F(x,\bar{u}(a),\overline{u'}(a)]_{a=0}$$

$$= a[\frac{\partial f}{\partial \bar{u}}\frac{d\bar{u}}{da} + \frac{\partial F}{\partial \overline{u'}}\frac{d\overline{u'}}{da}]_{a=0}$$

$$= a(\frac{\partial F}{\partial u}\eta + \frac{\partial F}{\partial u'}\eta')$$

여기서 $\bar{u}(a) = u + a\eta, d\bar{u}/da = n$이다. 또 $\delta u \equiv a\eta$ 이므로 $\delta u' = a\eta'$. 따라서 F의 1차 변분은 다음과 같이 표현된다.

$$\delta F = \frac{\delta F}{\delta u}\delta u + \frac{\delta f}{\delta u'}\delta u',$$

① 변분과 미분

- F의 전미분 : $dF = \frac{\partial F}{dx}dx + \frac{\partial F}{du}du + \frac{\partial F}{du'}du'$
- 변분계산법칙 :

$$\delta(F_1F_1) = F_1\delta F_2 + F_1\delta F_2$$

$$\delta(\frac{F_1}{F_2}) = \frac{F_2\delta F_1 - F_1\delta F_2}{F_2^2}$$

- 변분과 미분의 교환성 : $\frac{d}{dx}(\delta u) = \frac{d}{dx}(a\eta) = a\frac{d\eta}{dx} = a\eta' = \delta u' = \delta(\frac{du}{dx}).$

② 다변함수의 미분

$$F = F(x, y, u, v, \ldots)$$

$$\delta F = \frac{\delta F}{\delta u}\delta u + \frac{\delta F}{\delta v}\delta v + \frac{\delta F}{\delta u_x}\delta u_x + \frac{\delta F}{\delta v_x}\delta v_x + \frac{\delta F}{\delta u_y}\delta u_y + \frac{\delta F}{\delta v_y}\delta u_y$$

(4) Admissible Variations

$$\chi = [\eta : \eta \in H^2[a,b], \eta(a) = \eta(b) = 0].$$

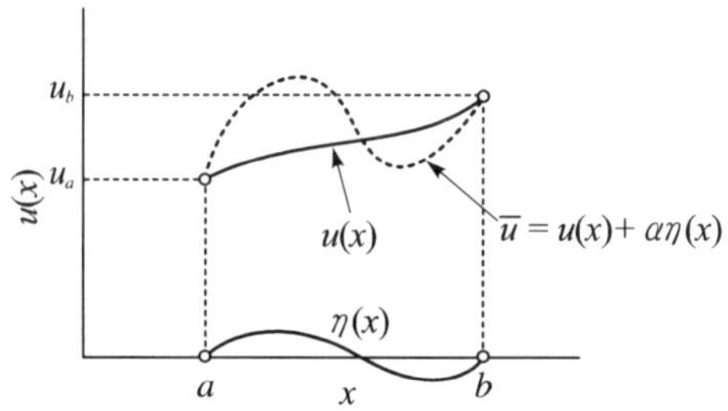

(5) Functional의 최소의 필요조건

$$I(u) - I(u_0) \geq 0 \qquad (\leq 0).$$

$$I(u_0 + a\eta) - I(u_0) \geq 0 \qquad (\leq 0)$$

$$\frac{d\bar{I}(a)}{da} = \frac{d}{d}a[I(u_o + a\eta)] = 0.$$

$$\delta I(u_0) = 0$$

(6) Euler–Lagrange Equations

① Problem : Min. $I(u)=\int_{x_1}^{x_2} f(x,u,\frac{du}{dx})dx$

subject to $u(x_1)=u_1,\ u(x_2)=u_2.$

② 필요조건 :

$$\delta I = a[\frac{dI(a)}{da}]_{a=0} = a\int_{x_1}^{x_2}(\frac{dF}{du}\eta+\frac{dF}{du'}\eta')dx$$

$$= a\int_{x_1}^{x_2}[\frac{\partial F}{\partial u}-\frac{d}{dx}(\frac{dF}{du'})]\eta dx + a(\frac{\partial F}{\partial u'}\eta)|^{x=x_{2_{x=x!}}} = 0$$

③ Euler–Lagrange Equation :

$$T(u)=\frac{\partial F}{\partial u}-\frac{d}{dx}(\frac{\partial F}{\partial u'})=0.$$

④ 경계조건 :

- Essential Boundary Conditions : u specified
- Natural Boundary Condition :

예제 3.35 bending and stretching of a cantilever

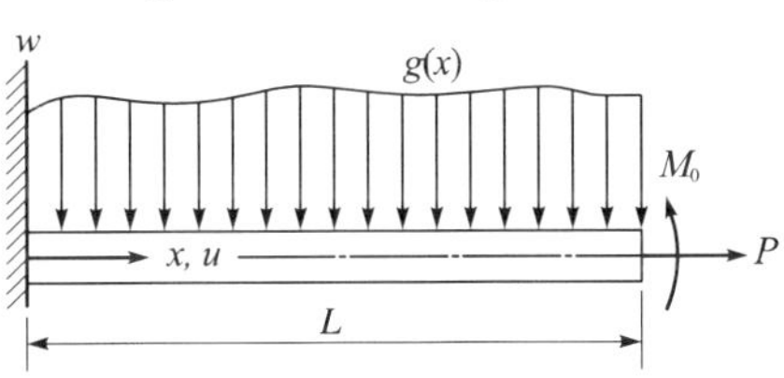

$$\Pi(u.w)=\int_0^L[\frac{EA}{2}[\frac{du}{dx}+\frac{1}{2}(\frac{dw}{dx})^2]^2+\frac{EI}{2}(\frac{d^2w}{dx^2})^2+qw]dx-Pu(L)-M_0\frac{dw}{dx}(L)$$

Boundary Conditions(essential) : $u(x)=w(0)=(dw/dx)(0)=0$

1. 필요조건 :

$$\delta\Pi(u.w)=\int_0^L[EA[\frac{du}{dx}+\frac{1}{2}(\frac{dw}{dx})^2](\frac{d\delta u}{dx}+\frac{dw}{dx}\frac{d\delta w}{dx})+EI\frac{d^2w}{dx^2}\frac{d^2\delta w}{dx^2}\div q\delta w]dx-P\delta u|_{x=L}-M_0\frac{d\delta W}{dx}|_{x=L}=0.$$

$$\delta\Pi=\int_0^L[-\frac{d}{dx}[EA(\frac{du}{dx}+\frac{1}{2}(\frac{dw}{dx})^2)]\partial u-\frac{d}{dx}[EA\frac{dw}{dx}(\frac{du}{dx}+\frac{1}{2}(\frac{dw}{dx})^2)]\partial w$$

$$+\frac{d^2}{dx^2}(EI\frac{d^2w}{dx^2}\partial w)+q\partial w]dx+[EA(\frac{du}{dx}+\frac{1}{2}(\frac{dw}{dx})^2)\partial u]^{x=L_{x=0}}$$

$$+(EId2\frac{w}{dx^2}\frac{d\partial w}{dx}-\frac{d}{dx}(EI\frac{d^2w}{dx^2})\partial w)|^{x=l_{X=0}}-P\partial u(L)-M_0\frac{d\partial w}{dx}(L)=0.$$

Essential BC(underlined terms) : u, w, $\frac{dw}{dx}$

Natural B.C. at $x=L$ must be known

2. Euler–Lagrange Equations :

$$\partial u :-\frac{d}{dx}[EA[\frac{du}{dx}+\frac{1}{2}(\frac{dw}{dx})^2]]=0 \qquad 0<x<L$$

$$\partial w : \frac{d^2}{dx^2}(EI\frac{d^2w}{dx^2})-\frac{d}{dx}[EA\frac{dw}{dx}[\frac{du}{dx}+\frac{1}{2}(\frac{dw}{dx})^2]+q=0 \qquad 0<x<L$$

3. Natural BC :

$$\partial u : EA[\frac{du}{dx}+\frac{1}{2}(\frac{dw}{dx})^2]-P=0, \qquad at\ x=L$$

$$\partial w : \frac{d}{dx}(EI\frac{d^{2w}}{dx^2})-[EA\frac{dw}{dx}[\frac{du}{dx}+\frac{1}{2}(\frac{dw}{dx})^2]]=0, \qquad at\ x=L$$

$$\partial(\frac{dw}{dx}) : (EI\frac{d^2w}{dx^2}-M_0)=0, \qquad at\ x=L.$$

3.7.4 제약조건이 있는 Functions의 최소화

Isoperimetric Problem : Find the maximum of $I_{4(u)}$ subject to integral constraint,

$$G(u')\equiv\int_a^b\sqrt{1+(u')}\,dx-L=0.$$

(1) Lagrange multiplier Method

① **Modified Functional**

$$I(u)=I_4(u)+\lambda G(u')$$
$$=\int_a^b[u+\lambda[\sqrt{1+u^2}-\frac{L}{b-a}]]dx,$$
$$u(a)=u(b)=0.$$

② **Euler–Lagrange Equations**

$\partial_u I=\ \partial_\lambda I=\ 0$으로부터

$$\partial_u : 1 - \frac{d}{dx}[\frac{\lambda u'}{\sqrt{1+u^{2'}}}] = 0$$

$$\partial\lambda : \quad G(u') = 0.$$

③ 방정식의 해

$$(x - x_0)^2 + (u - u_0)^2 = \lambda^2$$

여기서, x_0와 u_0는 적분상수이며, 반경 λ와 중심 (x_0, u_0)는 Integral Constraint와 End Condition으로부터 구해진다.

(2) Penalty Function Method

① Modified Functional

$$I_P(u_e) = I_4(u) + \frac{\epsilon}{2}[\int_a^b \sqrt{1+(u')^2}\,dx - L]^2$$

여기서, ϵ은 Penalty Parameter이다.

② 필요조건

$$1 - \frac{d}{dx}[\epsilon[\int_a^b \frac{\sqrt{1+(u')^2}\,dx - L]u'}{\sqrt{1+(u')^2}} = 0.$$

③ 해

주어진 ϵ에 대해 위의 미분방정식을 풀어야 한다. 또 위의 필요조건과 Lagrange Multiplier Method의 Euler-Lagrange Equations을 비교하면 다음의 관계를 알 수 있다.

$$\lambda \sim \epsilon[\int_a^b \sqrt{1+u^2}\,dx - L].$$

3.7.5 변분법의 근사해법

Functional Minimization

Solution of Differential Equations

- Ritz Method
- FEM

3.8 설계변수연결(Design Variables Linking) 기법

구조물의 최적문제에 대한 설계변수가 많다면 전체설계변수의 개수에 따라 구조해석은 기하급수적으로 계산 시간이 증가하게 된다. 구조물에 대한 부재 수나 요소 수가 많을 경우 이와 같은 계산 시간을 단축하기 위하여 설계변수 연결기법의 사용으로 설계변수의 수를 줄일 수 있는데, 설계변수 연결은 미리 선택한 부재 그룹간의 변수를 등제약조건의 개념을 도입하여 하나의 설계변수로 취급함으로써 모든 부재들의 설계변수를 제어할 수 있는 기법이다. 이 기법은 비례관계가 성립되는 기하하적 형상조건에 대해 원래의 설계변수$\{X\}$를 식 (3-140)과 같이 독립된 설계변수$\{X_R\}$로 바꿈으로 수행될 수 있다.

$$\{X\} = [T]\{X_R\} \tag{3-140}$$

본 절에서 설계변수는 계산시간 단축에 의한 최적화 과정의 효율성 증대를 위하여 그림 3-30과 같이 설계구간을 4개의 그룹으로 나누어 설계변수 연결기법을 사용하였으며, 이를 식으로 나타내면 (3-141)과 같다.

$$\begin{bmatrix} A \\ B \\ C \\ D \\ E \\ F \\ G \\ H \\ I \\ J \\ K \end{bmatrix} = \begin{bmatrix} 1 & 0 & 0 & 0 \\ 0 & 1 & 0 & 0 \\ 0 & 0 & 1 & 0 \\ 0 & 1 & 0 & 0 \\ 0 & 0 & 0 & 1 \\ 0 & 1 & 0 & 0 \\ 0 & 0 & 1 & 0 \\ 0 & 1 & 0 & 0 \\ 0 & 0 & 0 & 1 \\ 0 & 1 & 0 & 0 \\ 1 & 0 & 0 & 0 \end{bmatrix} \begin{bmatrix} a \\ b \\ c \\ d \end{bmatrix} \tag{3-141}$$

이 기법을 적용한 예는 5장에 언급하였다.

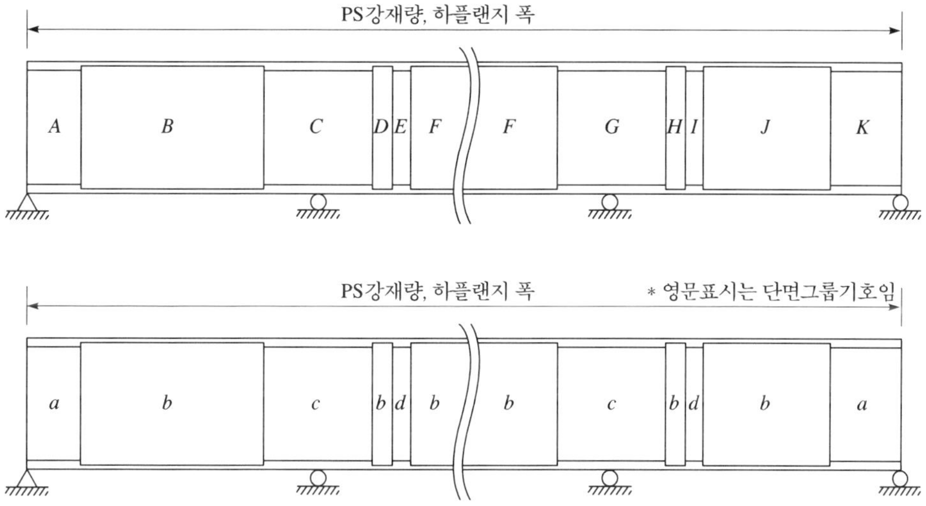

그림 3-30 구간별 종방향 설계변수 그룹핑

3.9 지능화 기법

3.9.1 유전자 알고리즘(GA, Genetic Algorithms)

인공 유전 시스템인 유전자 알고리즘은 자연세계의 진화현상에 기초한 계산 모델로서 Holland에 의해 처음 1975년에 개발된 전역적 병렬 탐색의 최적화 알고리즘이다. GA는 자연선택(natural selection)의 원리와 자연계의 생물유전학에 기본 이론을 두고 병렬적이며 전역적인 탐색알고리즘으로서, 모든 생물은 주어진 환경에서 살아남는다는 다윈(Darwin)의 적자생존(survival of the fittest)의 이론을 기본개념으로 하고 있다. GA를 풀고자 하는 문제에 대한 가능 해들을 정해진 형태의 자료 구조로 표현한 다음 이들을 점차적으로 변형함으로써 점점 더 좋은 해들을 만들어 내게 된다. GA에서는 생물학적 유전인자인 염색체에 대한 재생산(reproduction), 교배(crossover), 돌연변이(mutation)를 거쳐서 다음 세대의 새로운 자손을 인공적으로 만들게 되며, 이들 세 가지 연산자들을 반복적으로 적용하여 적합도가 높은 해를 탐색할 수 있게 된다. GA가 기존의 탐색 또는 최적화 방법과 다른 것은 다음과 같다.

첫째, GA는 매개변수 그 자체를 사용하는 것이 아니라 매개변수집합을 부호화(coding)하여 사용한다.

둘째, GA는 탐색공간에서 점(point)이 아닌 점들의 집단에 기반한 탐색방법으로써 경사값이나 기타 보조정보가 아닌 단지 적합도 함수(fittest function) 정보만을 사용한다.

셋째, GA는 결정론적인 전이규칙(deterministic transition rule)이 아닌 확률론적인 규칙을 사용한다.

이렇게 기존의 탐색이나 최적화 방법과는 달리 GA는 미분가능성이나 연속성 그리고 볼록성(convex) 등과 같은 최적화 함수 정보를 필요로 하지 않을 뿐만 아니라 병렬 탐색으로 인해 다수의 봉우리(multimodal)로 이루어진 탐색공간에서 전역최적해를 찾을 가능성이 매우 높다.

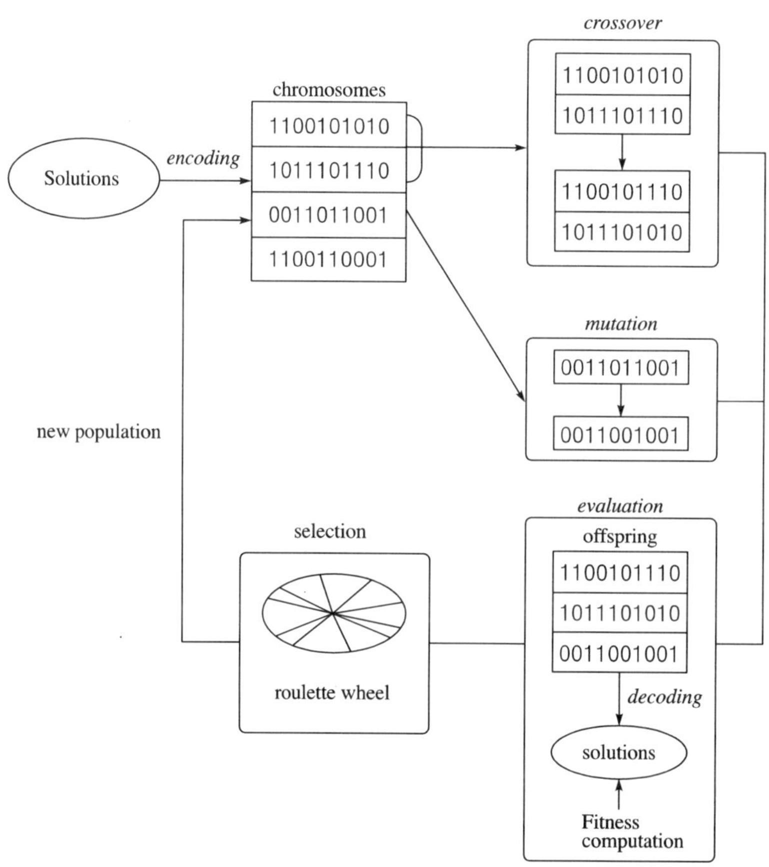

그림 3-31 GA의 일반적 구조

그림 3-31과 같은 구조를 갖는 GA는 설계변수의 실수값을 표현하기 위한 염색체(chromosome)로서 이진벡터를 사용하여 0과 1의 문자열을 형태로 구성함으로써 마치 염색체 인자가 유전자 인자가 나열되어 있는 것과 같은 형태를 갖추기 때문에 교배와 돌연변이가 가능하며, 이와 같은 문자열로 인하여 집단을 이루는 하나의 개체이자 설계공간 내의 설계점들로 작용하게 된다. 이 문자열의 길이가 길면 길수록 요구되는 정밀도가 낮아지게 되므로, 본 연구에서는 길게 표현되는 문자열을 index로 변환하고 새로운 해를 찾은 이후 이를 다시 원래의 문자열로 환원시키는 과정을 통하여 해의 정밀도 및 정확성을 향상시켰다. 기본적으로 GA에 사용되는 연산자들은 재생산, 교배, 돌연변이를 들 수 있다. 이들이 그림 3-32와 같이 GA의 주요 loop를 구성하고 있다.

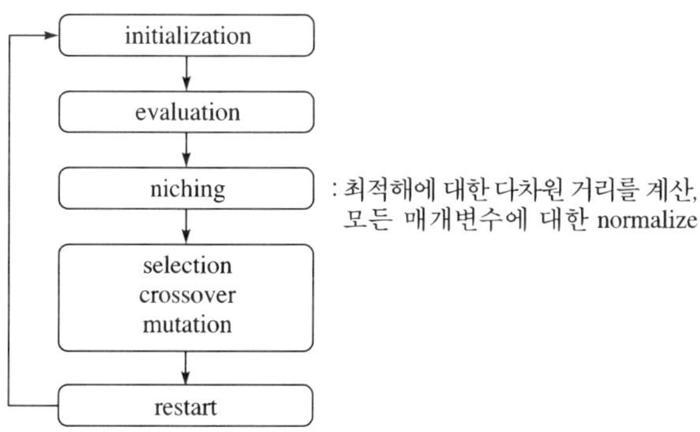

그림 3-32 GA의 주요 루프

(1) 재생산 (Reproduction)

재생산은 각각의 개체가 가지는 적합도에 따라 그 개체를 복제하는 과정이다. 이 과정은 적합도가 높은 개체일수록 다음 세대에 대한 더 많은 자손을 가질 확률이 높게 되는 자연원리를 적용한 것이다. 이를 위한 개체 선택 도구로써 룰렛-휠 선택(roulette-wheel selection), 엘리트 생존 선택(elite survival selection), 토너먼트 선택(tournament selection), 순위 선택(ranking selection) 등이 있다. 룰렛-휠 선택은 각 개체의 적합도에 비례한 확률을 근거로 자손을 남기는 방법이며, 이는 적응도가 우수한 개체일수록 다음 세대에 자손을 남길 확률이 높아지도록 하는 것이다. 이 방법은 적합도 함수값의 확률에 따라 그림 3-33과 같이 각 염색체에 대한 선택확률이 차이가 나는 것이다. 엘리트 생존 선택은 이전 세대의 엘리트, 즉 적응도가 가장 우수한 개체를 다음 세대에 그대로 보존시키는 것으로 세대가 진행되면서 가장 우수한 엘리트의 적응도는 절대로 떨어지지 않는다는 장점이 있다. 토너먼트 선택은 집단으로부터 결정된 수의 개체를 부작위로 선택하여, 그 중에서 적합도가 높은 개체를 다음 세대로 남기는 절차를 정해진 수의 개체가 선택될 때까지 반복하는 선택기법이다. 이 과정은 세대수만큼을 반복하고 선택 개체 수가 많을수록 선택강도가 증가되는데, 대부분의 경우 2개의 개체 선택을 사용한다. 또한, 순위 선택은 염색체를 실제의 적합도 함수의 평가치보다는 순위에 비례하여 선택하는 것으로, 조기 수렴되는 까닭이 적합도가 평균을 훨씬 상회하는 초우량 개체(super chromosome)에 기인한다는 생각에 착안하여, 그러한 초우량 개체는 많은 수의 자손을 발생하고 다음세대 형성시 다른 개체의 좋은 염색체를 몰아내어 개체집단은 빨리 국부 최적점으로 수렴하게 된다. 그러나 순위 선택은 국부 최적화의 우려 때문에 잘 사용하지 않는 방법이다. 이상에서 살펴본 바와 같이, 재생산 과정을 통해 보다 나은 새로운 세대가 발생하게 된다.

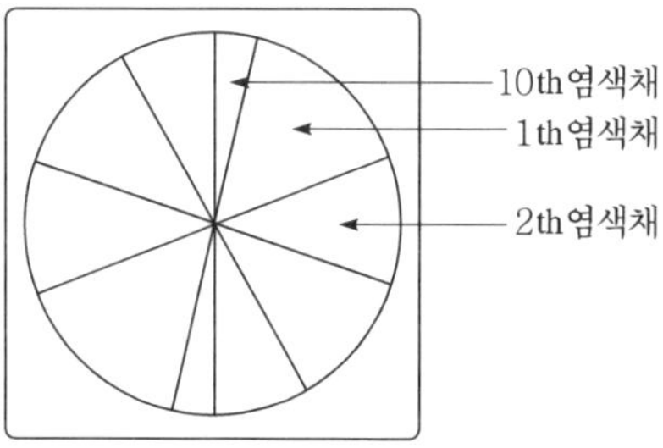

그림 3-33 룰렛-휠 선택

(2) 교배(Crossover)

그러나 재생산 과정은 탐색 방향을 적합도가 가장 높은 개체쪽으로 향하게 하지만, 새로운 개체를 생성하지는 못한다. 자연계에서 자손은 부모 세대로부터 유전자를 이어받으면서도 부모와는 전혀 다른 형질을 갖듯이 GA에서도 이 과정을 모방하는 것이 교배과정이다. 현 세대에서 무작위로 두 개의 개체를 선택한 후, (0, 1)사이에서 발생시킨 난수 값이 교배확률(corossover probability)보다 작으면 교배위치 k를 문자열 내에서 무작위로 선택하고 k 이후의 문자열을 교환함으로써 교배가 이루어진다. 이 방법에는 교배 위치가 한군데인 1점 교배(1-pint crossover), 교배 위치가 2군데인 2점 교배(2-point crossover), 교배 위치를 여러 개로 주는 다점 교배(multiple crossover) 등이 있으며, 그림 3-34는 1점 교배로서 단순교배(simple crossover) 과정을 나타낸 것이다.

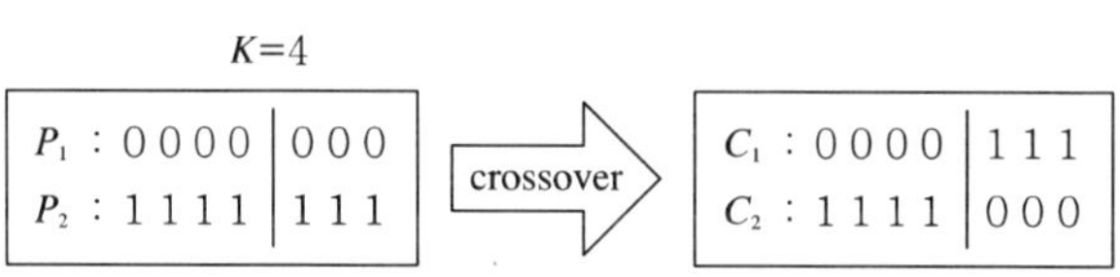

그림 3-34 1점 교배

(3) 돌연변이(Mutation)

재생산과 교배 과정은 집단의 개체들이 현재 가지고 있는 정보들을 이용해서 결합하고 탐색하는 것에 비해 돌연변이 과정은 현재 집단에 존재하지 않는 새로운 정보를 제공해 줄 수 있다. 이는 아주 낮은 돌연변이 확률(mutation probability; P_m)로 문자열의 한 비트를 0에서 1로 1에서 0으로 간단히 바꿈으로써 돌연변이가 발생한다. 이 과정은 과거에 잃어버렸던 중요한 정보를 되찾을 수도 있으며, 돌연변이 확률이 높으면 탐색의 방향이 국부적인 최적해에서 벗어나 전역적인 탐색효과를 나타낼 수 있다. 그러나, 돌연변이 확률이 너무 높으면, 진화의 초기에 뛰어난 성능을 발휘하지만 진화의 후반부에는 돌연변이 확률이 높기 때문에 높은 적응도를 가진 개체를 바꿔버릴 수 있다. 즉 탐색된 우수한 최적해가 사라질 수도 있으므로 문제에 적당한 돌연변이 확률을 선택해야 한다. 그림 3-35는 점프 돌연변이에 대한 설명이다.

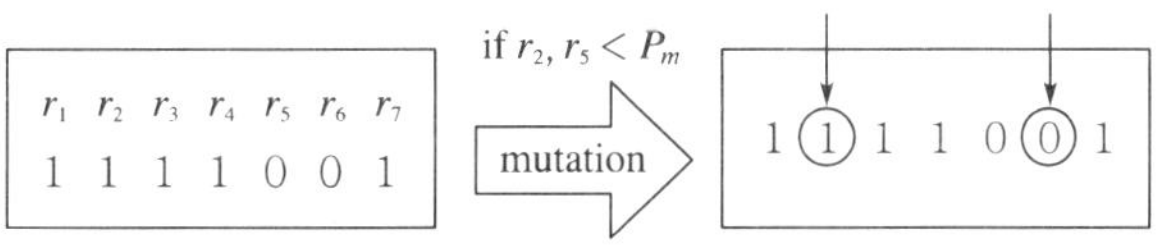

그림 3-35 점프 돌연변이

(4) GA의 적용

최적화의 경우 연속형 설계변수와 이산형 설계변수가 혼합되어 있는 형태가 많다. 만일 국부 최적화 알고리즘이 이런 형태의 문제에 쓰여진다면 이산변수에 대해서 고정시킨 후 각각에 대해 최적화를 수행해야 하기 때문에 비효율적이고, 해를 찾는다 하더라도 근접 최적해일 것이다. 유전자 알고리즘은 이러한 문제를 푸는데 적합하고, 대부분의 경우에 높은 신뢰성을 가지고 전역적 최적해(Global Optimum Solution)를 찾을 수 있다. 본 교재에서는 유전자 알고리즘의 문제점인 많은 계산시간을 줄이기 위해서 실무에서 사용 가능한 설계변수의 제원은 각각에 인덱스(Index)를 부여하여 설계변수로 사용함으로써 인덱스에 의한 최적해 탐색을 효율적으로 수행하고 최종적으로 선택된 인덱스를 최적단면으로 결정할 수 있다. 이는 기존의 표준화된 설계단면을 이용하는 장점뿐만 아니라 설계공간을 표준단면 인덱스로 범위를 국한하여 효율적으로 개체를 발생시킬 수 있다는 장점을 가지게 된다. 이에 대한 개선된 GA 흐름도는 그림 3-36에 나타내었다.

기본적으로 유전자 알고리즘은 무제약조건의 최적화 문제를 위해 사용될 수 있다. 따라서 최적화 정식화에서 결정된 제약조건의 형태를 가진 문제를 풀기 위해서는 다음과 같은 두 가지의 변환이 필요하다. 첫 번째 변환은 식 (3-143)에서 제시된 것과 같은 벌칙함수(Penalty Function)의 개념을 이용하여 본래의 제약조건 문제를 무제약조건 문제로 바꾸는 것이다.

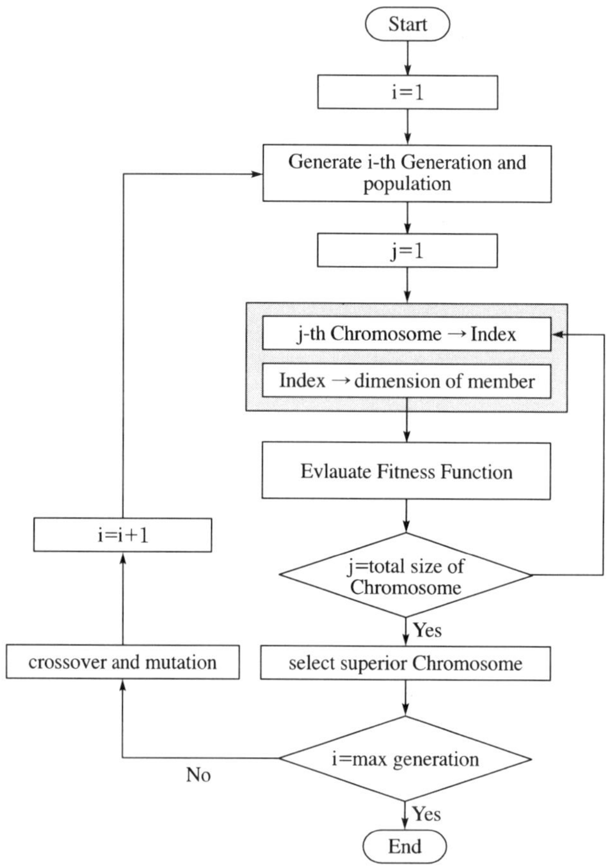

그림 3-36 GA의 흐름도

$$f'(X) = f(X) + \begin{cases} R\sum_{j=1}^{m} \Phi(g_j(X))^{\eta} & \text{for } g(X) > 0 \\ 0 & \text{for } g(X) \leq 0 \end{cases} \tag{3-142}$$

여기서, Φ = 벌칙 함수, R, η = 벌칙 파라미터이다. 두 번째 변환은 식 (3-142)의 $f'(X)$를 최소화하기 위해 적합도함수 $F(X)$를 최대화하는 것인데 적합도함수 $F(X)$는 식 (3-143)과 같이 정의된다.

$$F(X) = \frac{C}{f'(X)} \tag{3-143}$$

여기서, $F(X)$=적합도함수, C=적합도함수의 파라미터이다. 적합도함수를 최대로 하기 위해서는 벌칙 파라미터(R,η)와 세대수(N_P) 각각을 결정하는 것이 중요하다.

3.9.2 인공신경망 기법(ANN, Artificial Neural Network)

인공신경망 기법은 현재 존재하는 어떠한 컴퓨터보다도 복잡하고 비선형적이며 병렬연산을 비교할 수 없을만큼 빠르게 수행하는 인간 두뇌의 신경세포작용에서 착안된 기법이다. 인공신경망에 관한 연구의 시작은 19세기 말에서 20세기 초로 거슬러 올라간다. 1943년 McCulloch와 Pitts가 최초로 수학적 모델을 제시한 이후, 퍼셉트론, Adaline, 다층 퍼셉트론, 홉필드 네트워크, 코호넨 네트워크, ART 네트워크, Simulated annealing, Bolzmann machine, counter propagation network 등 다양한 인공신경망 모델이 등장하였으며, 역전파 인공신경망 (back-propagation neural network)은 현재 예측을 위한 신경망 학습 알고리즘의 90% 이상을 차지하고 있다. 토목분야에서도 구조물의 최적설계, 구조물의 손상발견을 비롯하여 재료거동의 모사, 구조물의 동적해석 등 서로 다른 여러 분야에 대한 인경신경망 기법이 적용되고 있다.

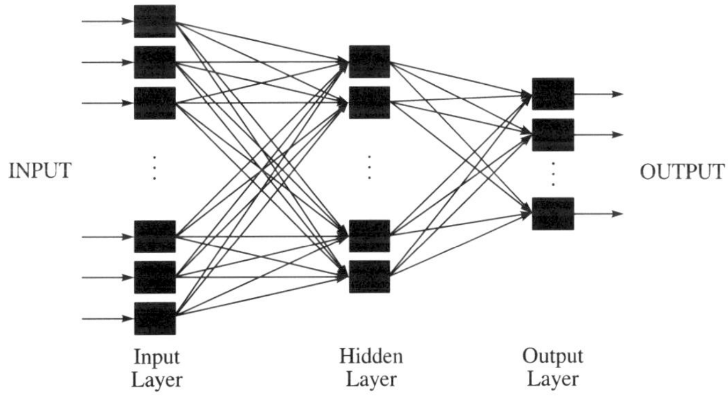

그림 3-37 역전파 인공신경망

다음 그림 3-37에서 보는바와 같이 역전파 알고리즘을 사용하는 다층 퍼셉트론 인공신경망은 입력층, 출력층과 그 사이에 존재하는 은닉층으로 구성된다. 입력층으로부터 출력층의 방향으로 진행하며 주어진 입력에 대한 출력값을 계산하고, 계산된 출력값과 목표 출력값의 오차를 역방향으로 전달하면서 각 층 사이의 절점을 연결하는 연결강도(weight)와 바이어스(bias)를 조절한다. 이러한 과정을 반복하여 주어진 입력에 대한 인공신경망인 출력값과 출력값 사이의 오차가 주어진 한계값보다 작아지도록 하며, 이 과정을 인경신경망의 학습(training)이라고 한다. 학습이 완료된 인공신경망은 학습에 사용된 입력값과 출력값 사이의 상관관계를 표현하게 되어 학습에 사용되지 않은 입력에 대하여도 적절한 상관관계를 유지하도록 출력을 내보내게 된다.

3.9.3 시뮬레이티드 어닐링(SA, Simulated Annealing) 기법

Simulated annealing기법은 커다란 탐색공간에서 주어진 함수의 전역최적점(global optimum)에 대한 훌륭한 근사치를 찾으려고 하는 전역최적화(global optimization) 문제에 대한 일반적인 확률적 휴리스틱(probabilistic heuristic) 접근방식이다. 이 방법은 1983년에 S. Kirkpatrick, C. D. Gelatt, M. P. Vecchi, 1985년에 V. Cerny이 각각 동시에 발명한 것이다. 이 기법의 유래는 야금학(metallurgy)의 담금질(annealing)에서 따온 것이다. 즉 결정체(crystals)의 크기를 크게하고 결함(defects)을 작게 하려고 금속에 열을 가하고 냉각시키는 속도를 조절하는(controlled cooling) 기술에서 따온 것이다. 열을 가하면 원자(atoms)는 최초의 위치(내부 에너지의 국소 최적점(local minimum))에서 떨어져 나가고 더 높은 에너지 상태로 정처없이 방황하게 된다. 서서히 냉각시키면 최초의 상태보다 더 낮은 내부 에너지를 가지는 환경을 찾을 수 있는 기회를 더 많이 가지게 된다.

이러한 개념들은 고체의 물리적인 담금질과 아주 많은 경우의 수를 가진 조합최적화(Combinatorial Optimization) 문제 사이의 밀접한 관계에 의거한다. Simulated annealing은 신경망(Neural Network)의 구조를 갖는 것은 아니다. 단지 이러한 개념으로 여러 다른 신경망의 학습과정을 변화시켜줄 수 있다. 실제 많은 신경망 시스템에서 학습한다는 개념은 minimization 과정으로 볼 수 있으며, 그것은 energy function이나 error function에서 downward 방향으로 간다는 것을 의미한다. 하지만 그러한 경우 initial weight 값을 잘못 선택하면 local minimum 값에 빠지는 경우가 생기게 된다. 이러한 문제를 해결하기 위한 방안으로 simulated annealing 개념이 도입되었다.

금속의 담금질(annealing)이란 고체를 녹을 때까지 가열하고 난 후 그것을 완전한 격자상태의 결정체가 될 때까지 식히는 물리적인 과정이다. 이런 과정 중에 그 고체의 자유 에너지(free energy)는 최소화된다. 오래 전부터의 경험에 의하면 고체화되는 과정에서 지역 최소점에 빠지지 않도록 하기 위해서는 조심스럽게 서서히 식혀야 한다.

금속재료 등을 가열한 후 서서히 냉각시켜 내부의 결함을 없애는 방법과 유사하여 시뮬레이티드 어닐링(simulated annealing)이라 부른다. 여기에서 중요한 것은 온도를 낮추어가는 방법이다. 온도를 너무 급속히 낮추면 평행상태를 이루어도 최소 에너지 상태에 도달할 확률이 적고, 너무 천천히 낮추면 최소 에너지에 도달할 확률은 커지지만 많은 반복을 필요로 하므로 시간이 많이 걸린다.

조합 최적화(combinatorial optimization) 문제에서도 이와 유사한 과정을 정의할 수 있다. 이 과정은 잠재적으로 매우 많은 해결방안 중에서 최소의 비용이 드는 해답을 구하는 문제로 공식화될 수 있다. 여기서 비용 함수(cost function)와 자유 에너지 사이의 관계, 그리고 해답과 물리적인 상태의 관계를 정립함으로써 물리적인 담금질 과정의 시뮬레이션에 의거한 조합 최적화 문제의 해결 방안이 바로 Simulated Annealing이다.

이 방법의 두드러진 특징은 폭넓은 응용 가능성과 최상에 가까운 해답을 얻을 수 있다는 점이다. 그러나 이 방법에도 상당히 큰 단점이 있다. 상당히 좋은 해답을 얻는데 걸리는 계산 시간이 엄청나게 길다는 점이다. 그러나 시뮬레이티드 어닐링 알고리즘의 구현시 필요한 엄청난 시간은 대규모 병렬처리(massively parallel execution)를 기반으로 하는 계산 모델을 사용함으로써 상당히 줄일 수 있는데 그러한 모델 중의 하나가 바로 볼쯔만 머신(Boltzmann Machine)이다.[44]

3.9.4 볼쯔만 머신(Boltzmann Machine)

볼쯔만 머신은 신경망과 시뮬레이티드 어닐링으로부터의 흥미로운 성질들을 결합시킨 모델인데 대규모 병렬처리를 이용하는 강력한 계산 장치이다. 볼쯔만 머신은 1984년 Geoffrey E. Hinton과 Terrence J. Sejnowski에 의해 도입되었다. 볼쯔만 머신은 커넥셔니스트(connectionist) 모델로의 최신 접근 방법이다. 이것은 홉필드 모델의 일반화로 여겨질 수 있는데 홉필드 네트워크의 동작 규칙을 확률적인 동작 규칙으로 확장시킨 것으로 생각될 수 있다. 홉필드 네트워크의 동작 규칙에서는 네트워크의 상태를 에너지를 감소시키는 방향으로만 변화시키지만, 볼쯔만 머신에서는 에너지가 증가하는 상태의 전이에 대해서도 작은 확률로나마 허용하는 동작규칙을 사용한다.

백프로퍼게이션 네트워크를 비롯한 여러 신경망 모델들이 지역 최소점(local minima)에 빠져서 전역적 최소점(global minima)을 구할 수 없는 경우도 있는데 비하여 볼쯔만 머신에서는 에너지가 증가하는 방향으로의 전이도 가능하므로 전역적 최소값을 구할 수 있다. 이것의 원리는 마치 그림에서 보는 바와 같이 구슬이 두개의 지역 최소값을 가진 에너지 장벽으로 분리되어 있는 시스템에서 상자를 흔들어 어느 곳으로도 굴러갈 수 있도록 하는 것과 같은 원리인 것이다.

볼쯔만 머신을 학습하는 중요한 이유는 다음과 같다. 우선 이 모델은 탐사, 표현 및 학습 등에 응용될 수 있는 일반적인 접근 방법을 제시해 준다. 또한 이 모델은 엄밀한 수학적인 바탕을 통하여 네트워크의 수렴 성질을 제공하며 지도학습이건 자율학습이건 간에 간단한 학습 알고리즘들을 형성할 수 있게 해 준다. 마지막으로, 이 모델의 단순성으로 인하여 실리콘 칩에 넣는 하드웨어의 구현이 비교적 쉽다는 것이다. 볼쯔만 머신은 유니트들이 그들의 상태전이를 국부적으로 평가하기 때문에 병렬처리를 쉽게 해준다. 더군다나 볼쯔만 머신은 전체적인 구성을 분산 표현하기 때문에 전통적인 컴퓨터 아키텍처를 사용할 때 생길 수 있는 폰 노이만의 병목 현상(bottleneck)을 겪지 않는다. 볼쯔만 머신의 유용한 응용분야로는 VLSI의 배치문제나 순회판매원 문제(traveling salesman problem), 최적화 문제의 근사해를 구하는 경우 등에 특히 적합하다.[44]

3.10 협동최적화(CO, Collaborative Optimization) 기법

협동최적화 기법은 규모가 큰 구조물을 설계함에 있어 세부적인 하위레벨 항목의 최적해를 결정하고 그 해를 바탕으로 하여 전체 시스템의 최적해를 도출해가는 방법으로, 각 하위레벨의 최적해는 전체시스템의 최적화 과정에 제약조건 및 목적함수의 일부로 적용될 수 있다. 즉 이 기법은 복잡한 문제를 체계적으로 분리하여 하위레벨의 문제를 정식화하고 각각의 제약조건을 만족하는 최적해를 도출해가는 것으로써 그 흐름은 그림 3-38과 같다.[43]

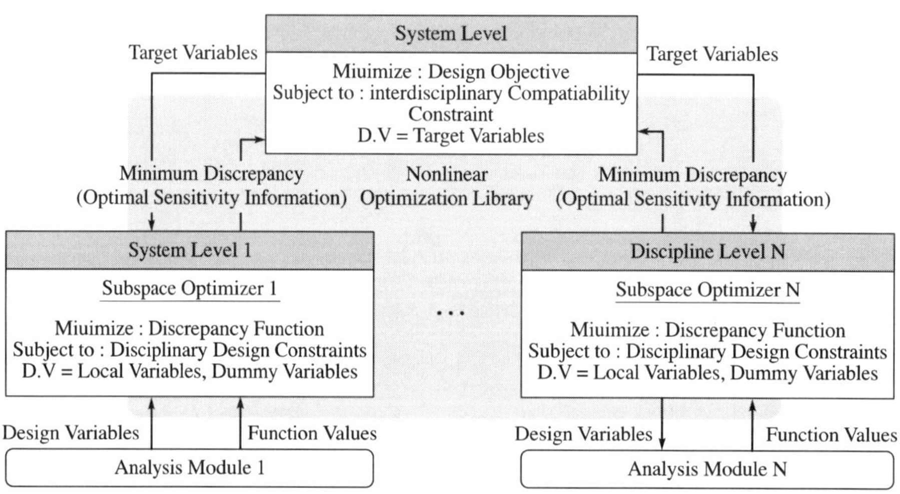

그림 3-38 협동최적화 (CO)의 기본개념

제4장
일반구조물의 최적설계

제4장 일반구조물의 최적설계

4.1 서론

구조부재나 요소의 최적설계에서는 구조시스템의 최적설계와는 달리 최적화과정에서 복잡한 해석 방정식의 해를 구할 필요가 없이 단면력(모멘트, 전단력, 비틀림, 우력 또는 축력)은 별도로 쉽게 계산할 수 있다. 그 전형적인 예는 정정 구조물에서의 구조요소나 설계변수의 변화에 대한 요소내 단면력의 분포가 민감하지 않은 부정정 구조계에서 볼 수 있다. 전자의 경우는 구조해석이 요소설계변수에 무관하며 구조해석은 거의 문제가 될 수 없음은 자명하지만, 후자의 경우는 최초에 가정된 단면에 대한 단면력이 계산되면 이에 따라 요소 단면을 최적화하고 다시 수정 단면력을 구한 다음 수렴할 때까지 이러한 요소 최적화와 수정 단면력 계산 과정을 반복하는 반복시행 절차에 의해 부재 단면 치수를 최적화할 수 있다. 그렇지만 만일 제약 조건이 전체적인 좌굴, 고유진동수 또는 변위 등을 포함하는 경우에는 전체 구조물을 동시에 최적화하지 않으면 안 된다.

요소 최적화 문제의 정식화에서 주된 어려움은 관련설계 시방서에 규정된 설계 요구 조건들의 정의가 때로는 애매하게 규정되어 있어서 주관적인 규준해석을 적용할 우려가 있다. 또한 허용응력값에 대한 표현들이 불연속적으로 되어 있어서 오는 어려움도 일어날 수 있다. 더구나 대개의 설계 시방서가 자동화 설계 계산을 전제로 기술된 것이 아니므로 그 결과 모든 설계가능성과 고려해야 될 설계 영역을 효과적으로 포함시키지 못할 수 있다. 그러므로 오히려 요소 최적화문제의 정식화에서는 구조물의 거동 현상, 공학적 판단 및 시방서 규준의 확실하고 명확한 기술에 대한 보다 깊은 이해가 요구된다.

요소 최적화는 대개 감소된 설계변수 공간에서의 직접적인 탐색에 기초하여 수행되는 경우가 많다. 이 공간의 각 점에 대해 나머지 변수들은 설계공식이나 또는 단순한 최적화 과정에 바탕을 둔 부최적화(suboptimization)기법에 의해 계산된다.

요소 최적화 문제에서 변수들의 수가 적은 경우에는 이미 3장에서 언급한 바와 같이 고전적인 LMN(Lagrange Multiplier Method), Kuhn-Tucker 조건, SFM(Simultaneous Failure Mode) 방법 등의 적용에 의해 쉽게 해를 구할 수 있는 경우도 적지 않지만 후술할 LP, NLP 최적화 부프로그램이나 패키지 프로그램을 이용하여 쉽게 최적해를 구할 수 있다. 원래 LP프로그램은 신뢰도가 높은 "Black Box"형 패키지 Program으로 되어 있는 경우가 많아 대형 최적화 문제에 적합하지만, 이런 대형 프로그램도 LP 알고리즘에 친숙하지 않은 사용자들이 쉽게 사용할 수 있게 데이터 준비가 매우 단순하여 소규모 LP문제는 몇 회의 Iteration으로 정확한 글로벌 최적화를 구할 수 있게 해준다. 최적설계문제가 비선형계획(NLP)형태로 기술된 경우에는 어떠한 종류의 가용한 비선형 최적화 알고리즘도 적용할 수 있지만 최적화 방법에 관한 제 3장에 상술되어 있는 벌칙함수(penalty-function)를 이용하는 SUMT 방법과 이를 위한 Conjugate Direction방법 같은 직접 탐색 최적화 알고리즘이 다음과 같은 사항을 고려하면 다른 NLP 알고리즘 보다 대개의 경우가 효율적이다.

(1) 부재 단면력은 별도로 직접 계산되기 때문에 제약조건은 통상 양함수적 형태로 주어진다. 따라서 목적함수와 제약함수의 수치계산이 단순하고 최적화 과정에 매트릭스 구조해석이나 FEM같은 복잡한 구조해석이 필요 없다.
(2) 복잡한 시방서 제약조건을 쉽게 취급할 수 있다. 제약조건의 수는 얼마든지 많을 수 있고 설계변수의 수만큼 계산시간에 결정적인 영향을 미치는 요소가 되지는 못한다. 상기 최적화 방법은 제약조건 값이 불연속이거나 불연속 도함수를 갖는 설계문제에 특히 바람직한 방법이다.
(3) 대개의 경우 요소 최적화에서 설계변수의 수는 적으며 통산 10개 이내이다. 그런데 벌칙함수 이용 방법은 최적화 과정에서 상당히 많은 횟수에 걸쳐 목적함수와 제약함수의 값을 계산하게 되는데 그 횟수는 설계변수의 수에 대해 지수함수적으로 증가한다. 따라서 이 방법은 작은 규모의 최적화 문제에만 효과적이다.
(4) 후술하겠지만 Powell Conjugate Direction방법 같은 직접 탐색기법은 목적함수나 제약함수의 도함수의 프로그램밍이 필요 없다. 주된 정점은 무제약 최소화 과정은 수리적 계획에 대한 사용자측의 제어나 지식이 거의 필요 없는 "Black Box"형 프로그램이 될 수 있다는 데 있다.

일반적으로 요소최적화는 최적화 요소나 부재의 수가 많고, 이를 단번의 최적화가 공비에 상당한 절감을 가져오거나 아니면 설계노력이 감소될 수 있도록 응용이 매우 단순한 경우에 정당화된다. 여기서 기술하게 될 RC요소, 강재요소, PC요소 등의 최적화 문제는 요소 최적화의 여러 문제 중에 극히 일부 보여주는데 불과하다. 따라서 여기서 몇 가지 요소 최적화의 예를 소개하는 목적은 최적화 방법과 최적화 결과의 고찰을 위해서가 아니고 요소 최적화 문제의 전형적인 정식화 방법을 구체적으로 설명하기 위한 것이다. 대개 요소 최적화는 시방서 규정에 의해 좌우되고 목적함수 내 설계변수의 단위 공비는 구조물의 가설위치와 설계의 시기에 따라 달라지기 마련이다.

4.2 강구조 요소 최적화

강구조 요소의 설계는 자주 수정되는 복잡한 설계 규준 또는 시방서 설계 규정을 고려해야 하는 게 특징이다. 따라서 강구조 요소의 최적화를 위한 제약조건은 불연속적이며 복잡한 제반거동 및 설계 요구조건들로 표현된다. 이러한 문제를 효과적으로 풀 수 있는 최적화 방법으로는 위에서 언급한 직접 탐색 최소화 알고리즘을 이용하는 무제약 최소화 기법인 SUMT 즉, 벌칙함수를 이용하는 최적화 방법을 들 수 있다. 그 주된 이유는 시방서의 규정이 바뀔 때마다 새롭게 프로그램을 만들 필요가 없기 때문이다. 이러한 최적화 기법을 사용하면 수정시마다 적절한 제약조건을 없애거나, 수정하거나 추가하면 되고 나머지 프로그램은 그래도 사용할 수 있게 된다. 이 절에서는 먼저 H형(WF)단면의 최적설계의 예를 비선형 계획문제로 정식화하고 SUMT기법으로 해를 구할 수 있음을 보인다. 다음에는 세장한 원통기둥의 SFM(Simultaneous Failure Mode) 최적화에 대해서 논의할 것이다. SFM은 단순히 모든 가능한 파괴모드가 동시에 발생하는 설계점이 최선의 설계가 된다는 가정에 기초를 두고 있다. 이 방법은 실제적인 설계에는 적용가능성이 제한되어 있지만 일반적인 최적화 과정에 비하여 상대적으로 최적화에서 매우 단순한 접근방법을 제공하고 있다.

4.2.1 H형 단면의 최적설계

그림 4-1과 같은 H형(WF) 단면은 4개의 설계변수를 갖고 있는 설계문제인데 이러한 설계변수들의 최적치를 구하는 최적화 문제에 대해 고려해 보자.

물론 실제로는 H형 단면은 표준화된 이산형 단면 치수로 되어 있고 강판(Steel Plate)들도 이산형 치수 즉, 불연속적인 표준 치수로만 가용하지만, 여기서 설계변수는 연속적으로 변할 수 있다고 가정한다. 대개의 경우 연속 최적화과정이 완료되는 단계, 즉, 최적치나 근사치 부근에 가장 근접한 최적 가용치수를 구할 수 있다. 최적화를 위한 목적함수는 부재 중량으로 하고, 부재가 균일단면을 갖는다고 보면, 목적함수는 다음과 같이 단위 길이당 중량 즉, 단면적으로 정식화 할 수 있다.

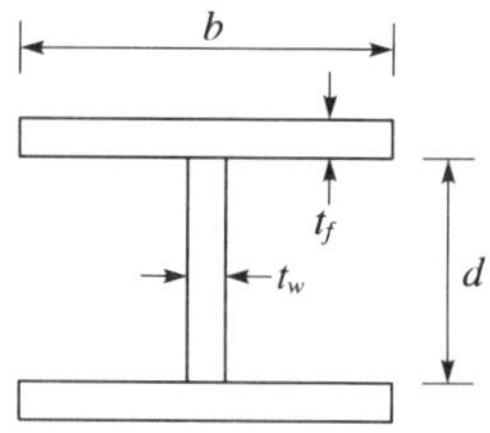

그림 4-1 H형 단면

$$Z = F(d,\ t_w,\ b,\ t_f) = dt_w + 2bt_f \ \rightarrow \ \min \tag{4-1}$$

이 예제에서의 제약조건은 AISC - ASD(Allowable Stress Design) 설계시방서의 설계규준에 바탕을 두고 있지만 다른 시방서의 규준이나 설계 요구조건을 제약조건으로 채택할 수 있다. 모든 제약 조건을 일반식으로 표현하면,

$$g_i(d,\ t_w,\ b,\ t_f) \le 0 \qquad i = 1, 2, \cdots m \tag{4-2}$$

여기서, m은 제약조건의 수

이 예제에서 고려하는 AISC-ASD시방서의 강재보에 대한 설계제한사항을 요약하면 다음과 같다.

(1) 전단응력 제약조건 :

$$g_v \equiv \begin{cases} f_v - \dfrac{C_v}{2.89} F_y \le 0 & \dfrac{C_v}{2.89} < 0.4\text{인경우} \quad (4\text{-}3a) \\ f_v - 0.4\ F_y \le 0 & \dfrac{C_v}{2.89} \ge 0.4\text{인 경우} \quad (4\text{-}3b) \end{cases}$$

$$\text{여기서, } C_v \equiv \begin{cases} \dfrac{240{,}300}{(d/t_w)^2 F_y} & C_v \le 0.8\text{인 경우} \\ \dfrac{190}{(d/t_w)} \sqrt{\dfrac{5.34}{F_y}} & C_v > 0.8\text{인 경우} \end{cases} \tag{4-4}$$

이때 F_y = 강재의 항복강도

f_v = 계산 전단응력 $= \dfrac{V}{d\,t_w}$

(2) 휨응력 제약조건 :

휨응력 제약조건을 다음과 같이 일반형으로 표현하면

$$g_b \le 0 \tag{4-5}$$

제약조건은 구체적으로 표 4-1과 같이 표현된다. 표 4-1에서 각 해당조건은 세장비 관련 조건으로 다음과 같이 정의된다.

(1) $L_b \le 76b \,/\, \sqrt{F_y}$

(2) $L_b \le 20{,}000\, bt_F \,/\, (d\,F_y)$

(3) $(d \,/\, t_w) \le 412 \,/\, \sqrt{F_y}$

(4) $\dfrac{412}{\sqrt{F_y}} < \dfrac{d}{t_w} < \dfrac{760}{\sqrt{F_y}}$

(5) $\dfrac{760}{\sqrt{F_y}} < \dfrac{d}{t_w} < \dfrac{760}{\sqrt{f_{bi}^u}}$

(6) $\dfrac{d}{t_w} > \dfrac{760}{\sqrt{f_{bi}^u}}$ (4-6)

(7) $\dfrac{b}{(2t_f)} \le 52\ 2 \,/\, \sqrt{F_y}$

(8) $\dfrac{52.2}{\sqrt{F_y}} < \dfrac{b}{(2t_F)} \le \dfrac{95}{\sqrt{F_y}}$

(9) $\dfrac{95}{\sqrt{F_y}} < \dfrac{b}{(2t_F)} \le \dfrac{176}{\sqrt{F_y}}$

$$(10)\ \frac{b}{(2t_F)} > \frac{176}{\sqrt{F_y}}$$

$$(11)\ \frac{L_b}{\gamma_c} \leq \sqrt{\frac{510{,}000\ C_b}{F_y}}$$

$$(12)\ \frac{L_b}{\gamma_c} > \sqrt{\frac{510{,}000\ C_b}{F_y}}$$

여기서, L_b : 압축플랜지의 비틀림과 휨방향 변위에 대해 브레이싱된 단면사이의 비지지장

γ_c : 시방서에 정의된 단면의 회전반경

C_b : 시방서에 정의된 상수

F_{bi}^u : 최소 허용휨응력

표 4-1 휨응력 제약조건

Case	Conditions	Bending Stress Constraints, $g_b \leqq 0$
(a)	(1), (2), (3), (7)	$f_b - 0.66F_y \leqq 0$
(b)	(1), (2), (3), (8)	$f_b - F_y(0.733 - 0.0014(b_f/2f_f)\sqrt{F_y}) \leqq 0$
(c)	(1), (2), (3), (9)	$f_b - 0.6F_y(1.415 - 0.00437(b_f/2t_f)\sqrt{F_y}) \leqq 0$
(d)	(1), (2), (3), (10)	$f_b - 20{,}000/(F_y(b/2t_f)^2) \leqq 0$
(e)	(1), (2), (4), (7)	$f_b - F_y(0.7309 - 0.000172(d/t_w)\sqrt{F_y}) \leqq 0$
(f)	(11)	$f_b - F_y(2/3 - F_y(L_b/\gamma_c)^2/(1{,}530{,}000C_b)) \leqq 0$
(g)	(12)	$f_b - 170{,}000C_b/(L_b/\gamma_C)^2 \leqq 0$
(h)	(5)	$f_b - 0.6F_y \leqq 0$
(i)	(6)	$f_b - f_{bi}^u\left(1 - 0.0005\left(\frac{dt_w}{bt_f}\right)\left(\frac{d}{t_w} - \frac{760}{\sqrt{f_{bi}^u}}\right)\right) \leqq 0$

표 4-1에서 f_b는 계산 휨응력으로 다음과 같다.

$$f_b = \frac{M \cdot c}{I} = \frac{M(d/2 + t_f)}{1/12bd^3 + 1/2bt_f \cdot (d + t_f)^2} \tag{4-7}$$

(3) 기하적 제약조건 :

$$g_1 \equiv \frac{d}{t_w} - \frac{14000}{\sqrt{F_y(F_y + 16.5)}} \leq 0$$

$$g_2 \equiv \frac{d}{t_w} - 260 \leq 0$$

$$g_3 \equiv b - b^u \leq 0$$

$$g_4 \equiv b^L - b \leq 0$$

$$g_5 \equiv t_w - t_w^u \leq 0$$

$$g_6 \equiv t_w{}^L - t_w \leq 0 \qquad (4\text{-}8)$$

$$g_7 \equiv d - d^u \leq 0$$

$$g_8 \equiv d^L - d \leq 0$$

$$g_9 \equiv t_f - t_f{}^u \leq 0$$

$$g_{10} \equiv t_f{}^L - t_f \leq 0$$

여기서, b^u, b^L, $t_w{}^u$, $t_w{}^L$, d^u, d^L, $t_f{}^u$, $t_f{}^L$은 각각의 설계변수에 대한 상하한치다.

설계시방서에 규정된 설계상의 제반 제한조건을 제약조건으로 정식화하는 데는 몇 가지 어려움에 직면할 수 있다. 첫 번째 어려움은 어떤 특정한 제약조건이 설계 변수의 어떤 값에 대해서는 정의되지 않거나 한 값 이상 정의되는 경우도 있다는 점이다. AISC시방서는 이러한 조건에 대해서는 매우 자유로운 합리적인 설계규준을 갖고 있다. 두 번째 어려움은 제약조건의 값에 불연속성이 존재한다는 점이다. 예를 들면 이 예제에서 취급하는 AISC시방서 규준에는 두 군데 불연속점이 있다. 하나는 $\left(\frac{d}{t_w}\right) = \frac{412}{\sqrt{f_y}}$에 일어난다. $\left(\frac{d}{t_w}\right) = \frac{412}{\sqrt{f_y}}$인 경우 허용휨응력은 $F_b = 0.66F_y$ 이지만 $\left(\frac{d}{t_w}\right) > \frac{412}{\sqrt{f_y}}$인 경우에는 $F_b = 0.6F_y$ 가 된다.

이러한 불연속성을 피하기 위하여 표 4-1에는 경우 (e)에서 선형화된 전이(transition) 제약조건이 추가되었다. 또 하나의 어려움은 횡좌굴에 관한 것으로, 여기서 허용응력은 $0.6F_y$

에서 $0.66F_y$로 점프한다.

4개의 설계변수를 모두 최적화하기 위해서는 제 3장의 최적화 방법에서 소개한 비선형 계획 알고리즘을 이용하여 최적화할 수밖에 없고 내적벌칙함수(interior penalty function)을 이용하는 SUMT 최적화 문제로 정식화한 다음 직접 탐사 알고리즘을 사용하여 쉽게 최적화할 수 있다. 그러나 실제 구조설계문제에서는 단면의 일부 치수가 다른 설계조건에 의해 가정되거나 고정되는 수도 많기 때문에 이와 같은 경우 최적화 문제는 단순화된다.

표 4-2는 일반적인 문제 정식화에 대한 SUMT 최적화 결과를 보여준다. 최적해를 보면 여러 개의 제약조건이 지배적으로 되는 점에서 형성됨을 유의해야 한다. 이러한 설계점은 설계 시방서를 만드는 집필진에 의해 그 중요성이 고려되지 않은 점일 수도 있다. 통상, 설계자들이 직면하는 시간상의 제약으로 인하여 자동화 최적설계는 설계시간과 구조공부에 있어 모두 경제적일 수 있다. 입력자료의 준비는 매우 단순하고 계산 내용은 거의 무시할 수 있을 정도로 작다.

표 4-2 강재료의 최적치

	Data				Results					
Case	Unsupported length	Yield stress	Shear load	Bending moment	b	t_f	d	t_m	Shear stress f_s	Bending moment f_b
Laterally supported	0	36	102	26,000	12.28	0.86	74.82	0.46	3.07	21.60
Not laterally supported	1020	36	102	26,000	36.40	0.67	60.01	0.42	3.84	15.20

앞에서 살펴본 일반적인 강재보의 요소최적화와는 달리 간단한 보의 설계문제 예로서 다음과 같은 간단한 복합강재보(Hybrid Steel Beam)의 단면최적화 문제를 고려해 보자. 그림 4-2에서 설계변수는 보의 높이 d, 복부폭 t_w 및 플랜지 면적 $A_f(=b\times t_f)$로 국한시키고 설계상수는 다음과 같이 가정한다.

$$\alpha = \frac{F_{yw}}{F_{yf}} \ (\alpha = 1 \text{ 이면 균질보})$$

$$\beta = A_w \ / \ A_f$$

$$S_x = \text{요구되는 단면계수} = A_f \cdot d + \frac{t_w d^2}{6}$$

$$c = \text{공비비} = C_w \ / \ C_f$$

$$K = \text{수정계수} \ (F_b S_f = F_b S_x = F_b C_b S_x)$$

$$\text{이때, } S_f = A_f \cdot d + \frac{K t_w d^2}{6}$$

표 4-3 설계결과 비교

설계 조건		C_a / C_f	A_f	d	t_w	절감
균일단면 소성설계	$(F_y = 33)$	1	5.66	21.1	0.4375	0%
복합단면 탄성설계	$\begin{pmatrix} F_{yf} = 33 \\ F_{yw} = 33 \end{pmatrix}$	0.94	3.73	24	0.224	34%
균질단면 탄성설계	$(F_y = 33)$	1	2.67	37.8	0.260	24%

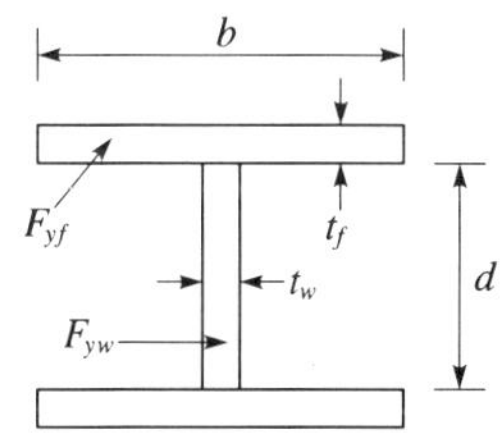

그림 4-2 복합강재보 단면

설계변수 d, t_w, A_f를 최적화하기 위한 문제의 정식화는 다음과 같다.

$$Min. \quad 2\, C_f A_f + C_w\, t_w d \tag{4-9a}$$

subject to

$$M - F_b S_f \le 0 \tag{4-9b}$$

$$V - F_v\, d\, t_w \le 0 \tag{4-9c}$$

$$\frac{d}{t_w} - \frac{14000}{\sqrt{F_{yf}(F_{yf} + 16.5)}} \le 0 \tag{4-9d}$$

여기서, $F_b = \dfrac{B_1}{(d \ / \ t_w)^2}$: 허용전단응력 (4-9e)

$$K = \frac{\alpha(3 - \alpha)^2}{2} \le 1.0 \tag{4-9f}$$

$$S_f = A_f\, d + \frac{K\, t_w d^2}{6} \tag{4-9g}$$

휨 및 전단 응력 제약조건만을 고려한 SFM최적화 방법에 의한 최적화는 다음과 같이 구할 수 있다. 먼저 식 (4-9b), (4-9c)를 등식으로 놓고 A_f, d에 대해 풀면

$$M - F_b\,(A_f\, d + \frac{K\, t_w d^2}{6}) = 0 \tag{4-10}$$

$$V - \frac{B_1}{(d\ /\ t_w)^2}\, d\, t_w = 0 \tag{4-11}$$

식 (4-10)으로부터

$$A_f = \frac{M}{F_b\, d} - \frac{K\, t_w\, d}{6} \tag{4-12}$$

식 (4-11)로부터

$$d = \frac{B_1\, t_w{}^3}{V} \tag{4-13}$$

식 (4-12), (4-13)을 목적함수에 대입하면

$$\overline{F}(A) = \frac{2}{c}\,\frac{S_f\, V}{B_1 t_w^3} + \frac{B_1 B_2 t_w{}^4}{V} \tag{4-14}$$

$\dfrac{d\overline{F}}{dt_w} = 0$ 으로부터

$$t_{wopt} = \left(\frac{1.5\, S_f\, V^2}{c\, B_1{}^2 B_2}\right)^{0.14286} \tag{4-15}$$

식 (4-13), (4-9g)로부터

$$d_{opt} = \frac{B_1 t_{wopt}^{\ 3}}{V} \tag{4-16}$$

$$A_{fopt} = \frac{S_f}{d_{opt}} - \frac{K t_{wopt} d_{opt}}{6} \tag{4-17}$$

M_{max} = 268.8kN · m, V_{max} = 38.7kN인 경우 식 (4-15), (4-16), (4-17)로부터 계산한 최적단면은 표 4-3에 수록되어 있고, 표에는 소성설계방법에 의한 설계(W21×68)와 균질보인 경우의 최적해를 상호 비교한 결과를 제시하고 있다. 소성설계에 비하여 균질강재보의 최적화는 공비의 24%, 복합강재보는 34%를 절감시키고 있음을 알 수 있다.

4.2.2 SFM에 의한 기둥설계

SFM방법에 의한 최적화에서는 최선의 설계, 즉, 최적설계는 여러개의 가능한 파괴모드가 동시에 발생하는 설계라고 가정한다. 그러므로 만일 파괴모드(제약조건)의 수가 설계변수와 동일한 경우에는 결과적으로 최선의 설계는 연립(비선형)방정식의 해가 된다. 제약조건의 수가 설계변수와 상이한 경우에는 어느 정도의 판단과 시행착오가 필요하게 된다. 이는 비선형계획 접근방법에서와 같이 제약 함수표면의 정점을 결정하는 것에 해당한다. 그러나 비선형계획 알고리즘과의 기본적인 차이는 원하는 정점들을 탐색기법에 의해 찾는 것이 아니고 제약방정식의 해로서 구한다는 것이다. 물론 이 방법은 단순한 구조문제에만 적용할 수 있다는 명백한 한계를 지니고 있다. 단순한 설계 상황이란 소수만 존재하고 실제 설계에의 제한된 적용가능성만 갖는다는 사실로 인하여 근래에까지도 이 분야에의 별다른 새로운 연구결과는 찾아볼 수 없다. 그렇지만, 등식 제약조건의 연립해는 독립된 설계변수의 수를 감소시키게 되므로 SFM개념은 일반적인 최적화 과정에 대해 상대적으로 매우 단순한 별개의 해법을 제공하고 있다. 이 분야의 대부분의 연구는 여러 상이한 요소에 모두 관련된 파괴가 일어날 수 있는 구조 시스템보다는 하나 이상의 파괴모드를 갖고 있는 개별적인 요소에 관한 최적화를 다루고 있다. 특히, Euler 좌굴이나 어떤 형태의 국부 좌굴을 받는 박판요소의 최소 중량 설계에 관해 상당히 많은 연구결과가 발표되었다. 이러한 구조 요소의 설계에서는 흔히 모든 설계변수의 수만큼의 거동제약 방정식을 동시에 만족하는 해가 최소 중량설계가 됨을 흔히 보여주고 있다. 그러나 대개의 정식화에 설계변수 선택의 한계제약(Side constraints)조건은 제외되어 있다. 아래의 단순한 설계문제에 대한 요소최적화의 예가 이 방법의 응용 예를 구체적으로 보여주고 있다.

이미 2.1절에서 다룬 바 있는 원형튜브단면을 갖는 세장 원통기둥의 설계를 고려해 보자. 기둥은 길이 L이고 단순지지 되어 있으며, 일정한 압축력 P를 받도록 설계해야 한다. 설계변수는 평균지름 d와 벽두께 t가 된다. 기둥의 단면적 $A = \pi dt$이고 단면 2차 모멘트 $I = \pi d^3 t/8$ 로 표현할 수 있다. 최소중량을 최적화의 기준으로 하고 제약조건으로는 Euler 좌굴, 국부좌굴 및 항복응력을 고려하자. 이 경우 최적화 문제는 d 및 t의 해를 구하는 문제로 다음과 같이 정식화된다.

$$Min\ Z = (\rho \pi L) t d \tag{4-18a}$$

subject to

$$f_E \equiv \frac{\pi^2 E}{L^2} \frac{\pi d^3 t / 8}{\pi dt} \le F_y \text{(탄성좌굴의 한계치)} \tag{4-18b}$$

$$f_L \equiv KEt / d \le F_y \quad \text{(국부좌굴 한계치)} \tag{4-18c}$$

$$f \equiv \frac{P}{\pi dt} \le \frac{\pi^2 E}{L^2} \frac{\pi d^3 t / 8}{\pi dt} \text{(탄성좌굴 파괴모드)} \tag{4-18d}$$

$$f \equiv \frac{P}{\pi dt} \le KEt/d \ \text{(국부좌굴 파괴 모드)} \tag{4-18e}$$

여기서, ρ는 단위중량, E는 탄성계수, F_y는 압축항복강도, K는 지정상수

위에서 하중 및 응력은 정(+)으로 가정하였다.

식 (4-18a) 및 (4-18c)는 탄성거동에 대한 Euler 좌굴응력 f_E와 국부좌굴응력 f_L의 한계치를 정의한다. 식 (4-18d) 및 (4-18e)는 압축강도 f가 각 좌굴응력보다 작거나 같아야 함을 나타낸다. 이 예제에서는 두 개의 파괴모드를 고려하고 있다. 문제를 단순화하기 위하여 항복강도를 별도의 셋째 파과모드로 고려하지 않았다.

추가적으로 주어진 정보 없이는 어떤 제약조건이 최적해에서 지배적(Active)으로 될지 예측할 수 있는 근거가 없다. 그러나, 이와 같은 특수한 종류의 설계문제에서는 최적설계는 언제나 식 (4-18d) 및 (4-18e)나 식 (4-18b), (4-18c), (4-18d) 및 (4-18e)만을 고려하면,

두식이 최적해에서 모두 지배적으로 되고 d 및 t의 최적치는 식 (4-18d), (4-18e)를 등식으로 연립시켜 풀음으로써 구할 수 있다는 것을 Largrange Multiplier 방법을 사용하여 보여줄 수 있다.

상기 최적화 문제에 대한 Lagrangian 함수는 다음과 같이 정의된다.

$$\Phi = (\rho\pi L)dt + \lambda_1\left(\frac{8PL^2}{\pi^2 E} - d^3 t + S_1^2\right) + \lambda_2\left(\left(\frac{P}{\pi KE}\right)^{\frac{1}{2}} - t + S_2^{\ 2}\right) \tag{4-19}$$

여기서, λ_1 및 λ_2는 각각 Lagrangian 승계수, $S_1^{\ 2}$ 및 $S_2^{\ 2}$는 식 (4-18d) 및 (4-18e)를 등식으로 하기 위한 이완변수(Slack Variable)이다.

$d,\ t,\ \lambda$ 및 S_1의 값은 다음과 같이 Lagrangian 함수의 정체성 조건($\frac{\partial\Phi}{\partial\xi} = 0,\ i = 1, 2, ..., 6$)으로부터 구해진다.

$$\frac{\partial\Phi}{\partial d} = (\rho\pi L)t - 3\lambda_1 d^2 t = 0 \tag{4-20a}$$

$$\frac{\partial\Phi}{\partial t} = (\rho\pi L)d - \lambda_1 d^3 - \lambda_2 = 0 \tag{4-20b}$$

$$\frac{\partial\Phi}{\partial\lambda_1} = \frac{8PL^2}{\pi^3 E} - d^3 t + S_1^{\ 2} = 0 \tag{4-20c}$$

$$\frac{\partial\Phi}{\partial\lambda_2} = \left(\frac{P}{\pi KE}\right)^{\frac{1}{2}} - t + S_2^{\ 2} = 0 \tag{4-20d}$$

$$\frac{\partial\Phi}{\partial S_1} = 2\lambda_1\ S_1 = 0 \tag{4-20e}$$

$$\frac{\partial\Phi}{\partial S_2} = 2\lambda_2\ S_2 = 0 \tag{4-20f}$$

식 (4-20e) 및 (4-20f)는 λ_i 나 S_i 둘중 하나가 영(zero)이기를 요구한다. 식 (4-20a)에서 $\lambda_1 = 0$ 이면 $t = 0$ 이므로 불가능해지고, 따라서 $S_1 = 0$이면 식 (4-20a)로부터 $\lambda_1 = \frac{\rho\pi L}{3d^2}$가 된다. 또한 식 (4-20b)로부터 $\lambda_2 = 2\rho\pi Ld/3$이고, 이는 다시 $S_2 = 0$임을 의미한다. $S_1 = S_2 = 0$이므로 최적해에서 식 (4-20c) 및 식 (4-20d)는 등식으로 만족되며, 최적해는

$\sigma = \sigma_E = \sigma_L = F_y$는 가능한 일반해의 한계치에 해당됨을 알 수 있다. 이 경우에도 식 (4-18b) 및 (4-18c)가 설계변수의 유일한 해를 결정해준다.

식 (4-18b) 및 (4-18c)로부터

$$\pi dt = \frac{8L^2F_y^{\ 2}}{\pi KE^2} \tag{4-21}$$

그리고 올바른 해는 다른 조건을 만족시키는 해이다.

$$P \leq F_y \pi dt \tag{4-22}$$

P값이 이보다 큰 경우 요소의 거동은 비탄성이 되고 설계문제는 보다 완전한 정식화를 요구한다. 식 (4-21) 및 (4-22)로부터 해는 다음과 같은 한계 내에서 정의된다.

$$P \leq \frac{8L^2F_y^{\ 3}}{\pi KE^2} \tag{4-23}$$

재료의 거동을 탄-소성으로 가정하면 최적설계는 유일해가 되지 않는다. 반면에 요소가 재료의 단일한 탄성적 응력-변형률 관계를 갖게 되는 경우에는 P의 각 값에 대한 유일한 SFM 최적해를 갖는다. 이 예제에 대한 도해적인 설명이 그림 4-3에 주어져 있다(모든 치수는 kN 및 m임). L = 5, E = 21,000,000, P = 100, F_y = 240,000, K = 0.01인 경우 식 (4-23)은 만족되며 식 (4-18d) 및 (4-18e)가 임계값을 갖게 되는 점이 최적해가 됨을 알 수 있다.

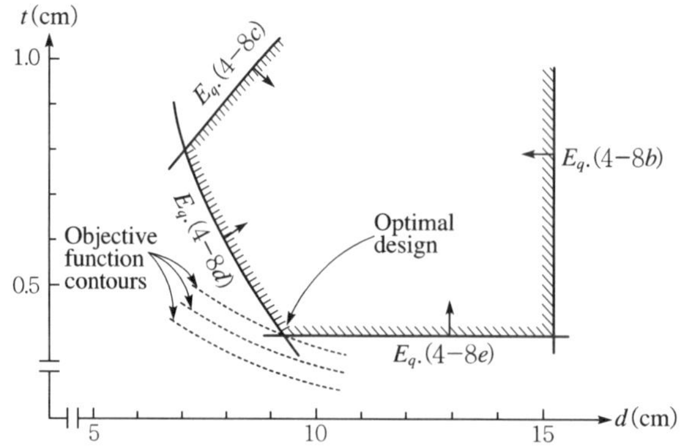

그림 4-3 원통형 강재기둥의 설계공간

또 하나의 강재기둥의 간단한 요소 최적화 문제로 그림 4-4와 같이 축력 P와 휨모멘트 M_x를 받는 H형 단면을 가진 강재기둥을 고려해 보자. 요소최적화 문제는 설계변수 b, t_f, h, t_w에 대한 AISC 시방서 규정을 만족시키는 최적단면을 구하는 것이다. 중량최적화 문제로 정식화하면 다음과 같이 된다.

$$Min.\ F = ht_w + 2bt_f \tag{4-24a}$$

subject to

$$f_{R1} - 1 \le 0 \tag{4-24b}$$

$$f_{R2} - 1 \le 0 \tag{4-24c}$$

(4-24b), (4-24c): AISC $P-M$상관방정식

$$(b - t_w) - 2\alpha t_f \le 0 \text{ : 플랜지폭두께비} \tag{4-24d}$$

$$h - \beta t_w \le 0 \text{ : 복부높이-두께비} \tag{4-24e}$$

$$t_w^{\ L} \le t_w \le t_w^{\ u} \tag{4-24f}$$

$$t_f^{\ L} \le t_f \le t_f^{\ u} \tag{4-24g}$$

$$h^L \le h \le h^u \tag{4-24i}$$

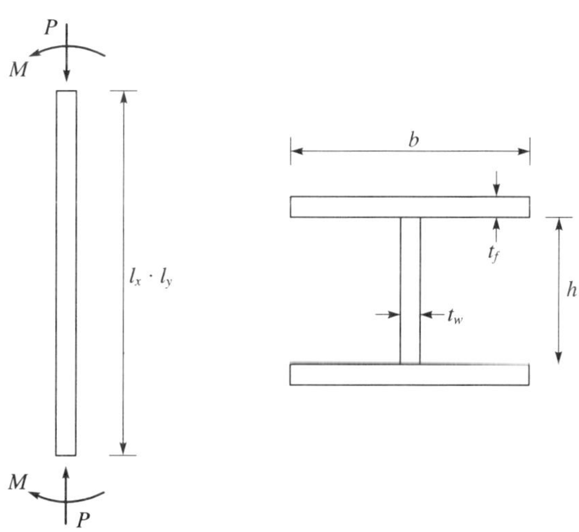

그림 4-4 H형 강재기둥

여기서, $f_{R1} = \dfrac{f_a}{F_a} + \dfrac{f_{bx}}{F_{bx}} + \dfrac{f_{by}}{F_y}$ (4-25a)

$$f_{R2} = \frac{f_a}{0.6F_y} + \frac{f_{bx}}{F_{bx}} + \frac{f_{by}}{F_{by}} \quad (4\text{-}25b)$$

만일 $\dfrac{f_a}{F_y} \le 0.15$ 이면, $f_{R1} = f_{R2} = \dfrac{f_a}{F_a} + \dfrac{f_{bx}}{F_{bx}} + \dfrac{f_{by}}{f_{by}}$ (4-25c)

여기서, $F_{bi} = \dfrac{1}{C_{mi}}\left(1 - \dfrac{f_a}{F_{ey}}\right) F_{bi}$ (4-25d)

$$F_e = \frac{12\pi^2 E}{23(KI_b \,/\, \gamma_b)^2} \quad (4\text{-}25e)$$

$$F_a = \frac{\left[1 - \dfrac{(Kl \,/\, r)^2}{2C_c^{\ 2}}\right] F_y}{\dfrac{5}{3} + \dfrac{3(Kl/r)}{8C_c} - \dfrac{(Kl \,/\, r)^3}{8C_c^{\ 3}}} \qquad \frac{Kl}{r} \le C_c \text{인 경우}$$

$$F_a = \frac{12\pi^2 E}{23(Kl \,/\, r)^2} \qquad \frac{Kl}{r} > C_c \text{ 인 경우}$$

이때, $C_c = \sqrt{\dfrac{12\pi^2 E}{F_y}}$

C_m은 단부 구속 조건과 재단모멘트에 의해 결정되는 상수

상기 최적화문제의 일반해는 제3장에서 기술한 SUMT방법을 적용하면 쉽게 해를 구할 수 있다. t_w와 t_f는 최소치를 취하고 설계변수는 b, h로 한정하는 경우 도해적으로도 최적해를 구할 수 있다.

$P = 1{,}000\text{kN}$, $M = 1{,}000\text{kN}\cdot\text{m}$, $L_x = 0.381\text{m}$, $L_y = 0.254\text{m}$ $C_m = 0.85$, $F_y = 250\text{MPa}$ 인 설계에 대하여 SUMT 방법에 의해 구한 강재기둥의 최적단면 설계를 재래적인 설계와 비교한 결과 18% 내외로 강재중량을 절감할 수 있음을 보여주고 있다.

4.3 RC요소의 최적화

RC요소의 최적화 대상은 통상 단면 치수와 철근량을 구하는 것이 된다. 일반적으로 RC부

재단면에서는 설계변수의 수가 비교적 작고 제약조건이 양함수적으로 주어진다. 최적해는 콘크리트 단면 치수를 나타내는 하나 둘 정도의 변수공간에서 직접 탐색에 의해 구할 수 있는 것이 보통이다. 다음에 기술된 보 및 슬래브 요소의 최소공비설계가 이러한 가능성을 잘 보여주고 있다. 강재보의 최적화에서 언급한 벌칙함수 이용하는 최적화 수법이 RC요소의 최적화에도 적절함을 알 수 있다.

4.3.1 RC보(Reinforced Concrete Beam)

그림 4-6과 같이 등분포 하중을 받는 단순지지 RC보를 고려해 보자. 지정된 설계상수 및 제한사항은 다음과 같다(모든 치수는 kN과 m이다).

극한설계하중 :

w = 90kN/m이고 최대 M = 405kN · m

최대 V = 27.0kN

콘크리트 :

탄성계수 $E = 3\times 10^7 \mathrm{kN/m^2}$

압축응력상한치(+가정) $f_c^u = 16{,}000\,\mathrm{kN/m^2}$

전단응력상한치 $v_c^u = 3{,}000\,\mathrm{kN/m^2}$

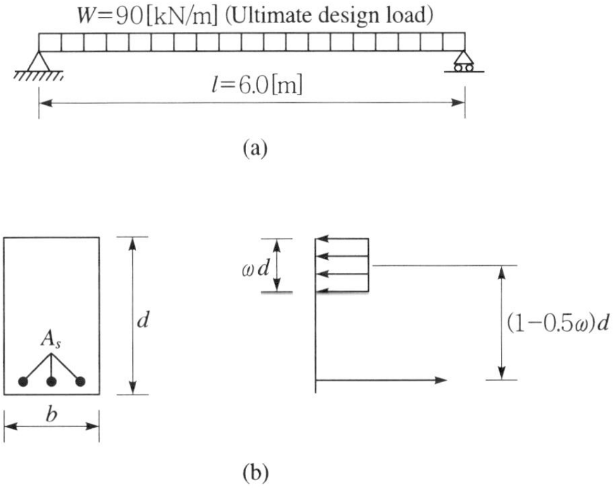

그림 4-5 단순지지 RC보

콘크리트 단면 제한 :

폭 $b^L = 0.2m \quad b^u = 0.5m$

깊이 $d^L = 0.4m \quad d^u = 1.2m$

철근 :

상한인장응력 $f_s^u = 350{,}000\text{kN/m}^2$

철근비ρ의한계 $p^L = 0.1 \dfrac{{f_c}^u}{{f_s}^u}$

$$p^u = 0.4 \frac{{f_c}^u}{{f_s}^u}$$

공비비(cost ratio) $\dfrac{C_s}{C_c} = 50$

최적설계의 목적은 재료공비를 최소화하는 설계 변수 b, d, A_s의 최적치를 구하는데 있다. 재료공비 함수는 다음과 같이 정의한다.

$$Z = L(C_c bd + C_s A_s) \rightarrow \min \tag{4-26a}$$

여기서, L은 부재의 길이

b, d는 콘크리트 단면 폭, 유효깊이

A_s는 철근량.

C_c, C_s는 콘크리트 및 철근의 단가

상기 콘크리트 및 철근의 재료공비 요소 외에도 거푸집 공비로 고려할 수 있지만 이 예제에서는 고려하지 않았다. 무엇보다 먼저 가장 유의할 점은 모든 공비 최적화 프로그램에서 각 공비 요소의 상대공비는 매우 중요하지만, 절대단위공비는 문제가 되지 않는다는 것이다. 절대공비값은 목적함수의 최종치를 구하는데 필요하지만 설계변수의 최적치를 구하는 데는 필요없다. 따라서 목적함수는 다음과 같이 표현해도 무방하다.

$$Z = bd + \left(\frac{C_s}{C_c}\right) A_s \rightarrow \min \tag{4-26b}$$

일반적으로 거동제약조건은 적용설계 시방서 별로 상이하게 되기 마련이지만 여기서는 설명의 편의상 다음과 같이 가정하였다.

(1) 휨응력 제약조건

$$M \leq \omega(1-0.5\omega)\ \sigma_c{}^u bd^2 \qquad (4-27)$$

바람직한 거동을 확보하기 위하여 철근비는 다음과 같이 제한한다.

$$p^L \leq p \leq p^u \qquad (4-28)$$

식 (4-27a)에서 단면의 극한 모멘트 강도는 ACI 및 우리나라 콘크리트시방서 강도설계편에서 규정하는 근사적인 등가 4각형 분포 가정에 기초를 두고 있다.

(2) 전단응력 제약조건

$$V \leq 0.87\tau c^u bd \qquad (4-29)$$

(3) 처짐 제약조건

$$\alpha \leq bd^3 \qquad (4-30)$$

여기서, α는 지정 상수(지간, 재료성질, 하중 등에 의해 달라지는 상수)

본 예제의 경우 $\alpha = 0.0416$ 임.

(4) 설계 제약(변수 한계)조건

$$b^L \leq b \leq b^u \qquad (4-31a)$$

$$d^L \leq d \leq d^u \qquad (4-31b)$$

상기 목적함수와 제약조건에 위에서 주어진 설계상수값들을 대입하면 최적설계문제는 b, d, A_s, ω를 구하는 문제로 다음과 같이 정식화된다.

$$Min\ Z = bd + 50A_s \tag{4-32}$$

subject to

$$0.0253 \leq \omega(1-0.5\omega)bd^2 \ \text{휨응력} \tag{4-33a}$$

$$\omega = 21.875\ A_s/(bd) \tag{4-33b}$$

$$0.1 \leq \omega \leq 0.4 \tag{4-33c}$$

$$0.103 \leq bd \quad (\text{전단응력}) \tag{4-33d}$$

$$0.416 \leq bd^3 \quad (\text{처짐}) \tag{4-33e}$$

$$0.2 \leq b \leq 0.5 \quad (\text{변수한계}) \tag{4-33f}$$

$$0.4 \leq d \leq 1.2 \tag{4-33g}$$

상기 최적화문제에서는 철근량 A_s는 휨응력에만 좌우된다. 나머지 모든 제약조건은 b, d의 함수로만 가정하였다. 따라서 임의의 주어진 콘크리트 단면에 대해 최적 철근량은 휨응력 제약조건만 고려함으로서 구할 수 있다. 더구나 식 (4-33b)를 사용하면 철근량 A_s는 주어진 ω, b, d의 항으로 표현할 수 있으므로 소거할 수 있다. A_s는 주어진 b, d 에 대해 ω에 비례하기 때문에 ω의 최적치는 식 (4-33a) 및 (4-33c) 제약조건을 만족하는 최소치이다. 이러한 사실에 바탕을 두고 이 최적화 문제는 그림 4-6과 같이 b, d 설계공간에서의 정식화를 허용한다.

설계공간 내 임의의 점에 대해 ω의 최적치가 직접 부등식 제약조건 (4-33a), (4-33c)로부터 계산되며, 따라서 이에 대응하는 A_s값은 식 (4-33b)로부터 결정된다. 그림 4-6에서 가능해 공간(feasible space)은 다음과 같이 두 영역으로 구분된다.

(A) $\omega = 0.1$이고 $0.0253 < \omega(1-0.5\omega)bd^2$인 영역 : 즉, 식 (4-33a) 제약조건이 비지배적으로 되게하고, ω는 식 (4-33c)(최소철근비)로부터 결정되는 영역

(B) $0.0235 = \omega(1-0.5\omega)bd^2$이고 $\omega > 1$인 영역 : 즉, 식 (4-33a)가 지배적으로 되고, 최소철근비 제약조건이 비지배적으로 되는 영역

두 영역의 경계에서 식 (4-33a)과 (4-33c)가 동시에 비지배적으로 되는데, 즉, $\omega = 0.1$이고 $0.0235 = (1-0.5\omega)bd^2$인 선이 경계선이 된다. 목적함수 Z는 영역 (B)에서는 식 (4-33a)과 (4-33b)를 등식으로 사용하여 A_s 와 d를 소거하고 b와 ω의 항으로만 표현 가능

하다. 휨응력 제약조건만 고려하면, 주어진 b값에 대한 최적 ω의 조건은 Z를 ω에 대해 미분한 다음, $\frac{dZ}{d\omega} = 0$으로 놓고 구할 수 있다. 그 결과는

$$\omega_{opt} \equiv \frac{1}{1 + \left[(C_s / C_c)(f_c^u / f_s^u) \right]} \tag{4-34}$$

주어진 재료 및 공비조건에 대해 $\omega_{opt} = 0.304$이다. 그러나 휨응력이 아닌 다른 제약조건이 최적해에서 임계적으로 되는 경우에는 식 (4-34)의 조건은 성립되지 않음을 유의해야 한다. 이 예제에서의 최적치는 이 조건을 만족하는 해이며 다음과 같이 됨을 알 수 있다(그림 4-6참조).

$$b_{opt} = 0.20m \quad d_{opt} = 0.70m \quad \omega_{opt} = 0.304$$
$$A_{s\,opt} = 19.5 \times 10^{-4} m^2 \quad Z_{opt} = 0.237 m^2$$

최적치에서 $b = b^L$인데 이것은 휨응력이 설계를 지배하는 RC보에서 볼 수 있는 보편적인 현상 임을 알아야 한다. 식 (4-32)에서 보면 공비는 bd의 함수이지만 식 (4-33a)에서 보면 단면의 모멘트내력(moment capacity)은 bd^2의 함수이다. 따라서, d/b의 비가 클수록 보다 효율적인 설계가 됨을 알 수 있다. 주어진 콘크리트 공비 C = bd에 대하여 최대 모멘트 내력은 $\max(bd^2) = \max(c^2/b) = (C^2/b^L)$가 될 것이다. 만일 $b = b^L = 0.2m$로 가정하면, 문제는 설계공간 d에서의 1차원함수의 탐색 문제로 된다(그림 4-7참조). 한편, 전단응력, 처짐, 설계변수 제약조건 등은 모두 단순한 변수한계(side)제약조건으로 나타낼 수 있으며, 결과적으로 d의 제한치를 규정하고 가능역의 한계를 정의하는 조건으로 된다.

최적해는 1차원 직접탐색에 의해 쉽게 결정할 수 있다. $b \neq b^L$인 경우에는 b_{opt}이 찾아질 때까지 $b > b^L$인 여러 값에 대해 1차원 탐색을 반복하면 된다.

RC보에 대한 보다 일반적인 단면 최적화 문제로 복철근보, T형보, 기타 특수한 단면형상을 갖는 보에 대해서도 몇 개의 단면치수 및 철근량(철근비)를 변수로 하여 쉽게 최적화 문제를 형성할 수 있고 Lagrange 승계수법, 또는 보다 일반적인 방법으로 간단한 비선형계획 알고리즘인 SUMT방법에 의해 간단하게 해를 구할 수 있지만, 단철근 4각형보의 경우는 대부분의 경우 휨거동이 지배하므로 최적단면을 해석적인 표현으로 구할 수 있다. 이와 같은

단순RC보의 경우에 대한 최적해의 특성을 알아보기 위하여 그림 4-8과 같은 단철근 4각형 RC보의 현행 우리나라 시방서에 따른 최적화 문제를 고려해 보자.

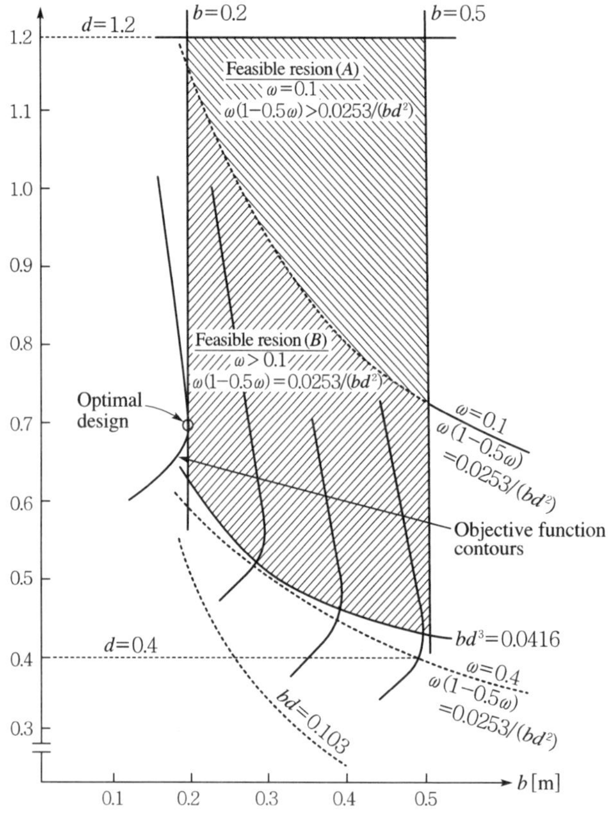

그림 4-6 RC보 설계공간

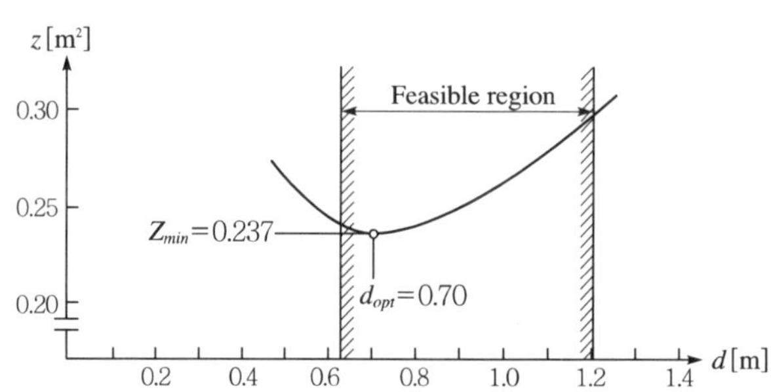

그림 4-7 $b=0.20m$ 인 경우 설계공간 및 목적함수

통상 기본적인 설계변수인 유효높이 d와 철근량A_s(또는 철근비ρ)를 설계변수로 하고, 주

거동 제약조건으로는 휨모멘트 제약조건을 고려하는 최적화 문제는 앞에서와 마찬가지로 다음과 같이 된다.

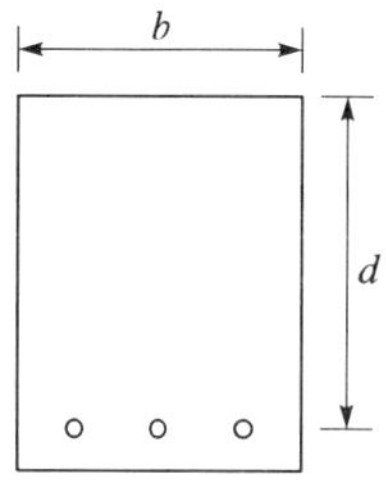

그림 4-8 단철근 4각형 RC 보단면

$$\min.\ C_c bd + C_s A_s \tag{4-35}$$

subject to

$$M_u - \phi A_s f_y \left(d - \frac{A_s f_y}{1.7 f_c b}\right) \le 0 \tag{4-36a}$$

$$d^L \le d \le d^u \tag{4-36b}$$

$$\left(\frac{200}{\sqrt{f_y}} =\right) p^L \le p \le p^u \ (=0.75 p_b) \tag{4-36c}$$

먼저 휨모멘트 제약조건만을 고려하여 Lagrange 승계수법에 의해 최적해를 구하면 다음과 같이 된다.

Lagrange 함수는

$$\Phi(A_s, d, \lambda) = C_c bd + C_s A_s + \lambda\left(M_u - \phi A_s f_s\left(d - \frac{A_s f_y}{1.7 f_c b}\right)\right) \tag{4-37}$$

정체성 조건 $\dfrac{\partial \Phi}{\partial x_i} = 0$, $i = 1, 2, 3$ 로부터

$$\frac{\partial \Phi}{\partial d} = 0 \quad C_s + \lambda \phi f_y \left(d - \frac{2 f_y}{1.7 f_c b} A_s\right) = 0 \tag{4-38}$$

식 (4-38a), (4-38b)로부터

$$p_o m = \frac{1}{\dfrac{C_s}{C_c} + \dfrac{f_y}{0.85 f_y}} \tag{4-39}$$

식 (4-38c)로부터

$$d_o^m = \sqrt{\frac{M_u}{\phi f_y b p_o}\left(\frac{1.7f_c}{1.7f_c - f_y p_o}\right)} \tag{4-40}$$

설계제약조건 식 (4-36a,b,c)를 모두 고려한 p, d 공간에서의 최적해는 그림 4-9에 도해적으로 나타낸 바와 같다.

그림 4-9에서 최적해는 철근비 p와 단면 d의 상하한치에 따라 다음과 같이 됨을 알 수 있다.

a) $p^L \leq p_o^m \leq p^u$ 이면, $p_{opt} = p_o{}^m$, $d_{opt} = d_o{}^m$

b) $p_o^m > p^u$, $d^L < d(p^u)$ 이면, $p_{opt} = p^u$, $d_{opt} = d(p^u)$

c) $p_o{}^m > p^u$, $d^L > d(p^u)$ 이면, $p_{opt} = p(d^L)$, $d_{opt} = d^L$

d) $p_o{}^m < p^L$, $d^u < d(p^L)$ 이면, $p_{opt} = p(d^u)$, $d_{opt} = d^u$

e) $p_o{}^m < p^L$, $d^u > d(p^L)$ 이면, $p_{opt} = p^L$, $d_{opt} = d(p^L)$

그림 4-10은 공비비 C_s / C_c와 f_y / f_c' 변화에 따른 최적 철근비 p_o의 변화를 보여주고 있다. C_s / C_c가 150 이상인 경우에는 C_s / C_c에 대해 민감하지 않고, f_y / f_c'에 대해서는 거의 변동이 없음을 보여준다.

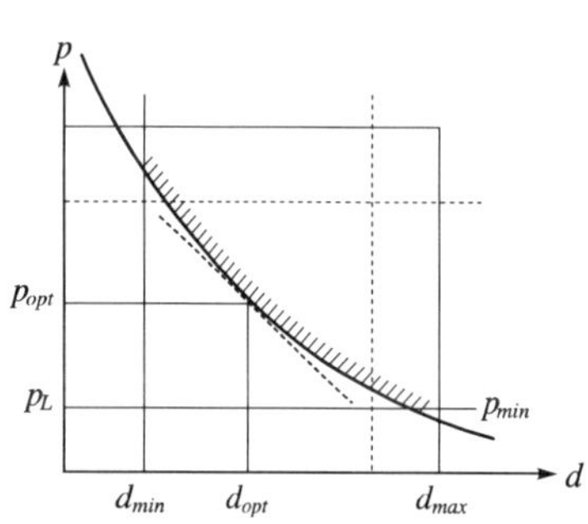

그림 4-9 보의 설계공간

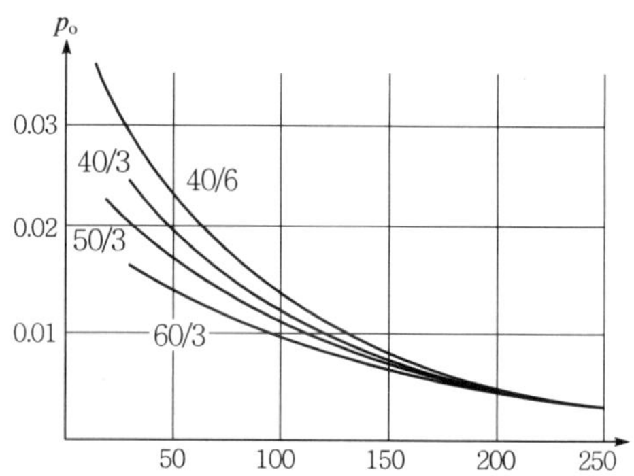

그림 4-10 p_o 대 C_s / C_c 변화

한편, 표 4-4는 RC보를 통상 재래식 설계에서 사용하는 철근비 $p_u = 0.75 p_b$로 설계하는 단면과 p_o을 설계되는 단면과의 공비 비교를 나타내고 있다. 표에서 보면 최적설계는

f_y / f_c', C_s / C_c비에 따라 절감정도가 크게 달라지지만, 통상 C_s / C_c비가 150 이상인 것을 고려하면 14~29%까지 절감할 수 있음을 나타낸다.

표 4-4 최적설계의 공비절감 비교(p_u vs p_o)

f_c	f_y \ C_s/C_c	75	100	150
2.5	40	7	12	21
	50	3	7	14
3.5	40	13	19	29
	50	7	12	21

다음에는, 보다 일반적인 RC요소최적화 문제의 예로서, RC 단부보의 최적화 문제를 고려해 보자. 그림 4-11과 같은 단부보에 대한 최적화 문제는 다음과 같이 정식화 할 수 있다.

$$Min\ \ F = C_c b_o d + C_s(A_s + A_s') + 2C_s'(x_1 + y_1) \cdot \left(\frac{A_v}{s} + \frac{2A_t}{s}\right) \tag{4-41}$$

subject to

$$\phi M_n \geq M_u \text{ (휨강도)} \tag{4-42a}$$

$$\phi V_n \geq V_u \text{ (전단강도)} \tag{4-42b}$$

$$\phi T_n \geq T_u \text{ (비틀림강도)} \tag{4-42c}$$

$$h_{\min} \leq h \leq h_{\max} \tag{4-42d}$$

$$A_{s\min} \leq A_s \leq A_{s\max} \qquad \text{(변수한계)} \tag{4-42e}$$

$$A_v + 2A_t \geq A_{vt\min} \tag{4-42f}$$

여기서, $$M_n = (A_s - \mu A_s')f_y\left(d - \frac{(A_s - \mu A_s')f_y}{1.7 f_c b_o}\right) + A_s' f_s''(d - d') \tag{4-43}$$

$$V_n = V_c + V_s = \frac{0.53\sqrt{f_{ck}}\, b_o d}{\sqrt{1 + (2.5C_t \cdot \ T_u / V_u)^2}} + \frac{A_v}{s} f_y d \tag{4-44}$$

$$T_n = T_c + T_s = \frac{0.64\sqrt{f_{ck}}\sum x^2 y}{\sqrt{1+\left(\frac{0.4}{C_t}\cdot\frac{V_u}{T_u}\right)^2}} + \frac{A_t}{s}a_t x_1 y_1 f_y \tag{4-45}$$

위에서 x, y 및 x_1, y_1은 그림 4-11과 같다.

T_u = Factored 비틀림모멘트

철근량 제약조건 식 (4-42e)에서

$A_{s\max} = 0.375 p_b \cdot b_o \cdot d$이며, 이는 처짐을 고려한 최대 철근량이다.

$A_{x\min} = \frac{14.1}{f_y} b_o \cdot d$이며, 시방서의 최소 휨 철근량이다.

식 (4-45e)는 복부철근량 제약조건이며,

A_v = 전단보강철근

A_t = 비틀림보강철근

$A_{vt\min} = \frac{3.5 b_o \cdot s}{f_y}$

식 (4-43)에서 $\mu = \frac{f_s''}{f_y}$, $f_s'' = f_s' - 0.85 f_{ck}$

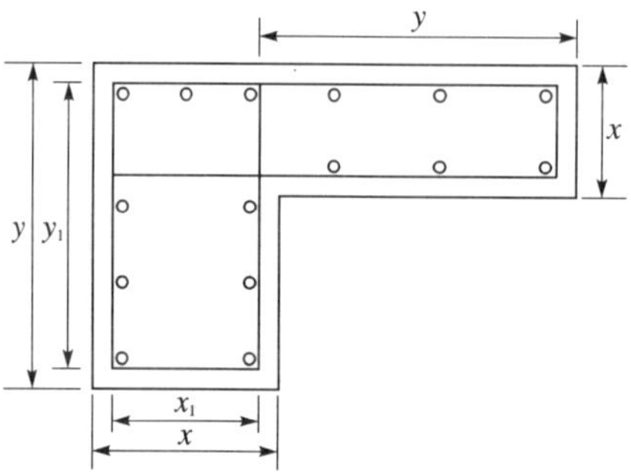

그림 4-11 RC 단부보

Factored 비틀림 모멘트 T_u는 일반적으로 휨모멘트에 의한 단부보의 단면결정에 의해 제공되는 T_c보다 별로 크지 않으며, 대개의 경우 비틀림복부보강 철근에 의해 $T_s = (T_u / \phi) - T_c$를 저항하도록 처리되기 때문에 휨단면으로 설계하는 것이 보통이다.

따라서 단철근보에 대한 라그랑즈 승계수법에 의해 근사적인 최적해를 유도할 수 있다.

식 (4-43)의 공칭휨모멘트강도를 다음과 같이 재정리할 수 있다.

$$M_n = A_s\left[f_y d(1-\mu\gamma\zeta) - \frac{(1-\mu\gamma)^2 A_s f_y}{1.7 f_{ck} b_o}\right] \tag{4-46}$$

따라서 Lagrangian $\Phi(d, A_s, \lambda)$는

$$\Phi(d,\ A_s,\ \lambda) = C_o b_o d + C_s A_s + \lambda\left[\phi A_s f_y\left\{d(1-\mu\gamma\zeta) - \frac{(1-\mu\gamma)^2 A_s f_y}{1.7 f_{ck} \cdot b_o}\right\} - M_u\right] \tag{4-47}$$

이 되므로

$$\frac{\partial\Phi}{\partial A_s} = 0 \tag{4-48a}$$

$$\frac{\partial\Phi}{\partial d} = 0 \tag{4-48b}$$

$$\frac{\partial\Phi}{\partial\lambda} = 0\ (\Phi M_n - M_u = 0) \tag{4-48c}$$

으로부터,

$$p_o = \left[\frac{2f_y(1-\mu\gamma)^2}{1.7f_{ck}(1-\mu\gamma\zeta)} + \frac{C_s}{C_c}\right]^{-1} \tag{4-49}$$

$$d_o = \sqrt{\frac{M_u}{\phi f_y}\left[\frac{1.7 f_{ck}}{1.7f_{ck}(1-\mu\gamma\zeta) - (1-\mu\gamma^2)p_o f_y}\right]} \tag{4-50}$$

$$A_{so} = p_o \cdot b_o \cdot d_o \tag{4-51a}$$

$$= \sqrt{\frac{M_u}{\phi f_y}\left[\frac{1.7 f_{ck} b\, C_c}{C_c f_y (1-\mu\gamma^2) + 1.7 f_{ck}(1-\mu\gamma\zeta) C_s}\right]} \tag{4-51b}$$

정면도에서의 철근량은 전응력조건인, $\phi M_n = M_u$로부터 다음과 같이 된다.

$$A_s = \frac{1-\mu\gamma\zeta + (1-\mu\gamma)p_f}{(1-\gamma)m} - \frac{\sqrt{\left[\dfrac{1-\mu\gamma\zeta + m(1-\mu\gamma)p_f}{(1-\mu\gamma)m}\right]^2 b^2 d^2}}{-\dfrac{b_o}{(1-\mu\gamma)m}\left[m^2 p_f b d^2 + \dfrac{2M_u}{\Phi f_y}\right]} \tag{4-52}$$

여기서, $p_f = \dfrac{0.85 f_{ck}(b-b_o)t}{b_o \cdot d_o \cdot f_y}$ (4-53)

4.3.2 RC 슬래브

균일한 두께를 갖는 RC슬래브의 설계에서는 위에서와 마찬가지로 단면의 유효 높이 d 공간에서의 1차원 탐색절차에 의하여 최적해를 구할 수 있다. 최적화를 위한 정식화는 휨응력 제약조건이 모든 n개의 가능한 위험 단면에서 모두 고려되어야 한다는 점을 제외하고는 주어진 폭에 대한 RC보의 최적화 문제의 경우와 유사하다. 일방향 슬래브 설계에서 전단응력 제약조건은 통상 중요하지 않으므로 여기서는 제외하였다. RC 슬래브의 최적설계를 위한 문제의 정식화는 d, A_{si}, $\omega_i\,(i=1,\cdots,n)$를 구하는 문제로 다음과 같이 나타낼 수 있다.

$$\min Z = C_c L d + C_s \sum L_i A_{si} \tag{4-54}$$

subject to

$$Mi(d) \le \omega_i (1 - 0.5\omega_i) f_c{}^u d^2 \tag{4-55a}$$

$$\omega_i = \left(\frac{A_{si}}{d}\right)\frac{f_s{}^u}{f_c{}^u} = p_i \frac{f_s{}^u}{f_c{}^u} \quad \text{(휨응력)} \tag{4-55b}$$

$$\omega^L \le \omega_i \le \omega^u \tag{4-55c}$$

$$d^L \le d \le d^u \quad \text{(처짐 및 설계제약)} \tag{4-55d}$$

위의 최적화 문제에서 C_o는 단위체적당 콘크리트 공사비, L은 슬래브의 면적(길이 × 단위폭), 휨모멘트$M_i(d)$는 슬래브 자중의 함수이므로 d의 항으로 표현해야 한다. 이 문제의 최적화를 위한 가능한 하나의 접근방법은 식 (4-55d)에 의해 정의되는 영역 내에서의 d값을 가정하고 휨응력 제약조건만을 고려하여 최적 ω_i, A_{si}, Z를 계산하는 방법이다. 이와 같이 슬래브 두께 d를 계속 반복 수정함으로서 최적 철근량을 다시 계산한다. 최적해는 d공간에서 1차원 탐색에 의해 구할 수 있다. 휨응력에 대한 제한조건으로 인하여 d의 어떤 값에 대해서 해는 불가능하게 될 수도 있다.

그림 4-12와 같은 연속 일방향 RC슬래브를 고려해 보자. 이때 재료의 성질은 그림 4-5의 보 예제의 것과 동일하다고 가정한다. $\omega_i{}^L = 0.05$ 및 $\omega_i{}^u = 0.4$를 가정함으로서 단위 폭을 갖는 슬래브에 대해 정식화한 최적설계문제는 d, A_{si} 및 $\omega_i (i = 1,2)$의 최적해를 구하는 문제로 되면 다음과 같이 표현된다.

$$\min\ Z = 8.0d + \frac{C_s}{C_c}(2.0\,A_{s1} + 8.0\,A_{s2}) \tag{4-56}$$

subject to

$$(5.38d + 5.12) \le \omega_1(1 - 0.5\,\omega_1)1{,}600d^2 \tag{4-57a}$$

$$(3.78d + 3.60) \le \omega_2(1 - 0.5\omega_2)1{,}600\,d^2 \quad \text{(휨응력)} \tag{4-57b}$$

$$\omega_i = \frac{A_{si}}{d}\,\frac{35000}{1600} \qquad \mathrm{I} = 1,2 \tag{4-57c}$$

$$0.05 \le \omega_1 \le 0.4 \tag{4-57d}$$

$$0.17 \le d \le 0.25 \quad \text{(처짐및 설계제약)} \tag{4-57e}$$

C_s / C_c = 100, 250, 500에 대해 최적해는 d공간에서의 일차원 탐색방법에 의해 구하였다. 상이한 C_s / C_c비에 대한 최적 d에 대응하는 최소 Z값의 변화는 그림 4-12에 주어진 바와 같다. C_s / C_c비가 커짐에 따라 d_{opt}값이 증가함을 볼 수 있다. 최적해는 표 4-5에 수록된 바와 같다.

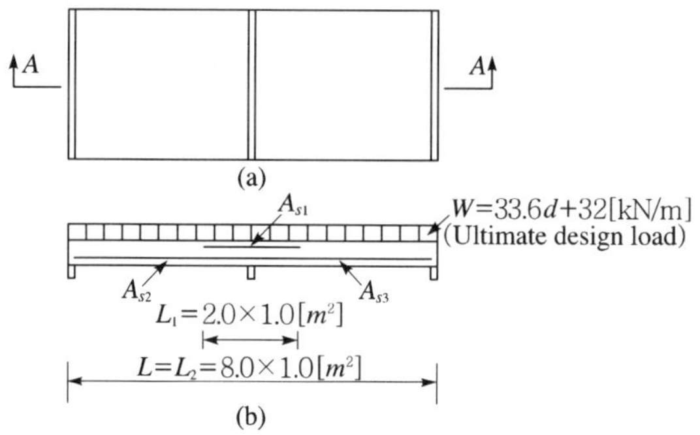

그림 4-12 RC 슬래브

표 4-5 RC슬래브의 최적해

C_s / C_c	d_{opt}	ω_1	ω_2	Z_{opt}
100	0.17	0.140	0.095	2.18
250	0.20	0.100	0.700	3.34
500	0.23	0.080	0.055	4.93

4.3.3 RC기둥

RC보의 경우와 마찬가지로 그림 4-13과 같은 RC기둥단면의 요소 최적화 문제도 간단하게 최적화 문제로 정식화할 수 있으며, SUMT와 같은 비선형 계획 알고리즘에 의해 수치 최적해를 쉽게 구할 수 있다. p_u , M_u와 같이 장주 효과를 고려한 축하중 및 휨 모멘트 최대 단면력을 받고 있는 RC기둥에 대해 h, b, A_s, $A_s{}'$를 단면의 설계변수로 취하면 최적화 문제는 다음과 같이 기술할 수 있다.

$$\min \ F = C_c bh + C_s(A_s + A_s{}') + 2C_F hb \tag{4-58}$$

subject to

$$P_u{}' - \phi P_n \le 0 \tag{4-59a}$$

$$P_n - [0.85 f_c{}' ab + A_s f_s{}' - A_s f_s] = 0 \tag{4-59b}$$

$$M_n - [0.85 f_c{}' ab(d-a/2) + A_s f_s{}'(d-d')] = 0 \tag{4-59c}$$

$$h^L \leq h \leq b^u \tag{4-59d}$$

$$b^L \leq b \leq b^u \tag{4-59e}$$

$$p^L \leq p \leq p^u \tag{4-59f}$$

여기서, $e = M_u' / P_u'$

$P_n =$ 공칭축하중 강도

$M_n =$ 공칭휨모멘트 강도$(P_n \cdot e)$

h^L, h^u, b^L, b^u 는 기둥 단면의 상하한치

$p^L = p_{\min}$ 최소철근비

$p^u = p_{\max}$ 최대철근비

식 (4-59b) 및 (4-59c)는 그림 4-14와 같이 편심저하된 기둥단면의 극한내력에 대한 평형 조건으로부터 유도된 식이다.

상기 RC기둥의 최적화 문제는 일반적인 형태로 기술되어 있는데 실제 계산은 기둥의 파괴모드에 따라 반복시행 최적화 과정에서 수치적으로 계산할 수 있으며, 제 3장에서 기술한 비선형 최적화 알고리즘 중 어느 것을 적용하여도 쉽게 최적해를 구할 수 있다.

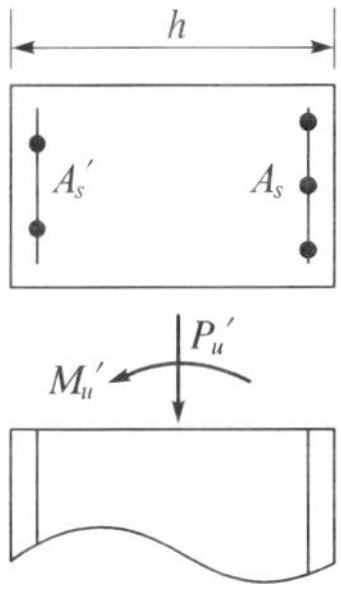

그림 4-13 기둥단면

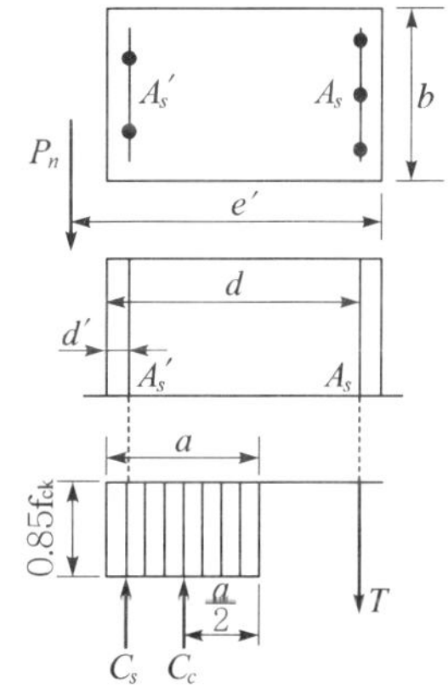

그림 4-14 편심기둥의 극한내력 분포

그러나, 근사적인 기둥설계공식에 의해 RC기둥을 최적화하는 경우 기둥의 최적화문제는 다음과 같이 보다 단순하게 정식화 할 수 있다.

$$\min F = C_c bh + C_s A_{st} \tag{4-60}$$

subject to

$$P_u - \phi P_n \leq 0 \tag{4-61a}$$

$$h^L \leq h \leq h^u \tag{4-61b}$$

$$p^L \leq p \leq p^u \tag{4-61c}$$

여기서, 식 (4-61a)는 압축강도 제약조건으로서 p_n는 각 설계영역에 따라 다음과 같다.

(a) 최소편심설계($\delta \cdot e <$ (0.8 p_o에 대응하는) $e_{\min}$)

$$P_n = 0.8\left[0.85 f_c' bh + A_{st}(f_y - 0.85 f_c')\right] \tag{4-62a}$$

(b) 압축지배설계($\delta \cdot e < e_b$)

$$P_n = bh\left[\frac{f_c'}{\frac{3}{\zeta^2}\frac{\delta \cdot e}{h} + 1.18} + \frac{P_g f_y}{\left(\frac{2}{\gamma}\right)\left(\frac{\delta \cdot e}{h}\right) + 1}\right] \tag{4-62b}$$

(c) 인장지배설계($\delta \cdot e > e_b$)

$$P_n = 0.85 f_c' bd\left\{-P + 1 - \frac{e'}{d} + \sqrt{\left(1 - \frac{e'}{d}\right)^2 2p\left[(m-1)\left(1 - \frac{d'}{d}\right) + \frac{e'}{e}\right]}\right\} \tag{4-62c}$$

여기서, $e' = d'' + e \cdot \delta$이고, 확대모멘트계수(moment magnifier) δ는 매 Iteration마다 근사적으로 다음식에 의해 계산된다.

$$\delta = \frac{C_m}{1 - (P_u / \phi P_c)} \geq 1.0 \tag{4-63}$$

이때, $P_c = \dfrac{\pi^2 EI}{(kl_u)^2}$이고 EI와 C_m는 시방서에 주어진 식에 의해 계산된다.

기둥단면의 최적화문제는 여러 설계변수에 대한 일반적인 정식화의 경우를 제외하고는 휨부재와는 달리 수학적 계획법의 어떤 최적화 기법이나 수치해석에 의하지 않고 기둥단면의 최적화 문제의 특성에 따라 Heuristic Algorithm에 의해 쉽게 최적해를 구할 수 있다. 왜냐하면 기둥의 압축강도 제약조건이 지배적(active)으로 되는 곡선 $\phi P_n = P_u$상에서 목적함수 $F(A_g, A_{st})$가 접해야만 최적해가 되지만, 대개의 경우 목적함수 Contour 곡선의 기울기는 $\left|\dfrac{dh}{dA_{st}}\right|\left(= \dfrac{C_s}{bC_c}\right) \gg 1$ 인 매우 큰 값인 반면에 $\phi P_n = P_u$곡선의 기울기는 $\left|\dfrac{dh}{dA_{st}}\right| \ll 1$인 매우 적은 값이므로 도저히 두 곡선만이 접할 수 없기 때문이다. 따라서 C_s / C_c가 매우 크다는 점을 유의하면 언제나 압축강도 제약조건이 지배적으로 만족되는 $\phi P_n = P_u$ 곡선과, h와 A_s의 변수 한계 제약조건의 교점상에 비용이 최소로 되는 최적화가 형성된다는 것을 쉽게 판단할 수 있다. 즉, 구조적으로나 미적으로 허용되는 기둥의 최대치수를 넘지 않는 범위 내에서는 가능한 철근을 적게 사용하는 기둥일 수록 경제적이라는 직관이 기둥의 최대화 문제에 성립됨을 알 수 있다.

1) 최소편심설계

$$h_o = h_{\max} \tag{4-64a}$$

$$A_{sto} = \frac{1}{f_y - 0.85 f_c'}\left(\frac{P_u}{0.8\phi} - 0.85 f_c' \, A_{go}\right) \tag{4-64b}$$

그러나 $A_{sto} < A_{s\min} (= p_{\min} b h_o)$이면

$$A_{go} = \frac{P_u}{0.8\phi}\left[0.85 f_c' + p_{\min}(f_y - 0.85 f_c')\right]^{-1} \tag{4-65a}$$

$$A_{sto} = A_{s\min} \tag{4-65b}$$

2) 압축지배설계

$$h_o = h_{\max} \tag{4-66a}$$

$$A_{sto} = \frac{P_u(\alpha_2 + h_o)}{\phi h_o f_c'} - \frac{h_o f_c'(\alpha_2 + h_o)}{(\alpha_1 + 1.18h_o) f_y} \qquad (4-66b)$$

여기서, $\alpha_1 = \frac{3\delta e}{\xi^2} \qquad \alpha_2 = \frac{2\delta e}{\gamma}$

$A_{sto} < A_{s\min}$으로 되면, 식 (4-62b)의 whitney 공식이나 압축지배기둥에 대한 평형조건식에 $A_{s\min}$을 대입하여 반복 시행적으로 수치적인 h_o를 전산화시켜 쉽게 구할 수 있다.

RC 기둥단면의 최적화는 대개의 경우 전술한 바와 같이 수리적계획법의 통상적인 최적화 기법이 필요 없이 Heuristic Algorithm에 의해 쉽게 최적해를 구할 수 있다. 이와 같은 Heuristic한 방법에 의해 최적해가 결정된다는 것을 보여주기 위한 간단한 예로 정방형 띠철근기둥의 최적화 문제를 도해적으로 고찰해 보자.

설계하중 $P_D = 970\text{kN}$, $P_L = 600\text{kN}$, $M_D = 6.5\text{kN}\cdot\text{m}$, $M_L = 32\text{kN}\cdot\text{m}$이 작용하는 단주인정방형 띠철근 기둥에 대한 설계조건으로 $f_c' = 21\text{MPa}$, $f_y = 280\text{MPa}$, $h_{\max} = 0.5\text{m}$, $h_{\min} = 0.2\text{m}$, $p_{\max} = 8\%$, $p_m = 1\%$를 가정하여 최적화하는 경우를 도해적으로 나타낸 것이 그림 4-15이다. 그림에서 보면 압축강도 제약조건 $\phi P_n = P_u$곡선은 $\frac{dh}{dA_{st}} \gg 1$로 매우 완만하며 거의 직선에 가까운 데 반하여 목적함수의 $\frac{dh}{dA_{st}} \ll 1$로 $\phi P_n = P_u$곡선을 교차하게 되어있다. 이와 같은 현상은 어느 설계 영역의 P_n곡선에 대해서도 마찬가지이며 따라서 최적해가 발생 가능한 경우에는 $h_{\max}$제약조건 $h = h_{\max}$선이나 최소철근량 제약조건 $A_{st} = A_{s\min}$곡선과 교점 뿐이며, 따라서 그림 4-15에서와 같이 $h_1 = 0.5\text{m}$인 경우에는 최적해가 $A_{s\min}$과 P_n의 교점인 $h_o = 0.48\text{m}$, $A_{sto} = 0.00235\text{m}^2$에 생기지만 $h_{2\max} = 0.45\text{m}$인 경우에는 $h_{2\max}$과 P_n의 교점인 $h_o = 0.45\text{m}$, $A_{sto} = 0.0046\text{m}^2$에서 생긴다. 따라서 기둥의 최적해는 전산화할 때 최적화기법에 의존하지 않고 Heuristic algorithm만에 의해 결정 할 수 있음을 알 수 있다. 요약하면, 기둥의 경제적인 최적단면은 미관적으로 또는 건축 layout 상 허용되는 최대치수에 가능한 가깝게 최소철근비 $p_{\min}(=1\%)$ 이상이 되는 단면으로 $\phi P_n = P_u$에 의해 Heuristic하게 결정해야 한다는 것이다. 따라서 재래적인 강도 설계법에서와 같이 단면결정할 때 철근비를 2%~3%로 취하여 결정하여 단면설계는 경제적인 단면설계법이 되지 못한다는 것을 입증해주고 있다.

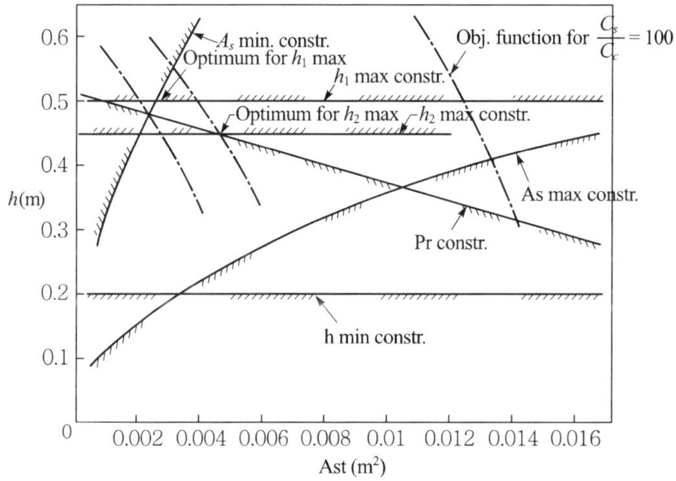

그림 4-15 기둥의 최적화도

4.4 PC요소 최적화

4.4.1 문제의 정식화

그림 4-16은 몇 가지 전형적인 PC보의 표준단면을 보여주고 있다. PC보의 경우 설계변수에는 콘크리트 단면 치수외에 프리스트레싱력 F(또는 프리스트레싱력에 비례하는 텐던량)와 긴장재의 편심 e도 포함된다. 대개의 경우 실제 설계상의 조건이나 제약으로 인하여 콘크리트 단면 치수의 일부는 미리 가정하거나 정해지고, 이로 인하여 설계변수의 수가 줄어들고 최적설계문제가 단순화 된다. 일반적으로 PC부재 설계에서는 다음과 같은 제약조건이 고려된다.

(a) 수직응력 제약조건

$$f^L \le f \le f^U \qquad (4-67)$$

여기서, f는 콘크리트 수직응력

f^L은 허용압축응력

f^U는 허용인장응력

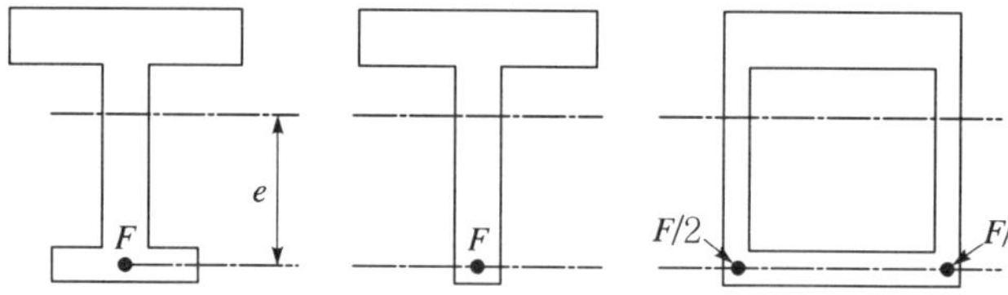

그림 4-16 PC보의 표준단면형상

식(4−67)의 제약조건은 모든 재하단계별 하중조건에 대해 그리고 요소내 모든 위험 위치의 콘크리트 응력에 대해 만족되어야 하는 조건이다. 단순한 요소의 경우에는 응력조건상 위험위치는 사전에 알 수 있다. 통상 프리스트레스 도입시와 모든 재하조건에 대해 응력이 검사되어야 한다. 그러나 단순한 요소에서는 고려해야 하는 재하조건의 수가 비교적 적다.

(b) 전단응력 제약조건

$$v^L \le v \le v^U \tag{4-68}$$

여기서, v는 콘크리트 단면 내 전단응력

v^U는 상한 전단응력

v^L은 하한 전단응력

일반적으로 식(4−68)의 전단응력 제약조건은 적은 수의 위험한 단면과 재하조건에 대해서만 고려하면 된다.

(c) 처짐 제약조건

$$D^L \le D \le D^U \tag{4-69}$$

여기서, D는 처짐

D^L, D^U는 각각 하한, 상한 처짐량

처짐제약은 통상 프리스트레스 도입시의 솟음(camber)의 제한치와 지간중앙에서의 고정하중 및 활하중 작용하의 처짐 제한조건을 나타낸다.

(d) 극한강도

$$M \le M^U \tag{4-70}$$

여기서, M은 시방서에 규정된 하중계수를 사용한 고정하중 및 활하중으로 인한 극한설계 모멘트 M^U는 고려하는 PC단면의 극한강도(ϕM_n)

일반적으로, 사전에 위험 단면 및 재하조건을 결정하고 나서 이에 대한 식(4-70)의 극한강도 제약조건을 검사한다.

(e) 설계 제약조건

$$X^L \le X \le X^U \quad (4-71)$$

여기서, $X =$ 설계변수

$X^U =$ 설계변수의 상한치

$X^L =$ 설계변수의 하한치

설계 제약조건은 시공에 필요한 최소한의 실제적인 제한 단면치수와 운송, 건축상의 고려사항, 시방서 제한사항, 또는 설계변수 사이의 바람직한 관계 등을 반영하는 것이다.

재료 및 거푸집 공비를 포함하는 목적함수는 다음과 같이 나타낼 수 있다.

$$Z = C_o A_c + C_p F + C_F P_r \quad (4-72)$$

여기서, A_c는 콘크리트 단면적

P_r은 단면에서 거푸집 둘레

C_c , C_p , C_F 는 콘크리트, 프리스트레싱력 및 거푸집 단위 공비

일반적으로 상술한 제약조건 및 목적함수는 비선형 계획문제가 되고 제 3장에서 기술한 벌칙함수를 이용하는 최적화 방법에 의해 쉽게 해를 구할 수 있다. 지금까지 여러 가지 PC보의 최적설계를 수치적으로 수행한 결과를 보면, 최적설계는 비교적 상태적인 공비계수에 민감하지 않다는 것이 알려져 있다. 일반적으로, 최적설계는 공비상수가 크게 변해도 동일한 설계점에 그대로 남아 있음을 볼 수 있다. 또한 최적해 부근에는 공비가 약간만 변화해도 설계의 변화가 일어나는 큰 영역이 존재함도 알 수 있다. 뿐만 아니라 PC보의 최적설계 결과들을 살펴보면 어떤 설계 제약조건은 항상 지배적이 되므로 설계변수의 수를 줄일 수도 있다는 것을 보여준다. 또 하나의 결론은 공비상수의 변화에도 불구하고 지배적인 제약조건의 변화가 전혀 일어나지 않는다는 사실이다. 이상과 같은 결과에 바탕을 두고, 일부 주요한 설

계변수와 제약조건만을 고려함으로써 PC부재의 요소 최적화를 위한 보다 단순화된 접근방법을 모색할 수 있다. 이상과 같은 점들을 효과적으로 고려함으로써 어떤 경우에는 PC요소의 최적화는 선형계획 문제로 정식화됨을 보여줄 수 있다.

4.4.2 선형계획(LP)정식화

단순 PC보의 단면이 주어진 경우, 응력제약조건은 프리스트레싱력 F와 긴장편심거리 e의 선형항으로 표현된다는 것을 도해적으로 보여줄 수 있다. 일반적으로 복잡한 부정정 시스템에서의 PC구조의 소요 프리스트레싱력과 긴장재의 배치 형상의 최적화 문제도 선형계획 문제의 형태로 정식화 할 수 있다. 그러나 여기서는 단순한 정정 PC요소에 대한 LP 정식화에 대해서만 언급하기로 한다.

그림 4-17과 같은 외력과 프리스트레싱력을 받는 단순 PC보를 고려해 보자. 초기 프리스트레싱력 F_o와 긴장재의 편심거리 e를 설계변수로 선정한다. 제약조건으로는 수직응력, 변위 및 설계변수 제약만 고려한다. 물론, 원하면 전단응력도 LP 정식화에서 포함시킬 수 있다. 그러나 극한강도 제약조건과 함께 전단응력 제약조건은 F_o 및 e의 최적설계에서는 대개의 경우 그렇듯이 결정적인 것이 되지 않는다고 가정하였다.

목적함수로는 프리스트레싱력을 최소화하는 것으로 취하면, 최적설계문제는 F_o 및 e를 최적화하는 문제로 다음과 같이 정식화 된다.

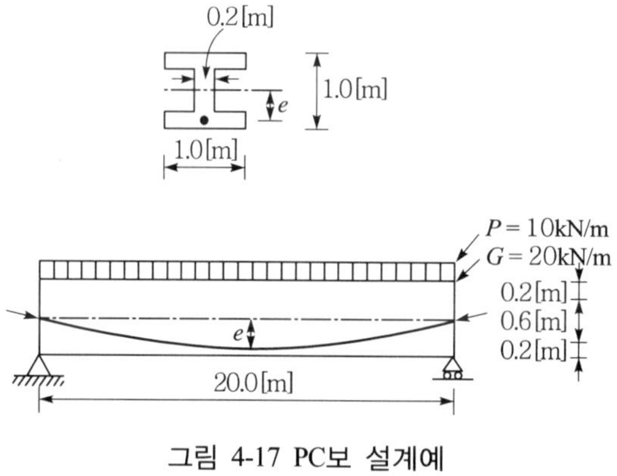

그림 4-17 PC보 설계예

$$\min\ Z = F_o \tag{4-73}$$

subject to

$$f^L \le -\frac{f_{loss} F_o}{A_c} \pm \frac{M - f_{loss} F_o e}{W} \le f^U (\text{응력}) \tag{4-74a}$$

$$D^L \le D_p + \alpha f F_o e \le D^U \quad (\text{변위}) \tag{4-74b}$$

$$e \le e^U \quad (\text{콘크리드 피복두께}) \tag{4 74c}$$

$$0 \le F_o \tag{4-74d}$$

여기서, 응력제약조건 식 (4-74a)는 모든 위험단면의 위치와 재하조건에 대해 기술한 것이며, f^L 및 f^U는 콘크리트 응력에 대한 각각 하한, 상한치를 나타낸다. M은 외력으로 인한 휨모멘트이고, f_{loss}는 프리스트레스 손실계수이다. A_c는 콘크리트 단면적이고, W는 단면계수(대칭단면 가정)이다. 식 (4-74b)의 변위제약 조건은 통상 위험단면에 대해서만 적용되고, D_p는 외적하중으로 인한 변위이고 α는 영향계수, D^U, D^L은 변위 상하한치, e^U는 소요 콘크리트 피복두께와 관련되는 e의 상한치를 나타낸다. 상기 최적화 문제에서 거동제약조건은 F_o와 e의 비선형함수이므로 실제로 이 문제는 비선형 계획문제가 되지만, 만일,

$$F_o e = X \tag{4-75}$$

으로 변수를 변환시키면 F_o와 X를 변수로 하는 선형계획문제가 된다. 이 두 변수에 대해 최적화한 다음 e는 식 (4-75)로부터 $e = \dfrac{F_o}{X}$로 계산된다.

LP문제로서의 정식화에 대하여 보다 상세하게 그리고 도해적으로 설명하기 위해 그림 4-17과 같은 단순 PC보의 최적설계를 고려해 보자. 보는 고정하중 $G = 20\text{kN/m}$, 활하중 $P = 10\text{kN/m}$를 받고 있다(모든 차원은 kN 및 m이다). 이 문제에는 두 가지 재하조건만을 고려한다. $(a)\, G + F_o (f = 1.0)$ $(b)\, G + P + 0.8 F_o (f = 0.8)$. 프리스트레싱 긴장재의 도심선은 포물선이고 지간 양단의 단면의 도심에 정착되어 있다고 가정한다.

설계에 사용된 설계상수값과 제한치는 다음과 같다.

단면적 $A_c = 0.52\text{m}^2$

허용변위 $(G + P + 0.8 F_o)$ $D^U = 0.02\text{m}$

단면계수 $W = 0.1187m^3$

e의 상한치 $e^U = 0.4m$

단면 2차모멘트 $I = 0.0593m^4$

탄성계수 $E = 3 \times 10^6\ t/m^2$

(a) 재하에 대한 허용응력 $f^L = -16,000\text{kN/m}^2,\ f^U = 0$

(b) 재하에 대한 허용응력 $f^L = -11,000\text{kN/m}^2,\ f^U = 0$

상기 수치들과 식 (4-75)의 관계를 대입하면 식 (4-73) ~ (4-74d)까지의 최적설계문제는 F_o 및 X를 구하는 문제로 다음과 같이 표현된다.

$$\min\ Z = F_o \tag{4-76}$$

subject to

$$\text{재하조건 } a:\ -1600 \le -\frac{F_o}{0.52} \pm \frac{(100-X)}{0.1187} \le 0 \tag{4-77a}$$

$$\text{재하조건 } b:\ -1100 \le -\frac{0.8F_o}{0.52} \pm \frac{(150-0.8X)}{0.1187} \le 0 \tag{4-77b}$$

$$3.51 \times 10^{-2} - 1.87 \times 10^{-4}X \le 0.02 \tag{4-77c}$$

$$X \le 0.4F_o \tag{4-77d}$$

$$0 \le F_o \tag{4-77e}$$

상기 LP문제는 두 개의 변수만 갖고 있으므로 최적화는 F_o와 X의 공간에서 도해적으로 설명할 수 있다. 가능해 영역은 그림 4-18에서 보여주는 것과 같다.

최적해는 $F_o = 2,983\text{kN}$, $X = 1,193\text{kN} \cdot \text{m}$, $e = 0.4\text{m}$ 임을 알 수 있다. 그림 4-18은 제약조건 $e \le 0.4$ 와 재하조건 b에서의 인장응력 제약이 최적해에서 지배적임을 보여준다. 미지의 텐던 좌표나 프리스트레싱 단계의 수가 많은 경우에는 이 문제는 3장에서 기술한 LP의 Simplex 알고리즘에 의해 풀 수 있다. LP정식화의 중요한 특징 중의 하나는 모든 응력제약조건을 모두 고려할 필요가 없고 최적해에서 지배적인 제약조건이 될 수 있는 것만 고려하면 된다는 점이다. 이러한 주요제약조건은 설계공간 내 어떤 위치에서 제약조건이 평행하게 된다는 것을 유의함으로써 찾을 수 있다. 일단 이렇게 한 다음에는 가장 중요한 제약조건 직선들만 고려해야 한다. 이러한 방법의 가능성을 알아보기 위하여 PC보 중앙 단면에서의 최외측 상하단 점에 대한 응력제약을 다시 기술해 보자.

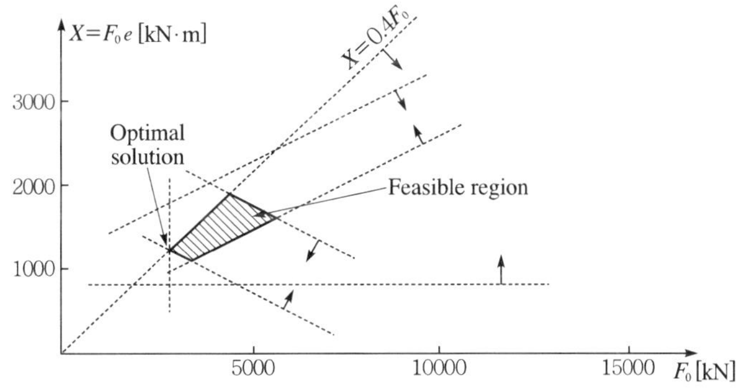

그림 4-18 PC보 예의 가능역(Feasible Region)

하단점

$$-12,700 \le \left(-F_o - 4.38X\right) \le -4,380 \quad (\text{재하조건a}) \qquad (4-78a)$$

$$-15,360 \le \left(-F_o - 4.38X\right) \le -8,210 \quad (\text{재하조건b}) \qquad (4-78b)$$

상단점

$$-3,940 \le \left(-F_o + 4.38X\right) \le 4,380 \quad (\text{재하조건a}) \qquad (4-78c)$$

$$+1,060 \le \left(-F_o + 4.38X\right) \le 8,210 \quad (\text{재하조건b}) \qquad (4-78d)$$

위에서 보면 LP정식화에서는 빗금친 주요 제약조건들만 고려하면 되고 이는 그림 4-18에 나타낸 바와 같다. 이러한 접근 방법은 부정정 PC구조시스템에서도 마찬가지로 적용할 수 있다. PC보의 최적화에서 매우 중요한 결론 중에 하나는 재하조건의 수가 얼마가 되든 간에 모든 문제에서 다만 두개의 응력제약조건만 구조물 내 각점에서 고려하면 된다는 것이다. 어떤 경우에는 균일 단면을 갖는 PC보에 대한 콘크리트 단면 치수, 프리스트레싱력 및 긴장재 편심거리 모두를 최적화 하는 문제까지도 LP형태로 정식화할 수 있다.

4.4.3 PC슬래브

여기서는 슬래브 두께 d, 프리스트레싱력 $F_i(i=1,\cdots J)$, 긴장재의 편심량 $e_i(i=1,\cdots J)$

를 설계변수로 하여 최적화하기 위한 PC슬래브의 최적설계 문제를 고려해보자. 이때 J는 긴장재의 개수이다.

응력 및 설계 제약조건만을 가정함으로써 최적화는 $d,\ F_i,\ e_i,\ (i=1,\cdots J)$를 구하는 문제로 다음과 같이 정식화할 수 있다.

$$\min\ Z = C_o d + \sum_{i=1}^{J} C_F F_i \tag{4-79}$$

subject to

$$f^L \le -\frac{1}{d}\sum_{i=1}^{J}\alpha_i F_i \pm \frac{M-\sum_{i=1}^{J}\beta_i F_i e_i}{d^2/6} \le f^u \quad (\text{응력제약}) \tag{4-80}$$

$$\left.\begin{array}{l} d^L \le d \le d^U \\ e_i/d \le (e/d)^U \\ 0 \le F_i \end{array}\right] (i=1\cdots J) \quad \Big] \ (\text{설계제약}) \tag{4-81}$$

여기서, C_o 와 $C_{F\,i}$는 콘크리트 및 각 텐던의 프리스트레싱력에 대한 단위공비
$\alpha_1,\ \beta_1$는 프리스트레싱으로 인한 축력과 휨모멘트를 나타내는 영향계수
M은 외력으로 인한 휨모멘트
$(e/d)^U$는 편심에 대한 상한치

PC슬래브에 응력계약조건은 모든 위험단면과 모든 재하조건에 대해 기술되어야 한다. 이 문제에서 제약조건은 변수들의 선형항으로 나타낼 수 있는데 이를 위해서는 다음과 같이 새로운 변수를 도입해야한다.

$$X_{A\,i} = F_1/d \tag{4-82a}$$

$$X_B = 1/d^2 \tag{4-82b}$$

$$X_{Ci} = X_{A\,i}\, e_i/d \tag{4-82c}$$

식 (4-82)를 식(4-79) ~ (4-81)에 대입하면 최적화 문제는 $X_{A\,i},\ X_B,\ X_{ci}(i=1\cdots J)$를 구하는 문제로 다음과 같이 된다.

$$\min \ Z = \frac{1}{\sqrt{X_B}}\left(C_c + \sum_{i=1}^{J} C_F X_{Ai}\right) \tag{4-83}$$

subject to

$$f^L \le -\sum_{i=1}^{J} \alpha_i X_{Ai} \pm 6\left(MX_B - \sum_{i=1}^{J} \beta_i X_{ci}\right) \le f^u \tag{4-84}$$

$$\left.\begin{array}{l} (1/d^U)^2 \le X_B \le (1/d^L)^2 \\ X_{ci} \le (e/d)^U X_{Ai} \\ 0 \le X_{Ai} \end{array}\right] \quad (i = 1 \cdots J) \tag{4-85}$$

이 문제에서 변수의 수는 원래 문제에서의 변수의 수와 같지만 모든 제약조건이 선형함수로 변하였다. 따라서 당연히 이러한 새로운 변수에 대해 문제를 푸는게 더 쉬우며, 원래 변수값은 식 (4-82)로부터 계산된다. PC슬래브의 두께 d가 주어진 경우 $X_B =$ 상수이므로 최적화 문제는 LP문제로 된다. 만일 최적화의 목적이 슬래브의 최소두께를 찾는 것이라면, 목적함수는

$$Z = -X_B \rightarrow \min \tag{4-86}$$

로 정의할 수 있고 이렇게 되면 최적화 문제는 다시 LP문제가 된다. 따라서 최적화 과정에서 가능한 한가지 접근 방법은 먼저 목적함수를 식 (4-86)으로 하여 LP문제를 풀어서 최소 슬래브 두께를 구하고, 그 다음에 주어진 슬래브 두께 $X_B=$상수에 대해 LP문제를 풀음으로서 이 슬래브에 대한 최소 프리스트레싱력과 공비를 구할 수 있다. 그런 다음에는 최적 슬래브 두께는 d공간에서의 1차원 탐색에 의해 계산하고, 이때 각 d값에 대한 최소 프리스트레싱력과 이에 대응하는 공비는 LP문제를 풀어서 계산할 수 있음에 유의해야 한다. 이러한 최적화 과정이 다음에서 상세하게 설명되어 있다. 그림 4-19에 보인 두 단부에 따라 단순지지된 PC슬래브 요소를 고려해 보자. 이 슬래브는 등분포 고정하중 $G = 20\text{kN/m}^2$ 활하중 $P = 10\text{kN/m}^2$을 받고 있다(모든 차원은 kN과 m로 주어짐). 설계변수의 제한치는 다음과 같다.

슬래브 두께 $d^L = 0.2\text{m}$ $d^U = 0.5\text{m}$

편심거리 $(e/d)^U = 0.4$

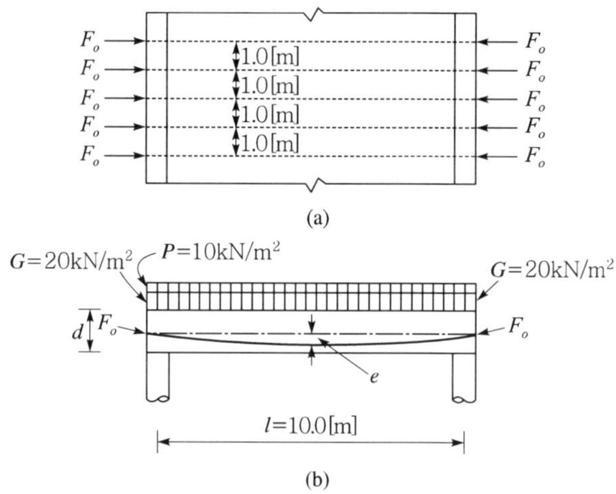

그림 4-19 PC슬래브 예

단위공비는 $C_c = 1$, $C_F = 1/1000$로 가정하고, 또한 G는 d의 함수가 아니며, 모든 위치에서 프리스트레싱력과 편심은 동일한 것으로 간주하였다. 그리고 재하 조건, 프리스트레스 손실 및 재료의 성질은 PC보의 예제와 동일한 값으로 취하였다. 최적설계문제는 d, F_o, e를 구하는 문제로 다음과 같이 나타낼 수 있다.

$$\min \; Z = d + (1/1000)F_o \tag{4-87}$$

$$-1600 \le -\frac{F_o}{d} \pm \frac{25 - F_o e}{d^2/6} \le 0 \tag{4-88a}$$

$$-1100 \le -\frac{0.8F_o}{d} \pm \frac{37.5 - 0.8F_o e}{d^2/6} \le 0 \tag{4-88b}$$

$$0.2 \le d \le 0.5 \tag{4-89a}$$

$$e/d \le 0.4 \tag{4-89b}$$

$$0 \le F_o \tag{4-89c}$$

식 (4-82)에 따라

$$X_A = F_o/d, \;\; X_B = 1/d^2, \; X_e = X_A e/d \tag{4-90}$$

로 변환시키면, X_A, X_B, X_c에 대한 최적화문제는 다음과 같이 된다.

$$\min\ Z = \frac{1}{\sqrt{X_B}}\left(1 + \frac{1}{1000}X_A\right) \qquad (4-91)$$

$$-1600 \leq X_A \pm (150X_B - 6X_c) \leq 0 \qquad (4-92a)$$

$$-1100 \leq -0.8X_A \pm (225X_B - 4.8X_c) \leq 0 \qquad (4-92b)$$

$$4 \leq X_B \leq 25 \qquad (4-93a)$$

$$X_c \leq 0.4X_A \qquad (4-93b)$$

$$0 \leq X_A \qquad (4-93c)$$

먼저 $Z = -X_B \rightarrow \min$에 상기 최적 문제를 LP로 풀면 최소슬래브두께는 $d_{\min} = 0.35m$가 된다. 그림 4-20은 d의 변화에 대한 $\min Z$와 $\min F_o$의 변화를 보여주고 있다. 최적해는 $d = 0.35m$, $F_o = 2380\text{kN}$, $e = 0.14m$, $Z = 0.588$(임의단위). 이와 같이, PC보의 최적화를 선형계획문제로 정식화하면 가용한 LP프로그램을 사용하여 간단하게 해를 구할 수 있다는 장점이 있다.

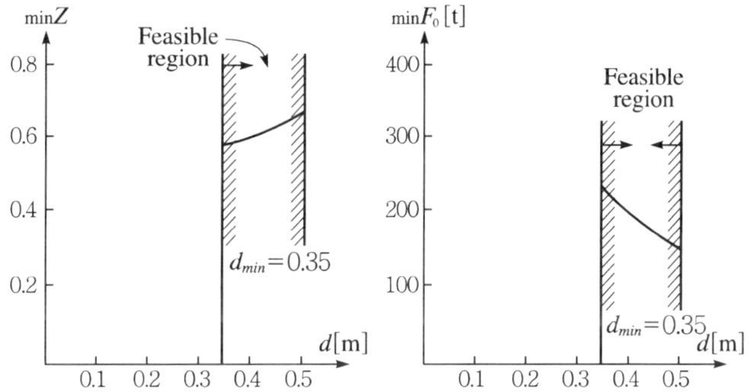

그림 4-20

최적해를 구하기 위해서는 응력제약조건에서의 상수를 구하기 위한 외력으로 인한 휨모멘트 M과 영향계수 α_i, β_i만 계산하면 된다. 어떤 종류의 비선형계획 알고리즘은 PC슬래브 최적화 문제에서와 같이 선형제약조건을 가진 문제에 대해 매우 효율적임을 알아야 한다. 제3장에서 기술한 이를테면, 축차적선형계획(SLP, Successive Linear Programming), 가능방향(Feasible Direction)탐사 알고리즘 등의 방법을 식 (4-83)~(4-85)에 대한 최적화 문제에 매우 성공적으로 적용할 수 있다. LP문제의 정식화는 슬래브 내 긴장재의 최적위치를 구하는 최적화 문제에도 적용할 수 있다. 또한 PC슬래브의 프리스트레싱력을 최소화하기 위한 일반적인 문제는 기하적계획(Geometric Programming)문제로 정식화할 수도 있다. PSC박스 구조물에 대한 구체적인 예는 다음 장에서 상세히 언급하였다.

제5장
교량의 최적설계

5.1 개요

5.2 강상자형교의 최적설계

5.3 PSC 박스거더교의 최적설계

제5장 교량의 최적설계

5.1 개요

최근 컴퓨터의 급속한 발전과 더불어 교량설계 엔지니어 사이에서도 교량의 자동화 최적설계에 관심이 집중되고 있는 추세이다. 현재 고도로 발전된 컴퓨터를 활용하여 구조해석과 단면설계에서부터 도면 및 수량산출에 이르기까지 단계별로 전산화하여 예전에는 상상하기 어려운 설계과정을 보다 신속하고 효과적으로 수행하는 자동화설계를 하고 있다. 그러나 이러한 자동화설계만으로는 다양한 설계조건과 시방서의 기준 및 시방서 이외의 제약조건을 모두 만족하면서 가장 경제적인 설계를 위한 설계자의 의도를 충분히 반영하기 위해서는 엔지니어의 반복작업이 필요하므로 많은 시간과 비용이 소요되는 단점이 있다.

엔지니어의 반복되는 단면 가정과 해석 및 설계조건 검토가 수반되는 설계를 극복하기 위해 교량의 최적설계가 필요하게 되었다. 교량설계의 목적은 기 정의된 필연성과 가용한 설계값을 가지고 최적의 교량구조 시스템을 개발하는 것이다. 이는 가용한 정보를 가지고 최상의 설계를 얻기 위해서는 설계자가 다양한 조건을 감안하여 설계목적에 적합한 판단을 하여야 한다는 뜻이다. 따라서 교량최적화는 최상의 설계가 될 수 있도록 각종 제약조건을 감안하여 설계 변수를 결정하는 과정이며 최상의 결정을 위해서는 가용한 여러 설계 가운데에서 선택적으로 취할 수 있고 복잡한 수치적 기법을 이용하여 최적해를 구할 수도 있다.

그러나 아직도 일부 설계실무자는 교량의 최적설계에 대한 인식이 단지 중량을 최소화하며 이러한 설계를 바탕으로 시공하면 시공성이 떨어지고 안전상에 악영향을 미친다고 오인되고 있다. 하지만 이러한 오해는 과거 수학적인 모델만을 중요시하고 실제 시공성, 안전성 그리고 경제성에 대한 설계요구사항을 제대로 반영하지 않은 수학적인 교량 설계를 교량의 최적설계라고 받아들인 데 그 원인이 있다. 이러한 설계는 수학적인 기법에 불과하지 최적설계라고는 할 수가 없다. 하지만 오늘날과 같은 컴퓨터를 이용한 과학적이며 합리적인 진정한 의미에서 최적설계는 많은 설계제약 조건 즉, 응력제약, 변위제약, 단면제약, 동적거동에 대한 제약, 안전성, 내구성, 시공성, 기능, 미관 등을 모두 만족하면서 재료비, 가공비, 조립비, 가설비, 유지관리비 등을 포함한 총 건설경비가 가장 적게 되는 최적설계(구조형식, 사용재료 및 단면치수 결정)를 가능하게 하였다.

본 장에서는 강교의 대표 교량중에 하나인 강상자형(Seel Box Girder)교[46]와 콘크리트교의 대표 교량중에 하나인 PSC(Prestressed Concrete) 박스거더교[47]를 예로 들어 교량의 최적설계방법에 대해 서술하도록 하겠다.

5.2 강상자형교의 최적설계

5.2.1 개 요

강상자형교는 박판 폐합단면을 갖는 거더교의 총칭이다. 세계에서 최초로 건설된 강상자형 교량은 1850년에 영국 Wales의 Conway-Britania간을 잇는 Menai해협에 가설된 지간장 142m의 Britania교다. 강상자형교량의 창시자라 할 수 있는 George Stephenson에 의해 제안된 이와 같은 고전적 의미의 강상자형교량은 제 2차세계대전 후 서독의 전후 복구사업의 일환으로 건설된 많은 강상자형 교량들에 의해서 이론적인 배경 및 설계방법이 비약적으로 발전해 현대적 의미의 교량으로서 그 위치를 확고히 하게 되었다. 현재 국내에서도 곡선교나 고가차도, 미관이 중요시 되는 곳에 강상자형교를 많이 볼 수 있다.

강상자형교는 폐합단면을 이루고 있어 외관이 깨끗할 뿐만 아니라, 비틂강성이 크고 연속교의 지점상 부모멘트에 저항하는 압축단면이 커서 경제적인 단면구성이 가능하다. 따라서 다른 교량에 비해 형고가 낮은 날렵한 단면을 유지할 수 있다. 이러한 장점들 때문에 곡선교와 같이 큰 비틂강성이 요구되는 교량이나 선형의 제약을 많이 받는 도시의 고가차도, 주위의 조형물과 조화를 이루기 위해 미관이 중요시되는 교량 등에 강상자형교가 많이 채택된다.

이와 같은 강상자형교량의 구체적인 특징을 기술하면 다음과 같다.

1. 강상자형교는 바닥판과 주형으로 구성되어 있으며 바닥판이 주형과의 합성작용에 의해 충분한 비틂강성을 확보하여 곡선교에 적합하며 편재하되는 활하중에 대해서도 횡방향

으로의 하중분배가 좋다. 즉, 단일상자형의 경우에는 그림 5-1(a)와 같이 편재하되는 단위집중하중에 대해서 양쪽 복부판에서의 응력차이가 거의 없으며 상하플랜지의 휨응력도 거의 균등하게 분포한다. 그러나 두 개의 주형을 갖는 I형 판형교의 경우에 그림 5-1(c)와 같이 좌측 주형위에 집중하는 단위하중에 대해 우측복부판에는 응력이 발생하지 않는다. 그림 5-1(b)와 같은 2주형 상자형의 경우에는 양자의 중간형태를 취한다. 따라서 강상자형교는 편재하되는 하중에 대해 역학적으로 유리하다고 할 수 있다.

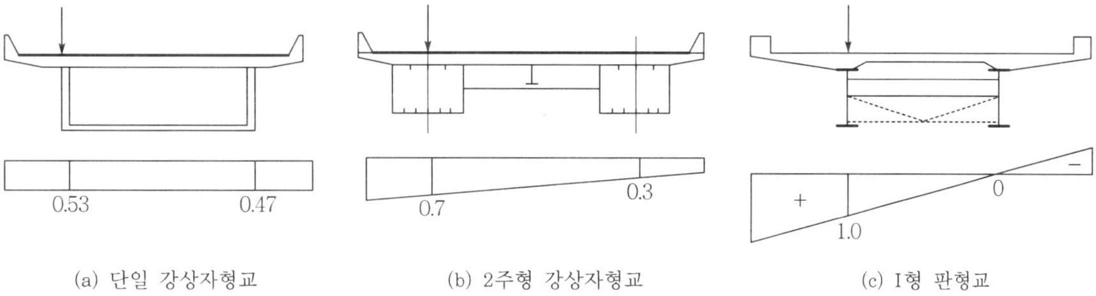

그림 5-1 강상자형교와 판형교의 하중분배

2. 강상자형교의 플랜지폭은 I형 판형교에 비해 매우 크게 되기 때문에 플랜지판의 두께를 얇게 하더라도 충분히 휨응력에 저항할 수 있다. I형 판형교의 경우에는 지간이 길어짐에 따라 플랜지판의 두께가 두꺼워지며 동시에 고강도강을 사용해야만 하므로 연결에 어려움이 따르나 강상자형교의 경우에는 판두께가 상대적으로 얇아서 그와 같은 문제점은 해소된다. 일반적으로 같은 지간의 I형 판형교에 비해 강상자형교는 형고를 낮출 수 있어 날렵한 느낌을 주며 주위환경에 의해 형고가 제약되어 지간장과 형고의 비를 크게 취해야 하는 경우라도 다른 형교에 비해 충분히 경제적이라 할 수 있다.
3. 최근 가설기계가 대형화되어 블록공법과 같은 기계화 시공법의 적용이 점차 보편화되고 있으며 강상자형교는 이와 같은 블록공법을 적용하는 데 적합하며 따라서 시공의 체계화 및 시공기간의 단축이 가능하다.
4. 일반적인 I형 판형교는 기능적으로 주형 및 가로보와 같이 연직하중에 대해 저항하는 1차부재와 수평브레이싱과 같이 수평하중을 부담하는 2차부재로 분리된 평면구조물의 집합체로 간주하여 각각의 평면요소는 해당하는 면내의 외력에만 저항하도록 구성되어 있으므로 각각의 부재는 단순히 하나의 역할만을 부담하는 비효율적 구조를 이룬다. 반면에 강상자형교의 단면은 연직하중뿐만 아니라 수평하중에 대해서도 강도를 충분히

발휘하기 때문에 모든 하중형태에 대해서 각 부재는 입체적으로 힘을 분담하여 구조적으로 효율적인 단면구성이 가능하다.

5. 유지관리의 측면에서 볼 때, 상자형의 내부는 그대로 검측용 통로로 이용될 수 있으며 특별한 부대시설을 고려하지 않아도 내부의 각 부분에 대한 검측, 도장 및 보수가 가능하다. 또한 상자형의 내부를 전선이나 수도관, 가스관과 같은 부속 시설공간으로 활용할 수 있으므로 불필요한 공간을 줄일 수 있으며 외관을 깨끗하게 할 수 있다.

강상자형교는 상기 설명에서 기술한 장점으로 인해 많이 사용되는 교량형식이며, 강상자형교의 구성은 바닥판 및 주형으로 구성되어 있으며, 일반적으로 구성요소에 대해 독립적으로 설계를 실시한다. 따라서 강상자형교의 최적설계는 바닥판과 주형 그리고 부부재에 대하여 별도로 최적설계를 실시하며, 순서는 다음과 같다. 먼저 바닥판의 최적설계를 통하여 최적의 슬래브 두께와 철근량을 산정하여 슬래브의 제작비용을 절감할 수 있을 뿐만 아니라 박스주형에 전달되는 고정하중을 최소로 줄일 수 있어 더욱 경제적인 주형단면을 결정할 수 있다. 주형의 최적설계는 Design Variables Linking 기법을 사용하여 동일 변단면 구간내의 1.25m마다 구분되어 있는 여러 개의 설계변수를 하나의 설계변수로 그룹화한다. 이러한 기법은 설계변수를 매우 많이 줄일 수 있고 최적화 수행도 매우 경제적인 수렴성을 나타내었다. 그리고 무엇보다도 실제적인 강상자형교의 변단면 구간을 고려한 단면결정을 할 수 있다는 것이 주형최적설계 시스템의 가장 큰 특징이라고 할 수 있다. 가로보와 스트링거의 최적설계는 Local effect와 Global effect를 모두 고려하여 더욱 안전한 설계가 되도록 고려한다. 바닥판 및 주형의 최적설계에 필요한 정식화는 다음 5.2.2와 5.2.3에 자세하게 기술하였다.

5.2.2 바닥판의 최적설계

강상자형교의 콘크리트 바닥판에 대한 최적설계는 바닥판의 캔틸레버부와 중앙지간부에서 각각 수행되어 그 중 더 큰 값을 최종 바닥판의 슬래브 높이로 선택한다. 그리고 이 슬래브의 높이는 주형의 최적설계 수행에 입력 데이터로 사용된다. 최소의 슬래브 높이와 철근량을 결정하여 바닥판 제작비용을 절감할 수 있을 뿐만 아니라 주형설계에 고정하중으로 작용하는 바닥판의 총중량을 줄일 수 있고, 주형단면을 줄일 수 있는 2차적인 효과도 얻을 수 있으므로 바닥판의 최적설계는 강상자형교의 최적설계에서 선행되어야 하며 매우 중요하다고 할 수 있다.

(1) 설계변수

교축방향의 좌측과 우측(혹은 중앙분리대측과 방음벽측)에 대한 캔틸레버부와 중앙지간부의 바닥판에 대하여 최적설계를 수행하기 위한 설계변수로서 콘크리트 슬래브의 두께와 필요 철근량이 선정된다. 캔틸레버부에 대하여 살펴보면 그림 5-2에 나타낸 바와 같이 단면 A-A에서 슬래브의 높이와 필요철근량이 설계변수로 사용된다.

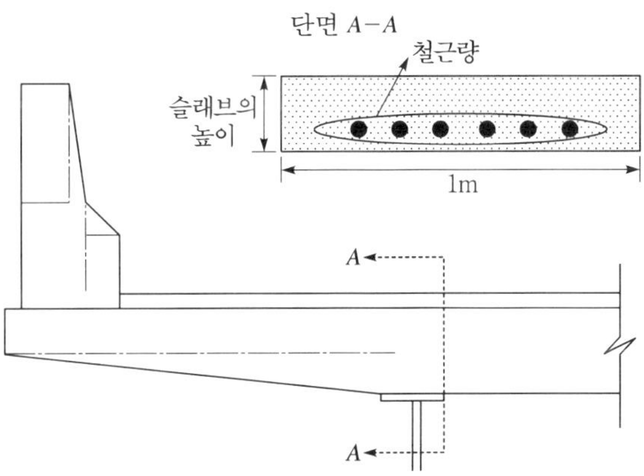

그림 5-2 캔틸레버부 바닥판의 설계변수

(2) 목적함수

바닥판의 최적설계를 위해서 목적함수는 첫 번째 설계변수로 선정한 바닥판의 높이와 설계위치에서 슬래브의 폭 그리고 교축방향 단위길이로 계산되는 콘크리트 슬래브의 중량과 두 번째 설계변수인 철근량으로 계산되는 사용 철근의 중량에 기초한 바닥판의 비용함수로 정식화한다. 각 중량에 단위비용을 곱하여 비용함수를 산정한다. 따라서 모든 도로교설계기준 조건을 만족한 상태에서 최소의 슬래브 높이와 철근량을 결정하여 바닥판 제작비용을 절감할 수 있을 뿐만 아니라 주형설계에 고정하중으로 작용하는 바닥판의 총중량을 줄일 수 있고 주형단면을 줄일 수 있는 2차적인 효과도 얻을 수 있으므로, 바닥판의 최적설계는 강상자형교의 최적설계에서 선행되어야 하며 매우 중요하다고 할 수 있다. 바닥판 최적설계의 목적함수는 다음 식 (5-1)에 나타낸 바와 같다.

$$F(X) = (C_c \cdot W_c) + (C_s \cdot W_s) \qquad (5-1)$$

여기서, C_c : 콘크리트의 단위 중량 당 바닥판의 제작단위비용

C_s : 철근의 단위 중량 당 바닥판의 제작단위비용

W_c : 콘크리트 슬래브의 중량

W_s : 사용 철근의 총 중량

(3) 제약조건

바닥판의 최적설계를 위해서 도로교 설계기준을 근거로 제약조건을 정식화한다. 제약조건으로는 콘크리트 슬래브에 작용하는 극한휨모멘트보다 저항모멘트가 더 커야 한다는 조건과 최소 및 최대 철근비에 대한 제약조건 그리고 슬래브의 최소두께 규정으로 정식화하였으며 다음에 나타낸 식 (5-2) ~ 식 (5-10)과 같이 나타낼 수 있다.

① 휨모멘트에 대한 제약조건

강도감소계수가 고려된 저항모멘트가 여러 가지 하중조합에서 산정된 극한모멘트보다 커야 된다는 휨모멘트에 대한 제약조건은 다음 식 (5-2)에 나타낸 바와 같다. 저항모멘트는 슬래브 두께의 함수이므로 극한 모멘트에 저항할 수 있는 최소의 슬래브 두께를 구할 수 있도록 하는 제약조건이다. 그리고 도로교설계기준에서 규정하고 있는 슬래브의 최소두께도 제약조건으로 고려되었다.

$$G_1 = 1 - \phi M_n / M_u \leq 0 \tag{5-2}$$

여기서, ϕM_n : 공칭모멘트

M_u : 극한모멘트

캔틸레버부에 작용하는 바닥판의 극한모멘트는 식 (5-3)~식 (5-5)에 나타낸 고정하중, 활하중, 차량충돌하중, 풍하중을 하중계수를 고려하여 조합한 모멘트 M_1, M_2, M_3 중 최대 모멘트를 극한모멘트로 식 (5-6)과 같이 산정하였고 중앙지간부에 작용하는 극한모멘트는 다음 식 (5-7)에 의해서 산정한다.

$$M_1 = 1.3M_d + 2.15M_{l+i} \tag{5-3}$$

$$M_2 = 1.3M_d + 1.3M_{l+i} + 1.3M_H \tag{5-4}$$

$$M_3 = 1.3M_d + 1.3M_{l+i} + 1.3M_W \tag{5-5}$$

$$M_{u(\text{캔틸레버부})} = \text{Max}(M_1 : M_2 : M_3) \tag{5-6}$$

$$M_{u(중앙지간부)} = 1.3M_d + 2.15M_{l+i} \tag{5-7}$$

여기서, M_d : 고정하중에 의한 모멘트

M_{l+i} : 활하중에 의한 모멘트

$$M_{l+i} = \frac{L+0.6}{9.6} \cdot P_r \cdot (1+i), \ i = \frac{15}{40+L} \quad (i \leqq 0.3)$$

M_H : 차량충돌하중에 의한 모멘트

M_W : 풍하중에 의한 모멘트

② 최대 철근비에 대한 제약조건

도로교설계기준에서 규정하고 있는 최대철근비보다 필요 철근량이 작아야 된다는 제약조건은 다음 식 (5-8)에 나타낸 바와 같다. 현행시방서에서 명시된 바와 같이 최대철근비 보다 작은 철근비가 사용될 경우 가장 경제적인 설계가 되도록 하고, 단면이 저보강단면이면 콘크리트의 파괴 전에 철근이 항복하므로 붕괴에 대해 사전경고를 해주므로 안전한 설계가 되도록 하는 제약조건이다.

$$G_2 = \rho / \rho_{max} - 1 \leqq 0 \tag{5-8}$$

여기서, ρ : 사용 철근비

$$\rho_{max} = 0.75 \times \beta_1 \cdot \left(\frac{f_{ck}}{f_y}\right) \cdot \left(\frac{600}{600+f_y}\right)$$

③ 최소 철근비에 대한 제약조건

외부 극한모멘트에 저항할 만큼 무근콘크리트로서의 단면이 충분히 크다면 계산상으로는 철근이 필요하지 않다. 그러나 이러한 단면은 파괴에 대한 경고를 주지 않는다. 따라서 현행 콘크리트 구조설계기준에서는 철근콘크리트 단면에 사용되는 최소철근비를 명시하고 있다. 필요철근량은 최소철근량보다 커야 한다는 제약조건은 다음 식 (5-9)에 나타낸 바와 같다.

$$G_3 = 1 - \rho / \rho_{min} \leqq 0 \tag{5-9}$$

여기서, ρ : 사용 철근비

$$\rho_{min} = \frac{1.4}{f_y}$$

④ 바닥판의 최소두께에 대한 제약조건

바닥판의 두께는 도로교설계기준에서 규정하고 있는 최소두께보다 커야 한다는 제약조건은 다음 식 (5-10)에 나타낸 바와 같다.

$$G_4 = h_{min} - h \leq 0 \tag{5-10}$$

여기서, h : 슬래브의 사용높이

h_{min} : 슬래브의 최소두께

$h_{min} = (8 \cdot L + 23)$ (1등교, 캔틸레버판, $L > 0.25$일 경우)

L : 바닥판의 지간(m)

(4) 최적설계

바닥판의 최적설계는 다음 표 5-1에 나타낸 바와 같이 크게 세 가지로 구성되어 있다. 바닥판 최적설계의 흐름도는 그림 5-3에 나타낸 바와 같다.

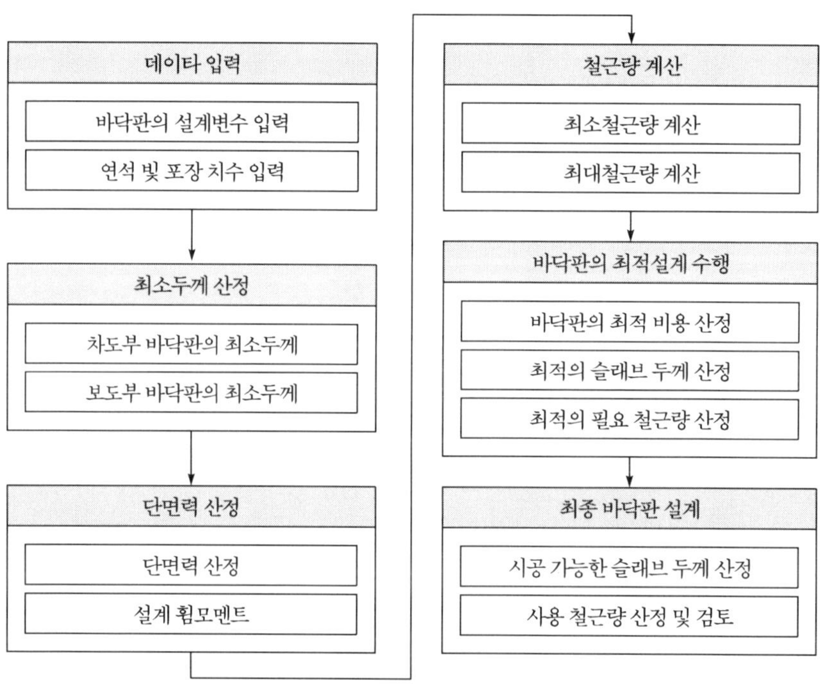

그림 5-3 바닥판의 최적설계 흐름도

표 5-1 바닥판 최적설계의 구성

구 분	설 명
바닥판 단면력산정	▸고정하중, 활하중, 충돌하중, 풍하중 산정 ▸캔틸레버부 극한모멘트 산정 ▸중앙지간부 극한모멘트 산정 ▸공칭모멘트 산정 ▸철근량 계산 ▸슬래브 최소두께 산정 ▸최소 및 최대 철근비 계산
바닥판 최적설계	▸목적함수 계산 • 캔틸레버부 바닥판 제작비용 • 중앙지간부 바닥판 제작비용 ▸제약함수 계산 • $G_1 = 1 - \phi M_n / M_u \leq 0$ • $G_2 = P / P_{max} - 1 \leq 0$ • $G_3 = 1 - P / P_{min} \leq 0$ • $G_4 = h_{min} - h \leq 0$ ▸설계변수 산정 • 슬래브의 최적두께 • 최적의 철근량
바닥판 최종설계	▸슬래브 두께 이산화 및 검토 ▸철근배근 선택 및 검토

바닥판의 단면력 산정에서는 연석 및 슬래브의 치수를 바탕으로 고정하중을 계산한다. 그리고 고정하중, 활하중, 충돌하중, 풍하중의 여러 가지 하중조합을 계산하고 그 중에서 최대값을 캔틸레버부에 작용하는 극한 모멘트로 자동 산정한다. 중앙지간부에서도 고정하중과 활하중에 의한 극한 모멘트를 자동으로 산정하며 시방서에 규정되어 있는 최대 및 최소 철근비를 계산한다.

최적설계에서는 단면력 산정에서 구한 극한 모멘트와 최대 및 최소 철근비, 그리고 최소 슬래브 두께를 바탕으로 제약조건 함수를 계산하고 콘크리트 슬래브의 중량과 철근량에 각각 단위비용을 곱하여 바닥판의 제작비용을 계산하여 최적설계를 수행한다. 최적화 알고리즘에서 나온 결과는 연속형 변수이기 때문에 그 값을 직접 설계에 사용하는 데는 많은 문제가 따른다. 따라서 바닥판 최종설계에서는 연속형 변수값으로 산정된 바닥판의 두께를 이산화하여 실제적인 시공이 가능한 수치값을 갖도록 한다. 또한 철근량도 최적결과에 근거하여 최종 사용철근의 종류와 배근을 결정하도록 한다.

5.2.3 주형의 최적설계

강상자형교의 박스주형에 대한 최적설계를 수행하기 위해서 박스단면의 플랜지 두께와 웨브의 두께를 설계변수로 선정한다. 그리고 설계변수로 구성되는 목적함수의 정식화는 박스주형 강재의 중량에 기초한 비용함수로 선정한다. 그리고 도로교설계기준에 기초한 여러 가지 강상자형교의 설계제약조건과 강상자형교 설계 경험이 많은 설계 실무자의 판단에 근거하여 강상자형교의 설계에 대한 제약조건을 정식화한다.

강상자형교의 박스주형에 대한 정식화에 대한 구체적인 설명은 다음에 나타내었다.

(1) 설계 변수

① 연속형 강상자형교는 연속되는 경간 구성에 따라 경간 중앙부에서는 상대적으로 작은 정모멘트가 작용하고 지점부에서는 상대적으로 큰 부모멘트가 작용한다. 따라서 정·부모멘트 구간에 따라 변단면이 고려된 단면 설계가 수행되어야 한다.

② 위에서 언급한 바와 같이 강상자형교의 박스주형에 대한 최적설계를 위해서는 단면 위치에 따라 서로 다른 작용력에 저항할 수 있는 단면을 결정할 수 있도록 정식화한다. 각 단면에 대한 상부 플랜지의 두께와 하부 플랜지의 두께 그리고 웨브의 두께가 설계변수로 고려되어 변단면을 형성할 수 있도록 한다.

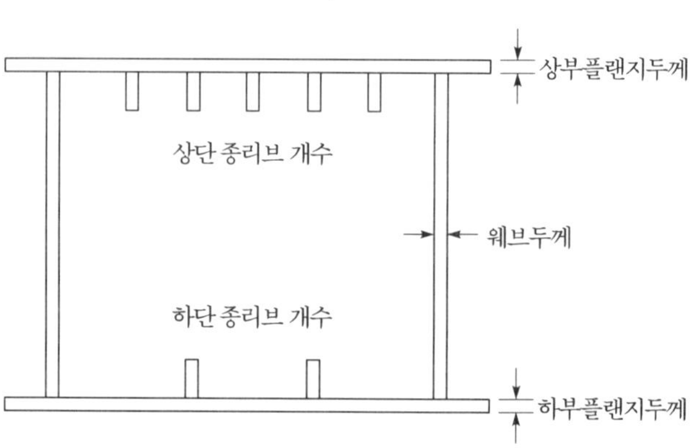

그림 5-4 박스주형의 설계변수

(2) 설계 목적함수

최적설계문제의 정식화 중 가장 중요하다고 할 수 있는 목적함수는 설계변수의 함수로 계산되는 주형의 강재량에 단위비용을 곱한 비용함수로 정식화한다. 목적함수 즉, 박스주형의 제작비용 F(x)는 다음 식 (5-11)과 같이 나타낼 수 있다.

$$F(X) = C_s \cdot \sum_{i=1}^{n} \gamma_s (A_i \times L_i) \tag{5-11}$$

여기서, F(X) : 박스주형의 제작공비

C_s : 강재의 단위 중량 당 박스주형의 제작단위비용

γ_s : 강재의 단위중량

A_i : 각 부재의 단면적

L_i : 각 부재의 길이

(3) 설계 제약 조건

① 조합응력에 대한 제약조건

구조해석결과로부터 각 설계단면의 콘크리트 바닥판 상단과 박스주형 상·하단에서의 합성전 고정하중, 합성후 고정하중 및 활하중에 의한 응력과 콘크리트 바닥판과 강형과의 온도차에 의한 응력 및 슬래브의 건조수축에 의한 응력, 그리고 크리프에 의한 응력을 계산하고 각각의 하중조합에 대한 조합응력을 산정하여 할증계수가 고려된 허용휨압축응력과 허용휨인장응력으로 검토한다. 각 하중조합에 대한 조합응력에 대한 제약조건은 다음 식 (5-12)부터 식 (5-29)까지에 나타낸 바와 같다. 정모멘트구간 단면의 경우는 식 (5-12)부터 식 (5-29)까지 모두 사용하지만 부모멘트구간의 단면은 콘크리트바닥판의 상부가 균열이 발생했다고 가정하여 이에 대한 제약조건을 무시하고 강형의 상단과 하단에서의 조합응력만을 제약조건으로 사용하여 최적설계를 수행하도록 정식화한다. 정·부모멘트 구간별 설계단면에 사용된 조합응력에 대한 제약조건을 표 5-2에 정리하였다.

$$G_1 = f_{cu}^{\ i} / f_{ca}^{\ i} - 1 \le 0 \tag{5-12}$$

$$G_2 = f_{su}^{\ i} / f_{sua}^{\ i} - 1 \le 0 \tag{5-13}$$

$$G_3 = f_{sl}^{\ i} / f_{sla}^{\ i} - 1 \le 0 \tag{5-14}$$

$$G_4 = f_{cu}^{\ ii} / f_{ca}^{\ ii} - 1 \le 0 \tag{5-15}$$

$$G_5 = f_{su}^{\ ii} / f_{sua}^{\ ii} - 1 \le 0 \tag{5-16}$$

$$G_6 = f_{sl}^{\ ii} / f_{sla}^{\ ii} - 1 \le 0 \tag{5-17}$$

$$G_7 = f_{cu}^{\text{iii}} / f_{ca}^{\text{iii}} - 1 \leq 0 \tag{5-18}$$

$$G_8 = f_{su}^{\text{iii}} / f_{sua}^{\text{iii}} - 1 \leq 0 \tag{5-19}$$

$$G_9 = f_{sl}^{\text{iii}} / f_{sla}^{\text{iii}} - 1 \leq 0 \tag{5-20}$$

$$G_{10} = f_{cu}^{\text{iv}} / f_{ca}^{\text{iv}} - 1 \leq 0 \tag{5-21}$$

$$G_{11} = f_{su}^{\text{iv}} / f_{sua}^{\text{iv}} - 1 \leq 0 \tag{5-22}$$

$$G_{12} = f_{sl}^{\text{iv}} / f_{sla}^{\text{iv}} - 1 \leq 0 \tag{5-23}$$

$$G_{13} = f_{cu}^{\text{v}} / f_{ca}^{\text{v}} - 1 \leq 0 \tag{5-24}$$

$$G_{14} = f_{su}^{\text{v}} / f_{sua}^{\text{v}} - 1 \leq 0 \tag{5-25}$$

$$G_{15} = f_{sl}^{\text{v}} / f_{sla}^{\text{v}} - 1 \leq 0 \tag{5-26}$$

$$G_{16} = f_{cu}^{\text{vi}} / f_{ca}^{\text{vi}} - 1 \leq 0 \tag{5-27}$$

$$G_{17} = f_{su}^{\text{vi}} / f_{sua}^{\text{vi}} - 1 \leq 0 \tag{5-28}$$

$$G_{18} = f_{sl}^{\text{vi}} / f_{sla}^{\text{vi}} - 1 \leq 0 \tag{5-29}$$

여기서, f_{cu} : 각 하중조합 경우에 대한 콘크리트 바닥판 상단의 휨응력

f_{su} : 각 하중조합 경우에 대한 강형 상단의 휨응력

f_{sl} : 각 하중조합 경우에 대한 강형 하단의 휨응력

f_{ca} : 각 하중조합 경우에 대한 콘크리트 바닥판 상단의 허용휨응력 (할증계수고려)

f_{sua} : 각 하중조합 경우에 대한 강형 상단의 허용휨응력(할증계수고려)

f_{sla} : 각 하중조합 경우에 대한 강형 하단의 허용휨응력(할증계수고려)

윗첨자 : 각 하중조합의 경우

i : 합성전 고정하중

ii : 합성전 고정하중+합성후 고정하중+활하중

iii : 합성전 고정하중+합성후 고정하중+활하중+크리프하중

iv : 합성전 고정하중+합성후 고정하중+활하중+크리프하중+건조수축하중

v : 합성전 고정하중+합성후 고정하중+활하중+크리프하중 +건조수축하중+온도차하중

vi : 합성전 고정하중+합성후 고정하중+활하중+크리프하중 +건조수축하중−온도차하중

표 5-2 정부모멘트구간별 적용된 조합응력에 대한 제약조건

조합응력 제약조건	정모멘트구간의 단면	부모멘트구간의 단면
G1	○	×
G2	○	○
G3	○	○
G4	○	×
G5	○	○
G6	○	○
G7	○	×
G8	○	○
G9	○	○
G10	○	×
G11	○	○
G12	○	○
G13	○	×
G14	○	○
G15	○	○
G16	○	×
G17	○	○
G18	○	○

[참고] ○: 적용 ×: 적용하지 않음

② 전단응력에 대한 제약조건

도로교설계기준 규정대로 설계단면의 전단응력이 허용전단응력보다 작아야 한다는 제약조건이다. 전단응력에 대한 최적설계에 대한 문제의 정식화는 다음과 같이 표현된다.

$$G_{19} = \tau / \tau_a - 1 \leq 0 \qquad (5-30)$$

여기서, τ : 설계단면의 전단응력

τ_a : 허용전단응력

③ 합성응력에 대한 제약조건

이 식은 실험식으로 판형 및 이와 유사한 구조물에 휨모멘트 및 전단력이 동시에 작용하는 경우에는 합성응력식에 의해 검산한다. 수직응력과 전단응력에 의한 합성응력에 대해서는 타원식에 의한 방법, 주응력식에 의한 방법 등이 있지만, 여기서는 종래 식에 의한 것으로 한다. 합성응력에 대한 제약조건은 다음과 같다.

$$G_{20} = \left(\frac{f}{f_a}\right)^2 + \left(\frac{v}{v_a}\right)^2 - 1.2 \le 0 \tag{5-31}$$

여기서, f : 각 하중단계에서 단면이 받는 응력
f_a : 각 단면에서의 허용휨응력
v : 각 단면이 받는 전단응력
v_a : 각 단면의 허용전단응력

④ 피로허용응력에 대한 제약조건

차량하중에 의한 응력변동과 그 반복의 영향이 크기 때문에 교량부재의 피로파괴에 대한 안전을 고려하여야 한다. 도로교설계기준에서 규정한 허용피로응력범위를 초과하지 않아야 한다. 고속도로 구간의 교량은 응력반복 횟수를 트럭하중에 대해서는 200만회, 차선하중에 대해서는 50만회로 한다. 피로에 대한 제약조건은 다음 식으로 표현된다.

$$G_{21} = (f_{cmax} - f_{cmin})/f_{fa} - 1 \leqq 0 \tag{5-32}$$

$$G_{22} = (f_{tmax} - f_{tmin})/f_{fa} - 1 \leqq 0 \tag{5-33}$$

$$G_{23} = (v_{max} - v_{min})/v_{fa} - 1 \leqq 0 \tag{5-34}$$

여기서, f_{cmax}, f_{cmin} : 압축플랜지 수직응력의 최대치 및 최소치
f_{tmax}, f_{tmin} : 인장플랜지 수직응력의 최대치 및 최소치
v_{max}, v_{min} : 전단응력의 대수적 최대치 및 최소치
f_{fa}, v_{fa} : 피로 허용 응력범위

⑤ 항복에 대한 안전도 검사

$$G_{24} = \Sigma f - f_y \leqq 0 \tag{5-35}$$

여기서, $\Sigma f = 1.3(f_{DB} + f_{DA}) + 2.0 f_{LA}$

f_{DB}, f_{DA} : 합성전 · 후 고정하중에 대한 응력

f_{LA} : 합성후 활하중에 대한 응력

f_y : 강재의 항복응력

⑥ 최소두께에 대한 제약조건

설계변수로 정한 상 · 하플랜지의 두께와 웨브의 두께에 대한 최소두께를 10mm로 정한다.

$$G_{25} = t_{min} - X_i \leqq 0 \quad (5-36)$$

여기서, t_{min}: 최소두께(10mm)

X_i : 설계변수(상 · 하플랜지 및 웨브의 두께)

(4) 최적설계 구성

박스주형의 최적설계를 위한 강상자형교의 시스템 최적설계 구성은 다음 표 5-3에 나타낸 바와 같이 9개의 세부적 구성으로 되어 있다. 데이터 입력에서는 교량제원과 박스주형 및 보강재의 치수를 입력받는다. 또한 Splice의 위치와 상 · 하부 플랜지와 웨브의 두께변화가 고려되는 변단면의 구간이 입력되어 진다. 변단면 구간의 입력값으로부터 설계변수 Linking에서는 보강재의 설계를 고려하기 위한 1.25m마다 구분되어 있는 주형의 설계단면에 대하여 하나의 변단면 구간의 여러 개의 설계변수를 하나의 설계변수로 그룹화함으로써 설계변수의 개수를 줄인다. 이러한 Design Variables Linking을 통하여 최적화 수행을 빨리 할 수 있을 뿐만 아니라 변단면이 고려된 실제적인 단면형상을 얻을 수 있다. 따라서 설계변수 Linking은 실제적인 강상자형교의 최적설계를 수행하는데 있어서 중요한 기법 중의 하나라고 할 수 있다.

바닥판 및 플랜지 유효폭 계산은 전단지연 효과를 고려하여 주형의 응력계산에 사용되어 진다. 그리고 K-value 구조해석은 2차 응력 산정에 필요한 데이터로써 대상교량을 One-Girder Frame으로 모델링하고 양단 지점에 단위 모멘트를 작용시켜 설계단면에 작용하는 모멘트값을 구한다.

표 5-3 주형 최적설계의구성

구 분	모 듈 설 명
데이터 입력	▸교량 제원 ▸박스단면의 변단면 위치 ▸박스주형의 상하플랜지 및 웨브 두께, 형고, 폭 ▸Rib와 Splice위치 및 치수
설계변수 Linking	▸변단면 위치를 고려한 설계단면의 그룹화
바닥판 및 플랜지 유효폭계산	▸바닥판 및 플랜지 유효폭계산
단면특성치 계산	▸합성전 단면에 대한 특성치 계산 ▸합성후 단면에 대한 특성치 계산
K-value 구조해석	▸2차응력 계산에 필요한 K값을 구하기 위한 구조해석 ▸Matrix 구조해석프로그램 입력파일 자동생성 ▸Matrix 구조해석프로그램 자동실행 ▸Matrix 구조해석프로그램 결과 파일 자동탐색
구조해석	▸합성전 · 후에 대한 Grid 모델링 자동생성 ▸구조해석 입력파일 자동생성 ▸구조해석 자동실행 ▸구조해석 결과 파일 자동탐색
박스주형 최적설계	▸최적의 박스단면 산정 •상부 플랜지의 두께 •하부 플랜지의 두께 •웨브의 두께 •상부 플랜지의 두께 •하부 플랜지의 두께 •상하 종리브의 개수
결과 출력	▸설계변수의 이산화 수행

단면 특성치 계산은 주형의 응력계산에 사용되는 합성전 단면과 합성후 단면에 대한 단면적, 중립축 거리, 관성 2차 모멘트 등과 같은 단면 특성치를 계산한다. 구조해석은 실제적인 구조최적화 문제의 수행이 가능하게 되므로 매우 중요한 구성 중의 하나라고 할 수 있다. 위에서 설명한 세부 구성을 바탕으로 최적설계에서는 실제적으로 주형단면의 응력을 산정하고 제약조건으로 정식화한 모든 제약조건을 만족하는 상태에서 목적함수로 정한 비용함수를 최소화 할 수 있는 각 변단면의 상하플랜지 두께와 웨브의 두께를 결정하게 된다. 결과 출력에서는 최적설계 결과값인 연속형 변수를 시공성 있는 의사이산형 변수로 변환하여 최종 설계값을 출력하도록 되어 있다. 앞에서 설명한 각 세부의 설명을 다음 그림 5-5에 요약하여 정리한다.

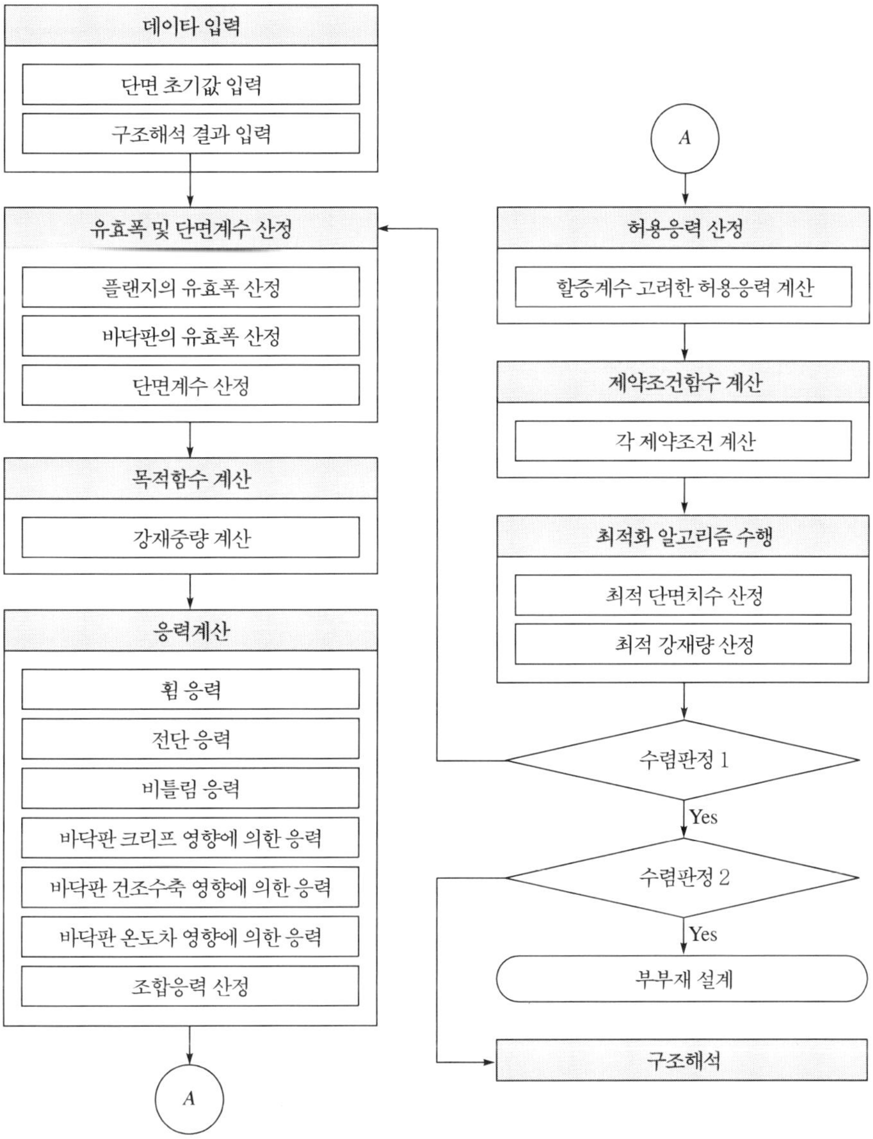

그림 5-5 주형 최적설계의 흐름도

앞에서 설명한 세부방법을 구성하여 주형의 최적설계를 수행하였으며 주형의 최적설계 흐름도는 다음 그림 5-5에 나타낸 바와 같다. 먼저 데이터 입력부분에서 데이터 입력에서 입력받은 설계단면의 초기값과 구조해석에서 대상교량의 합성전·후에 대한 구조해석 결과를 입력받는다. 플랜지와 바닥판의 유효폭과 합성전·후 단면의 단면 특성치를 계산하고 작용응력을 계산한다. 이를 바탕으로 목적함수인 제작비용과 식 (5-12)~식 (5-36)에 제시된 각 설계단면의 제약조건을 계산하여 최적화를 실행함으로써 최적설계를 수행한다. 그리고 수렴판정1은 최적화 알고리즘의 수렴판정을 타나내며, 수렴판정2는 전체 시스템의 구조재해석을 통한 최적값에 대한 수렴판정을 나타낸다.

5.2.4 가로보 최적설계

가로보의 역할은 하중을 횡분배하는 것으로 횡분배법은 Guyon-Massonet 판이론, Leonhart-Homberg 격자이론에 의한 대표적인 횡분배 방법이 있지만, 실용적인 전산해석 방법을 이용하여 횡분배한다.

(1) 설계변수

I형 가로보 단면의 기하적인 형상치수 중 상·하플랜지의 두께 그리고 웨브의 두께를 설계변수로 고려한다.

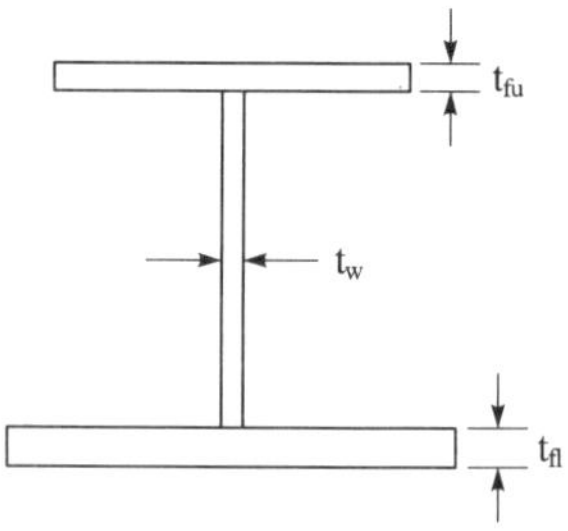

그림 5-6 가로보의 단면 및 설계변수

(2) 목적함수

가로보의 최적설계에 대한 문제의 정식화 과정에서 중요한 단계는 비용함수로 된 목적함수의 모델링이다. 비용함수는 시공방법과 제작방법 등에 따라서 다양하여 정확한 추정은 어렵지만 본 계산에서는 시공조건 및 기타 조건이 같은 상태 하에서의 최적설계이기 때문에 설계변수의 함수로 계산되는 주형의 강재량에 단위비용의 곱을 가로보의 제작비용함수로 정한다. 단위비용은 구조계산서의 단가산출을 참고하여 산정한다. 목적함수 즉, 가로보의 제작비용함수 F(x)는 다음 식 (5-37)과 같이 나타낼 수 있다.

$$F(X) = C_s \cdot \sum_{i=1}^{n} \gamma_s (A_i \times L_i) \tag{5-37}$$

여기서, $F(X)$: 가로보의 제작비용함수

C_s : 강재의 단위 중량 당 가로보의 제작비용

γ_s : 구조요소의 중량

A_i : 각 부재의 단면적

L_i : 각 부재의 단면길이

(3) 제약조건

가로보는 I형강의 수치적인 최소두께와 구조물의 조합응력을 고려한 제약조건으로 나누어 진다.

① 복부 최소두께

박판으로 제작되는 웨브가 좌굴이나 비틀림에 의해 파괴되지 않게 하기 위해 고려해야할 조건으로 정식화는 식 (5-38)과 같이 나타낼 수 있다.

$$G_1 = t_{w(min)} / t_w - 1 \le 0 \tag{5-38}$$

여기서, $t_{w_{(min)}}$: web의 최소두께

t_w : web의 두께

② 상부플랜지의 최소두께

플랜지가 좌굴이나 비틀림에 의해 파괴되지 않게 하기 위해 고려해야 할 조건으로 정식화는 식 (5-39)와 같이 나타낼 수 있다.

$$G_2 = t_{fu(min)} / t_{fu} - 1 \le 0 \tag{5-39}$$

여기서, $t_{fu(min)}$: 상부플랜지의 최소두께

t_{fu} : 상부플랜지의 두께

③ 하부플랜지의 최소두께

하부플랜지가 좌굴이나 비틀림에 의해 파괴되지 않게 하기 위해 고려해야할 조건으로 정식화는 식 (5-40)과 같이 나타낼 수 있다.

$$G_3 = t_{fl(min)} / t_{fl} - 1 \le 0 \tag{5-40}$$

여기서, $t_{fl(min)}$: 하부플랜지의 최소두께

t_{fl} : 하부플랜지의 두께

④ 상부플랜지의 허용응력

허용응력에 대한 제약조건으로 정식화는 식 (5-41)과 같이 나타낼 수 있다.

$$G_4 = f_{fu} / f_{all} - 1 \leq 0 \tag{5-41}$$

여기서, f_{fu} : 상부플랜지가 받는 응력

f_{all} : 상부플랜지의 허용응력

⑤ 하부플랜지의 허용응력

허용응력에 대한 제약조건으로 정식화는 식 (5-42)와 같이 나타낼 수 있다.

$$G_5 = f_{fl} / f_{all} - 1 \leq 0 \tag{5-42}$$

여기서, f_{fl} : 하부플랜지가 받는 응력

f_{all} : 하부플랜지의 허용응력

⑥ 복부 허용 전단응력

허용전단응력은 약 1.7의 안전율과 von Mises의 항복조건($v_y = f_y / \sqrt{3}$)을 적용하여 얻을 수 있다. 전단응력에 대한 최적설계에 대한 문제의 정식화는 식 (5-43)과 같이 나타낼 수 있다.

$$G_6 = v / v_{all} - 1 \leq 0 \tag{5-43}$$

여기서, v : 설계단면의 전단응력

v_{all} : 허용전단응력

⑦ 합성응력에 대한 제약조건

이 식은 실험식으로 판형 및 이와 유사한 구조물에 휨모멘트 및 전단력이 동시에 작용하는 경우에는 합성응력 식에 의해 검산한다.

$$G_7 = \left(\frac{f}{f_{all}} \right)^2 + \left(\frac{v}{v_{all}} \right)^2 - 1.2 \leq 0 \tag{5-44}$$

여기서, f : 각 하중단계에서 단면이 받는 응력

f_{all} : 각 단면에서의 허용휨응력

v : 각 단면이 받는 전단응력

v_{all} : 각 단면의 허용전단응력

5.3 PSC 박스거더교의 최적설계

5.3.1 개요

유럽을 중심으로 1950년대 이후 개발되어온 PSC 박스거더교는 구조적 특성과 공법의 우수성 그리고 상교에 대한 상대적 경제성 등으로 인하여 다른 어느 형태의 교량들보다 교량형식 선정에 있어서 선호도가 증가되고 있는 추세에 있다. 특히 구조적 거동특성상 비틀림모멘트에 대한 저항성이 양호할 뿐만 아니라 현대교량에서 요구되는 미적인 관점과 경제적인 측면에서의 우수성이 인정되어 오늘날 국내·외적으로 다른 어느 형태의 교량들보다 건설이 증가되고 있는 추세에 있다. 이러한 PSC 박스거더교의 형식은 주로 가설공법의 형태에 따라서 분류되는데 크게 현장타설 공법과 프리캐스트 공법으로 나눌 수 있다. 이를 좀더 세분화하면 현장타설 공법에는 캔틸레버 공법, 이동식비계 공법 그리고 연속압출 공법이 있고, 프리캐스트 공법에는 프리캐스트 거더 공법, 프리캐스트 세그먼트 공법이 있다. 이중에서도 현장타설공법으로서 이동식비계 공법은, 장대교와 계곡부에서의 유용성이 뛰어나고, 국내 고속철도 교량에서 PSC 박스거더교량이 대부분을 차지할 만큼 입지적 여건에의 적용성이 우수하며, 시공성 또한 기계화에 의한 편리성으로 인해 구조물의 선호감이 비교우위의 위치를 차지하고 있는 대표적 형식의 교량이다. 그러나 PSC 박스거더교 설계는 철근콘크리트 구조나 강구조에 비해 상당히 복잡하여 많은 설계자들은 PSC 박스거더교에 대한 최적설계는 매우 어려운 설계방법이라고 생각한다. 본 장에서는 설계자들이 PSC 박스거더교의 최적설계에 손쉽게 접근할 수 있도록 PSC 박스거더교의 최적설계방법에 대해 기술하도록 하겠다.

PSC 박스거더교의 최적설계 문제는 프리스트레싱 긴장재와 정착부 그리고 박스거더의 치수 등 많은 변수들로 이루어져 있을 뿐 아니라, 시공중과 완성 구조계에서의 응력과 처짐변화, 그리고 크리프, 건조수축, 릴렉세이션 등과 같은 시간의존적 성질에 의한 모멘트 재분배 등의 설계는 물론, 횡방향 거동 역시 최적화과정에서 필수적으로 고려해야 하는 다양하고도 복잡한 문제를 지니고 있기 때문에, 이러한 구조물의 특성을 고려하여 횡방향의 바닥판 최적설계와 종방향의 주형 최적설계 두 단계로 최적설계 체제를 나누어 각각 문제의 정식화를 도모하였다.

5.3.2 바닥판 최적설계

(1) 설계변수

PSC 박스거더의 바닥판에 대한 최적설계는 바닥판의 캔틸레버부와 중앙지간부에서 각각 수행되어 주형의 설계시 입력 데이터로 사용된다. 바닥판 최적설계단계에 앞서 바닥판의 설계변수인 바닥판 두께와 철근량에 지배적인 영향을 미치는 켄틸레버부 길이와 중앙지간부 길이를 구하기 위해 목적함수가 최소로 되는 길이의 비를 구하여 최적설계를 수행한다. 이를 통하여 얻은 최적의 바닥판 두께와 철근량은 공사비의 최소화를 도모할 수 있을 뿐만 아니라, PSC 박스거더의 총중량을 줄일 수 있는 2차적인 효과도 얻을 수 있으므로 바닥판의 최적설계는 PSC 박스거더교의 종방향 최적설계에 선행하여 수행하였다. 이때 바닥판 최적설계 단계에서의 설계변수는 그림 5-7에서와 같이 PSC 박스거더 상부플랜지 단면의 각 부분에 대한 치수와 철근량이다.

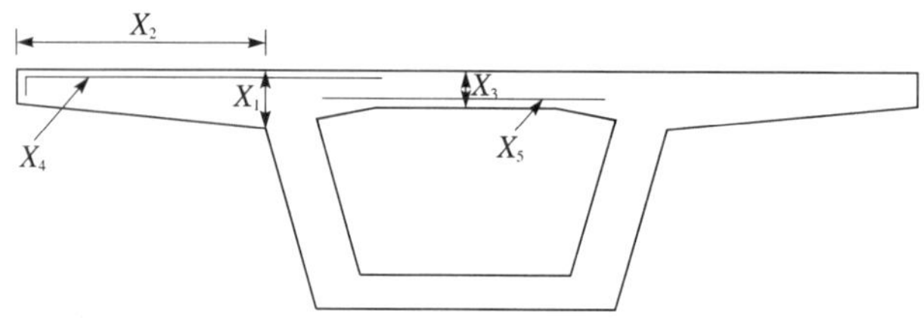

그림 5-7 바닥판 최적설계 설계변수

여기서, X_1 : 바닥판의 두께(캔틸레버단부)

X_2 : 캔틸레버부 길이

X_3 : 바닥판의 두께(중앙지간부)

X_4 : 캔틸레버부 바닥판에 사용된 주철근량

X_5 : 중앙지간부 바닥판에 사용된 주철근량

(2) 목적함수

구조물의 중량함수는 쉽게 정량화 할 수 있다는 장점으로 인하여 가장 보편적으로 사용되는 목적함수이며, 강교에서는 일반적으로 사용되어지는 목적함수이다. 하지만 콘크리트교량의 경우 교량의 최소중량이 반드시 최소공사비를 뜻하는 것은 아닐 수 있다. 일반적으로 공사비가 중량보다는 보다 폭넓게 실용적인 중요성을 갖고 있지만, 실제적인 공사비나 경비함수를 만들기 위한 충분한 데이터를 획득하기 어려운 경우가 많으므로, 공사비를 목적함수로 사용할 경우 대개는 공사에 직접 투입되는 공사물량을 기준으로 하게 된다. 그것은 일반적으로 공사비함수가 재료비, 제작비, 운송비, 가설비 등 직접공사비에 설계 및 시공관련 제반

비용과 그밖에 운영, 유지관리비, 보수비, 보험비 등 부대 및 간접비용을 포함하여야 하므로 충분한 데이터가 없을 경우 정량화가 곤란해지기 때문이다.

따라서 목적함수로서 가장 중요한 건설공사비를 고려하기 위해 본 장에서는 콘크리트 단위 체적에 대한 비용과 철근에 대한 단위비용 그리고 PS강재에 대한 단위비용을 바탕으로 바닥판의 목적함수를 식 (5-45)와 같이 제작비용의 함수로 정식화하였다.

$$F_D(X) = C_c V_{c_1} + C_R W_{R_1} \tag{5-45}$$

여기서, $F_D(X)$: 바닥판 최적설계시 목적함수

C_c : 콘크리트의 단위 비용

C_R : 철근의 단위 비용

V_{c_1} : 바닥판 콘크리트의 체적

W_{R_1} : 바닥판 주철근의 중량

W_{R_1}는 각각 독립설계변수이며 V_{c_1}는 다음과 같다.

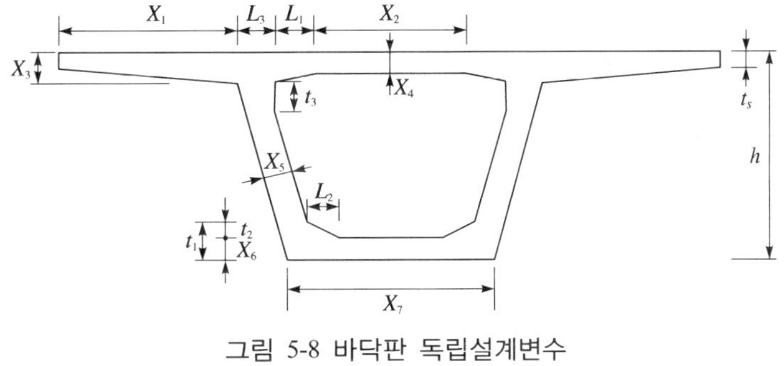

그림 5-8 바닥판 독립설계변수

$$V_{c_1} = [(t_s + X_3) \times X_1] + [2 \times (L_3 \times X_3)] + [(X_3 + X_4) \times L_1] + (X_4 \times X_2)$$

여기서, 설계상수 : t_s, L_i

(3) 설계변수

바닥판은 구조물의 횡방향해석에 의해 설계하는데, 횡방향에 대해서는 프리스트레스 힘이 도입되지 않은 철근콘크리트 구조형식으로 고려한다. 따라서 횡방향거동으로서의 바닥판은

도로교설계기준을 적용하여 강도설계법에 의한 조건으로 제약조건을 구성하였으며, 사용성에 대해서는 허용응력설계법의 조건으로 설정하였다.

① 휨 모멘트

$$g_i = M_u / \phi M_n - 1 \leq 0 \tag{5-46}$$

여기서, M_n : 공칭모멘트 $(= A_s \cdot f_y(d - \frac{a}{2}))$, $a = \dfrac{A_s \cdot f_y}{0.85 f_{ck} \cdot b}$

M_u : 계수모멘트

ϕ : 강도 감소계수$(\phi = 0.85)$

② 최대 철근비

$$g_i = \rho / \rho_{max} - 1 \leq 0 \tag{5-47}$$

여기서, ρ : 사용철근비

$$\rho_{max} = 0.75 \times 0.85 \times \beta_1 \cdot (\frac{f_{ck}}{f_y}) \cdot (\frac{600}{600 + f_y}) \tag{5-48}$$

③ 최소 철근비

$$g_i = 1 - \rho / \rho_{min} \leq 0 \tag{5-49}$$

여기서, ρ : 사용철근비

$$\rho_{min} = \frac{0.8\sqrt{f_{ck}}}{f_y} \geq \frac{1.4}{f_y} \tag{5-50}$$

④ 바닥판 최소두께 검토

$$g_i = t_{mf} / t_f - 1 \leq 0 \tag{5-51}$$

여기서, t_{mf} : 바닥판의 최소 두께 복부헌치사이(순경간의 $\frac{1}{30} \geq 20\text{cm}$)

t_f : 바닥판의 두께

⑤ 활하중에 의한 처짐 검토

$$g_i = \delta_{max} / \delta_a - 1 \leq 0 \tag{5-52}$$

여기서, δ_{max} : 사용 활하중과 충격에 의한 최대처짐

δ_a : 허용처짐량

⑥ **균열**

$$g_i = W / W_a - 1 \leq 0 \tag{5-53}$$

여기서, W_a : 허용 균열폭$(0.005C)$

C : 최외단 철근의 표면과 콘크리트 표면사이의 콘크리트 최소 피복두께(mm)

$$W = 1.08 R f_S \sqrt[3]{d_c A} \times 10^{-5} (\mathrm{mm}) \tag{5-54}$$

R : 주철근의 도심으로부터 중립축까지의 거리에 대한 단면의 인장부 연단에서부터 중립축까지의 거리비

d_c : 최대 인장연단에서 이 연단에 가장 가까이 놓여 있는 철근 중심까지의 콘크리트의 피복두께

A : 주인장 철근 주위의 인장부 콘크리트 단면적을 철근의 개수로 나눈 유효 인장 단면적

⑦ **피로**

$$g_i = f_f / f_{f_a} - 1 \leq 0 \tag{5-55}$$

여기서, f_{f_a} : 철근의 허용응력범위

f_f : 변동하중에 의한 철근의 응력범위

5.3.3 주형의 최적설계

(1) 설계변수

연속교에서는 연속되는 경간 구성에 따라 정(+)의 휨모멘트를 받는 경간 중앙부와 부(-)의 휨모멘트를 받는 지점부에서의 단면력이 다르게 되는데, 이와 같이 교량 전구간에서 변화되는 단면력에 대응하는 설계변수의 변화가 고려된 단면설계가 수행되어야 한다. 따라서 PSC 박스거더교의 효율적인 최적설계를 수행하기 위하여 주형 최적설계 단계에서는 선행된 바닥판 최적설계의 설계치수를 추가제약조건으로 하여 그림 5-9에서와 같이 단면 치수와 텐던량을 설계변수로 설정하였다. 그리고 정, 부 모멘트등 휨모멘트 변화에 의한 구간별 설계단면에 대해서는 단부지점부와 지간중앙부 그리고 내측지점부와 시공 이음부 등 4개의 그룹으로 구분하여 각 구간 내 단면에 대한 Design Variables Linking을 사용하였다. 이때 구간

별 설계단면은 그림 5-9에 나타낸 바와 같이 단지점부에서는 X_1', X_2', X_3', 지간중앙부 구간에서는 X_4', X_5', X_6', 내측지점 부모멘트 구간에서는 X_7', X_8', X_9' 그리고 시공이음부에서는 $X_{10}', X_{11}', X_{12}'$를 각각 독립 설계변수로 사용하였다. 하부플랜지폭 b_w는 바닥판 최적설계단계에서 바닥판 켄틸레버부와 중앙지간부의 최적길이의 비를 이용하여 구한 중앙지간부 길이와 하부플랜지 길이의 비에 의해 결정되는 설계상수로 정하였으며 PS강재의 단면적은 교량 전체에 걸쳐서 적용되는 설계 변수로 하였으며 이를 정리하면 표 5-4와 같다.

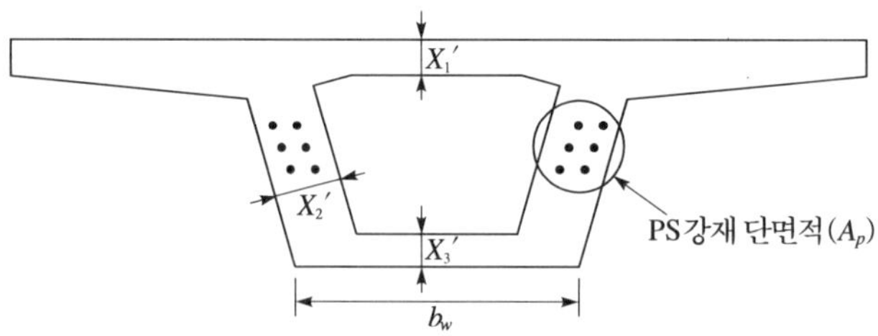

(a) 단부지점부 단면(Group a)

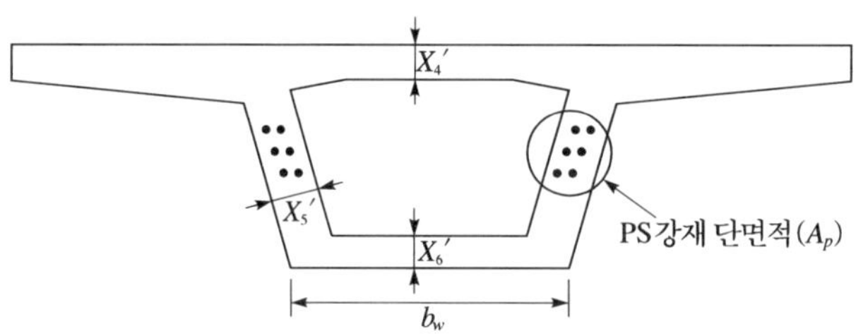

(b) 지간중앙부 단면 (Group b)

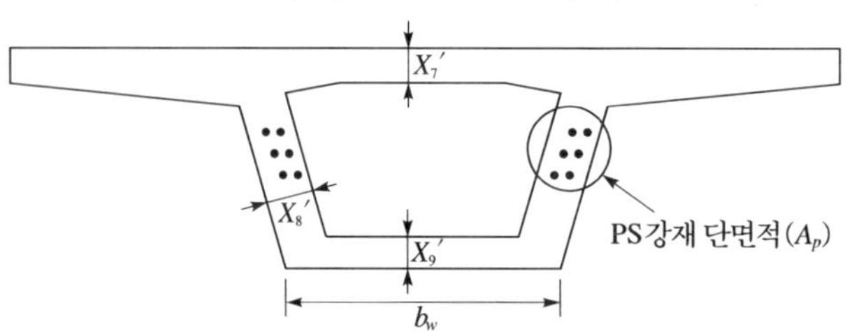

(c) 내측지점부 단면(Group c)

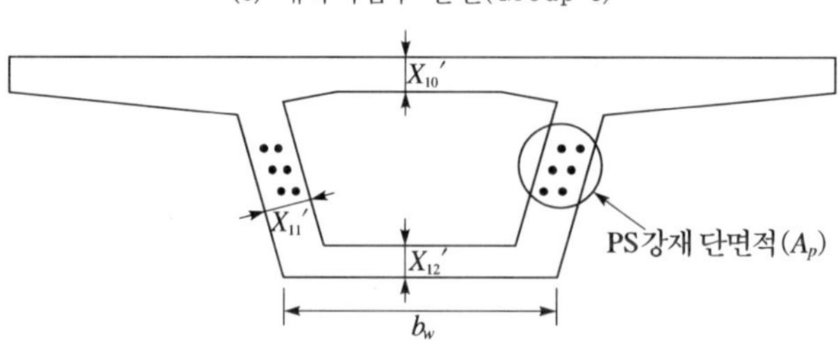

(d) 시공이음부 단면 (Group d)

그림 5-9 설계구간별 단면

표 5-4 주형의 설계변수

구간	상부플랜지 두께	복부두께	하부플랜지 두께	하부플랜지 폭	PS강재 단면적
단부지점부 (Group a)	X_1'	X_2'	X_3'	b_w	A_p
지간중앙부 (Group b)	X_4'	X_5'	X_6'	b_w	A_p
내측지점부 (Group c)	X_7'	X_8'	X_9'	b_w	A_p
시공이음부 (Group d)	X_{10}'	X_{11}'	X_{12}'	b_w	A_p

(2) 목적함수

주형의 목적함수로서 가장 중요한 건설공사비를 고려하기 위해 콘크리트 단위 체적에 대한 비용과 철근에 대한 단위비용 그리고 PS강재에 대한 단위비용을 바탕으로 주형의 목적함수를 식 (5-56)과 같이 제작비용의 함수로 정식화하였다.

$$F_G(X) = C_c V_{c_2} + C_R W_{R_2} + C_{ps} W_{ps} \tag{5-56}$$

여기서, $F_G(X)$: 주형 최적설계시 목적함수

C_c : 콘크리트의 단위 비용

C_R : 철근의 단위 비용

C_{ps} : PS강재의 단위 비용

V_{c_2} : 주형 콘크리트의 체적

W_{R_2} : 주형의 주철근의 중량

W_{ps} : PS강재의 중량

W_{R_2} , W_{ps}는 각각 독립설계변수이며 V_{c_2}는 다음과 같다.

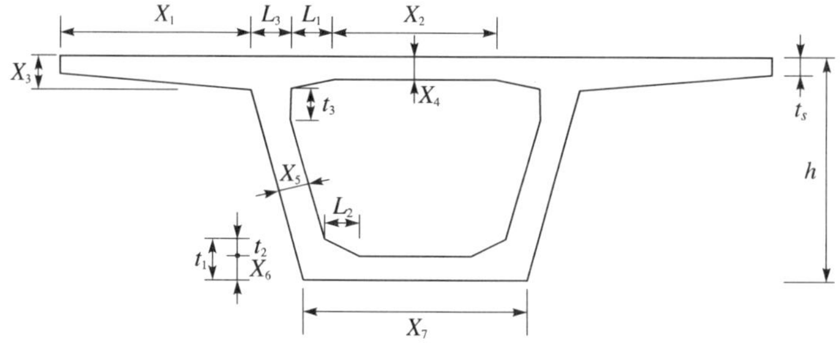

$$V_{c_2} = (V_{c_1}) + (X_6 \times X_7) + 2 \times [X_5 \times (h - X_3 - X_6)] + (L_2 \times t_2)$$

$$+ [\frac{2(X_1 + L_1 + L_2) - X_2 - X_7}{2(h - X_3)} \times t_3]$$

여기서, 설계상수 : t_s , L_i

(3) 제약조건

주형에 대해서는 긴장력이 도입된 프리스트레스 콘크리트구조물로서 사용하중체계에서의 응력과 변위를 그리고 초과하중상태에서의 강도를 각각 거동제약 조건으로 하였으며, 부재의 최소치수와 관련된 제한은 한계 제약조건으로, 그리고 선행의 바닥판 최적설계와의 상호 연계성 확보를 위한 제한은 추가 제약조건으로 각각 구성하여 바닥판의 제약조건과 마찬가지로 도로교 설계기준을 적용하여 제약조건을 설정하였다.

1) 거동제약조건

일반적으로 PSC 박스거더교는 각 시공단계와 시공완료 후 완성계에서의 구조적거동이 다르므로 각 단계에서의 하중 조건에 따른 콘크리트와 PS강재의 응력, 연성파괴조건의 PS강재량, 그리고 파괴조건에 관한 휨강도에 대해 설계기준의 제반 규정을 만족하도록 각각 거동과 관련된 제약조건을 구성하였다.

이때 시공단계에서는 PS강재의 초기 긴장력에 의한 압축력과 편심모멘트, 콘크리트 자중에 의한 단면력, 시공단계에서의 거동을 기준으로 제약조건을 구성하였으며, 완성단계에서는 시공완료 후 계산단면위치에 대해 가장 불리하게 작용할 수 있는 활하중의 재하조건과, 추가적 고정하중, 크리프, 건조수축, 온도차, 지점침하 그리고 PS강재의 시간적 손실을 고려한 긴장력 등에 의해 각각의 단면력을 응력조건으로 제약하였다.

① **콘크리트의 휨응력**

최대압축응력 : $g_i = f_c / f_{ca} - 1 \leq 0$ (5-57)

최대인장응력 : $g_i = f_t / f_{ta} - 1 \leq 0$ (5-58)

여기서, f_c : PSC 박스거더 단면의 휨압축응력

f_{ca} : 허용 휨압축응력

f_t : PSC 박스거더 단면의 휨인장응력

f_{ta} : 허용 휨인장응력

f_{ci} : 프리스트레스 도입시 콘크리트의 압축강도

② **PS 강재의 응력**

$$g_i = \frac{f_p}{f_{pa}} - 1 \leq 0 \quad (5\text{-}59)$$

여기서, f_{pa} : PS강재의 허용인장응력

f_p : PS강재의 인장응력

③ **휨강도 검토**

$g_i = M_u / \phi M_n - 1 \leq 0$ (5-60)

여기서, M_u : 계수 휨강도

ϕM_n : 설계 휨강도

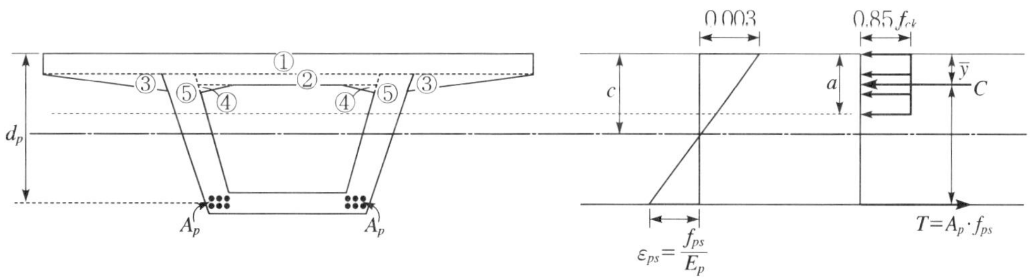

구 분	단 면 적	압축측연단으로부터 단면의 도심까지의 거리	$A_i \cdot y_i$
①	A_1	y_1	$A_1 \cdot y_1$
②	A_2	y_2	$A_2 \cdot y_2$
③	A_3	y_3	$A_3 \cdot y_3$
④	A_4	y_4	$A_4 \cdot y_4$
⑤	A_5	y_5	$A_5 \cdot y_5$
합계	$\sum A_i$		$\sum A_i \cdot y_i$

$$\sum A_i = \frac{A_p f_{ps}}{0.85 f_{ck}} \qquad \bar{y} = \frac{\sum A_i y_i}{\sum A_i} \qquad M_n = A_p f_{ps}(d_p - \bar{y})$$

여기서, A_p : PS강재의 단면적

d_p : 압축측 연단으로부터 PS강재 도심까지의 거리

$$f_{ps} = f_{pu}\left(1 - \frac{\gamma_p}{\beta_1}\rho_p \frac{f_{pu}}{f_{ck}}\right)$$

γ_p = PS강재의 종류에 따른 계수

f_{pu} = 인장강도

f_{py} = 항복강도

$$\rho_p = \frac{A_p}{bd_p}$$

④ 최대 강재량

PSC 부재가 극한 상태에 도달할 때 콘크리트의 압축측이 먼저 파괴되는 취성파괴를 방지하고 인장측의 PS강재가 먼저 항복강도에 도달하는 연성파괴를 유도하기 위해 최대 강재량을 제한한다.

$$g_i = q_p \ / \ 0.36\beta_1 - 1 \le 0 \text{(긴장재만을 가지는 보)} \qquad (5\text{-}61)$$

여기서, q_p : 강재지수($q_p = A_{pw}\dfrac{f_{ps}}{b_w \, d_p f_{ck}}$)

A_{pw} : PS강재량 중 압축플랜지에 저항하는 단면적을 제외한 PS강재량

b_w : 복부의 전체폭

⑤ **최소 강재량**

균열 발생 후 즉각적으로 발생하는 급작스런 PS강재의 취성파괴를 방지하기 위해 설계 휨강도가 균열 모멘트보다 최소한 1.2배 이상이 되도록 한다.

$$g_i = 1.2M_{cr} / \phi M_n - 1 \leq 0 \qquad (5\text{-}62)$$

여기서, M_{cr} : 균열모멘트

ϕM_n : 설계 휨강도

f_{ru} : 콘크리트의 파괴계수

Z_c : 인장측 연단의 단면계수

⑥ **전단**

전단력을 받는 부재는 다음 조건을 만족하도록 설계해야 한다.

$$g_i = V_u / \phi V_n = V_u / \phi(V_c + V_s) - 1 \leq 0 \qquad (5\text{-}63)$$

여기서, V_u : 위험단면에서의 계수 전단력

V_n : 공칭 전단강도

V_c : 콘크리트가 부담하는 공칭전단강도

V_s : 전단철근이 부담하는 공칭전단강도

⑦ **비틀림**

$$g_i = T_u / \phi T_\lambda - 1 \leq 0 \qquad (5\text{-}64)$$

여기서, T_λ : 위험단면에서의 설계 비틀림 강도

A_{cp} : 콘크리트 단면의 바깥둘레로 둘러싸인 단면적

P_{cp} : 전단면의 둘레의 길이

⑧ **활하중에 의한 처짐 검토**

도로교 설계기준에서 상부구조물에 대한 처짐 제한조건에서 단순 또는 연속지간을 갖는 부재는 사용 활하중과 충격으로 인한 처짐이 지간의 1/800을 초과하지 않아야 한다. 다만 부분적으로 보행자에 의해 사용되는 도시지역의 교량에 대해서는 이 처짐의 비는 1/1000을

초과해서는 안 된다.

$$g_i = \delta_{max} / \delta_a - 1 \tag{5-65}$$

여기서, δ_{max} : 활하중에 의한 최대 처짐

δ_a : 허용처짐량

(2) 한계제약조건

도로교 설계기준에서 규정하는 박스거더의 복부 및 플랜지 최소두께 규정을 만족해야한다.

$$g_i = t_{min} / t - 1 \leqq 0 \tag{5-66}$$

여기서, t_{min} : 도로교 설계기준에 규정된 박스거더의 복부 및 플랜지의 최소두께

t : 복부 및 플랜지의 두께

(3) 추가제약조건

PSC 박스거더교의 최적설계 문제의 정식화는 앞에서 언급한 바와 같이 바닥판과 주형으로 나누어 형성하였다. 따라서, 바닥판의 최적설계단계에서 결정된 바닥판의 두께는 주형의 최적설계 단계에서도 설계변수로 사용된다. 이러한 정식화의 상호연관성을 원활히 이루기 위해서는 바닥판 최적설계단계에서 구한 바닥판의 두께는 주형 최적설계단계에서 최소치로 규정해야 전 단계의 최적설계 결과와 충돌이 발생하지 않는다. 따라서, 바닥판이 주형의 일부로서 작용하는 경우에는 다음과 같은 추가적인 제약조건을 형성하도록 한다.

$$g_i = x_3 / x_i' - 1 \leqq 0 \tag{5-67}$$

여기서, x_3 : 바닥판 최적설계에서의 바닥판 두께

x_i : 주형 최적설계에서의 바닥판 두께($i = 1,4,7,10$)

제6장
건물의 최적설계

6.1 초고층 구조물의 어제와 오늘

6.2 초고층빌딩의 구조적 특성분석

6.3 변위기여도를 고려한 초고층 철골조 건물의 최적화설계 기법

6.4 초고층 구조시스템의 최적설계 기술 개발

6.5 결론

제6장 건물의 최적설계

건축물의 최적설계 역사는 당연 인간이 주거생활을 시작하면서 부터라고 생각하면 딱맞을 것이다. 이런 단순한 차원의 개념이 구조물이 고층화, 대형화되면서 적용기법이나 새로운 아이디어의 창출로 인해 구조설계에 급격한 변화를 유발하는 원동력이 되었으며 최적화에 의한 인간의 노력은 지금도 끈임없이 이어지고 있다.

본 장에서는 현시대의 가장 이슈가 되고 있으며 경쟁적으로 건설되고 있는 초고층 구조물의 역사를 먼저 짚어보고 더불어 초고층 구조물의 구조적인 특징과 설계 핵심 주안점의 나열을 통해 최적설계의 흐름과 주요 내용을 언급하고자 하였다.

본 내용들은 건축 설계 및 시공, 그리고 최적설계 분야의 전문가 및 전문기관의 의견과 내용을 인용한 것으로 향후 건축에서의 최적설계 방향과 이해를 돕는데 도움이 될 것으로 사려된다.

6.1 초고층 구조물의 어제와 오늘

초고층 빌딩의 시작은 1880년대 미국의 뉴욕과 시카고이다. 특히 1885년 철골조로 지어진 55m 높이의 시카고 'Home Insurance Building'을 시초로 보기도 한다. 하지만 역사상 본격적인 초고층 빌딩은 엠파이어스테이트 빌딩을 일컬을 수 있다.

1931년 4월 엠파이어스테이트 빌딩의 준공식이 거행되어 6400여개의 창에 일제히 불이 환하게 켜지면서 세계 최고층 빌딩의 탄생을 알렸다. 엠파이어스테이트 빌딩은 102층에 지상높이가 381m, 엘리베이터만 무려 67개나 되는 그 당시로는 사상 초유의 구조물로서 맨해

튼을 한눈에 내려다볼 수 있는 꼭대기 전망대를 가지고 있었다. 지금은 역사속의 그늘 속으로 사라졌지만 1972년 맨해튼 남쪽에 세계무역센터(WTC) 쌍둥이 빌딩(110층 417m)이 들어설 때까지 41년간 세계 최고의 자리를 지켰다.

하지만 쌍둥이 빌딩도 1974년 시카고에 시어스 타워(110층 443m)가 건설되면서 이내 최고 자리를 내놓았다. 이런 시어스 타워의 세계 최고 타이틀도 1998년 말레이시아 콸라룸푸르에 KLCC(Kuala Lumpur City Center · 88층 452m)가 건설되면서 아시아로 그 명성을 넘겨주었다.

이 빌딩은 말레이시아 국영 석유회사인 페트로나스가 소유하고 있는데 KLCC의 외관은 역동적이고 진취적인 도시 이미지를 상징한다. 452m 초대형 쌍둥이 초고층 건물의 외관은 그 나라 주석의 최대 산출국을 상징하듯 은빛의 고급스런 주석 빛깔도 하늘을 찌르고 있다. 한 동(棟)은 삼성물산 건설부문, 다른 동은 일본의 한 건설사가 시공했다. 두 동은 다리로 연결돼 있으며 빌딩 주변으로 시가지를 둘러볼 수 있는 모노레일이 달리고 있으며, KLCC 공원이 자리잡고 있다.

현재 세계 최고의 마천루는 1998년에 착공해 2004년 12월에 준공된 대만의 타이베이금융센터(TFC · Taipei Financial Center)101 빌딩이다. 삼성건설이 마감공사를 맡았던 이 빌딩은 지상높이 508m에 층수는 101층에 달한다. 말레이시아의 KLCC보다도 50m가량 더 높다. 타이베이금융센터101빌딩은 건설 초기에 비행안전 문제가 제기됐지만 대만 정부의 상업적 중요성과 상징적 가치를 중시하는 판단에 의거하여 계획대로 시공할 수 있었다. 즉, 비행안전에 큰 지장이 없다면 국가적 상징성을 우선하겠다는 정책 의지로 받아들여졌다. 타이베이금융센터101 빌딩의 88층과 92층 사이에는 지름 6m, 무게 660t에 달하는 커다란 강철공이 매달려 있다. '동조질량감쇄기'라 불리는 이 장치는 건물이 바람에 흔들릴 때 반대방향으로 움직여 건물의 흔들림을 줄여주는 역할을 한다. 주위에 8개의 유압 범퍼가 설치돼 진동을 흡수하는 이 강철공은 타이베이금융센터101 빌딩의 최대 진동치를 3분의 1 이상 줄여준다. 하지만 타이페이금융센터101의 챔피언 자리도 그리 오래가지 못할 것 같다.

무엇보다 2009년 무려 160층 이상에 높이만도 808m인 두바이의 버즈 두바이 빌딩이 완공되면 101빌딩은 당연히 선두 자리를 내주게 된다. 현재 세계적으로 버즈 두바이 빌딩 이외에도 러시아 모스크바의 타워 오브 러시아(2010년 준공 목표)가 125층에 649m, 중국 상하이의 세계금융센터(101층 492m), 홍콩의 유니언 스퀘어(102층 474m) 등이 차례로 지어질 예정이다. 중국 상하이는 1998년 진마오 타워(88층)를 준공한 데 이어 2008년 101층 높이의 세계금융센터 건설공사를 끝낸다는 방침이다. 상하이시는 2010년에 열릴 '상하이 세계박람회'를 통해 아시아 최대 첨단도시라는 이미지를 홍보하는 데 이들 빌딩을 활용할 계획이다.

현재 상하이에 세워지고 있는 세계금융센터는 상층부에 지름이 51m나 되는 거대한 구멍이 나 있다. 바람이 불면 구멍으로 빠져나가 건물에 영향을 덜 미치도록 하기 위해서다.

국내에서도 초고층구조물의 경쟁이 치열하다. 서울시가 마포구 상암동 디지털미디어시티(DMC) 내에 지상 130층, 지하 7층에 높이가 580m에 이르는 국제비즈니스 센터(IBC)를 계획하고 있다. 롯데그룹이 부산에 부산 롯데월드(107층 465m), 인천시가 인천 송도에 국제금융센터(105층) 건설을 각각 추진하고 있다. 부산 롯데월드는 옛 부산시청 사리 1만2000여평에 지상 107층, 지하 6층 규모로 건립될 예정이다. 주변 인프라 공사비를 합쳐 1조5000억원이 투입돼 다양하고 복합적인 시설이 들어선다. 2008년 말 개장예정인 1단계(지하 6층~지상 12층) 건물은 사무실과 컨벤션센터, 백화점, 영화관, 대형할인점 등이 선보인다. 또 2013년 말 개장하는 2단계(지상 13~107층) 건물은 오피스텔, 사무실, 호텔로비, 호텔, 레스토랑, 전망대 등으로 꾸며진다. 이와 함께 5000평 안팎의 초대형 카지노 시설도 갖추게 된다.

이처럼 세계의 마천루들이 지구 곳곳에 그 위용을 자랑하며 건립되고 있다. 이런 초초고층 구조물의 경우 일반적인 구조 설계로는 불가능한 많은 해결해야 할 난제들을 가지고 있으며 인류는 이를 해결하기 위한 새로운 공법과 기술을 개발하여 첨단 미래 건축을 발전시키고 있다.

따라서 본 장에서는 초고층 구조물의 설계 및 시공에서 다루어져야 하는 구조적인 중요사항들과 이를 위한 최적설계의 예를 통해 건축에서의 최적화 동향을 설명하고자 한다.

6.2 초고층빌딩의 구조적 특성분석

초고층 건물의 Concept Design 단계에서 가장 중요하게 고려되어야 할 사항들은 다음과 같다.

첫째 기둥, 보, 벽체 등 부재별 재료의 선택

둘째 연직 및 횡하중 저항 시스템의 선정

셋째 기초 시스템의 결정

넷째 시공 공법 설정

이러한 요소들이 서로 잘 조화롭게 구성될 때만이 구조물이 본연의 역할을 잘 수행할 수 있다고 판단된다. 본 내용은 엔지니어에게 효율적이고 경제적인 초고층 구조물의 설계 및 시공을 위해 기본설계단계에서 고려되어야 할 중요사항과 초고층 건물에서 요구되는 요소 기술에 대해 먼저 언급하고자 한 것으로, (주)동양구조안전기술의 정광량님의 기술적인 자료를 인용하고 이를 간추려 기술한 것이다.

초고층구조물의 구조적인 중요핵심 사항

- 우수한 수평저항 시스템
- 전단벽에 의한 수평저항 능력의 증대로 단순 강성 골조에 비해 우수한 수평 저항 능력
- 전단벽 구조 + 강성골조 바닥판 두께 절감 → 건물자중 감소
- 전단벽이 구조체 강성에 미치는 영향: 지나친 강성을 가진 전단벽 → 구조체의 연성 감소
- 전단벽에 의한 구조체 강성 증감 파악 및 에 따른 연성 능력 변화 분석

6.2.1 초고층 건물의 요구 성능1)

초고층 건물의 요구 성능은 안전성, 내구성, 거주성, 경제성, 공간성, 시공성 등이 있다. 이러한 성능 중에서 중저층 건물의 요구 성능과는 안전성과 내구성 측면에서 크게 다르다.

초고층 건물은 대규모이며 재해 시에 그 구조물이 제 기능을 발휘하지 못하면 사회에 주는 영향은 상당히 크다. 이러한 이유로 일반적인 건물에 비하여 안전성을 높이지 않으면 안 된다. 초고층 건물은 초기 투자비도 상당히 크며, 구조물 해체 시에도 많은 비용을 필요로 하므로 재건축은 불가능하다. 따라서 초고층 건물의 구조체는 설비나 내·외장재를 몇 번이나 변경되어도 견딜 수 있는 내구성을 갖추어야 한다. 다른 요구 성능을 충족시키는 것은 물론 안전성과 내구성에 관해서는 특별히 유의하여 구조 계획을 생각하지 않으면 안 된다.

(1) 구조시스템 계획

① 층고 절감 계획

초고층 건물의 경우 일반 건물과는 달리 공조, 급배수 설비들이 고층까지 전달되어야 하므로 층고가 자연스럽게 상승된다. 현재 국내의 고층건물의 층고는 표 6-1과 같이 3.00m에서 3.30m까지 적용되었다. 그림 6-1은 고층건물에서의 각 구조별 일반적인 층고계획이다. 층고상승은 건축계획 및 임대면적에 큰 영향을 미친다. 따라서 건물의 층고를 절감하는 방법으로 구조종별에 따라 RC구조인 경우 플랫슬래브(Flat Slab)와 포스트텐션 (Post-Tension)을, 철골구조인 경우에는 층고절감용 합성보인 Slim Floor와 iTECH 합성보를 사용할 수 있다. 표 6-2를 이용하면 슬래브 두께가 250mm인 경우 보통 철근 콘크리트 구조로는 7.5m까지 가능하지만, Post-Tension을 이용할 경우에는 10m까지 층고절감이 가능하다. 따라서 Post-Tension은 동일한 슬래브 두께로 장스팬이 가능하므로 층고를 절감할 수 있다. 그림 6-2는 Post-Tension이 적용된 Miramar Twin Tower(Panama)로 8.5m 스팬에 220mm 슬래브가 적용되었다.

1) 정 광 량 (주)동양구조안전기술 대표이사

표 6-1 국내 고층 건물의 층고 및 높이

	RC구조					S구조		
	목동 Hyperion II	대우 Trump World	현대 삼성동 I-Pa가	한화 Galleria Palace	부산 Centum Fiesta	Tower Palace I, II, III	목동 Hyperion	도곡동 Academy Sweet
층고(M)	3.00	3.30	3.20	2.95	3.05	3.20	3.20	3.15
층수	41	32	47	46	60	69	69	51
높이(M)	135.5	136.7	160.0	160.7	208.0	261.8	261.2	174.1

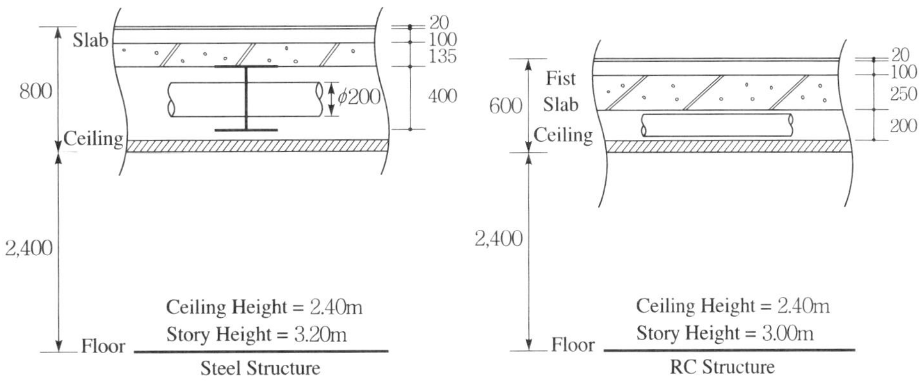

그림 6-1 일반적인 층고계획

플랫슬래브는 균일한 두께를 가지고 있으므로 기둥과 벽체로 지지할 수 있다. 또한 거푸집 작업 및 철근배근 작업이 단순하여 가장 경제적인 바닥시스템이다. 보통 7.5m(7.0m) 스팬에 대하여 플랫슬래브는 250mm(200mm) 정도 사용하여 층고가 3.05m(3.00m)가 된다. 따라서 층고계획 시에 바닥구조로 플랫슬래브를 고려할 경우 층고 절감이 가능하다. 국내에서 플랫슬래브가 초고층 주거용 건물로는 처음으로 그림 6-3의 현대 삼성동 I-Park에 적용되었다. 플랫슬래브 적용시 사전에 고려해야 할 점은 다음과 같다.

1) 콘크리트 재령별 강도에 따른 슬래브 최대 시공하중 산정 및 슬래브 Shoring/Reshoring 계획을 수립해야 함.
2) 시공 중 발생 가능한 콘크리트 균열 단면에 대한 즉시 처짐 및 장기 크리이프와 수축에 의한 처짐도 고려해야 함(표 6-3).

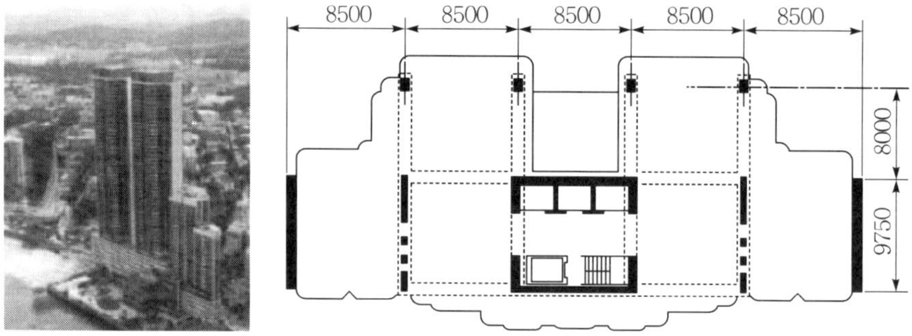

그림 6-2 Post Tension을 적용한 Miramar Twin Tower

표 6-2 플랫 슬래브 두께 제한 기준

	RC구조	Post-Tension 구조
슬래브 두께(mm)	L/30	L/40

표 6-3 콘크리트 처짐 원인과 기여도

처짐의 원인	비율(%)	비 고
초기탄성처짐	13.0	등바리 제거로 인한 고정하중 작용으로 발생
장기탄성처짐	1.6	비균열 단면상태에서 초과하중 및 마감재 하중 작용
초기균열처짐	0.6	등바리 제거로 인한 균열단면 발생으로 처짐 발생
장기균열처짐	19.0	시공하중에 따른 균열 발생 지속하중에 의한 인장 파괴 발생
건조수축처짐	28.0	건조수축에 의한 처짐
크리이프 처짐	40.0	크리이프에 의한 처짐

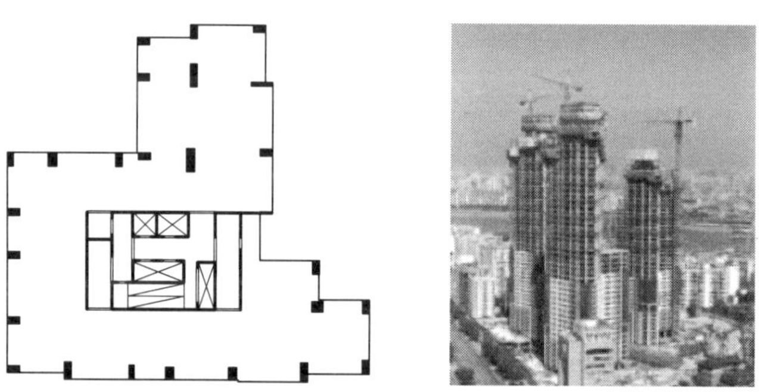

그림 6-3 현대 삼성동 I-Park 평면 및 시공사진

또한 철골구조의 경우 철골보, 데크플레이트 사용으로 층고가 RC구조보다 보다 더 높아지게 되므로 층고절감형 합성보의 도입을 고려할 필요가 있다.

국내에서 개발된 iTECH 합성보[59]는 일반적인 철골합성보를 사용할 경우 535mm의 보춤을 355mm까지 180mm로 줄일 수 있고, 시공과정도 기존의 작업방식과 유사하고 전단 철근과 동바리가 필요 없기 때문에 시공성이 매우 우수하다. 또한 철골웨브에 콘크리트가 충전되어 내화성능도 향상된다. 유럽에서 개발된 Slim Floor은 iTECH 합성보와 유사한 성능을 가진 합성구조 시스템으로 철골조 건물의 층고를 절감하는 유용한 구조이다

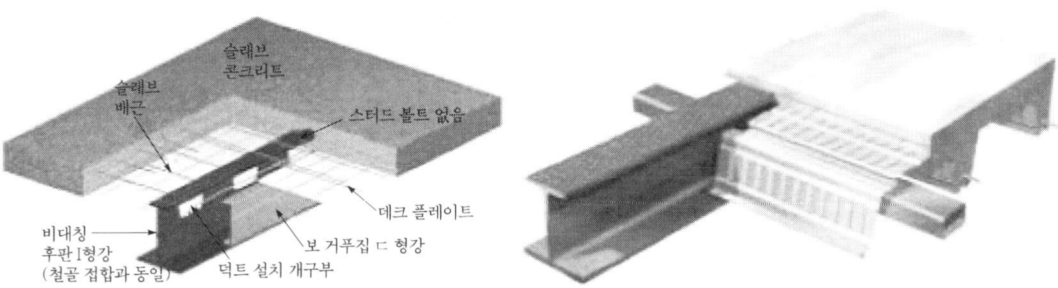

(a) iTECH 합성보 (b) Slim Floor

그림 6-4 철골보 층고 절감형 합성 구조 시스템

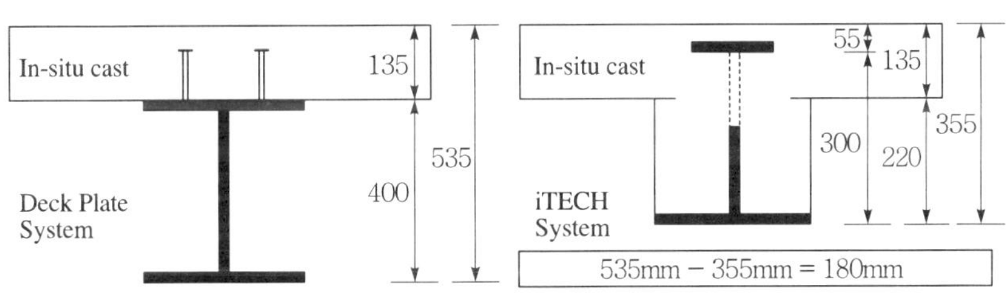

그림 6-5 Deck Plate System vs. iTECH System

(2) Core 계획

코어(Core)는 초고층건물의 경제성과 구조적 안전성을 위하여 중요한 구조요소이다. 구조적 측면에서는 코어의 위치에 따라 중앙형, 외주형, 편심형, 분리형, 특수형으로 구분된다. 그림 6-6과 같이 국내 고층건물의 코어는 대부분 중앙형으로 되어있다. 중앙형은 구조적으로 가장 좋은 형태이며, 보통 외부 기둥과 코어를 연결하여 횡력에 저항한다.

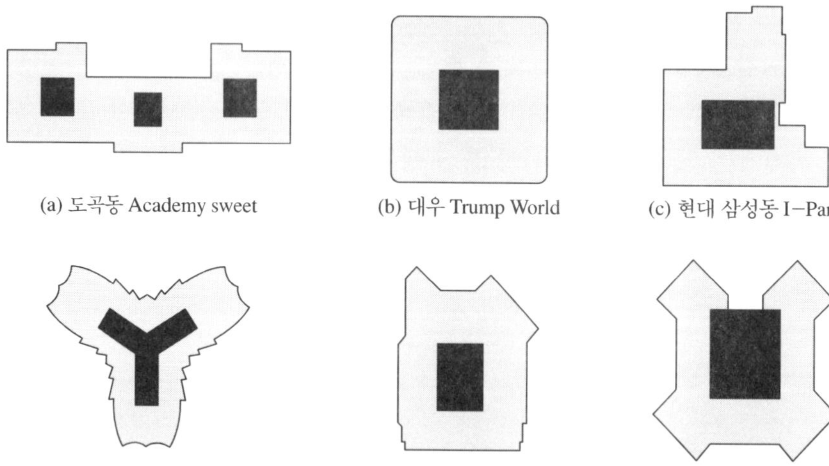

(a) 도곡동 Academy sweet (b) 대우 Trump World (c) 현대 삼성동 I-Park

(d) 삼성 Tower PalaceⅢ (e) 잠실 Galleria Palace (f) 목동 Hyperion

그림 6-6 국내 초고층 건물의 코어계획

코어는 구조적 거동 뿐만 아니라 건축계획적인 요구에 의하여 변경되기도 한다. 코어와 추가된 벽체의 거동을 일체화시키기 위하여 린텔보(Lintel Beam)를 이용하여 두 요소를 연결하게 된다. 하지만 이와 같은 coupled wall의 couple action에 의한 큰 전단력과 Lintel 보에 통상적으로 필요한 설비 Opening으로 Lintel 보의 구조효율이 감소하는 경우가 많게 되므로 합성보의 형태가 되기도 하며 또한 린텔보는 춤에 비하여 부재의 길이가 짧아 기둥수축에 따른 부등변위에 대하여 큰 전단변형이 발생하므로 설계 및 시공시 유의하여야 한다.

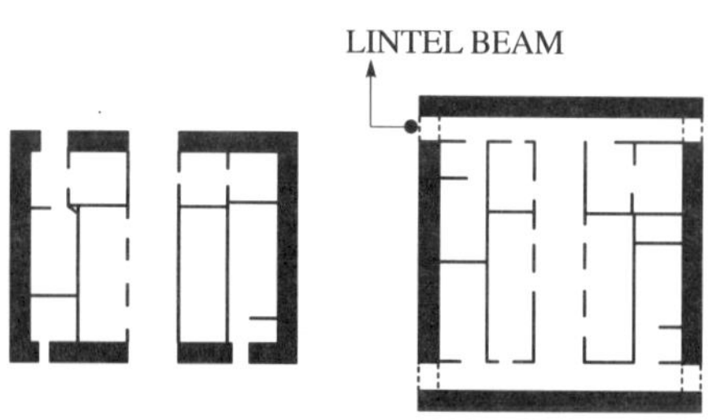

그림 6-7 코어 변경 전후

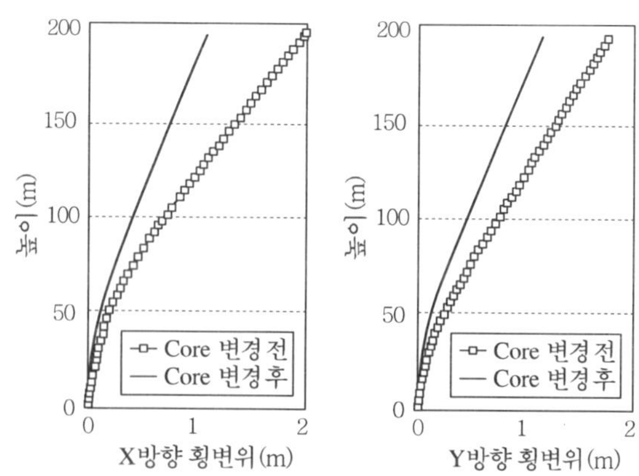

그림 6-8 코어 변경 후 횡변위 거동 비교

계단실의 벽체는 코어의 '캔틸레버 보' 거동을 위한 일종의 '웨브'로 작용한다. 그러나 엘리베이터 로비, 출입구, AHU 통로, 덕트, 케이블은 외부벽체를 관통한다. 이런 개구부를 가급적 고르게 분포시키기 위하여 다른 분야 설계자와 함께 작업해야 한다.

'웨브'는 개구부 위의 보에 전달되는 풍력을 최소화 한다. 그리고 마치 동일한 순 단면적으로 이상화된 튜브와 같이 작은 단지연(Shear Lag)을 보이며 거동한다. FEM 해석을 통하여 응력과 수직 강성이 전단면이나 가중된 평균값이 아닌 순수 벽 성능을 따른다는 것이 확인되었다(그림 6-9).

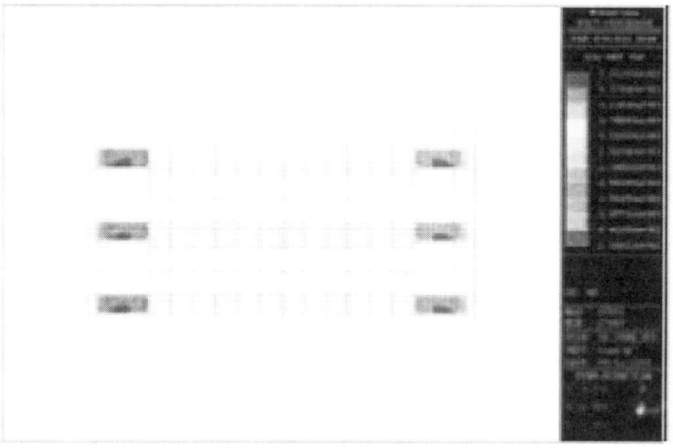

그림 6-9 Lintel Beam에 대한 FEM해석

이것은 설계, 시공, 거푸집을 단순화하기 위하여 전체 높이를 통하여 중심코어의 밖에 바닥개구부를 형성하는 것으로 볼 수 있다. 그러나 이것은 코어가 지면과 더 적게 닿는 것이며 동일한 강성을 얻기 위하여 더 두꺼운 벽체로 보강해야 한다. 또한 셔틀 주변의 철골골조는 조립, 상승 시의 발생 가능한 잠재적인 문제를 고려하여 일반적인 경우보다 더 크며, 더 무거운 보가 필요하다.

(3) Outrigger 계획

최근 국내 초고층 주거용 건물에 아웃리거(Outrigger) 시스템이 횡력 저항시스템으로 주로 적용되고 있다. 아웃리거 시스템은 F.R. Khan의 층 수별 구조시스템분류에서 60층 규모에서 가장 적합한 시스템으로 알려져 있다. 아웃리거 시스템은 외부기둥으로 횡력에 의한 전도 모멘트의 일부를 저항시키는 가장 보편적인 방법이다.

30-40층은 일반적으로 전단벽과 철골브레이스 코어 시스템에 의존하지만 변위의 전도모

멘트에 대한 시스템의 저항은 대략 높이의 세제곱으로 감소한다. 결과적으로 코어 시스템은 초고층건물에는 비효율적이다.

그림 6-10(a)와 같은 아웃리거가 적용된 사례로 국내 초고층 건물 중에는 Tower Palace Ⅰ(66층)과 Hyperion Ⅰ(69층)이 대표적이다. 이 건물에는 횡하중을 지지하기 위하여 2층 깊이의 아웃리거 Truss를 2개소에 설치하여 횡하중을 전달한다.

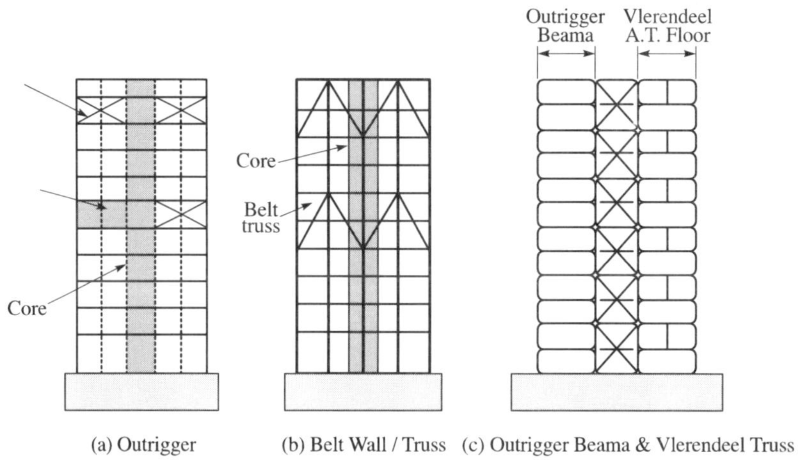

그림 6-10 아웃리거 vs Belt/Truss개념도

그림 6-10(b)와 같이 Belt Wall/Truss의 사용으로 아웃리거를 수정할 수 있다. 이른바 '(오프셋 아웃리거(Offset Outrigger)'의 일종으로서 아웃리거 시스템과 코어간의 복잡한 직접적인 연결없이 하중의 전달이 가능하다.

이 개념은 코어로부터 구조물의 외주를 연결하는 Belt Wall/Truss로 모멘트를 전달하기 위한 수평력이 전달되어야 한다. 따라서 이를 위해서는 강한 바닥 다이어프램이 전제되어야 한다. Belt Wall/Truss는 수평력을 수직력으로 변환시켜 기둥으로 전달한다. Belt Wall을 이용한 가상 아웃리거시스템은 RC조 초고층 건물인 Plaza Rakyat(Kuala Lumpur, Malaysia)에 적용되었다. 구조시스템은 전단코어와 Belt Wall(2층 깊이의 2개소 사용)로 구성되어 있다.

일반적으로 같은 층에서 각각의 기둥에 발생하는 응력이 비슷하다면 기둥에서 발생하는 축소량이 유사해지고 이에 따라 각 기둥간의 부등변위량도 줄어들게 된다. Tower Palace Ⅲ에서는 이러한 효과를 얻기 위해 구조 설계시 각 기둥의 하중 분담면적(Tributary Area)이 비슷하도록 조정하여 Belt Wall을 따라 배열된 외주 기둥 간의 부등변위가 최소화 되도록 하였으며 이로 인해 건물의 Belt는 철골조 BeltTruss가 아닌 철근콘크리트조 Belt Wall 시공이 가능해지게 된 것이다.

Belt Wall이 코어에 미치는 영향을 비교하기 위하여 그림 6-11과 같이 Belt Wall 유무에 따른 전도모멘트와 최상층 변위를 비교하였다. Tower Palace Ⅲ에 설치된 Belt Wall 시스템으로 인한 횡력 분배 효과를 분석해보면 코어 단독으로 풍하중에 저항할 경우 최고층에서의 횡변위가 0.753m인데 반해 '코어+Belt Wall 시스템'으로 풍하중에 저항한 경우 최고층 횡변위는 0.548m로 27%정도 감소하는 것으로 나타나며 코어모멘트는 코어 단독으로 저항할 경우 1층에서 2,644,207kN · m이고 '코어+Belt Wall' 시스템으로 풍하중에 저항할 경우 2,279,336kN · m로 14% 감소하는 것으로 결과를 보인다.

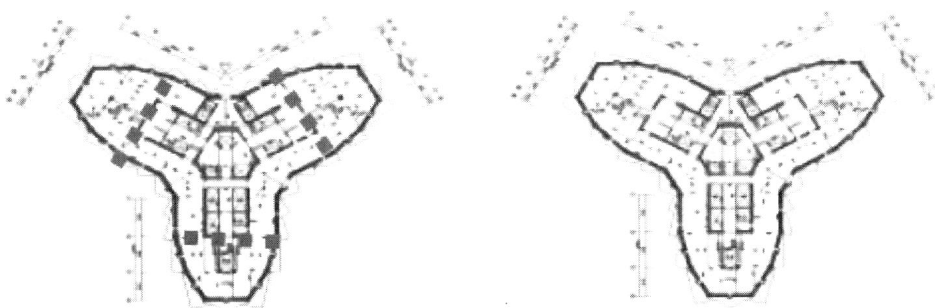

(a) 변경전 : Outrigger + Belt Wall (b) 변경후 : Belt Wall Only

그림 6-11 Tower Palace III 구조 시스템 변경

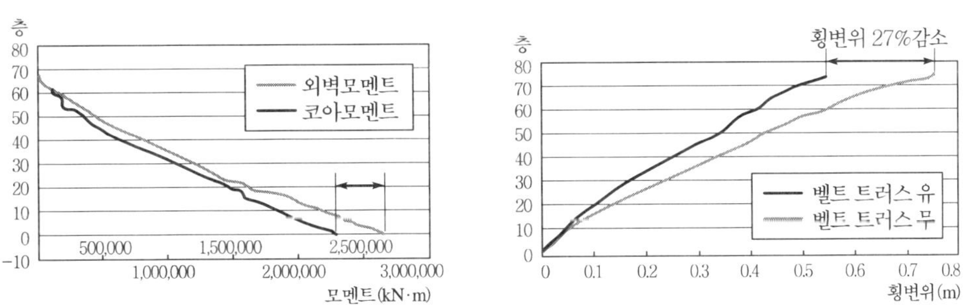

(a) Overturning Moment (b) Displacement

그림 6-12 Tower Palace III에 적용된 Belt Wall 성능검토

60층 전후의 초고층 건물이 아웃리거 시스템을 횡력저항시스템으로 이용할 때 보통 아웃

리거 층이 2개이 필요하다.

하지만 일반층이 4일 공정임을 고려하면 아웃리거 1개 층 공기가 4주 ~ 6주 정도 소요되므로 전체공정에 큰 영향을 미친다. 따라서 아웃리거 대체효과를 얻기 위하여 Belt Wall/Truss에 대한 적용을 설계시 고려해야 한다.

과거 고층건물의 사용성은 정적등가설계 풍하중 규준값에 대하여 최상층 변위/건물 높이를 제한함으로써 확보하였다. 규준에 구체적으로 명시되지 않았지만 보통 최상층변위/ 건물높이를 H/600~H/300을 사용하며, 층간변위/층고는 h/660~h/400을 사용한다.

변위비는 마감재와 간막이벽 같은 비구조재의 손상을 조절하고, 거주자가 느끼는 불쾌함에 대한 제한으로 사용되었다. 그러나 변위비가 거주성 평가기준으로 부적절한 이유는 인간의 만족도가 주로 동적거동에 영향을 받기 때문이다. 즉, 변위는 정적인 평가기준이며, 횡변위를 산정시 적용되는 설계하중이 구조 설계자마다 다르기 때문이다. 두 건물이 비록 동일한 변위비로 설계되었지만 785ft의 건물은 590ft건물보다 장주기이므로 풍력스펙트럼에서 보다 많은 에너지가 있는 영역에 위치하게 되며 따라서 더 큰 동적반응을 하게 된다. 그 결과 동일한 변위비인 H/500(0.2%)의 기준에서 대하여 NBCC(National Building Code of Canada)의 가속도 기준 (30mmg)을 590ft건물은 만족하지만 785ft건물은 만족하지 못한다.

6.2.2 풍동실험 연구

(1) 풍동실험 계획

내풍설계에서 가장 중요한 사항은 실제 풍환경에 대한 적절한 예측이다.

이 예측이 실제와 유사할수록 보다 정확하고 안전한 구조를 설계할 수 있다. 풍환경 예측수법으로는 풍동실험과 수치시뮬레이션이 있고, 예측수법의 확인 및 검증으로서 실측(실물측정)이 있다.

따라서 초고층건물의 기본설계에서는 아래의 목적에 적절한 풍동실험이 수행될 수 있도록 고려하여야 한다. 기본설계단계에서 코드에 의하여 산정된 풍하중을 바탕으로 구조물의 시스템을 가정하여 사전설계를 수행한다. 이 결과로 가정단면에 의한 동적특성(진동수, 질량참여율, 층질량, 모드형상, 주기)을 3차주기까지 풍동실험을 수행하는 기관에 제공하여야 한다.

또한 구조평면도와 구조일반 사항(위치, 높이, 풍하중 관련자료)도 제공하여야 한다. 그 결과를 구조설계에 반영하는 상호작업 과정은 그림 6-13과 같다.

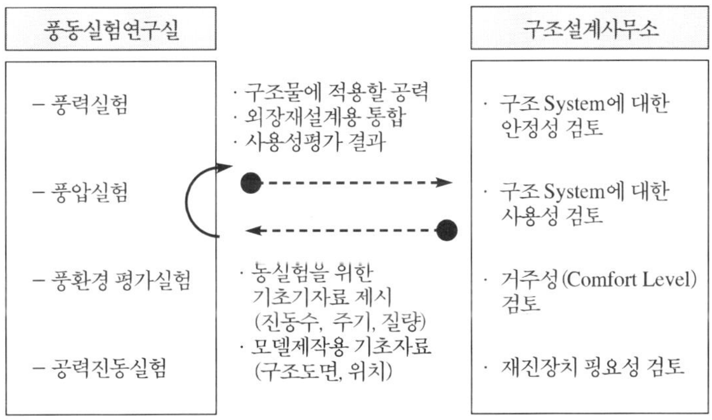

그림 6-13 풍동실험과 구조설계의 상호작업 Process

① **풍압실험**

건축물에 작용하는 풍압(경우에 따라 풍력) 및 그 특성을 조사하기 위한 실험으로서 건축물의 내압 등을 고려한 상태에서 외장재의 풍하중 평가, 그리고 안전성 검토를 위한 풍외력의 예측이 가능하다.

해석모델에 맞는 시각력 파형, 파워스펙트럼 밀도 등이 비교적 용이하게 고려되기 때문에 구조적인 안전성의 검토 또는 동적 응답해석에 의한 건축물의 응답예측 및 평가를 하기 위한 풍외력 예측 방법으로서 실시되고 있다.

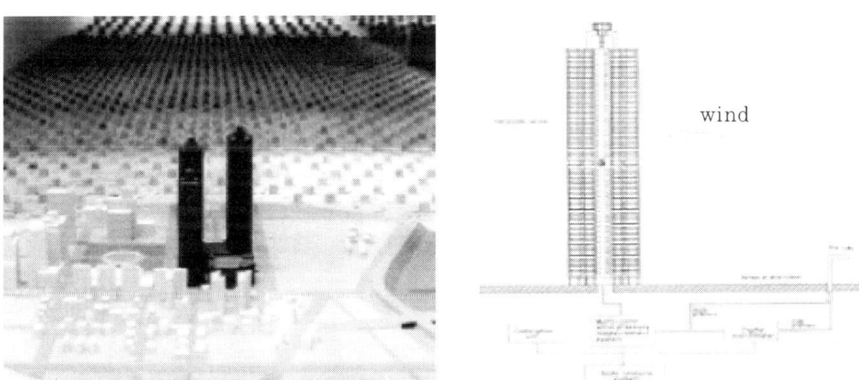

그림 6-14 풍압실험 전경

② **풍력실험**

건축물에 작용하는 풍력 및 그 특성을 직접 조사하기 위한 실험이다. 보통 평균풍력과 변동풍력의 예측을 위하여 건물모델 기저부에 작용하는 전도모멘트, 층전단력을 천칭장치로 측정한다. 주의할 점은 부가적인 공기력의 영향이 고려되지 않으므로 부가적인 공기력의 영향을 고려할 필요가 있는 경우에는 별도로 평가하든지 또는 공력 진동실험을 할 필요가 있다.

③ 풍환경실험

고층건축물이 대규모가 되면 "빌딩풍"에 대하여 보행자들의 풍환경을 평가해야 한다. 빌딩풍에 의한 풍환경 악화에 따른 건축물 이용자 및 주변도로 이용자의 불쾌감 증폭 및 문제를 미연에 해결하여야 한다.

④ 공력진동실험

고층건축물, 기념탑, 타워, 장스팬 구조물과 같이 바람에 의한 진동이 생기기 쉬운 건축물에 대하여 진동에 의하여 생기는 부가적 공기력도 외력으로서 고려한 후에 풍력이나 진동특성, 공력불안정을 직접 조사하는 실험으로서, 특히 공력적인 불안정진동의 발생 유무에 대하여 실험방법으로 검증하는 경우가 많다.

(2) 내풍 계획

풍변동 성분에 대한 특별한 고려는 구조물의 공기동역학적 특징과 반응사이에 대한 많은 조사 및 연구가 수행되었다. 따라서 공기동역학적 특징은 건물 단면의 형상, 높이에 따른 단면의 변화, 높이에 따른 크기의 변화에 영향을 받는다.

① 건물 모서리의 기하학적 형상에 의한 효과

건물의 형상이 공기동역학적 힘에 미치는 영향은 건물의 특성과 모서리를 조정함으로써 확인하였다. 그림 6-15와 같이 chamfered corner, horizontal slots, slotted corner 등과 같은 모서리에 대한 수정은 기본형상과 비교하면 풍방향 및 풍직각 방향의 반응이 상당히 감소된다고 알려져 있다. 또한 대략 원형에 가까운 구조물 모서리를 둥글게 한 구조물이 반응을 상당히 향상시키는 것으로 알려져 있다.

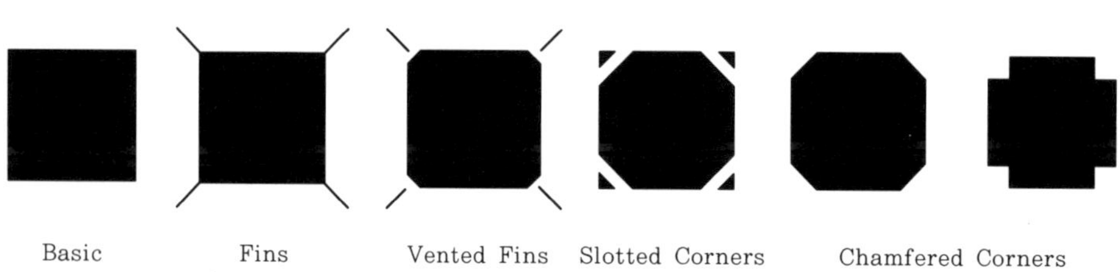

그림 6-15 건물 모서리 수정방법

② 건물 높이에 따른 단면적 감소에 의한 효과

높이에 따라 평면이 달라지거나 최상층 평면적이 줄어드는 초고층 건물에서는 Vortex Shedding에 의한 풍직각 방향 진동을 감소시킬 수 있다고 알려져 있다. 즉 높이가 증가함에 따라 모서리가 깎기거나 평면이 줄어들어 발생하는 효과를 "Tapering Effect"라 한다.

높이가 증가함에 따라 두 개의 끝이 점점 뾰족해져 단면적이 변화하는 그림 6-16과 같은 건물에서 풍직각 방향력을 감소시키는데 특별히 효과적이다. 중국의 Jin Mao Building과 말레이시아의 Petronas Tower가 "Tapering Effect"가 그 적용 예이다. Jin Mao Tower는 421m 파사드를 Tapering과 setback으로 올라간다. 고대 탑을 연상시키는 구조물의 주축으로부터 장식된 층이 꼭대기로 구성된다.

국내에는 그림 6-17과 같이 Tower Palace Ⅲ와 Centum Fiesta에 Tapering Effect가 적용되었다. Tower Palace는 3방향으로 방사형으로 생긴 평면이 높이가 증가함에 따라 한 방향씩 없어지므로 단면이 줄어들며 건물 입면이 비늘모양으로 모서리가 변형되어 풍거동을 완화시키고 있다. Centum Fiesta는 상부층에서 단면적이 줄어들고, chambered corner를 이용하여 풍성능을 향상시키고 있다.

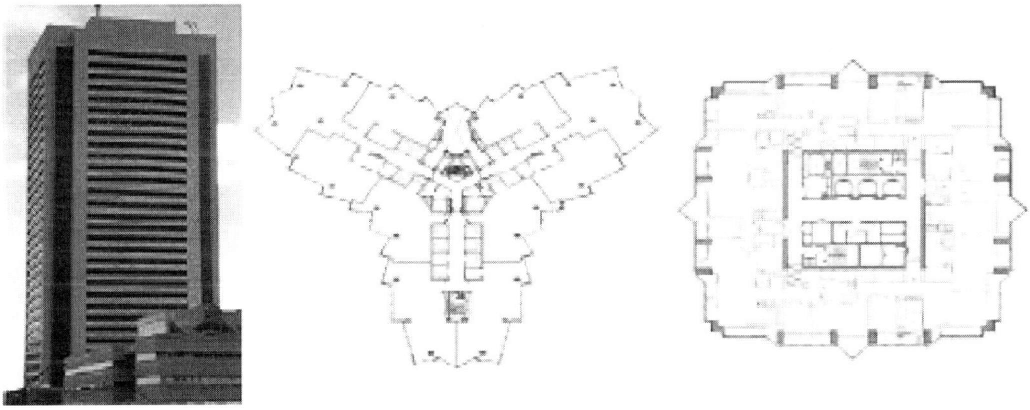

(a) Mitsubishi heavy Industries Yokohama Building (b) Tower Palace Ⅲ Plan (c) Centum Fiesta Plan

그림 6-16 Mitsubishi Heavy Industries Yokohama building

(a) Jin Mao Building (b) Petronas Tower (c) Tower Palace Ⅲ (d) Centum Fiesta

그림 6-17 Tapering Effect추가 건물

(3) 제진 계획

내풍설계의 차세대 연구는 바람에 의한 진동을 제어하여 풍거동을 완화하는 방향으로 진행되고 있다. 풍에 의한 반응 제어를 위한 방법은 크게 다음의 3가지로 분류될 수 있으며 내풍설계시 반드시 고려되어야 한다.

1) 공기 동역학적 설계(Aerodynamic Design)

- 건물의 모서리 변경
- 건물의 상부 개구부 설치

2) 구조적 설계(Structural Design)

- 구조체의 질량 증가
- 구조체의 강성 증가

3) 부가적 감쇠장치 (Auxiliary Damping Device)

- Passive Damper Device
- Semi-Active Damper Device
- active Damper Device

① 구조적 설계(Structural Design)

구조적 설계(Structural Design)는 구조물의 강성과 유효질량을 증가시키는 방법이다. 질량의 변화가 거의 불가능하더라도 유효질량은 구조적 강성의 재조정을 통하여 증가시킬 수 있으므로 유효질량은 풍에 의한 거동을 저감시키는 관점에서 유리하다.

건축 설계상 몇 개 층을 관통한 로비나 건물 상부에 독특한 형태로 설계된 건물의 경우 유효질량을 증가시킴으로써 적절하게 풍하중을 감소시킬 수 있다. 하지만 강진지역에서는 유효질량의 증가가 지진력의 증가를 야기하므로 특별한 주의가 필요하다. 또한 건물의 강성을 증가시킴으로 거동을 줄일 수 있다. 72층의 Interfirst Plaza Building(Dallas, US)은 기본설계시 TMD보다 강성을 증가시키는 것이 더 경제적으로 검토되어 강성을 증가시킨 예이다.

② **부가적 감쇠장치(Auxiliary Damping Device)**

공기동역학적 설계나 구조적 설계를 통한 건물의 반응을 줄일 수 있지만 감쇠 시스템을 이용하는 것이 유리하다. 감쇠 시스템의 주 목적은 건물 가속도를 줄여 거주자 사용성을 증대시키게 하는 것이지만 현재는 건물의 가속도가 기준 제한치를 넘어선다면 반응을 줄이기 위하여 감쇠 등의 장치를 사용한다.

하지만 가속도가 문제가 안 되는 경우라도 바람에 의한 반응을 줄이면 비용을 절감할 수 있다. 어느 누구도 강도설계를 위하여 감쇠를 사용하지 않는다. 하지만 풍하중에 의한 거동을 염두하고 감쇠시스템을 고려할 때 많은 구조적 절감이 가능하다.

6.2.3 시공 계획

(1) 기둥축소량 고려 방안

기둥축소량을 구성하는 요소는 그림 6-18에 나타낸 바와 같이 크게 탄성축소 (Elastic Shortening)와 비탄성축소(Inelastic Shortening)로 나눌 수 있으며, 비탄성축소는 다시 크리프(Creep)에 의한 축소와 건조수축(Shrinkage)에 의한 축소로 세분화할 수 있다.

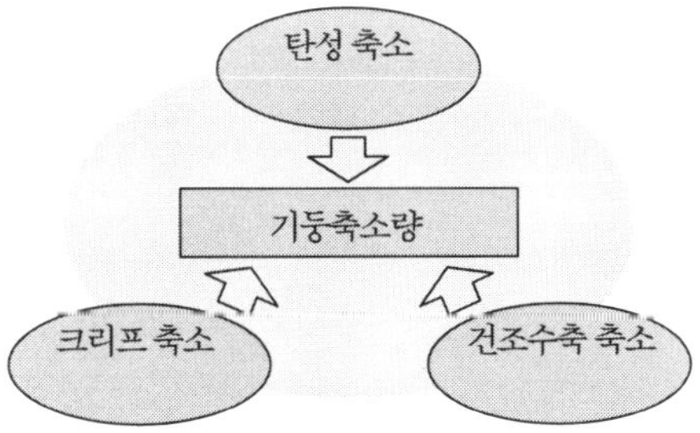

그림 6-18 기둥축소량 구성 요소

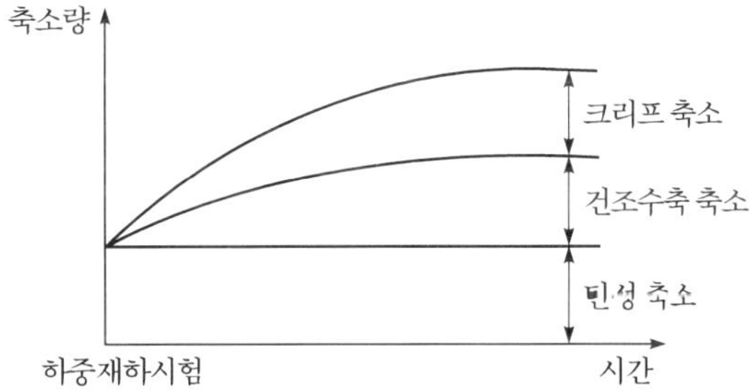

그림 6-19 시간경과에 따른 기둥축소량

철골조의 경우에는 탄성축소만 발생하지만, RC조의 경우 탄성축소뿐만 아니라 비탄성축소도 함께 발생하기 때문에 순수 철골조에 비해 기둥축소량 산정이 더 어렵고 복잡하다. 비탄성 축소의 시간 의존적 특성을 그림 6-19에 그래프로 나타내었다. 전체 축소량에서 탄성축소가 차지하는 비율은 40~50% 정도이며 나머지 50~60%를 비탄성축소량인 크리프와 건조 수축이 차지하고 있다.

기둥축소(Column Shortening)로 인한 문제점에는 사용성 측면에서의 문제점과 구조적 측면에서의 문제점이 있다. 사용성 측면의 문제점으로 수직부재에 발생하는 장기적 전체축소량(Total Shortening)이 건물 외부의 커튼월, 수직배관덕트, 엘리베이터 레일 등에 영향을 주거나, 인접한 수직부재 사이의 부등축소(Differential Shortening)로 인해 간막이벽에 균열이 생긴다거나 슬래브가 기울어지는 사례 등이 있다.

구조적 측면의 문제점은 수직부재 간의 부등축소가 슬래브나 보, 기둥에 부가전단력이나 부가모멘트와 같은 부가응력을 발생시키는 경우이다. 강성이 큰 부재일수록 더 큰 부가응력을 받게 되는데 초고층 건물에 사용되는 아웃리거(Outrigger)의 경우 기둥의 부등축소로 인해 아주 큰 부가응력이 발생할 수 있으므로 주의를 기울여야 한다. 또한 기둥축소량은 누적합이기 때문에 중저층 건물에서는 그 영향이 그리 크지 않지만 건물의 층수가 높아질수록 기둥축소로 인한 문제점이 발생할 우려가 커지게 된다. 일반적인 건물의 층고를 3~3.5m 정도로 가정할 경우, 층 당 2~3mm 정도의 축소량이 발생하므로 60층 건물의 경우 120~180mm 정도의 축소량이 발생하게 되며 경간 스팬이 작은 경우 부등변위에 의해 아웃리거 등의 수평부재 구조안정성에 심각한 결과를 초래하게 된다.

기둥축소로 인한 사용성 측면 문제점과 구조적 측면 문제점은 설계 단계에서 문제점 인식과 함께 고려되어져야 한다. 사용성 측면의 문제점은 그림 6-20과 같이 기둥축소량 해석을 통해 골조 시공시 축소량만큼 미리 보정하는 방법으로 문제점을 해결해야 한다.

구조적 측면의 문제점은 사용성 측면의 문제점과 달리 골조 전체의 안정성과 직결된 문제이므로 건물 설계 단계에서부터 신중한 고려가 요구된다. 구조적 측면의 문제점은 수직 부재 간의 부등 변위, 즉 코어월과 외부기둥 혹은 외부기둥과 외부기둥 사이의 부등변위에 의해 부가응력이 발생하게 되므로 부등변위를 감소시킬 수 있는 방향으로 문제해결의 실마리를 찾아야 한다.

구조적 측면의 문제점을 해결할 수 있는 첫 번째 방법은 기둥축소로 인한 부등변위에 상응하는 부가응력에 대해 안전하도록 부재의 내력을 충분히 확보하는 방법으로 비교적 춤이 작고 스팬이 긴 경우에 유효한 방법이 될 수 있다. 그러나 아웃리거와 같이 강성이 매우 큰 부재의 경우에는 부재의 내력을 증가시키는 방법을 통해 부등축소로 인한 부가응력을 해결하는 것은 거의 불가능하다고 할 수 있다.

두 번째 방법은 지연접합(Delay Joint)이나 조절접합(Adjustment Joint)과 같이 아웃리거에 부가응력으로 작용하는 부등축소량을 줄여줄 수 있는 특별한 접합부가 적용되어야 한다.

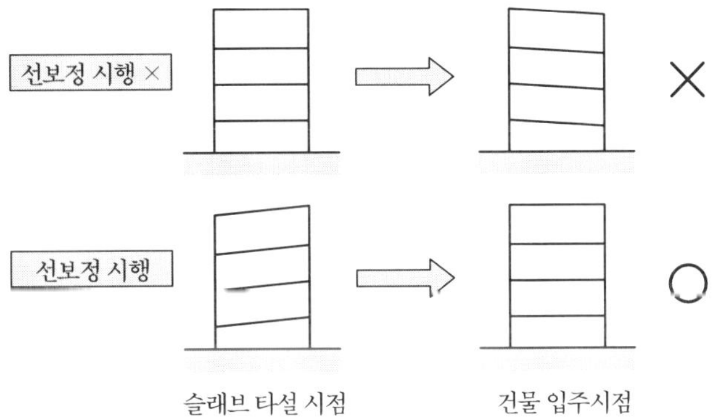

그림 6-20 사용성 측면 문제 해결

6.3 변위기여도를 고려한 초고층 철골조 건물의 최적화설계 기법2)

본 내용은 (주)마이다스아이티에서 초고층 구조물의 해석에서 횡변위 제어를 위한 프로그램 개발에 언급된 중요 이론과 해석 내용을 중심으로 인용하여 작성한 것이다.

6.3.1 연구배경

최적화의 역사는 인류의 도구사용과 더불어 발전해 왔으며 특히 구조물에 대한 최적화의 바램은 기계화 자동화와 더불어 비용을 절감하면서 구조적으로 안전한 ,더불어 사용성에 문제가 없는 구조물의 발전을 유도하여 왔다. 이를 위한 최근의 연구동향을 설명하고자 하며 특히 초고층 구조물에서의 최적화의 주관점 및 최근 부상되고 있는 레이아웃을 고려한 최적설계 등의 기법들에 대해 논의하고자 한다.

먼저 최근 초고층 구조물에 대한 설계 및 시공이 늘어나면서 이에 의해 발생하는 초고층 구조물의 층간 변위 및 풍하중에 대한 수평변위의 기여도 등이 문제가 되고 있다. 이런 부분에 대한 연구를 중심으로 전체 흐름을 구성하고자 한다.

강재의 경우 강도가 콘크리트에 비해 뛰어나서 비교적 작은 단면을 사용할 수 있으므로 구조물 전체의 횡방향 강성이 부족한 경우가 많다. 이는 고층일수록 두드러져서 대부분의 고층 철골구조물설계는 횡하중에 대한 사용성을 만족하기 위한 강성설계가 구조설계의 핵심이 되고, 얼마나 효율적인 구조시스템을 도입하여 횡변위를 제어하였느냐에 따라 사용되는 강재량도 크게 달라진다.

2) (주)마이다스아이티 자료

일반적인 설계절차에서 구조시스템은 건물의 규모와 건축계획상의 제한조건에 의해 결정된다. 건물의 높이 또는 층수에 의해 효과적인 구조시스템이 제안되어 있으며, 초기설계단계에는 1~2가지 구조시스템에 대해 해석을 수행하고 이중 최적의 시스템을 결정하는 것이 보통이다.

구조시스템을 결정하기 위한 기본설계과정에서는 주로 강재량의 많고 적음을 기준으로 시스템의 적절성을 평가하게 되는데, 여기에는 다분히 설계자의 주관이 개입되기 마련이다. 초기설계단계에서 횡하중에 대한 사용성평가는 수행하기 어려우므로, 대개는 건물의 용도에 따른 목표량까지 최대 횡변위를 제어하는 방법으로 강성설계가 진행된다. 최대 횡변위는 주거용 건물의 경우 H/400~H/500 정도를 기준으로 설정하는 것이 일반적이다. 최대변위가, 이렇게 선정한 제한변위를 만족하도록 부재의 치수를 결정하는 것은 대부분이 설계자의 개인적 능력(구조시스템의 분석에 따른 부재종류별 정성적 변위기여도)에 의해 시행착오법으로 진행되므로, 경험이 많은 설계자라 하더라도 최소의 강재량을 투입하여 변위를 제어할 수 있기까지는 오랜 시간에 걸친 많은 반복해석과 시행착오가 요구된다.

중저층에 주로 적용되는 모멘트저항골조나 braced frame에는 설계자의 직관(정성적 변위기여도)이 비교적 적절하게 적용될 수 있다. 예를들어, 거더의 휨강성보다는 기둥이나 가새의 축방향강성을 증가시키는 것이 변위제어에 효율적이라는 것은 실무자면 누구나 아는 사실이다. 하지만, 그러한 직관이 항상 적절하지는 않다. Braced frame의 경우 휨변형과 전단변형을 제어하기 위해 기둥과 가새의 단면적을 모두 증가할 필요가 있으며, 이들을 어느정도의 비율로 증가시켜야 하는지는 건물의 세장비와 하중의 형태 등에 따라 달라지므로 일정한 원칙을 정하기는 어렵다. 40층 정도의 고층건축물에 도입되는 outrigger & belt truss 시스템에서는 이러한 불확실성이 더욱 증가되어, 코아와 outrigger 그리고 외부기둥의 강성비는 어느정도가 절절한지를 경험적으로 결정하거나 변형도를 보고 판단하는 것만으로는 자칫하면 시스템만 적절하고 설계는 적절하지 않은 결과를 낳을 수도 있다. 여기서는 횡변위제어를 위한 최적화설계과정에서 설계자의 직관 즉, 정성적인 변위기여도를 정량적으로 계산하는 방법에 대하여 설명하고, 건축구조물에서 자주 사용되는 구조시스템에 대하여 변위기여도의 특성과 이를 이용한 구조시스템 및 구조부재 최적화과정을 소개한다. 또한 변위기여도에 근거하여 횡변위제어를 위한 강성설계과정을 전산화하여 안전성과 사용성에 대한 최적화자동설계기능의 개발계획을 소개하고자 한다.

6.3.2 변위기여도

변위기여도는 구조부재의 처짐량을 계산하기 위한 단위하중법(가상일법)에서 제시되는데,

재분배기법(resizing techniques)을 이용한 수평변위 설계법[60, 61]에서 단위하중법에 의한 변위기여도를 횡변위제어의 목적으로 적용하였다.

외력 L에 의해 처짐 Δ가 발생한 단순보(그림 6-21(a))와, 처짐(Δ)이 발생한 위치에 처짐의 방향으로 단위하중이 작용하는 단순보(그림 6-21(b))를 상정하고, 단위하중이 작용하는 단순보에는 Δ의 가상변위를 적용한다.

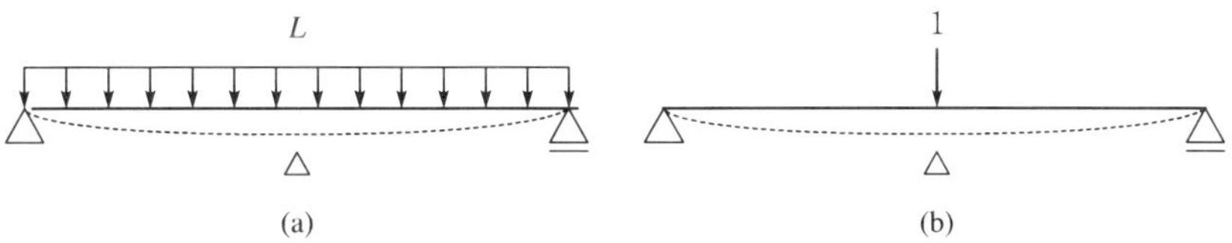

그림 6-21 단위하중법

선형거동을 하는 구조물에서 외력 L에 의해 발생된 내력을 N^L, M^L, V^L, T^L로 표현하면 요소의 변형은

$$d\delta = \frac{N^L dx}{EA},\ d\theta = \frac{M^L dx}{EI},\ d\lambda = \frac{f_s V^L dx}{GA},\ d\phi = \frac{T^L dx}{GI_P}$$

가 되고, 여기에 가상일의 원리($W_{int} = W_{ext}$)를 적용하면

단위하중이 작용하는 단순보 그림 6-21(b)에서 외적가상일(W_{ext})은 외력인 단위하중이 가상 변형이 발생되는 동안 한 일로서

$$W_{ext} = 1 \cdot \Delta$$

가 된다.

외력 L에 의해 단순보(a)에 발생한 처짐 Δ를 일반적인 경우로 확대하면 축방향 변형 $d\delta$, 휨변형 $d\theta$, 전단변형 $d\lambda$ 그리고 비틀림변형 $d\phi$로 표현할 수 있고, 단위하중에 의해 단순보에 발행한 내력을 N^U, M^U, V^U, T^U라 하면, 가상변형 Δ가 발생하는 동안 내력이 한 일 즉 내적 가상일은

$$W_{int} = \int N^U d\delta + \int M^U d\theta + \int V_U d\lambda + \int T^U d\phi$$

$$\Delta = \int_o^l \frac{N^L N^U}{EA} + \int_o^l \frac{M^L M^U}{EI} dx + \int_o^l \frac{f_s V^L V^U}{GA} dx + \int_o^l \frac{T^L T^U}{GI_P} dx$$

여기서, f_s : 전단에 대한 형상계수

단위하중법을 이용하여 건축물의 최대 횡변위를 구하기 위해 그림 6-22(a)와 같이 풍하중이 작용하는 건축물의 최상층에 풍방향으로 단위하중을 부여하고(그림 6-22(b)), 풍하중시의 최대변위를 가상변위로 상정하면, 풍하중시 최상층의 횡변위 δ_t

$$\delta_t = \sum_{i=1}^{m} \delta_i$$

여기서, m : 요소의 개수

되고, 이때 δ_i를 최대횡변위에 대한 각 요소의 변위기여도라 하며 다음과 같이 표현된다.

$$\delta_i = \int_o^l \frac{N_i^L N_i^U}{EA_i} dx + \int_o^l \frac{f_s V_i^L V_i^U}{GA_i} dx + \int_o^l \frac{f_s V_i^L V_i^U}{GA_i} dx + \int_o^l \frac{T_i^L T_i^U}{GI_{Pi}} dx$$

변위기여도는 횡력저항 시스템에서 최대 횡변위에 대한 각 요소의 기여도를 정량적으로 제시하므로, 변위제어를 위한 최적화 과정의 기준이 될 수 있다는 점에서 큰 의미를 갖는다. 즉 강성에 대한 자동최적설계가 가능해지므로, 시행착오법에 의한 변위제어에 투입하던 시간과 노력을 절감할 수 있고 자동설계결과의 최적화정도도 신뢰할 수 있다.

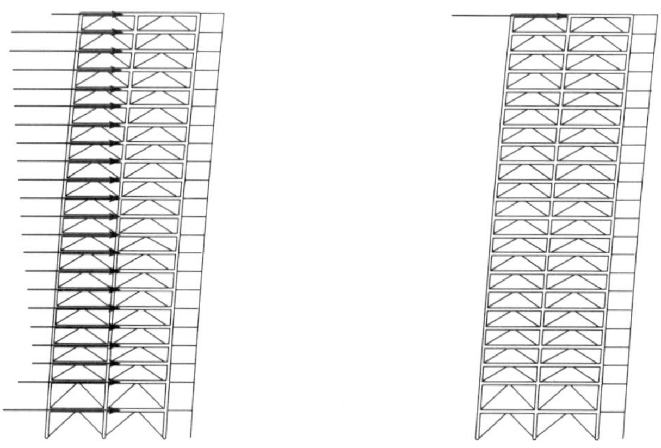

(a) (b)

그림 6-22 횡변위 계산을 위한 단위하중

6.3.3 변위기여도의 분석

단위하중법에 의해 구한 변위기여도가 구조시스템의 특성을 잘 반영하는지 확인해보기 위하여 건축물에 자주 적용되는 구조시스템의 변위기여도를 계산하여 보았다.

(1) 모멘트 골조의 변위기여도

그림 6-23과 그림 6-24는 10층과 20층의 모멘트 골조와 변형도이다.

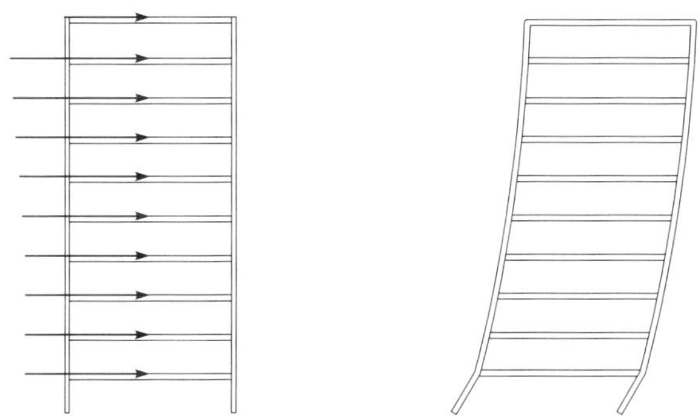

그림 6-23 10층 모멘트 골조의 변형도

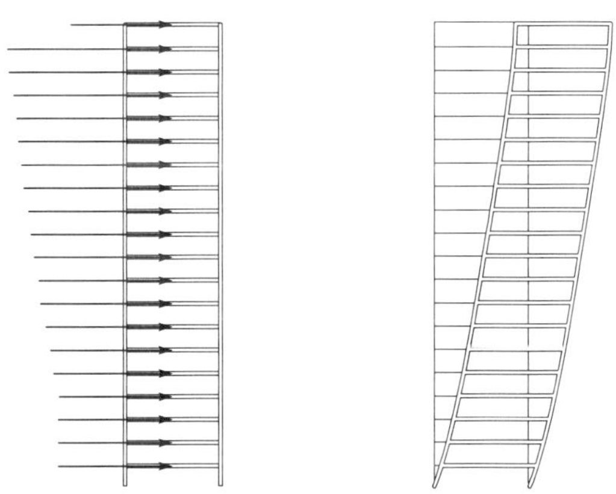

그림 6-24 20층 모멘트 골조의 변형도

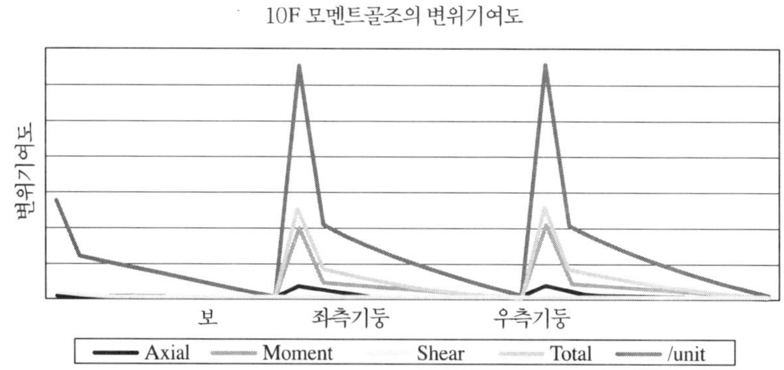

그림 6-25 10층 모멘트 골조의 성분별 변위기여도

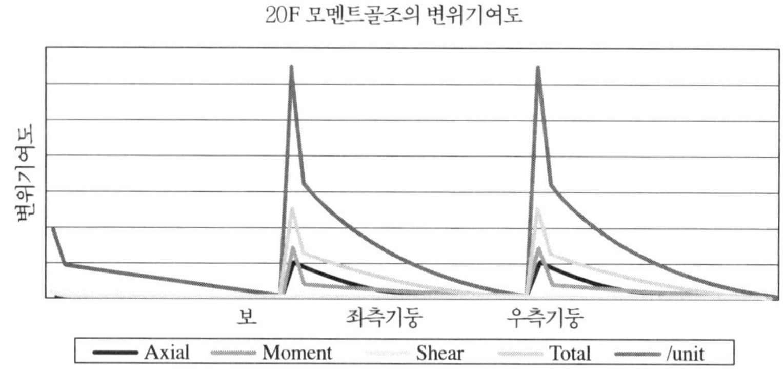

그림 6-26 20층 모멘트 골조의 성분별 변위기여도

그림 6-25와 그림 6-26은 각 요소의 성분별 변위기여도이다.

10층과 20층 골조의 변형도는 전형적인 전단변형의 양상을 보이고 있고, 기둥과 보의 휨강성으로 층전단력에 저항하는 모멘트 골조의 특성이 변위기여도에 잘 반영되어 있다. 20층 골조에서 기둥의 축력성분에 의한 변위기여도는 10층에 비해 크게 평가되었는데 이는 20층 골조에서 휨변형의 경향이 커진 것을 의미한다. 변위기여도는 보와 기둥이 비슷하지만 "/unit"으로 표시된 단위중량당 변위기여도는 기둥이 2배 이상 큰 것을 확인할 수 있다. 이는 강재량을 동일하게 증가시킨 경우 기둥에 의한 변위제어효과가 더 크다는 사실을 의미한다.

위의 변위기여도는 모델의 부재치수가 변화하면 그에 따라 달라진다. 변위기여도는 현재 모델의 강성을 반영하여 횡변위제어를 위한 물량투입의 지침을 제공하는 것이다.

(2) 가새골조의 변위기여도

그림 6-27과 그림 6-28은 10층과 20층의 braced frame 모델과 변형도이다.

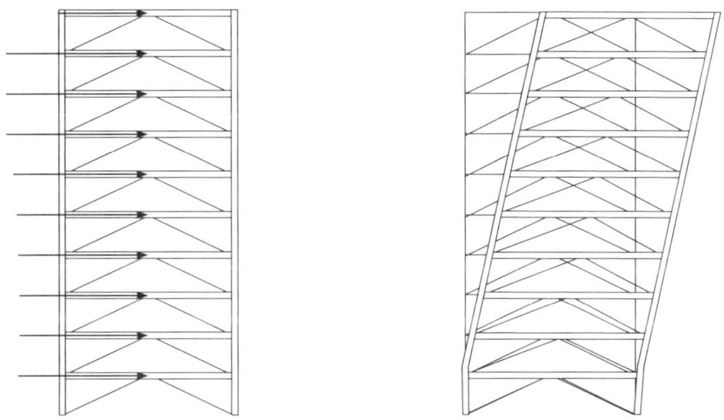

그림 6-27 10층 가새골조의 변형도

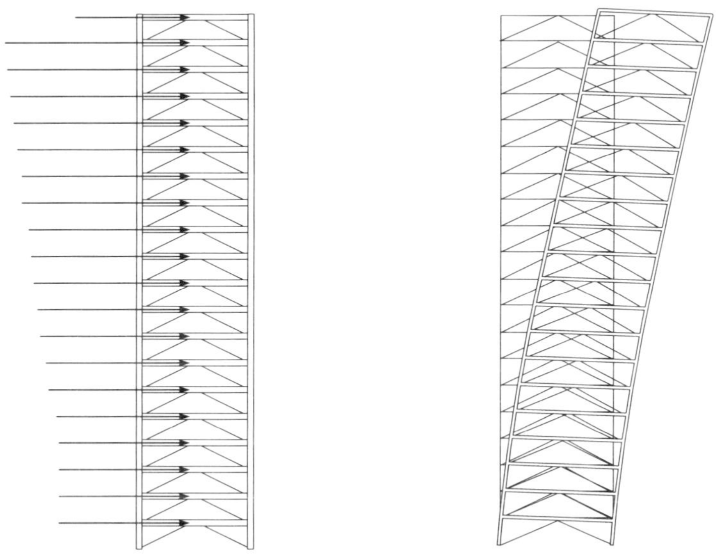

그림 6-28 20층 가새골조의 변형도

가새골조에서는 가새에 의해 전단강성이 보강되어 변형도가 휨변형의 형태를 보이며, 20층 가새골조에서는 이 경향이 두드러진다. 가새골조에서는 기둥-보 접합을 전단접합으로 가정하였으며, 따라서 변위기여도는 기둥과 가새의 축방향 성분만이 의미를 갖는다.

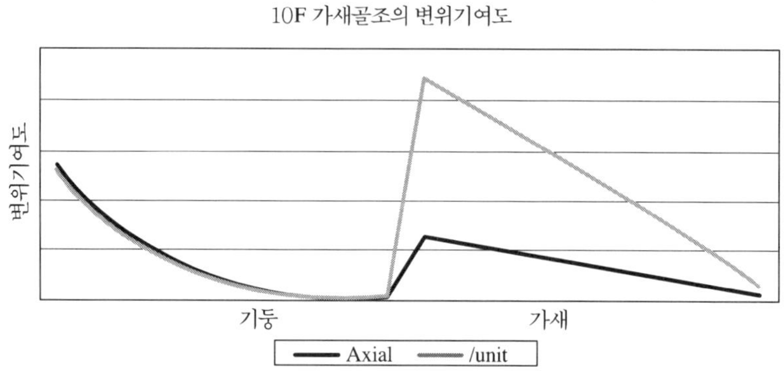

그림 6-29 10층 가새골조의 변위기여도

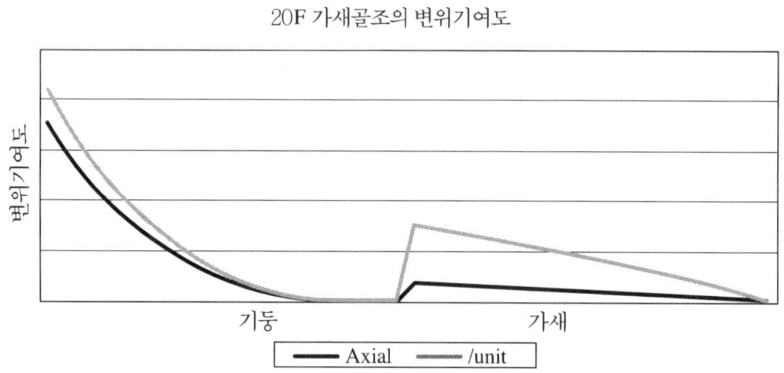

그림 6-30 20층 가새골조의 변위기여도

그림 6-29와 그림 6-30은 각각의 모델에서 좌측부의 기둥과 가새의 변위기여도를 그린 것이다. 10층 가새골조에서는 저층부 기둥의 변위기여도가 크지만 단위체적당 기여도는 가새가 더 큰 것으로 나타났다. 20층 가새골조에서는 휨변형의 영향으로 기둥의 변위기여도가 월등하였고, 단위체적당 변위기여도도 기둥이 우세하였다. 즉, 20층 골조에서는 변위제어를 위해 기둥의 단면적을 증가시켜야 하고 10층 가새골조에서는 현재상태에서는 기둥보다는 가새의 단면적을 증가시키는 것이 유리하다. 이를 확인하기 위해 10층 가새골조의 기둥만을 증가시킨 경우(Case1)와 가새만을 증가시킨 경우(Case2)의 최대변위와 변위기여도의 변화를 그린 것이 표 6-4와 그림 6-31이다. 단면의 증가는 전층이 동일하도록 하였다.

표 6-4 10층 가새골조의 단면적 증가에 따른 변위

모델	강재량(tonf)				최대변위(cm)	비율(%)
	보	기둥	가새	계		
변경전	8.44	6.58	1.83	16.85	14.55	100
Case 1	8.44	16.58	1.83	26.85	9.99	68.7
Case 2	8.44	6.58	11.83	26.85	8.64	59.4

변위기여도의 분석결과대로 가새의 단면적을 증가시킨 경우가 변위제어에 더 효과적이었다. 단면증가 후의 변위기여도를 보면 단면증가 전과 반전되어 기둥의 단위중량당 변위기여도가 더 큰 것을 확인할 수 있다. 즉, 단면적의 증가과정에서 가새의 변위기여도가 감소하여 기둥보다 더 작아진 것이다. 변위제어의 효과를 극대화하기 위해서는 기둥과 가새의 변위기여도가 동일하게 변화된 후에는 기둥과 가새의 단면적을 같이 증가시켜야 한다.

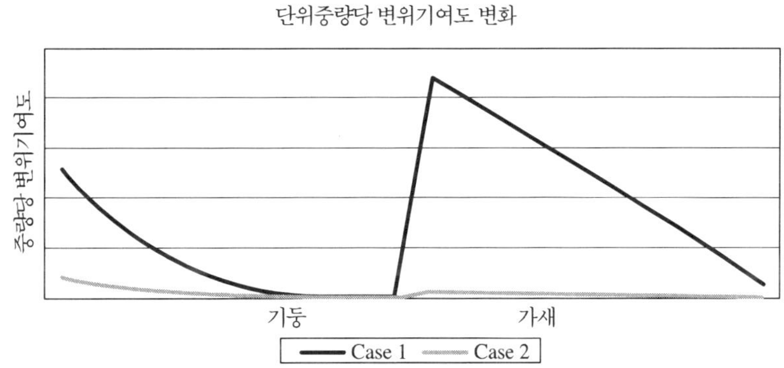

그림 6-31 단면변화에 따른 단위중량당 변위기여도의 변화

(3) Outrigger-braced system의 변위기여도

그림 6-32는 40층 규모의 braced frame에 횡변위제어를 위해 outrigger truss를 설치한 모델이다. 변위기여도의 분석을 위해 각 부재의 단면은 중력하중의 영향을 배제하고 동일하게 적용하였다.

Outrigger truss에 의해 상층부의 휨변형이 제어되는 형상을 변형도에서 볼 수 있는데, 이는 그림 6-33의 부재별 변위기여도에서도 두드러진다. 가새와 연결된 코아기둥의 변위기여도가 가장 크지만, 변위제어를 위한 단면증가의 효율을 판단할 수 있는 단위중량당 변위기여도(/unit W)는 26층에 설치된 아웃리거 트러스가 탁월하였고 40층에 설치된 아웃리거는 상대적으로 작았다.

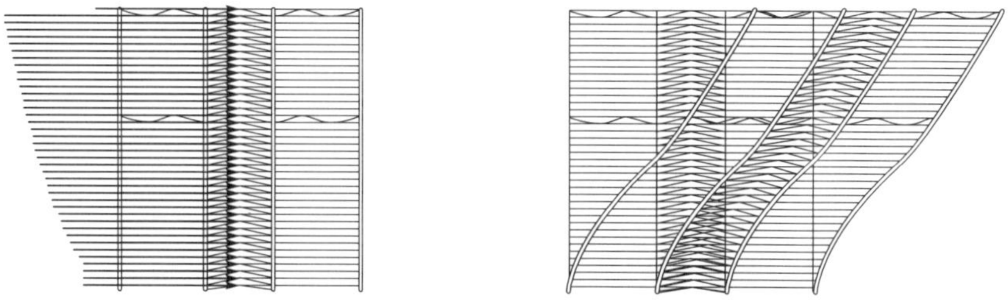

그림 6-32 40층 Outrigger System의 변형도

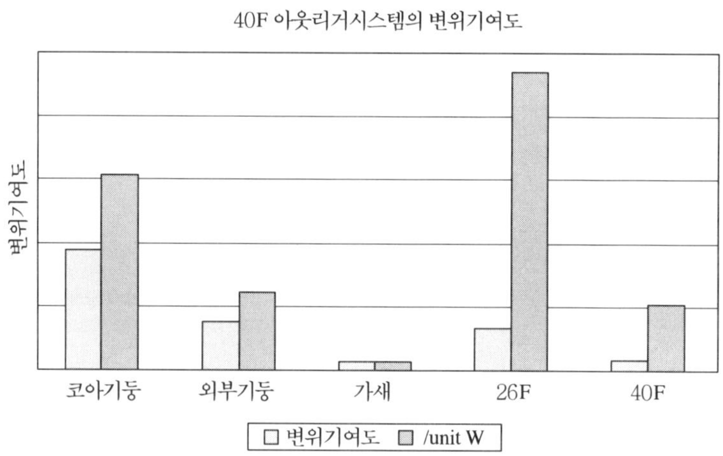

그림 6-33 40층 Outrigger System의 부재별 변위기여도

이 모델은 변위기여도를 분석하기 위하여 전 부재를 동일 단면적으로 가정한 것이므로 코아기둥의 변위기여도가 상대적으로 크게 평가된 것이며, 중력방향 하중을 고려하여 기둥의 단면적을 증가시키면 기둥의 변위기여도는 감소할 것이다. Outrigger system의 기본 개념은 중력방향 하중에 의해 요구되는 기둥의 큰 강성을 횡변위제어에 이용하자는 것이기도 하다.

6.3.4 결론

이상에서 살펴본 바와 같이 변위기여도는 적용된 구조시스템과 구조부재의 강성에 따른 횡변위에 대한 기여도를 수치로 제시하고 있다. 전체 요소의 모든 내력 성분에 대해 계산한 결과를 요소별 단면번호별 그리고 부재종류별로 구분하여 분석할 수 있으므로 구조시스템의 특성에 맞는 최소단면 설계를 가능하게 한다.

6.4 초고층 구조시스템의 최적설계 기술 개발[3)]

6.4.1 개요

초고층 건물의 성능은 사용성에 의해 좌우되기 때문에 이런 사용성에 관한 기술의 개발이 필요한 실정이다. 또한 초고층 건물의 특성상, 수많은 부재와 절점수로 인해 설계 비용이 중소 건물에 비해 많은 부분을 차지하고 있고, 이러한 구조 설계 업무가 반복적인 특성으로 인해 그 효율성이 저하되고 있는 실정이며, 이에 대한 해결책으로 최적화 기법의 도입이 이루어지고 있으나 수많은 부재와 절점으로 이루어신 초고층 건물의 특성상 효율적인 최적화 기법의 도입이 어렵기 때문에, 이를 극복할 수 있는 최적화 기술의 개발이 요구된다. 초고층 건물의 구조시스템 선정 단계에서는 설계자의 경험과 직관에 의해 구조시스템이 선정되기 때문에 초고층 구조시스템의 경제성, 사용성 및 안전성의 측면에서 신뢰성이 저하되고 있다. 따라서 초기 구조시스템 선정 단계에서 합리성과 신뢰성을 확보할 수 있는 적절한 선정 기준의 마련이 시급한 실정이다.

이들 문제점을 극복하기위한 초고층 구조시스템의 최적설계 기술 개발을 연구 목표로 하여 다음과 같은 연구 내용을 설정하였다.

첫째, 초고층 건물의 특성을 충분히 고려할 수 있는 최적화 기법의 선정 및 개발
둘째, 초고층 건물의 최적화 기법 개발에 필요한 분산연산시스템 개발
셋째, 초기 구조시스템 선정과정에서 경제성, 안전성 및 사용성을 확보할 수 있는 구조시스템 선정 기준 구축

6.4.2 최적설계 기법

최근 컴퓨터를 기반으로 한 조합최적화(combinatorial optimization) 기법인 Genetic Algorithms(GAs), Simulated Annealing(SA), Tabu Search 등이 구조최적화 문제에 빈번히 적용되어 그 효율성이 평가 되고 있다. 그러나 컴퓨터 관련 기술이 급속도로 발전하는 현

3) 박효선 외 연세대학교 건축도시공학부 / MIDAS IT / LG건설

재에도 구조최적화를 위한 조합최적화 기법은 최적해를 찾는 동안 최소한의 구조 정보를 이용하는 알고리즘의 특성 때문에 반복회수가 많아져 계산시간의 과다로 인하여 실무 적용에 한계를 가지고 있다.

특히 유전알고리즘은 해집단을 운용하기 때문에 다른 최적화 알고리즘에 비하여 많은 반복수와 적응도 평가를 위한 해집단의 수만큼 구조해석을 필요로 한다. 그리고 유전알고리즘의 안정성과 수렴성은 교배율과 돌연변이율 등의 파라미터에 따라 변화하므로 문제에 따라 적합한 파라미터 설정이 필요하다. 그러므로 유전알고리즘은 해석시간의 증가에 따른 전체 알고리즘의 수행 시간이 증가 하는 문제와 더불어 각 문제에 따라 각기 다른 파라미터 설정이 필요하다는 큰 단점을 가지고 있다.

(1) 유전알고리즘(GA)

유전알고리즘은 2진수로 코딩된 유전자를 사용하며 최적해를 찾아가는 동안 목적함수 값만을 사용한다. 그러므로 다양한 문제에 적용하기 쉬운 장점이 있으며 해집단 내에서 각 개체간의 상호의존성이 없으므로 병렬화하기 용이한 알고리즘이다. 개체군이 증가함에 따라 유전알고리즘은 안정적이며 신속한 최적해로의 수렴양상을 보이는 경향이 있다. 그러나 개체군의 증가는 안정적인 수렴을 보장하지만 알고리즘의 수행시간의 증가라는 양면성을 가지고 있다. 이와 같이 개체 수 증가에 따라 해석 시간이 증가하는 문제를 해결하기 위하여 Goldberg는 직렬유전알고리즘(serial GA) 안에서 작은 집단을 이용하여 효율적인 탐색을 할 수 있는 방법을 제시하였다. 이 접근방법에 기초하여 Krishnakumar는 매우 작은 집단을 운용하는 마이크로 유전알고리즘(μ-GAs) 제안하였다.

Krishnakumar가 제안한 마이크로 유전알고리즘은 진화의 연료라 불리는 돌연변이 연산을 배제하며 1.0의 고정된 교배율을 사용한다. 마이크로 유전알고리즘에서는 돌연변이 연산을 배제하는 대신 재시동 연산을 도입하여 개체군의 다양성을 보존하도록 하였다. 그러므로 초기 개체군을 10개 내외에서 설정하는 문제를 제외하면 기타의 유전연산에 필요한 파라미터의 설정에 따른 번거로움은 사라지게 된다. 그러나 마이크로 유전알고리즘은 디자인 변수가 증가하고 디자인 영역이 넓어지는 경우 안정적인 수렴에 한계를 보이는 특성을 가지고 있다.

(2) 최적화의 정식화

본 연구에서 구조최적화 문제는 구조물의 총 중량을 최소화하는 것을 목적함수로 하고 M

개의 부재로 이루어진 구조물에 대한 중량은 식 (6-1)과 같이 나타낼 수 있다.

$$Minimize\ f(\boldsymbol{X}) = \sum_{i=1}^{M} \rho_i A_i L_i \tag{6-1}$$

여기서, ρ는 부재의 단위 중량, A는 단면적, L은 부재의 길이를 나타내며 M은 전체 부재의 개수를 의미한다. 구조 최적화를 위한 정식화에는 응력, 변위, 부재 간의 층 연결성에 관한 제약이 포함되어 있으며 각 제약함수의 수식은 식 (6-2), (6-3), (6-4), (6-5), (6-6)과 같다.

$$g_1 = \frac{\Delta^T}{\Delta_a^T} \leq 1.0 \tag{6-2}$$

$$g_2 = \frac{\Delta^i - \Delta^{i-1}}{\delta_a^i} = \frac{\delta^i}{\delta_a^i} \leq 1.0 \quad i = 1,\ N \tag{6-3}$$

$$h = \frac{\sigma^j}{\sigma_a^j} \leq 1.0 \quad j = 1,\ M \tag{6-4}$$

$$k_1 = \frac{A_c^{i+1}}{A_c^i} \leq 1.0 \quad i = 1,\ N \tag{6-5}$$

$$k_2 = \frac{A_r^{i+1}}{A_r^i} \leq 1.0 \quad i = 1,\ N \tag{6-6}$$

여기서, Δ^T와 Δ_a^T는 최상층 그리고 허용최대변위이고 Δ^i와 δ^i는 i번째 층 변위 및 층간변위이며 δ_a^i는 i번째 층의 허용층간변위이다. σ^j와 σ_a^j는 i번째 부재에 발생하는 응력과 허용응력을 나타낸다. A_c^i와 A_c^{i+1} 그리고 A_r^i와 A_r^{i+1}는 동일 수직선상에 있는 i와 i+1층의 기둥 및 가새의 단면적을 나타낸다.

M은 전체 부재의 개수이며 N은 전체 층의 수이다.

기본적으로 유전알고리즘은 무제약 최소화 문제 이므로 식 (6-1)의 목적함수 및 변위와 응력에 대한 제약조건 식 (6-2), (6-3), (6-4)를 벌칙함수를 사용하여 식(6-7)과 같이 무제약 최소화 문제로 변환할 수 있다.

$Minimize$

$$
\begin{aligned}
F(\boldsymbol{X}) &= f(\boldsymbol{X}), \qquad\qquad \boldsymbol{X} \in feasible \\
F(\boldsymbol{X}) &= f(\boldsymbol{X}) + P(\boldsymbol{X}),\ \boldsymbol{X} \in infeasible
\end{aligned} \tag{6-7}
$$

$$
P(\boldsymbol{X}) = f(\boldsymbol{X}_f) + \frac{1}{2}\left(r_1 \sum_{i=1}^{N} \left(\frac{\delta^i}{\delta^i_a} \right)^2 + r_2 \sum_{i=1}^{M} \left(\frac{\sigma^i}{\sigma^i_a} \right)^2 \right) \tag{6-8}
$$

여기서, r_1과 r_2는 벌칙상수이며 $f(\boldsymbol{X}_f)$는 설계가용 영역 중량이 가장 큰 개체의 목적함수이며 식 (6-5)와 (6-6)은 부제약조건(side constraints)으로 프로그램을 구성하였다.

6.4.3 분산연산 시스템

(1) 분산연산시스템의 개요

초고층 건물의 최적화 기법 적용과 같이 설계업무의 질적 향상을 위해 보다 빠른 구조해석 및 설계를 위해 전산기의 연산속도에 대한 요구가 날로 증가하고 있고 이를 해결하기 위한 방법 중의 하나가 슈퍼컴퓨터를 사용하는 것이다. 슈퍼컴퓨터를 사용하는 가장 큰 이유는 일정 시간 안에 대용량 계산을 정확하게 계산하기 위함이다. 최근 이에 대한 해결책으로 저비용으로 슈퍼컴퓨터 이상의 성능을 낼 수 있는 클러스터링 기술, 즉 분산연산 기법이 인기를 끌고 있다.

특히 초고층 건물의 최적화 기법의 적용과 같이 반복적인 업무의 특성상 막대한 양의 시간비용이 소요되는 경우 보다 효율적인 최적화 기법의 개발을 위해 병렬 또는 분산연산 기법의 적용이 절실한 상황이다. 따라서 본 연구에서는 비용과 성능의 측면에서 그림 1과 같은 분산연산시스템을 구성하였다.

그림 6-34는 개발된 분산연산시스템의 구성도이며 각 PC를 Ethernet 방식의 LAN 으로 연결하여 구성하였다. 프로세서부분에 해당하는 각 PC는 1.6GHz의 펜티엄 IV Northwood 프로세서와 256MB의 SDRAM 을 탑재하고 있으며 7200RPM 10GB의 하드디스크 용량을 가지고 있다. 각 PC의 운영체제는 윈도우98을 사용한다. 병렬시스템의 네트워크 구성은 100Mbit/s의 속도를 낼 수 있는 Faster Ethernet 방식을 사용하였으며 다수의 슬래이브 프로세서(slave Processor)들은 스위칭 허브를 통해 마스터 프로세서(master Processor) 및 전체 네트워크에 연결되어 있으며 분산화

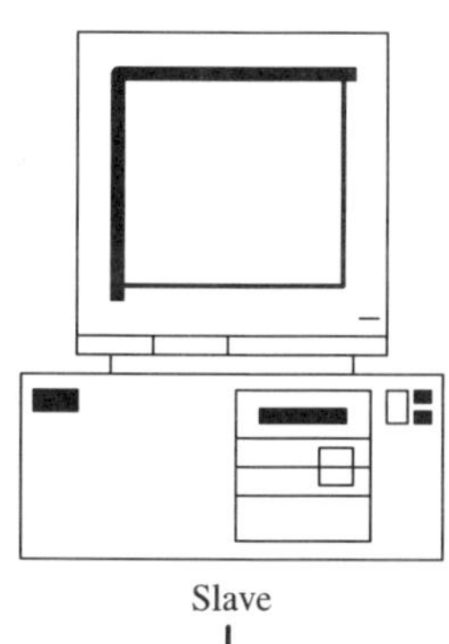

그림 6-34 분산연산 시스템

된 최적화기법의 개발에 사용된 분산, 병렬 라이브러리로는 WMPI 1.3 Library를 사용하여 개발하고 있다.

(2) 분산 복합 유전알고리즘(DHGAs)의 구성

유전자알고리즘(GA)은 특성상 수많은 반복적인 설계과정을 수행하게 되기 때문에 분산연산시스템을 적용하게 된다면 과다한 수행시간과 문제에 따라 요구되는 파라미터 설정 등의 기존 유전알고리즘의 단점을 극복할 수 있게된다. 따라서 복합유전알고리즘을 마이크로유전알고리즘(μ-GAs)과 단순유전알고리즘(SGA)을 결합한 형식으로 그리고 최적화에 요구되는 연산을 다수의 개인용 컴퓨터에서 동시에 분산하여 수행할 수 있는 고성능 분산 복합유전알고리즘(distributed hybrid genetic algorithms, DHGAs)의 형식으로 개발하고자 한다.

DHGAs의 마스터 프로세서에서는 μ-GAs가 그리고 다수의 슬래이브 프로세서들에서는 각각 독립적인 SGAs가 그림 6-35의 개념도와 같이 수행된다. 마스터 프로세서에서는 소수의 개체를 운용할 수 있으며 유전연산에 필요한 파라미터의 설정에 따른 번거로움을 해결할 수 있는 μ-GAs의 장점을 유지할 수 있게 된다. 또한 각 슬래이브에서 독립적으로 진화된 우수한 엘리트(elite) 개체들을 마스터 프로세서에 이주(migration) 연산을 통하여 공급하여 제한적 탐색영역을 운영하는 μ-GAs의 단점을 극복할 수 있다는 개념으로 구성된다.

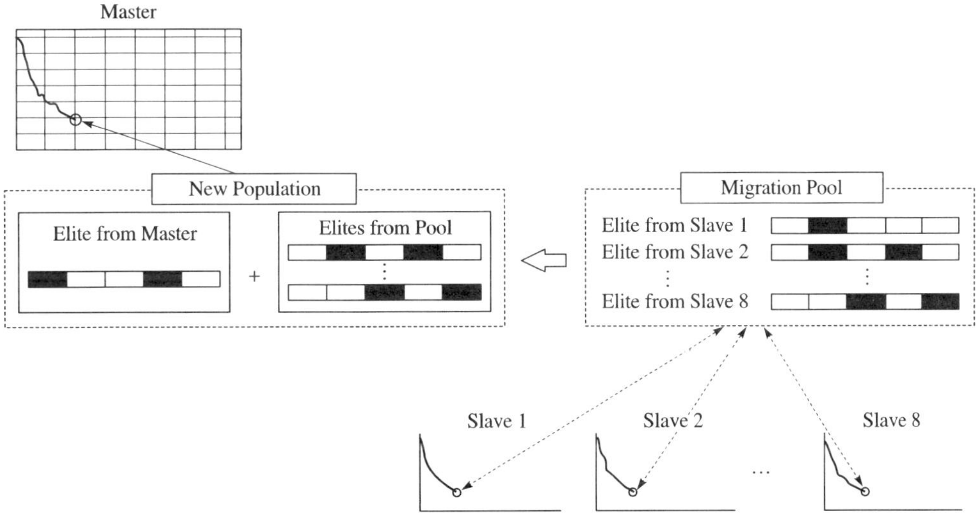

그림 6-35 DHGAs의 개념도

Krishnakumar가 제안한 마이크로 유전알고리즘의 특징은 앞에서 서술한 바와 같으며 재시동 연산을 수행할 때 엘리트 개체를 제외한 전체 개체를 임의로 생성하여 새로운 개체군을 형성한다. DHGAs에서는 재시동 연산 시에 엘리트 개체를 제외하고 새롭게 생성되는 개체를 임의로 생성하는 것이 아니라 각각의 슬래이브 프로세서에서의 엘리트 개체를 이용하여 새로운 개체군을 형성하므로 유도된 초기화 해당하며 그 결과 계산시간 및 수렴속도를 증가 시킬 수 있다는 장점을 가지게 된다.

슬래이브 프로세서에서는 단순유전알고리즘이 사용되며 각 유전연산에 있어서의 파라미터는 De Jong이 제시한 기본 파라미터 설정이 사용된다. 각 파라미터들은 문제에 따라 변화하는 것이 아니라 고정된 파라미터로 본 논문에서는 일반적인 개체군 30개, 교배율 0.6, 돌연변이율 0.03이 사용된다. 각 슬래이브 프로세서들은 마스터 프로세서가 재시동하여 새로운 개체군을 구성하기 위하여 엘리트 개체를 이주하라는 메시지가 전달될 때까지 독립적인 진화 과정을 수행한다.

(3) 복합 분산 유전알고리즘(DHGAs)

그림 6-36은 그림 6-35의 개념도를 바탕으로 구체화한 DHGAs의 흐름도이다. 본 논문에서는 슬래이브 프로세서를 8개 까지 증가시키며 시뮬레이션 하였다. 마스터 프로세서와 슬래이브프로세서에서는 기존의 마이크로 유전알고리즘과 단순유전 알고리즘이 각각 운용된다. 그러나 병렬로 결합된 전체 알고리즘은 마스터 프로세서에서 운용되는 마이크로 유전알고리즘에 의해서 제어 되므로 마이크로 유전알고리즘이 가지는 소수의 개체를 운용하며 파라미터 설정이 간소하다는 장점들을 그대로 활용할 수 있다.

DHGAs에서는 분산시스템과 복합알고리즘을 구성하는 각각의 프로세서들을 연결하며 상호보완적인 진화과정을 수행하기 위하여 이주 형태의 유전연산자를 가지고 있다. 이주연산자는 그림 4에서 마스터 프로세서와 슬래이브 프로세서의 사이에 존재한다. 마스터 프로세서가 재시동할 때 각각의 슬래이브 프로세서들에서 수집한 엘리트 개체를 저장하며 필요한 개체수만큼 마스터 프로세서에 공급한다. 마스터 프로세서로의 공급이 종료되면 수집한 엘리트개체를 각각의 슬래이브 프로세서에 다시 분배하는 역할을 하는 이러한 이주연산자는 DHGAs에 있어서 가장 중요한 역할을 하는 유전연산자라 할 수 있다. 일반적으로 병렬 유전알고리즘에서는 이주 빈도와 이주율 이라는 두 가지의 새로운 파라미터가 필요하며 이는 병렬 유전알고리즘의 성능에 큰 영향을 미치는 중요한 파라미터가 된다. 그러나 본 논문의 DHGAs에서는 이 두 가지의 파라미터는 마스터 프로세서가 재시동시 이주하며 각 슬래이브 프로세서의 엘리트 개체가 이주에 참여 하므로 이주 시기와 횟수 그리고 이주율에 관한 문제는 해결된다.

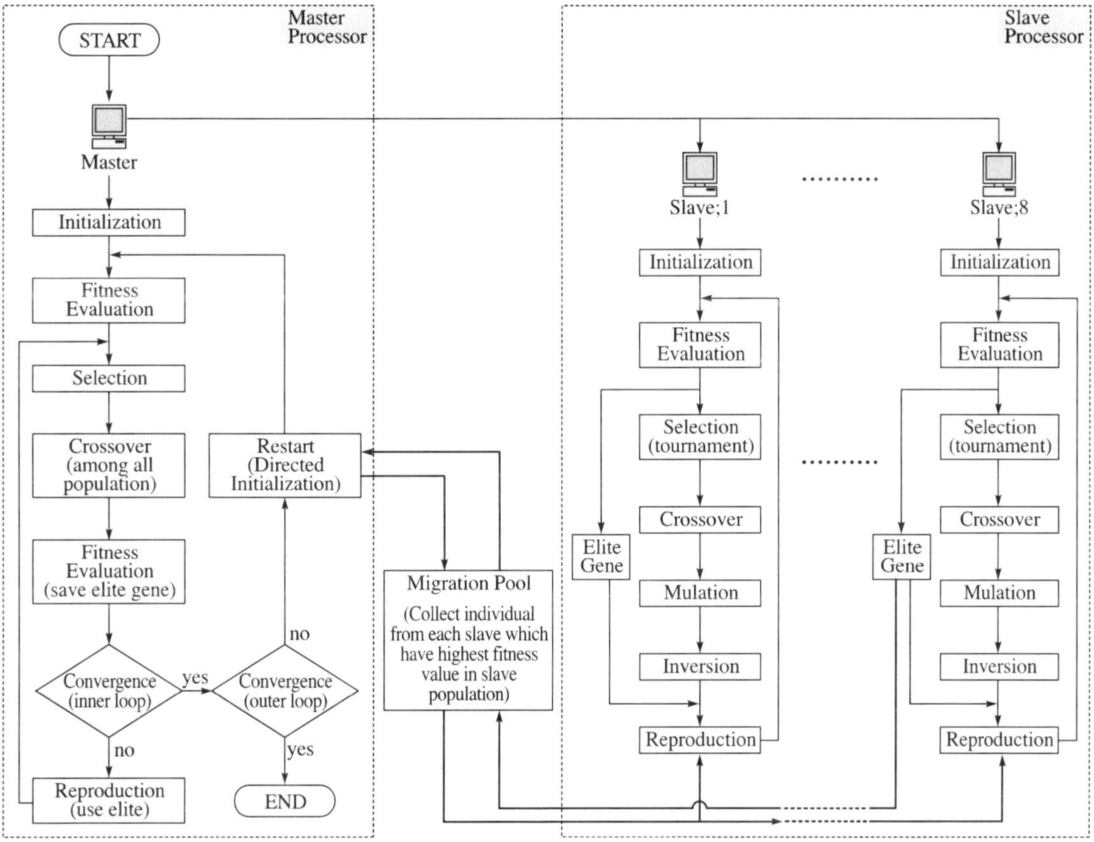

그림 6-36 DHGAs의 순서도

6.4.4 초고층 구조시스템 선정 기준 연구

초고층 건물의 초기 설계단계에서 설계자들을 위한 구조시스템 선정기준이 마련되어 있지 않아 설계자들의 직관과 경험에 의존한 설계가 이루어지게 되고 이로 인한 초고층 건물의 경제성 및 효율성의 측면에서 신뢰성 수준이 저하되는 원인이 된다. 구조시스템 선정 방법으로는 기존에 건설된 초고층 건물의 사례조사와 본 연구에서 개발된 최적화 설계기법을 적용을 통해 개발된 초고층 모델을 체계적으로 분석하여

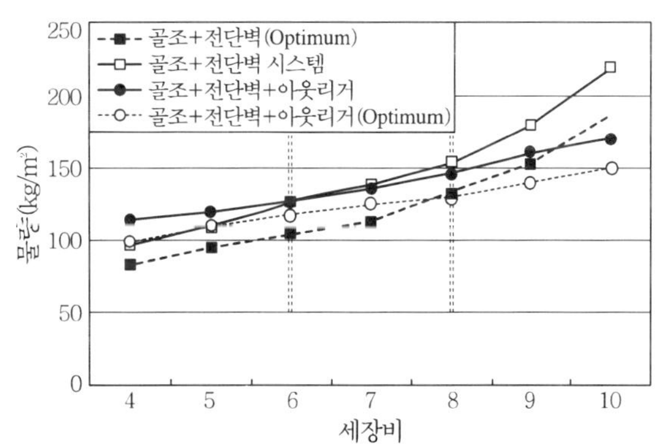

그림 6-37 구조시스템 분석 - 세장비 & 물량(예시)

초고층 구조시스템과 세장비, 재료, 물량과의 관계를 DataBase화함으로써 초기 구조시스템 선정시 사용성, 안전성 및 경제성을 확보할 수 있는 초고층 구조시스템 선정 기준을 마련하는 것이다. 그림 6-37은 초고층 구조시스템별 세장비에 따른 소요 물량을 나타낸 예시표이다. 기존 초고층 건물 사례와 최적화 기법의 개발에 의한 모델들의 데이터를 분석 정리하여 그림 6-37과 같은 표들을 제작, 선정기준으로써 이용하게 된다면 초기 구조시스템 선정시 보다 경제적인 구조시스템을 선정할 수 있으리라 사료된다.

6.4.5 결론

최적화 기법의 선정 및 개발에 있어서 유전자 알고리즘의 분산, 병렬 연산 시스템과의 적용을 통해 효율적인 파라미터 설정기법이 연구되었으며 알고리즘의 분산 연산 기법을 향상시키기 위한 방안으로 분산연산 시스템 개발이 수행되고 있다. 초고층 구조시스템 선정 기준 구축은 보다 많은 초고층 자료의 DB화 및 기업체와의 공동 연구를 통해 보다 실용적인 기법 개발 진행이 필요하다.

6.5 결론

본 장에서는 초고층 구조물의 역사를 짚어보고 이를 통해 현재 초고층 구조물의 발전 수준을 설명하고자 하였다. 또한 초고층 구조물이 완공되기 위해 검토되어야 하는 구조적인 중점 고려사항들을 일부 열거하고 이를 통해 고층구조물에서의 최적화의 방향과 경향에 대해 서술하였다. 본 내용들은 초고층 구조물에 대해 많은 경험과 연구를 수행한 전문가들의 기술 내용을 중심으로 언급한 것이며 상당부분 그 분들의 의견이 반영되었음을 지적하고 싶다. 또한 초고층구조물의 설비시스템에 대한 최적화를 위한 많은 연구들이 있었으나 구조적인 부분만을 다루다 보니 본 교재에서는 제외된 점을 아쉽게 생각한다.

제7장
자동화 최적설계

제7장 자동화 최적설계

7.1 개설

지난 60년대 이래 컴퓨터의 급격한 발전과 그 응용기술이 보편화되면서 구조해석은 수계산 중심으로부터 매트릭스구조해석에 의한 전산화 해석법 중심으로 바뀌게 되었고 70년대 이후 오늘날까지 컴퓨터의 발전과 더불어 이러한 매트릭스구조해석 보다 일반적이고 위력적인 수치해석법인 유한요소법(FEM; Finite Element Method)이 종래의 구조해석법을 대치하게 되었다. 그 결과, 이제는 건설분야 구조물에 대한 정·동적 기본해석뿐만 아니라 구조물에 발생할 수 있는 거의 모든 구조문제에 대한 엄밀해석이 가능하게 되었다. 또한 최근의 구조해석 패키지들은 고도의 구조해석기능 뿐만 아니라 사용자 편의 위주(User Friendly)의 강력한 전처리와 후처리 기능을 탑재하여 보다 효율적이며 정밀한 구조해석을 가능하게 하고 있다. 구조해석이 고도로 전산화되어 감에 따라 구조설계에도 CAD/CAE의 개념이 도입되어 복잡한 구조물의 Interactive 전산화 설계를 가능하게 하였다. 이러한 고도의 자동화 최적설계가 가능한 설계환경에서는 예전보다 훨씬 더 편리해지고 신뢰도가 높고, 경제적인 구조설계와, 종래에는 상상도 못하던 복잡한 정·동적 구조해석이 가능한 고도의 전산화 해석 및 설계가 가능하게 되었다. 본 장에서는 우선, 전산화 구조해석과 설계분야의 이론적 발전 현황을 개괄한 후에, 건설분야에서 전산화구조해석에 가장 널리 사용되고 있는 유한요소법과 전산화 구조설계 부분에서의 자동화 최적설계를 위주로 건설분야에서 실제로 실용화되고 있는 전산화 시스템의 개발현황 및 발전방향을 살펴보기로 한다.

7.2 이론적 발전현황

7.2.1 전산구조해석

오늘날 건설분야에서의 전산 구조 해석 이론은 유한요소법(FEM ; Finite Element Method), 경계요소법(BEM ; Boundary Element Method), 유한대판법(FSM ; Finite Strip Method), 이산요소법(DEM ; Discrete Element Method), 전달행렬법(TMM ; Transfer Matrix Method) 등 특수한 구조물의 해석을 위한 다양한 해석이론 등이 연구 발전되어 왔다. 이중 건설분야에서 가장 널리 사용되고 있는 방법이 유한요소법이다. 여기서는 건설구조분야에서 보편적으로 사용되는 유한요소법에 국한하여 수록하였다.

항공분야에서는 50년대에도 전산구조해석인 매트릭스구조해석법이 주로 항공기의 구조해석을 위해 사용되었지만 건설구조공학분야에서는 1950년대 후반까지 수계산에 의한 구조해석에 의존하여 왔다. 그러다가 60년대가 시작되면서 컴퓨터도 제 3세대의 대형컴퓨터로 급속히 발전함으로써 Time Sharing, Batch Processing H/W에 고급언어사용 S/W에 의해 컴퓨터의 활용이 보편화하게 되었고 이에 맞추어 1960년대 Clough, Martin, Turner에 의한 평면응력문제의 CST 요소 유한요소해석법이 최초로 '유한요소법'이란 명칭으로 발표되자마자 유한요소법은 구조분야의 전산화 구조해석 도구로 각광을 받기 시작하였다. 곧 구조분야에서 유한요소 구조해석이론의 연구가 봇물처럼 쏟아져 나왔고, 항공, 기계, 조선 등 다른 분야에서도 유한요소법을 받아들여 더욱 일반적인 수치해석법으로 발전시키고, 다른 모든 공학의 Field 문제, 열, 유체같은 연속체 문제의 가장 위력적인 수치해석 도구로서 인정받게 되었다. 60년대의 10년 사이에 오늘날 유한요소 해석이론의 대부분의 발전이 이루어져 70년대 중반에는 이미 현대 유한요소 해석의 주요 이론인 Galerkin 가중잔차법, 변분법 같은 일반정식화 이론과, Isoparametric 유한요소정식화, 판, 쉘 구조물의 해석을 위한 Mindlin 이론에 바탕을 둔 감절점 쉘이론 등이 모두 발전되었고, 이와 더불어 효율적인 수치해석 알고리즘인 Frontal 알고리즘, Skyline 알고리즘들이 범용 S/W 패키지에 이용되면서 뒤에 설명하겠지만 항공, 기계, 조선, 건설 모든 분야에 적용할 수 있는 범용 패키지들이 속속 개발되었다.

50년대까지 구조해석의 기본적인 이론은 변형이 안 된 구조형상에 대하여 균질하고 등방성인 재료는 외력의 작용하에서 응력과 변형이 선형탄성거동을 한다는 미소변형-선형탄성해석이었다. 그러나 지진이나 태풍과 같은 과도한 하중을 받게 되는 경우나, 현수교와 사장교와 같은 유연한 케이블로 지지된 장대교량, Sway에 대한 P-Δ효과를 고려해야 되는 고층건물의 경우는 Hooke의 법칙이 성립하는 탄성영역을 넘어 과도한 응력을 받게 되어 탄소성 및 기하적 비선형문제의 해석이 필요하게 되었고 60년대 이후 재료적/기하적 비선형해석분야의 엄청난 발전이 있었다.

컴퓨터의 H/W와 S/W의 제약이 사라진 고도의 전산화시대인 80년대 이후 건설구조공학분야에서 발전된 유한요소 해석이론 중에 가장 괄목할 만한 것은 70년대까지는 엄두도 못내던 강구조물의 균열성장에 따른 피로파괴 해석에 적합한 적응적 체눈 세분화(adaptive mesh refinement)기법, 균열진전해석을 위한 균열선단에서의 특수 유한요소 등의 개발과, 대규모 콘크리트 구조물의 해석에서 엄밀해석이 거의 불가능했던 시간의존성 변형인 Creep과 건조수축의 해석, Massive 콘크리트 타설시 균열발생 원인인 콘크리트의 수화열 해석을 위한 유한요소해석법도 개발되어 유한요소해석 패키지에 포함되게 되었다. 물론 그 외에도 Soil-Structure Interaction 문제에서의 구조물과 지반 경계면의 특수경계요소, 터널, 암반, 지반구조해석에서의 무한요소의 개발 등과 같이 수치해석에서의 어려운 과제들이 해결되었다. 또한 그 외에도 감절점 판, 쉘구조 해석의 Shear Locking 결점 극복을 위한 감차적분, 비적합 변위모드의 추가, 대체전단변형도 등의 다양한 수치해석 기법과 이들을 효과적으로 조합한 “Defect Free”요소의 개발을 위한 노력도 유한요소 해석기법을 더욱더 발전시킬 수 있게 하였다. 90년대에 이르러 장대교량, 고층건물 등 초대형 건설구조물의 설계에 필수적인 내진해석에 실용적인 응답 스펙트럼 해석 외에 보다 엄밀하게 Stochastic 인공지진이나 기록지진파를 사용하는 탄소성 비선형 내진해석과 돌풍, 충격(Impact)하중 같은 Transient 하중에 대한 응답해석과 같은 동적해석이 한층 더 발전하였고 대표적인 건설재료인 콘크리트에 대한 비선형탄성, 탄소성, 등방성경화나 운동성경화 등의 소성법칙과 연계된 해석이나, 균열해석과 강도손실에 대한 해석도 가능하게 되었으며 이러한 고도의 엄밀해석기법들이 오늘날 설계실무에서 적용되어지고 있다.

7.2.2 전산화 구조설계

60년대 이전까지의 건설분야의 구조설계는 설계규준이나 시방에 규정한 설계이론 자체가 탄성구조해석에 따른 허용응력설계(WSD ; Working Stress Design) 위주로 되어 있었고 해석 및 설계 모두 경험과 수계산에 의존하였다. 60년대로 넘어오면서, 제 3세대 컴퓨터의 발전에 따라, 비록 구조해석 위주이긴 하지만 전산화 설계가 태동하기 시작하였고, 구조설계이론도 허용응력설계 외에 강도설계, 소성설계, 극한설계 등으로 점차 발전하게 되었다. 70

년대가 되면서 선진국에서 콘크리트구조는 점차 강도설계 위주로 되고 강구조물은 강구조의 특성상 특수한 경우의 소성설계를 제외하면 허용응력 설계가 주 설계법으로 되어있었다. 그러나 70년대 후반에 와서는 신뢰성에 기초한 시방서 안전계수의 보정기법이 개발되어 재래적인 허용응력 시방서의 안전율과 하중효과, 거동예측의 모순을 극복하게 되었고, 이에 따라 최근 구조거동중심의 각종 한계상태(Limite state)에 기초한 한계상태설계법(LSD ; Limite State Design)과 LRFD(Load and Resistant Factor Design)설계법이 개발되어 합리적인 전산화 설계의 길을 열었다. 80년대로 넘어오면서 유럽을 중심으로한 선진국에서는 LSD를 설계기준으로 채택하고 실무에 적용하게 되었고, 보수적인 나라인 미국조차도 80년대 중반이 지나서 강구조물의 LRFD 설계를 채택하였고, 90년대로 들어오면서 교량설계도 LRFD설계로 전환케 되었고, 이러한 현대적인 설계법에 의한 설계S/W도 속속 개발되어 실무설계에서 활용하고 있다.

한편, 전산화 설계의 핵심인 최적설계 이론은, 60년대 이래 OR(operations research)의 최적화 이론의 발전과 병행하여 FEM과 함께 급속하게 발전하였다. 최적설계는 60년대의 이론정립시기와 70년대의 이론발전의 황금기를 지나면서 MP(mathematical programming)와 OC(otimality criteria) 최적화 위주로 급속도로 발전되었다. 또한, 대부분의 구조설계문제가 비선형문제이기 때문에 비선형 최적설계문제를 풀기 위한 연구가 활발하였는데, 이 중에 GPM(Gradient Projection Method), FDM(Feasible Direction Method), 그리고 SUMT (Sequential Unconstained Minimization Technique)와 같은 알고리즘이 다양한 건설분야 구조물의 구조최적화에 응용되었고, 그 외에도 동적계획(Dynamic Programming), 이산형 최적화에 대한 연구도 나왔으나, 70년대에 가장 괄목할 만한 구조최적화 기법으로는 Schmidt와 Farshi 등에 의해 MP와 OC의 이론적인 관계를 밝힌 Primal/Dual MP기법과 이에 따른 ALM(Augmented Lagrange Multiplier Method) 알고리즘의 발전, 또한 구조시스템 최적화문제에 대한 다양한 근사 최적화기법의 응용, 설계민감도해석, 구조시스템최적화에 필수적인 DOSA(Design Oriented Structural Analysis)기법의 발전 등과 같은 효율적인 시스템 최적화기법의 발전을 빼놓을 수 없다. 그러다가 최적설계는 80년대로 들어와 고성능 제 4세대 컴퓨터시대가 시작되면서 FEM 패키지와 함께 건설분야에서도 최적설계시스템이 크게 발전하였다. 80년대의 최적화 알고리즘은 60년대와 70년대의 알고리즘을 바탕으로 성능이 더욱 향상되었는데, 이로써 ALM, OCM(Optimality Criteria Method), GPM, SUMT를 비롯한 다양한 FDM알고리즘과 SQP(Sequential Quadratic Programming)알고리즘 등이 최적설계 패키지의 주요 Optimizer Routine으로 사용되었다. 90년대에는 J. H. Holland에 의해 1975년에 처음 제안된 Genetic Algorithm이 다른 분야에서 뿐만 아니라 구조설계분야에서도 많은 적용이 시도되었으며 1990년, J. Koza에 의한 유전자 프로그래밍(Genetic Programming, GP)을 이용하는 많은 응용연구가 진행중이다. 그밖에도 SA(Simulated Annealing)와 ANN(Artificial Neural Network) 등과 같은 알고리즘을 이용한 건설분야 구조설계문제를 해결하려는 연구가 끊임없는 노력 중에 있다.

80년대 이후 전산화설계의 급속한 발전과 함께 구조설계도 비약적인 발전을 하게 되었다. 전산구조설계 초기단계에서는 구조해석 부분에서만 전산처리의 도움을 받는 단방향의 단순 전산화에 불과하였다. 하지만 프로그램 개발환경과 기술이 발전함에 따라 구조해석 뿐만 아니라 설계부분까지 양방향의 전산화처리로 발전되었고 설계시간을 단축할 수 있게 되어 경제적이고 효율적인 설계를 가능하게 되었다. 최근의 통합구조설계 시스템은 구조해석과 설계프로그램, CADD(Computer Aided Draft Drawing)시스템 그리고 이른바 지능형 데이터베이스라 불리우는 자료관리 시스템과의 연계된 시스템을 구축한 통합환경에서 자동화설계를 제공하고 있다. 설계에 필요한 재료의 특성과 물성치를 데이터베이스화하여 실질적인 설계를 가능하게 하는데, 단지 구조물의 설계에서 그치는 것이 아니라 설계된 구조물에 대한 물량산출과 설계도면의 작성이 자동으로 수행되는 것이다. 그리고 무엇보다도 설계단계에서 최적화기법을 활용함으로서 모든 설계하중이 작용하여 구조물의 설계에 요구되는 모든 제반사항을 만족한 상태에서 설계자가 지향하는 목적에 부합되는 최적의 구조물을 얻게되는 최적설계가 가능하게 되었다. 또한, 데이터베이스와 연결되어 설계자료를 보관함으로서 재설계와 유사설계가 있을 경우 중요한 자료로 활용될 수 있다. 그리고 최근의 경향은 통합시스템에 전문가시스템을 추가하여 설계초기인 입력단계에서 오류를 범할 경우 설계자에게 수정할 수 있는 기회를 주어 실무자의 판단착오에 의한 설계오류를 사전에 방지할 수 있도록 하고 있다.

7.2.3 CAD와 최적설계

(1) CAD

CAD(Computer-Aided Design)란 시스템의 설계에 컴퓨터를 이용하는 것을 총칭하는 용어이다. 이와 유사한 개념을 열거하면 다음과 같다.

CADD : Computer-Aided Design and Drafting

CAE : Computer-Aided Engineering

CAM : Computer-Aided Manufacturiong

CASE : Computer-Aided Systems Engineereing
CIM : Computer-Intergrated Manufacturing

여기서는 CADO(Computer-Aided Design Optimization)의 과정 중 IDO(Interactive Design Optimization)의 개념을 설명한다.

(2) IDO

IDO의 알고리즘은 반복설계과정의 도중에 설계자가 입력한 자료를 이용하는데 기본원리를 두고 있다. 현재설계의 상태에 따라 수행되어야 할 것을 설계자가 맹시할 수 있는 개방알고리즘이다. 이는 반복설계과정을 중단시켜 사용자에게 현재설계상태를 보여줄 수 있는 기능을 가진 Interactive Software에서 수행되어야 한다. 따라서 IDO알고리즘은 최적설계과정에 설계변경단계 직전에 Interactive Session을 삽입함으로써 가능하게 된다. 초보단계의 IDO에서는 Interactive Session을 풍부한 경험을 가진 설계자가 담당하지만, 현재의 추세는 Knowledge-Based Expert System을 개발하여 의사결정을 하도록 하는 경향이다.
최적설계 과정에서 현 설계의 상태에 따라, 다음과 같은 질문을 제기할 수 있을 것이다.

① 현재설계가 유용설계이기는 하지만 최적설계가 아니라면 목적함수를 x%만큼 줄일 수 있는가?
② 초기설계가 불용설계이면, 목적함수는 여하간에 유용설계를 얻을 수 있는가?
③ 현재설계가 불용설계이면, 목적함수를 증가시키지 않고 유용설계를 얻을 수 있는가?
④ 현재설계가 불용설계이면, 목적함수를 y% 만큼만 증가시키고도 유용설계를 얻을 수 있는가?

이상의 문제에 해답을 줄 수 있는 알고리즘이 IDESIGN 소프트웨어에 개발되어 있으므로 참고하기 바란다.[Arora, 1989,Introduction to Optimum Design].

(3) IDO 소프트웨어의 요구조건

- 일반적인 NLP 및 비제약문제의 취급
- 부등호, 등호, 설계변수제약조건 취급
- 선택적 알고리즘

- 사용자의 착오 발견 및 처리

① **Interactive data Preparation**

- 입력 및 편집기능
- 최소한의 데이터만 요구
- 기 입력자료의 편집
- Question/Answer Session(대화형)
- 설계자의 착오로부터의 보호
- Error Messages

② **Interactive Design**

- 목적함수, 제약함수, 설계변수, 최대위배량, 수렴매개변수의 내력
  → Graphic Display
- 설계자가 설계과정을 유도, 감시
- Decision Making, Restart, Change the Problems Parameters
- Default Values – 경험, 수치실험

③ **Interactive Decision Making : 반복설계과정에서 의사결정**

- 문제의 정식화와 설계자료의 재검토
- 설계의 상태 – 설계변수, 목적함수, 최대제약위배량 등
- 데이터 변경 – 설계변수 및 그 한계, 수렴기준 등
- 반복횟수의 지정
- Restart
- 반복과정 중 알고리즘의 변경
- 제약조건의 보정요구
- Graphical Display의 요구

④ **Interactive Graphics**

- 목적함수, 수렴매개변수, 최대위배량의 내력
- 설계변수의 내력
- 제약함수의 내력
- 설계민감도 – 막대그림표

7.3 전산시스템의 개발 및 응용

앞 절에서 살펴본 바와 같이 구조해석과 구조설계분야의 이론은 60년대 이래 지난 30년간 비약적으로 발전을 해왔으며, 그 결과 최근에는 고도의 해석과 설계기능을 갖는 응용소프트웨어의 개발이 이루어졌다. 또한 첨단 구조공학이론을 적용하는 완벽한 사용자 위주의 자동화 해석 및 설계를 포함하는 시스템의 구현을 하기 위하여 연구개발이 계속 진행 중에 있다.

표 7-1 건설분야 구조해석 패키지의 주요기능

Software	주 요 기 능	개발사	비고
ADINA	• 2차원, 3차원 선형, 비선형 해석, 접촉문제 해석, Buckling 해석 • 균열 진행을 수반한 파괴해석 • Small & large Deformation, Large Strain • 온도를 고려한 탄 · 소성 및 Creep해석	미국 ADINA R & D, Inc.	범용
MARC	• 비선형 접촉해석, Material Library(소성재료, 비금속재료, polymer 등) • 열응력해석, 진동해석(고유치해석, 비선형해석), 콘크리트의 균열해석	미국 MARC사	범용
GT STRUDL	• 선형동적해석, 비선형정적해석 • 철골 및 콘크리트 구조설계(부재최적설계, 물량산출)	미국 GTRC사	범용
LUSAS	• 선형, 비선형 해석 • 시간에 따른 응력 및 변위해석, 비선형-동적해석 • Eigen 해석(좌굴해석, 내진 · 내풍해석), 피로해석(S-N Curve)	영국 FEA사	범용
ABAQUS	• 선형 · 비선형 정적 해석, 동적해석(고유치, 응답스펙트럼, 시간이력) • Transient nonlinear dynamic analysis • Creep & Shringkage 해석, 구조진동해석, Fracture mechanics	Hibbitt, Karlsson & Sorensen, Inc.	범용 설계지원
ANSYS	• 콘크리트 재료 및 요소의 비선형 해석 • 동적해석, 좌굴해석 및 최적설계 모듈 포함	미국 ANSYS사	범용 설계지원
DIANA	• 콘크리트 및 암반의 균열해석, RC 및 PC구조물의 파괴거동 해석 • 장대교량의 동적 비선형해석, 교량의 시공단계별 해석 • 항만구조물의 내진 해석 • 콘크리트 수화열에 의한 온도 및 균열분포 해석 • Creep 및 Shringkage 해석, 부착 거동을 고려한 철근 및 텐던모델링	네덜란드 TNO사 미국REI사	범용 설계지원

ETABS	• 아파트 전용 정해석, 동해석, 철골단면설계, 이동하중하의 교량해석	미국 CSI사	범용 설계지원
NISA	• 선형 · 비선형 정적 해석, 동적해석(고유치, 응답스펙트럼, 시간이력) • 구조최적설계	미국 EMRC사	범용 설계지원
MIDAS	• 정동적해석(고유치, 응답스텍트럼, 시간이력), P-Delata 해석 • 한국강구조규준과 AISC(ASD, LRFD)규준에 대한 설계기능	한국 (주)포스코개발	범용 설계지원
NASTRAN	• 선형정적해석(응력해석, 탄성좌굴해석), 진동해석, 비선형해석 • 공탄성해석(static aeroelastic, dynamic aeroelastic, flutter 해석) • Adaptive 해석, 설계최적화 • 대형구조물 해석	미국 MACRO industries, Inc.	범용 설계지원
SAP2000	• 하중조합, 이동하중(DB, DL, 철도)에 의한 교량해석 • 비선형 해석(Isoater, Demper, Gap, Hook요소) • 미국, 영국, 캐나다, 유럽기준에 따른 RC 및 철골부재 설계	미국 CSI사	범용 설계지원
RM	• PC-BOX교량(FCM, MSS, ILM, FSM공법 등)해석 • 장대교량 해석 및 Steel Box 교량해석, 시공 단계별 해석 • 단면 물성치 자동계산, Creep & Shringkage 해석 • 동적해석(고유치, 응답스펙트럼, 시간이력), 좌굴해석	오스트리아 TDV사	교량전용 설계지원
TANGO	• 강교량, 콘크리트교량, 강합성교, 사장교 해석 • AASHTO, OHBDC 이동하중 산정, ACI-209, CEB-FIP 규준고려	미국 DRC Consultant	교량전용
SFRAME	• 시공단계별 PC segment 해석		교량전용

7.3.1 구조해석 시스템

유한요소법의 초기부터 선진국의 대학 및 연구기관을 중심으로 구조해석프로그램이 개발되어 왔다. 이와 같은 프로그램 중에는 1966년 미국 NASA에서 우주항공분야에 이용할 목적으로 MacNeal-Schwendler社에서 개발한 NASTRAN을 시작으로 현재 GT- STRUDL의 모체인 ICES-STRUDL이 1966년 미국 M.I.T에서 개발되었고 국내에서도 실무에 널리 적용되고 있는 SAP Series의 모체는 1970년 UCLA의 Wilson 등에 의하여 개발되었고 건물해석 전용 프로그램인 ETABS도 1975년에 개발되었다. 그 후 이러한 프로그램들은 수십년 동안 사용자에 의해 검증을 거쳐왔으며 많은 기능이 계속 추가 보완되어 현재에 이르고 있다. 현재에도 건설분야에서 널리 적용할 수 있는 새로운 버전의 기존 패키지와 새롭게 개발된 유한요소해석 패키지들이 나오고 있다. 이러한 다양한 유한요소해석 패키지 중 현재 가장 일반적으로 사용되고 있는 유한요소 패키지를 중심으로 그 성능 및 활용 그리고 발전방향에 대하여 기술하고자 한다. 표 7-1은 이러한 패키지를 나타내고 있으며 이 중에 ADINA, MARC, ABAQUS, ANSYS, NASTRAN 같은 일반 범용 패키지는 건설분야 뿐만 아니라 기계, 항공, 해양, 조선 구조분야에서도 널리 사용되고 있는 일반유한요소해석 패키지들이다. 이러한 소프트웨어는 단순한 정 · 동적해석은 물론 재료의 비선형, 기하학적 비선형거동에 대하여도 해석을 기본적으로 할 수 있게 되어있다. 그밖에 RM과 DIANA 등과 같은 패키지는 교량구조의 시공단계별 변화하는 외력조건에 따른 구조물의 응답해석 및 콘크리트의 시간에 따른 재료특성인 크리프, 건조수축 등을 고려할 수 있고 ADINA, DIANA, MARC 등과 같은 강력한 구조해석 패키지들은 구조물의 균열을 고려한 파괴거동을 해석할 수 있으며 사장교나 현수교 같은 장대교량을 효율적으로 해석할 수 있는 기능을 가진다. 대부분의 범용 유한요소 패키지들은 각종 요소와 다양한 재료특성에 대한 라이브러리를 제공하여 사용자가 원하는 정확한 해석을 지원하고 있다. 그리고 LUSAS와 NISA 등과 같은 구조해석 패키지는 그 자체에서 지원하는 Parametric Language를 이용하여 사용자 Interface 프로그램을 작성함으로써 사용자가 필요한 메뉴를 구성하여 패키지가 가지고 있는 강력한 구조해석기능을 사용자가 원하는 전용해석 프로그램으로 개발할 수 있게 구성되어 있다.

특히 최근에 새로운 기능이 추가되고 향상된 프로그램인 ABAQUS, LUSAS, SAP2000, DIANA 등은 강력한 전 · 후처리 기능과 Adaptive해석 및 최적설계기능과 요소와 재료에 대한 데이터베이스의 기능 등이 추가되었으며 비선형 혹은 동적해석을 할 수 있는 모듈이 추가되어 막강한 해석기능을 갖추게 되었다. 현재에는 표 7-1에 언급한 범용 패키지 이외에도 그래픽 모델링, CAD 데이터 입력기능, 절점과 요소의 자동발생 및 복제기능, 기둥/보 접합부 강역대(Rigid Panel Zone)의 자동고려기능 및 각국 시방 규준에 따른 풍하중 및 지진하중 자동 입력기능 등의 뛰어난 전처리 기능과 다양한 요소를 사용하고 정적/동적 해석이 가능한 점과 여러 가지의 해석결과를 효과적으로 파악할 수 있도록 하는 뛰어난 후처리 기능을 갖춘 시스템이 속속 개발되고 있다. 또한 RM, TANGO, SFRAME 등 교량구조해석만을 위주로 하는 프로그램이 교량 구조물의 설계분야에서 점차 실용화되고 있다.

7.3.2 자동화설계시스템

대부분의 건설구조물은 규모가 거대할 뿐만 아니라 자연환경에 노출되어 있으며 작용하중의 정확한 측정이 어렵다는 특징을 갖고 있다. 또한 건설구조물에 대한 설계는 그 대상 구조물의 대부분이 사회기반, 공공시설물로 사용되고 있기 때문에 안전성과 경제성이 매우 중요하다. 그러나 설계측면에서 본다면 안전성과 경제성은 매우 상반된 개념이다. 이러한 상반된 개념을 적절하게 조절하여 안전하면서도 가장 경제적인 구조물을 설계하는 것이 구조설계의 궁극적인 목적이며, 바로 이러한 목적을 실현하기 위하여 최적설계가 발전하게 되었다. 따라서 여기서는 최적설계를 이용한 자동화 설계시스템의 발전현황을 알아보도록 할 것이다.

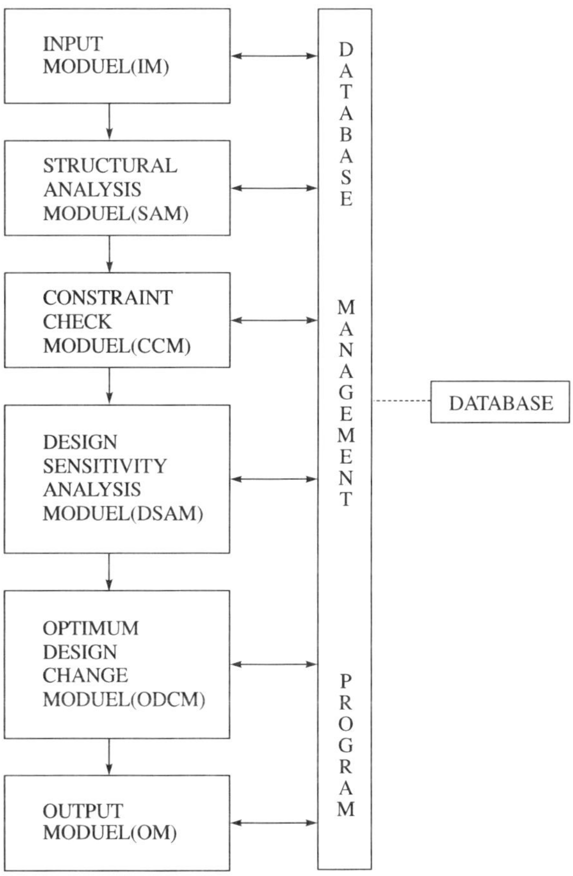

그림 7-1 자동화 최적설계 개념도

건설구조물의 설계에서 초기의 전산화설계는 전체의 설계단계 중에서 특별한 하나의 업무단위에 대한 자동화만을 의미하는 부분적 도구로서의 컴퓨터의 활용에 지나지 않았다. 즉, 구조해석, 주단면설계, 상세거동해석, 상세설계 등과 같은 하나의 업무단위만을 전산화 하기 위한 단위프로그램만을 말하며 전체설계단계에서 부분적 자동화(islands of automation)만을 의미하였다.

그러나 점차적으로 구조해석 패키지와 단위설계 프로그램 그리고 CAD그래픽 기구와 같은 부분적 도구들이 증가하면서 그들의 영역이 중복됨에 따라 하나의 단위프로그램으로부터의 결과를 다른 단위프로그램의 입력데이터로 전환하는 작업이 증가하게 되었고 데이터처리의 통합이 절실하게 되었다. 그리고 정보기술의 가속화와 DBMS기술의 급속한 발전으로 말미암아 단위프로그램의 통합이 가능하게 되어 부분적 자동화에서 구조설계 전 과정에 걸친 User Interface기능의 고도화된 통합 자동화 시스템의 개발이 가능하게 되었다.

표 7-2 주요 최적설계 프로그램

프로그램	특 징	주요응용분야	개발자
OPTSYS	ASKA와 ABAQUS 기초	범용구조설계	Brama, J
ASTROS	NASTRAN 기초	범용구조설계	Neill, D.J
NISAOPT	NISA Ⅱ 기초	범용구조설계	Atrek, E. Hariran, M
NASTRAN, I-DEAS	민감도와 최적화 수행	범용구조설계	Vanderplaats, G.V Miura, H
ADS / DOT, DOC	FORTRAN subroutines의 모음	범용구조설계	Vanderplaats, G.V / VMA Eng. Inc.
NEWSUMT	penalty function procedure	범용구조설계	Miura, H
NEWSUMT-A	NEWSUMT에 근사제약 혼입	범용구조설계	Grandhi, R.V
IDESIGN	Sequential Quadratic Programing	범용구조설계	Arora, J. S Univ. of Iowa
GENESIS	민감도, 근사화, 최적화 수행	범용구조설계	VMA Eng. Inc.
ANSYS	최적설계 모듈포함	범용구조설계	ANSYS Inc.
MIDAS의 O.D.S	AISC-ASD89 시방서규준	건설분야설계	(주)포스코개발
GT-STRUDL	철골 및 콘크리트 구조설계(물량산출)	건설분야설계	GTRC Inc.
SAP2000	미국, 영국, 캐나다 기준에 따른 RC 및 철공부재 설계	건설분야설계	CSI Inc.
MicasPlus	AISC 및 ACI시방서규정에 따른 설계지원	건설분야설계	Intergraph Inc.
SODA	AISC-ASD89, AISC-LRFD86, LSD 2D, 3D, P-Δ 해석, 자동최소중량설계	건축구조설계	Acronym Inc.
RM	교량의 최적 부재설계	교량전용설계	TDV Inc.
3G	CAE를 이용한 자동화 설계	범용구조설계	Plasso Tech사

그림 7-1는 자동화 최적설계시스템의 개념도를 나타낸 것으로 현재 이와 같이 구조설계 과정을 일괄적으로 처리할 수 있는 통합 구조설계 시스템을 구축하려는 많은 연구가 진행되고 있다.

현재의 통합자동화 시스템의 개발은 많은 진보를 하여 하나의 통합된 환경에서 설계과정에 필요한 모든 과정 즉, 모델링, 구조해석, 설계, 도면출력 및 보고서 작성 등의 과정을 제공하는 상업용 자동화설계 프로그램들이 개발되어 있다. 앞 절에서 살펴본 최적화 이론의 발전과 함께 개발된 건설구조물의 최적설계에 이용 가능한 자동화 최적설계 프로그램들 중 주요 프로그램의 일부를 표 7-2에 나타내었다. 구조전산화 초기단계의 프로그램들은 GT-STRUDL, ANSYS 등과 같은 유한요소 프로그램 안에 최적화 루틴이 포함된 제한된 구성이었기 때문에 최적화 프로그램을 다른 사용자가 사용할 때 내용이 충분하지 않고 수정하기 어려웠다. 하지만 최근의 프로그램은 GENESIS, MicasPlus와 같이 범용 최적화 패키지와 범용 구조해석 패키지가 결합된 형태의 통합환경의 프로그램이 개발되었고 사용자위주의 Interface기능이 포함되어 실무자의 편의를 도모하였다. 초기단계의 통합구조최적화 패키지는 70년대 초반에 개발된 TSO이며 항공기날개와 꼬리구조의 기본설계를 수행할 수 있다. 70년대 중반에는 주로 항공구조설계 분야에서 특별한 목적을 위한 유한요소 프로그램과 함께 최적설계프로그램이 개발되었는데, ACCESS, FASTOP, OPSTAT, OPTCOMP, ASOP, STARS, DESAP 등과 같은 프로그램이 이런 종류에 속한다. 이러한 프로그램은 구조해석프로그램의 일반성의 부족 때문에 활용범위에 제한을 받았고 범용 구조해석프로그램과의 연계에 대한 개발을 촉진시켰다. 80년대초에 들어서 Haftka에 의해 개발된 PARS와 Sobieszczanski-Sobieski에 의해 개발된 PROSS는 상용프로그램 SPAR, EAL에 기초를 두고 있으며, 구조최적화 패키지인 OPTSYS는 유한요소 프로그램인 ASKA와 ABAQUS에 바탕을 두고 있다. 앞 절에서 살펴본 표 7-1에 나타낸 범용구조해석 패키지들 중 ANSYS, GT-STRUDL, NASTRAN, RM 및 SAP2000과 같은 패키지는 구조해석과 함께 구조설계기능을 제공한다. 그리고 표 7-2에 나타낸 NASTRAN과 I-DEAS 프로그램은 민감도(Sesitivity)분석과 최적화 기능을 갖추고 있으며 ANSYS는 기본적인 구조최적화를 수행할 수 있는 Optimizer가 포함되어 있다. IDESIGN 프로그램은 컴퓨터의 장점과 엔지니어의 경험을 적절하게 결합하여 설계결과를 향상시키는 Interactive Optimization 프로그램이며 선형문제는 물론 다년간 테스트로 검증된 네 가지 비선형 최적화 알고리즘을 포함하고 있다. 또한 최근에 개발된 GENESIS는 한 단계 진보한 프로그램으로써 설계민감도분석, 근사화기법과 같은 최적화 기능을 갖추고 있는 범용 유한요소해석 프로그램이다. 그리고 구조 최적설계를 위하여 통합환경을 제공하는 많은 프로그램이 개발되었는데, 그중 최적화엔진인 OASIS와 전 · 후처리기인 ALADIN으로 구성된 OCTOPUS와 사용자 위주의 GUI 환경으로 개발된 CAMOS라는 프로그램이 있다. 이 외에도 Intergraph사에서 개발한 구조설계를 위한 보다 진보적인 통합자동화 시스템인 MicasPlus Structural Products는 MicasPlus Model Draft, MicasPlus Analysis 그리고 MicasPlus Design이라고 하는 3개의 주요 모듈로 구성되어 있어 구조모델링, 해석 및 AISC 및 ACI시방서 규정에 따라 설계지원 기능까지 갖는 프로그램이 개발되었다. 미국 Plasso Tech사에서 개발한 3G는 다양해지는 산업체의 요구 조건을 만족시키기 위해 다목적 최적화 문제를 최적설계 개념아래 설계자들을 위해 개발되었다. 3G는 구조해석, 진동해석, 열전달해석 등을 동시에 진행하여 다목적 최적화 문제를 위해 각 각의 목적 함수들을 파레토 최적해(비지배해; non-dominated solution)로 만들고 다시 여러 개의 목적 함수들을 하나의 목적 함수로 변환하여 파레토 최적집합(Pareto optimal set)을 사용하여 최적화 해석을 수행하는 차세대를 겨냥한 획기적인 소프트웨어이다.

MicasPlus와 같은 자동화 설계프로그램은 전산화 단계의 초기단계에서는 오직 구조해석만을 수행하던 프로그램들이 기능과 성능이 향상되어 구조설계도 함께 수행할 수 있도록 통합자동화설계 시스템으로 발전하였다. 멀지 않은 미래에 대부분의 상업용 구조해석 패키지들은 프로그램 내부에 대부분 설계최적화 모듈이 탑재될 것으로 예상된다. 그밖에도 구조전산화 초기단계에 개발된 특정한 구조물에 대해서만 설계하도록 만들어진 자동화 설계프로그램들도 그 영역을 넓혀가고 있다. 국내에서도 구조설계분야의 많은 기업들은 자사의 업무자동화를 위하여 특수자동화 설계프로그램의 개발에 힘을 기울이고 있으며 대부분 산 · 학 협력으로 이루어지고 있다. 이러한 사례 중 하나인 '강상자형교의 최적설계 프로그램[47]'은 최적설계를 기반으로 한 전산화 자동화 설계프로그램으로써 범용 유한요소해석 프로그램을 이용하여 구조해석을 하기 위한 입력화일 자동생성과 결과화일 자동탐색 기능이 포함된 구조해석 모듈과 강교(강판형, 강상형, 강상판교량)의 바닥판과 주형에 대한 최적설계모듈 그리고 강교(강판형, 강상형, 강상판교량)의 상세설계모듈과 기초적인 전후처리 기능의 통합모듈로 구성되어 있다.

그림 7-2는 강교(강판형, 강상형, 강상판교량)의 최적설계 프로그램의 사용자 편의를 고려한 GUI시스템 구성도를 나타낸 것으로 기능별로 설계조건입력, 구조해석, 최적설계 및 결과출력으로 구성되어있으며 그림에 나타낸 바와 같이 각각의 세부메뉴를 갖는다.

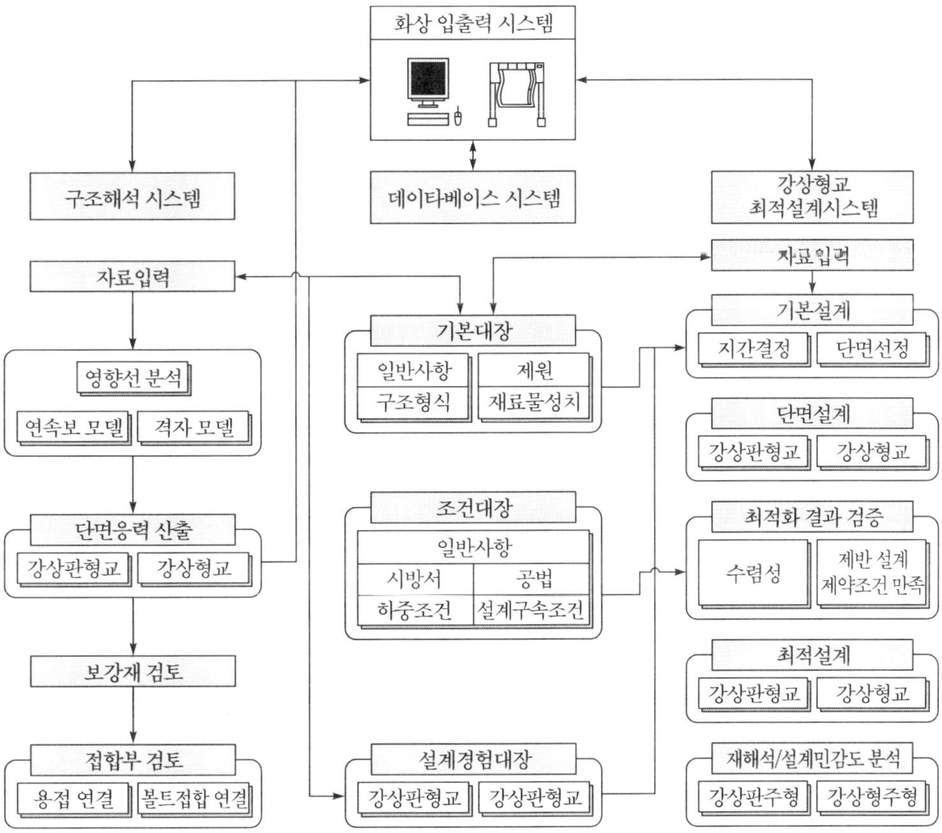

그림 7.2 강상형교의 최적설계 프로그램 구성도

이와 같이 최적설계는 70년대 최적화 이론정립 시기를 지나 유한요소법의 발전과 함께 80년대의 제4세대 고성능 컴퓨터에 의한 CAD/CAE시스템의 발전으로 실무설계 방법과 과정에 적합한 실질적인 구조설계가 가능하게 되었으며 과학적이고 경제적인 설계를 가능하게 하는 강력한 방법으로 자리를 잡게 되었다. 그리고 반복작업의 자동화, 설계시간의 단축과 설계품질의 향상 등을 목적으로 모든 구조거동을 만족시키는 오류없고 신뢰도가 높은 효율적인 자동화 설계의 실무적용은 계속 증가하고 있다.

또한 종래에는 교량에 대한 건설계획을 세울 때 일반적으로 건설이후에 수반되는 중·장기적인 추가비용보다는 설계 및 건설 등의 초기비용에 국한해서 고려하는 경우가 많았으나, 최근에는 초기비용 이외에도 교량의 유지관리, 교통의 원활한 소통 또는 적체 등에 따른 비용, 교량의 손상에 따른 보수보강 및 궁극적인 교량의 해체·재건설 등 추가적인 비용에 대한 이해가 날로 커지고 있으며 이러한 일련의 공용간 총기대비용(Life Cycle Cost)을 설계단계에서 부터 체계적이고 합리적으로 고려하는 연구도 추진중에 있다. 따라서 앞으로 최적설계는 초기 공비만이 아닌 LCC(Life Cycle Cost)를 최소화하는 설계에 대하여 고려해야 하며 이와 함께 다음 세대의 구조설계의 필수도구 내지 설계언어와 같은 더욱 중요한 자리를 차지하게 될 것이다.

7.4 강상자형교의 자동화 최적설계 시스템 구현 사례

앞 절에서는 자동화 최적설계의 기본적인 개념을 살펴보았고 이러한 이론을 중심으로 실제적인 시스템개발을 사례를 살펴보고자 한다. 강상자형교 자동화 최적설계 프로그램[조효남, 2001]은 다음과 같은 특징을 가지고 있다.

구조해석 시스템과 각각의 최적설계 시스템으로 구성된 강상자형교의 최적설계 프로그램은 하나의 통합 시스템으로 확장해야만 사용자가 사용할 수 있다. 또한 단위 시스템을 구성하고 있는 각각의 모듈은 상호 유기적으로 연결되어 있어 정확한 데이터의 교환이 이루어져야만 한다. 따라서 최적설계 기법과 각부재의 설계 시방을 이용하여 단위 프로그램이 작성되었으며 이렇게 이루어진 단위 프로그램을 하나의 통합된 시스템으로 구성되었다. 시스템 통합을 위하여 각각의 시스템은 여러번의 검증을 통하여 단위 모듈의 성능이 검증되었으며, 차후의 보완사항을 추가할 수 있게 모듈의 캡슐화를 이루었다. 또한 엄청난 량의 데이터가 상호 교류를 하면서 전체 시스템이 작동하므로 데이터간의 충돌을 막고 언제든지 확인하며 프로그램을 확장할 수 있게 시스템을 구축되었다. 간단한 데이터베이스를 이용하여 설계 실무에서 사용할 수 있는 단면의 형태를 이용한 사용자와의 상호교류(interactive)성에 비중을 두어 시스템이 구축되었으며 최적의 구조물이 될 수 있게 데이터베이스가 확장되었다. 또한 프로그램 사용의 용이성에도 중점을 두어 아이콘방식과 트리메뉴방식으로 기본골격을 구성하고 세부사항을 그래픽하게 처리하여 사용자가 입력데이터를 확인하면서 입력하도록 유도하여 오류를 최소한으로 하도록 구성되었다.

7.4.1 프로그램 구성

강상자형교의 최적설계 프로그램은 여러 시스템을 통합한 모듈타입의 프로그램으로 구성되어 있다. 설계시스템은 상업용 구조해석 프로그램을 자동모델링 모듈과 연결한 구조해석

시스템과 각각의 부재를 최적으로 설계하는 최적설계 시스템으로 구성되어 있으며 자료관리 시스템은 설계 과정에서 생성되는 자료와 실무에서 사용하는 단면을 데이터베이스로 구성되었다. 또한 전후처리 시스템은 화상을 통해서 얻어지는 자료를 오류가 없게 입력할 수 있는 방식을 채택하였다. 이와 같은 통합시스템을 그림 7-3에 나타내었다.

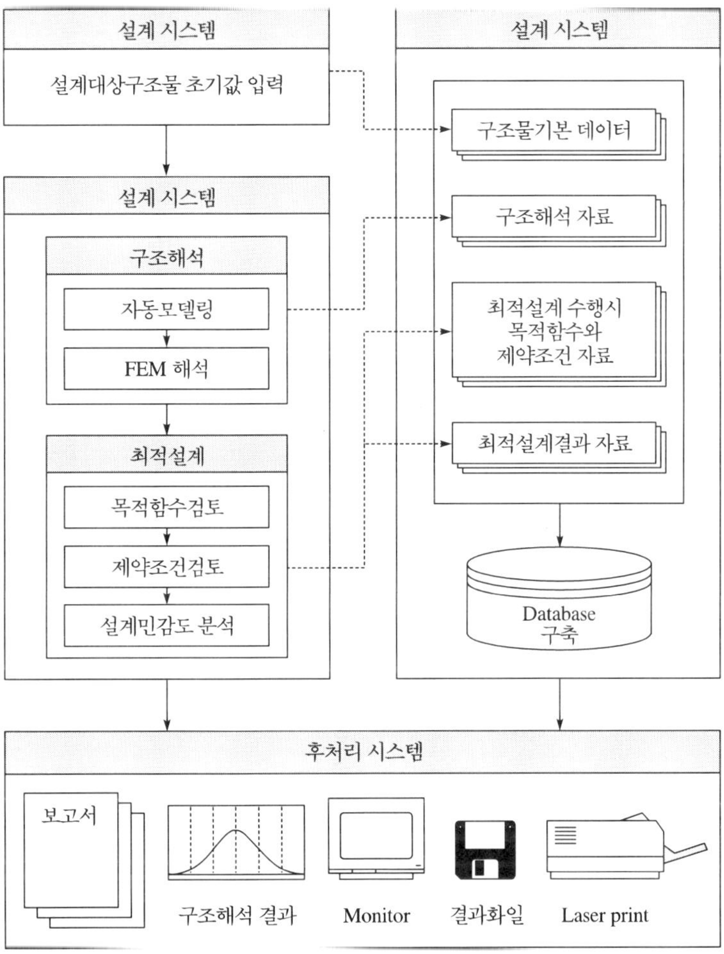

그림 7-3 통합 자동화설계 시스템의 개념도

7.4.2 구조해석 프로그램

(1) 상업용 구조해석 프로그램(RM-SPACE FRAME)

RM-Space frame은 Austria TDV(Technische DatenVerarbeitung)사에서 개발된 교량전

용 해석 프로그램이다. 1970년대 중반에 일반 Frame해석 프로그램으로 처음 개발된 후 현재까지 계속 발전시켜 Prestressed Concrete, 합성형, 강구조 및 현수교와 사장교 등의 구조물을 그 특성에 해당하는 module을 이용하여 해석할 수 있도록 구성되어 있다. 이 프로그램은 현재 유럽지역에서 교량의 설계 해석에 널리 사용되고 있다. 국내에는 1980년대 중반 처음 도입된 이후 주로 PSC 교량의 설계에 사용되고 있으며 강상자형교의 경우도 그 적용이 점차 증가되고 있다. RM-SPACE FRAME 프로그램은 주로 frame요소를 이용한 3차원 뼈대 해석을 기본으로 하여, 주로 교량구조의 설계에 아주 효과적으로 사용될 수 있다. 국내에는 PSC 박스거더 전용으로 알려져 있으나 모든 형식의 교량의 해석에 적용 가능한 우수한 프로그램이다.

(2) INTERFACE 프로그램

강상자형교의 전체해석에 사용된 상업용 구조해석 프로그램인 RM-SPACE FRAME은 입력데이터를 절점, 부재와 하중 등으로 나누어 입력한 후 이를 SOLVER를 이용하여 해석을 수행한다. 해석이 완료되면 출력파일이 생성되는데 사용자는 이를 일일이 읽어서 결과를 확인해야한다. 하지만 자동화 최적설계에서는 이와 같은 일련의 작업을 사용자가 일일이 수작업으로 할 수 없다. 따라서 입력파일을 자동으로 생성하는 입력파일 자동생성 모듈이 필요하며 출력파일을 자동으로 검색하는 모듈이 필요하다. RM-SPACE FRAME을 이용하여 구조해석을 수행하기 위한 RM-SPACE FRAME Input File은 Pre-Processor에서 입력한 교량의 형식과 강상자형의 초기 단면제원 그리고 바닥판과 세로보 · 가로보의 단면최적설계에 의한 최적의 단면제원만을 사용하여 설계 교량의 격자모델에 대한 초기 RM-SPACE FRAME Input File을 자동으로 생성하여 구조해석을 수행한다. RM-SPACE FRAME Input File은 교량의 형식과 제원 그리고 초기 단면의 치수에 기초하여 Joint를 생성하고 주거더와 가로보 및 세로보를 나타내는 Frame과 교각위치에 지점을 나타내는 Restraint를 생성한다. 그리고 DB하중과 DL하중의 이동하중을 고려하기 위하여 주거더와 하중사이의 편심과 설계차선을 자동으로 계산하며 Vehicle, Moving Load, Envelope에 대한 필요한 사항들이 자동으로 생성되어 구조해석을 수행하여 전단력과 모멘트에 대한 포락선을 얻는다. 그리고 구조해석 후 RM-SPACE FRAME 결과파일을 자동 탐색하여 필요한 단면력만을 취하고 이를 최적설계모듈로 보내어 최적설계를 수행하도록 구성되어 있다. 최적설계결과로 얻은 새로운 단면의 단면특성이 고려된 RM-SPACE FRAME Input File을 다시 자동생성하여 최적설계하는 과정을 반복하여 최종적인 최적의 설계변수를 구하는 것이 가능하다.

7.4.3 구조해석 입력자료 자동생성 모듈

상업용 구조해석 프로그램을 이용하여 구조해석을 실시할 경우 대부분의 프로그램은 주어진 모델링을 사용자가 임의로 입력 데이터를 작성하여 이를 해석한 후 입력데이터 생성시

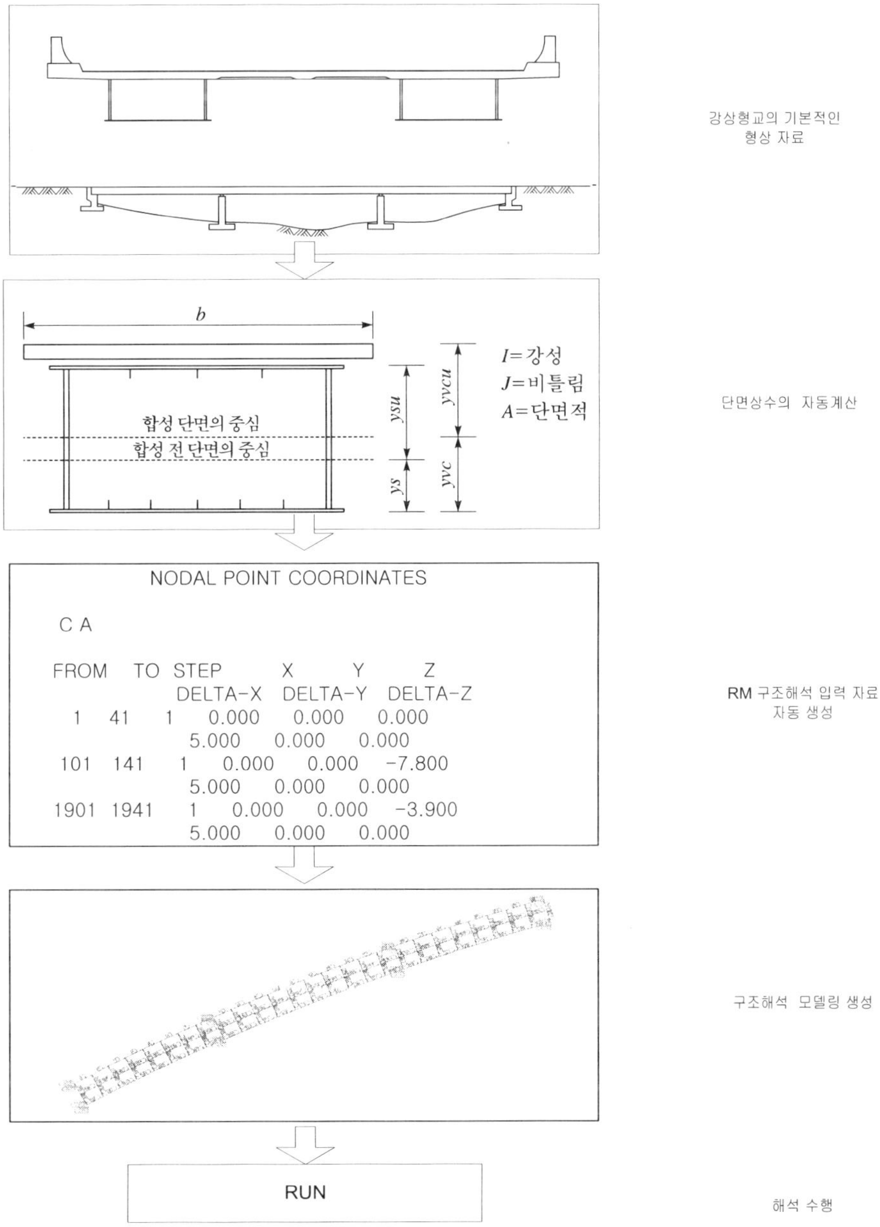

그림 7-4 구조해석 자동모델링 개념도

정의하였던 부재번호를 이용하여 결과를 확인한다. 하지만 자동화 최적설계에서는 강상자형교의 기본적인 입력자료만으로 구조해석 모델링을 구성하며 구성된 모델링을 이용하여 상업용 구조해석에 적합한 입력데이터를 생성할 수 있는 자동모델링 모듈이 개발되어야 한다. 사례로 본 강상자형교 최적설계 프로그램은 이러한 작업을 쉽게 할 수 있게 모듈이 개발되었다. 즉 복잡한 구조물의 단면을 자동으로 인식하는 작업과 이를 이용하여 단면상수를 정확하게 계산하고 이를 구조해석 입력자료로 생성함으로서 쉽게 구조해석을 실시하고 사용자의 오류를 최소화하였다. 또한 최적설계단계에서 발생되는 재해석시 최적설계 시스템과 유기적으로 데이터를 교환함으로서 최적해를 찾기 위한 단면의 수정시 이를 고려한 구조해석이 자동으로 이루어지게 하였다. 이와 같은 자동모델링의 개념도를 그림 7-4에 나타내었다.

7.4.4 재해석 모듈

강상자형교와 같은 구조물은 구조해석 모델링이 격자해석에 근간을 두고 있고 한번 해석하는데 상당한 입력데이터를 요구할 뿐 아니라 이동하중을 이용하여 단면력이 최대로 나오는 포락선해석이 요구되는 만큼 엄청난 컴퓨터 해석시간이 소요된다. 따라서 이러한 해석시간을 줄이고 보다 효율적인 최적설계 시스템이 되기 위해서는 재해석의 수를 줄이는 것이 매우 중요한 설계기법이 된다. 따라서 본 강상자형교의 최적설계 시스템에서는 강상자형교의 구조해석이 고차의 부정정구조물임을 고려하여 단면력에 민감한 설계변수를 분석하여 재해석시 실질적인 구조해석 프로그램을 이용하여 해석을 수행하지 않고 민감도 해석모듈을 이용하여 최적설계의 목적함수 및 제약조건의 평가를 수행함으로서 해석시간의 단축 및 재해석수를 줄이는 기법을 사용하였다. 또한 구조해석상의 효율성을 향상시키기 위해 식 (7-1)과 같은 근사화 응력 재해석기법은 도입하였다. 근사화 응력 재해석기법[58]에서 제안한 바와 같이 우선 구조해석의 단면력을 상수로 고정하고 최적설계에 필요한 응력을 단면계수변화에 따른 근사화된 응력으로 근접 최적점을 구한다. 그리고 이점에서 구조해석을 다시 실시하여 응력의 수렴여부를 판단한다. 이때 수렴하지 않았다면 구조해석에서 구한 단면력을 다시 상수로 고정하고 최적설계를 반복 수행한다. 이러한 응력 재해석방법은 설계민감도 해석이 필요 없고 설계변수에 양함수인 단면계수의 계산만을 요구한다.

$$\{f\} \simeq \{f^*\} + \left\{ \frac{Q^k(Z_X^* - Z_X)}{Z_X Z_X^*} RIGHT \right. \qquad (7\text{-}1)$$

여기서, $\{f\}$: 다음 설계점에서의 응력

$\{f^*\}$: 현재 설계점에서의 응력

Q^k : 상수화된 k번째 구조해석의 단면력

Z_X : 다음 설계점에서의 단면계수

Z_X^* : 현재 설계점에서의 단면계수

7.4.5 설계 시스템

최적설계의 수리적 정식화가 형성되고 이를 프로그램으로 개발하기 위하여 일반적인 설계흐름도를 분석하였다. 그림 7-5는 일반적인 강상자형교의 설계흐름도를 나타낸 것인데 순차적인 설계흐름도를 가지고 있고 단면 가정시 설계자의 경험과 노련미가 설계의 질을 결정짓는다고 볼 수 있다. 따라서 사례로 본 강상자형교 최적설계 프로그램에서는 이러한 초기의 단면가정은 단지 최적설계의 초기치에 불과하고 최적의 단면으로 개선하는 작업을 최적화 알고리즘을 이용하여 자동으로 처리하여줌으로서 설계경험이 없는 설계자라도 수준 높은 설계를 수행할 수 있게 시스템을 구축하였으며 경험이 풍부한 설계자도 설계자의 의견을 최대한으로 반영되는 설계가 이루어지도록 상호교류방식의 시스템을 구축함으로서 보다 효율적이고 과학적인 설계를 유도한다. 또한 구조해석은 상업용 구조해석 프로그램을 이용함으로서 해석상의 분쟁을 미연에 방지하였으며 설계시 필요한 구조계산을 자동으로 처리하고 최적설계시에는 설계변수 민감도 분석모듈을 이용하여 재해석을 최소한으로 줄이는 기법을 사용하므로서 빠른 시간내에 설계가 수행되도록 유도한다.

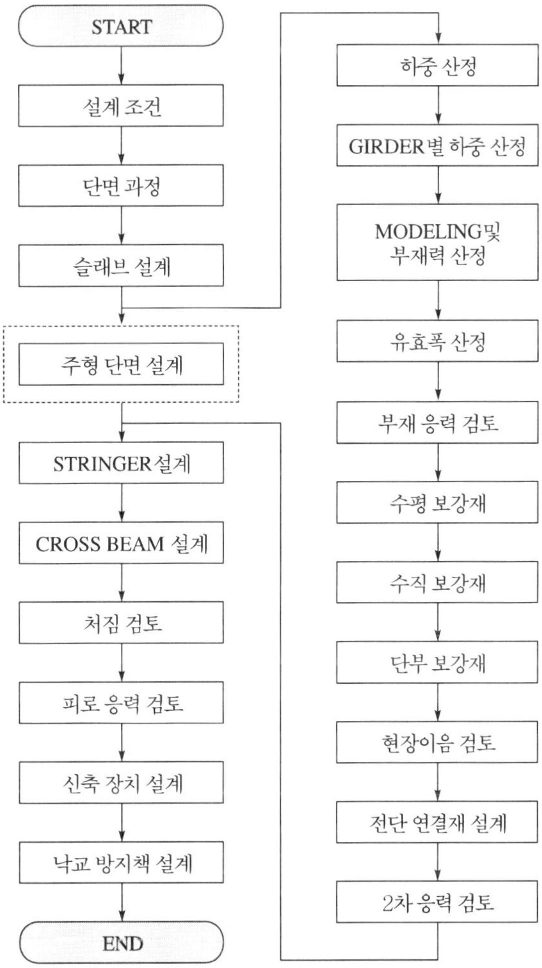

그림 7-5 일반적인 강상자형교의 설계 흐름도

7.4.6 자료관리 시스템

그림 7-5에 나타난 일반적인 강상자형교의 설계 흐름도에서 알 수 있듯이 순차적인 설계를 수행할 경우 전단계의 계산에 오류가 생기거나 구조해석의 결과를 다음 단계 설계 프로그램에 잘못 적용하였을 경우 치명적인 설계오류를 범할 수 있다. 따라서 사례로 본 최적설계 프로그램에서는 이러한 설계절차에서 생성되는 데이터를 데이터관리자에게 관리하게 하여 연속적인 설계에서 발생되는 오류를 미연에 방지하였으며 순차적설계를 기본으로 하되 아이콘방식 프로그래밍을 사용하였으므로 항시 사용자가 감시하고 사용자의 의견을 설계에 충분히 반영할 수 있게 시스템이 구축되었다.

7.4.7 전 · 후처리 시스템

통합시스템에서는 기본적으로 OS방식을 WINDOWNS를 사용하고 있으므로 MDI방식을 적용하여 사용자가 쉽게 설계 입력 데이터를 작성한다. 아이콘 방식과 트리메뉴방식을 기본으로하고 전처리기와 후처리기를 하나의 시스템에서 구현하도록 하였으며 입력데이터의 입력과 동시에 입력자료의 확인이 용이하게 이루어져 사용자가 입력시에 범할 수 있는 오류를 최소화 하도록 유도한다.

7.4.8 프로그램 기법

강상자형교의 구조해석 시스템은 실무에서 널리 사용되고 있는 RM-SPACE FRAME을 이용하여 해석의 신뢰도를 높였고 초기 설계조건만으로 RM-SPACE FRAME Input File이 자동 생성되므로 교량구조해석에 미숙련자라 할지라도 모델링과 해석을 정확하고 쉽게 할 수 있다. 최적설계모듈은 Garret N. Vanderplaats가 개발한 최적화 기법의 Subroutine인 ADS(Automated Design Synthesis)를 이용하여 최적의 알고리즘을 사용한다. 그리고 각 세부모듈은 IMSL을 이용한 Fortran90으로 작성되어 Windows환경의 통합시스템의 한 요소로 구성하고 있다. 프로그램의 개발은 현재 PC에서 가장 많이 사용하고 있는 OS(Operating System)인 Windows환경인 32BIT체제에서 개발되었다. 기본적인 강상자형교의 최적설계 프로그램은 객체지향적인 언어이면서 동시에 Windows체계에서 Visual Tool을 실용적으로 개발할 수 있는 개발자중심의 Visual Basic과 Visual C++을 이용하여 실질적인 최적설계를 위한 통합시스템을 개발하고 통합시스템인 MMI(Man Machine Interface)로는 Visual Basic을 사용하여 구축함으로써 실무 사용자의 설계작업이 편리한 기본적인 GUI(Graphic User

Interface) 환경을 제공한다. 또한 기본적으로 사용자 인터페이스를 Windows에 적합한 환경인 MDI와 Pop-Up Dialog Form으로 개발함으로서 사용자가 쉽고 편리하게 사용할 수 있게 하였다. 개발된 프로그램은 한글의 입·출력이 자유로우며 마우스를 사용하도록 설계되었다.

7.4.9 도면자동화 시스템

(1) 프로그램의 구성도

도면자동화 시스템의 기본적인 구조는 그림 7-6과 같다.

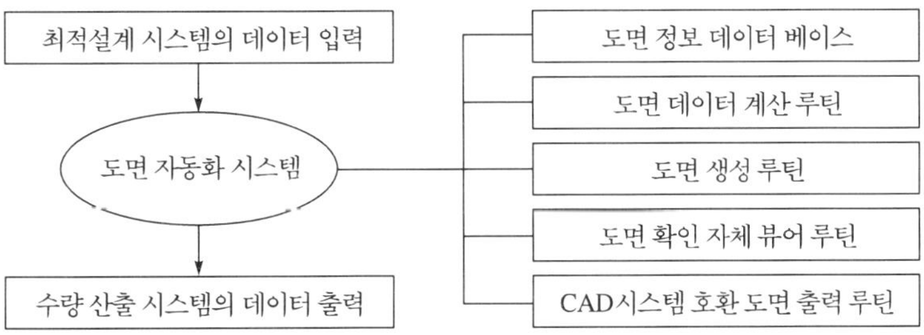

그림 7-6 본 프로그램의 구성도

① 도면 정보 데이터 베이스

도면 정보 데이터 베이스 부분은 최적 설계 프로그램에서 입력되는 도면 정보를 도면 작성에 맞는 자료 형태로 변환하는 작업을 담당한다. 현재 각 도면의 종류에 따라 독립적인 데이터 베이스가 구축되어 있으나 향후 설계 자료-수량 산출 자료와의 연계를 통해서 통합된 형태로 재구성 된다.

② 도면 데이터 계산 루틴

도면 데이터 계산 루틴은 구조 계산서에 포함되어 있지 않은 도면의 생성에 있어서 필요한 여러 제반 계산을 수행하는 일종의 라이브러리이다. 일례로 Skew에 따른 가로보의 위치 좌표 선정 등과 같은 과정은 모두 이 부분에 포함되어 있다.

③ 도면 생성 루틴

계산되고 정리된 도면 자료를 토대로 실질적으로 프로그램 내에서 도면을 생성하는 프로그램 루틴이다. 교량의 폭과 높이에 맞게 도면을 조정하며 교량의 여러 구조 요소들을 입력된 자료에 따라 도면에 배치한다. 이 부분에서 입력되는 교량의 제반 정보에 관한 변수들은 이

때문에 매우 중요하다. 잘못된 변수 자료가 입력되는 경우 도면의 정확성을 보장할 수 없다.

④ 도면 확인 자체 뷰어 루틴

도면 확인 자체 뷰어 루틴은 기존의 연구 성과와 가장 차별화되는 부분이라고 판단되며, 생성된 도면을 프로그램 내에서 사용자가 직접 검토할 수 있도록 하는 기능을 담당한다. 사용자는 생성된 도면을 확인하고 상용 CAD 시스템에서 이용할 수 있는 형태로 도면을 출력할 수 있다.

⑤ CAD 시스템 호환 도면 출력 루틴

검토가 끝난 도면에 대해서 향후 도면의 유지 관리를 목적으로 상용 CAD 시스템에서 도면을 수정/관리 할 수 있는 형태로 도면을 출력하는 기능을 담당한다.

(2) 도면의 종류

도면의 종류는 그림 7-7에 나타난 바와 같다. 도면의 종류는 연구의 대상이 되었던 교량들의 도면을 분석하여 기본이 되는 도면을 중심으로 이루어져 있다.

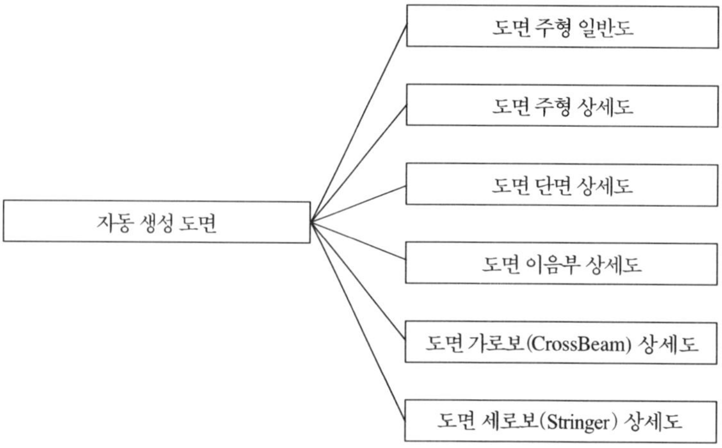

그림 7-7 자동화 도면의 종류

(3) 도면의 정보 변수

도면의 자동 생성에 필요한 변수들은 다음의 표에 나타난 바와 같다. 다음의 도면 종류와 도면 변수들은 기존 도면들의 검토를 통하여 공통적이고 기본적이라고 판단되는 사항으로 구성되어 있다.

① 도면 정보 일반변수

도면의 전체적인 정보를 담고 있는 변수들로, 전체 도면 데이터에서 기본이 되고 가장 처음 구성되는 변수들이다.

<table>
<tr><td rowspan="11">도면 일반 정보</td><td>교량명과 공사 노선에 대한 정보 변수</td></tr>
<tr><td>발주자, 시공자, 설계자에 대한 정보 변수</td></tr>
<tr><td>설계 일시와 시공 일시에 대한 정보 변수</td></tr>
<tr><td>설계 적용 하중에 대한 정보 변수</td></tr>
<tr><td>교량의 형식에 대한 정보 변수 (강박스 거더의 개수 등)</td></tr>
<tr><td>Skew가 적용된 교량의 정보 변수</td></tr>
<tr><td>교량 전 길이</td></tr>
<tr><td>교량 전 폭</td></tr>
<tr><td>설계법에 대한 정보 변수</td></tr>
<tr><td>교량의 지간수에 대한 정보 변수</td></tr>
<tr><td>교량 상세 도면에 대한 정보 변수</td></tr>
</table>

② 도면 주형 일반도 변수

도면 주형일반도 생성에 필요한 변수들로 다른 도면 변수와 중복되는 항목이 많으며 다음과 같다.

<table>
<tr><td rowspan="12">도면 주형
일반도 변수</td><td rowspan="6">기본 정보</td><td>슬래브에 대한 변수</td></tr>
<tr><td>거더에 대한 변수(거더 수, 거더 제원)</td></tr>
<tr><td>가로보에 대한 변수</td></tr>
<tr><td>세로보에 대한 변수</td></tr>
<tr><td>수평 보강재에 대한 변수</td></tr>
<tr><td>Skew</td></tr>
<tr><td rowspan="3">단면 정보</td><td>단면 제원에 대한 변수</td></tr>
<tr><td>수직 보강재에 대한 변수</td></tr>
<tr><td>가로 리브에 대한 변수</td></tr>
<tr><td>세로 리브 정보</td><td>세로 리브 제원에 대한 정보</td></tr>
<tr><td>이음부 정보</td><td>이음부 제원에 대한 정보</td></tr>
<tr><td>수평 보강재 정보</td><td>수평보강재 제원에 대한 변수</td></tr>
</table>

③ 도면 주형 상세도 변수

도면 주형 상세도 생성에 필요한 변수들로 주형 일반도 변수들의 상세한 토대가 되며 다음과 같다.

<table>
<tr><td rowspan="18">도면 주형
상세도 변수</td><td rowspan="7">기본 정보</td><td>슬래브 제원에 대한 정보</td></tr>
<tr><td>거더 제원에 대한 정보</td></tr>
<tr><td>플랜지 제원에 대한 정보</td></tr>
<tr><td>skew</td></tr>
<tr><td>수평보강재 제원에 대한 정보</td></tr>
<tr><td>상세도 위치에 대한 정보</td></tr>
<tr><td>교량 지지부에 대한 정보</td></tr>
<tr><td rowspan="5">단면 정보</td><td>단면 제원에 대한 정보</td></tr>
<tr><td>가로 리브 제원에 대한 정보</td></tr>
<tr><td>다이아프램 제원에 대한 정보</td></tr>
<tr><td>종방향 보강재 제원에 대한 정보</td></tr>
<tr><td>가로 리브 제원에 대한 정보</td></tr>
<tr><td>세로 리브 정보</td><td>세로 리브 제원에 대한 정보</td></tr>
<tr><td rowspan="4">이음부 정보</td><td>상부 플랜지 이음부 제원에 대한 정보</td></tr>
<tr><td>하부 플랜지 이음부 제원에 대한 정보</td></tr>
<tr><td>웨브 이음부 제원에 대한 정보</td></tr>
<tr><td>이음용 볼트 제원에 대한 정보</td></tr>
<tr><td>수평 보강재 정보</td><td>수평 보강재 제원에 대한 정보</td></tr>
<tr><td>전단 연결재 정보</td><td>스터드 제원에 대한 정보</td></tr>
</table>

④ 도면 단면 상세도 변수

도면 상세도에 포함되어 있는 각 단면의 세부 사항에 대한 변수들로, 각 단면 종류별로 각기 차등화된 도면을 생성하며 다음과 같다.

<table>
<tr><td rowspan="4">도면 단면
상세도 변수</td><td>기본 정보</td><td>단면 위치와 기호에 대한 정보</td></tr>
<tr><td rowspan="2">단면 정보</td><td>단면 제원에 대한 정보</td></tr>
<tr><td>다이아 프램 제원에 대한 정보</td></tr>
<tr><td>전단 연결재 정보</td><td>스터드 제원에 대한 정보</td></tr>
</table>

⑤ 도면 이음부 상세도 변수

교량의 상하부 플랜지와 웨브를 연결하는 이음부에 대한 제원과 볼트 연결의 제원을 나타내는 변수들로, 도면 이음부 상세도를 생성하는데 필요하며 다음과 같다.

도면 이음부 상세도 변수	기본 정보	이음부 위치와 기호에 대한 정보
	상/하부 플랜지 정보	플랜지 이음부 제원에 대한 정보
	웨브 정보	웨브 이음부 제원에 대한 정보
	볼트 연결 정보	볼트 연결 제원에 대한 정보

⑥ 도면 가로보(CrossBeam)와 세로보(Stringer) 상세도 변수

거더에 부가되는 가로보와 Stringer의 상세에 대한 변수들로 다음과 같다.

가로보와 세로보 상세도 변수	기본 정보	위치와 기호에 대한 정보
	가로보 정보	가로보 제원에 대한 정보
	세로보 정보	세로보 제원에 대한 정보

7.5 실무설계에의 응용을 위한 현안문제 및 발전방향

자동화 최적설계는 지난 80년대초 이래 오늘에 이르기까지 제 4세대 컴퓨터의 급격한 변화 발전에 비하여 이론은 고도로 발전되었으나 실무설계에의 응용은 일부 첨단 구조설계가 요구되는 항공, 우주, 선박, 기계, 자동차, 플랜트 부분을 제외하고는 특히, 토목, 건축분야에서의 실무응용은 지지부진한 상태를 면치 못하고 있다. 이와 같은 실무설계에서 응용을 제대로 유도하지 못한 책임의 대부분은 구조최적화 분야의 전문가들의 연구개발의 방법, 내용, 방향면에서 근본적으로 문제가 있기 때문임은 틀림없지만, 실무설계자들과 구조최적화의 잠재적인 위력과 가치를 모르는 구조전문가들의 몰이해와 외면 뿐 아니라 심지어 최적설계는 실무설계와 동떨어진 이론적인 방법에 불과하다는 식으로 매도되는 분위기들에서 그 원인을 찾을 수 있다. 그렇지만, 구조최적화가 오늘날 고도의 전산이용 설계시대에도 실무설계에서의 설계도구가 되지 못한 주원인은 그간 최적화의 대부분의 문헌자료들이 지나치게 "해 알고리즘(solution algorithm)" 연구 위주의 이론적 연구에 치우쳐 왔고 적용예의 제시도 실무문제와는 거리가 멀거나 너무 단순한 교과서적인 문제에만 그쳤기 때문이다. 즉, 이는 실무에서의 실무설계자들이 실제로 매일 취급하고 있는 실제규모 구조물들의 모든 주요 설계단계에서의 실무자들이 원하는 주요한 최적화 문제를 효율적으로 다룰 수 있는 문제의 정식화, 모델링에 대해서는 등한히 해온 결과 초래된 문제라 볼 수 있다. 따라서 구조최적화는 앞으로 "수치적 해법"보다는 최적화가 필요한 문제의 발굴 및 도출과 적절한 모델링과 단면의 선정같은 설계문제의 정식화기법과 관련되는 실제적으로 의미가 있는 최적화의 "문제 발굴/도출"(Problem Identification)위주로 발전되어야 한다. 즉, 실제구조물의 의미있고 중요한 최적화 문제를 찾아내고 가장 효율적으로 모델링하고 이를 실무사용자 중심으로 실무설계 관행대로 쉽게 접근하여 대화식으로 사용할 수 있는 형태로 CAE/CAD 시스템의 구조형식·종류별 최적설계 루틴이나 최적화 코드로 개발되어야 할 것이다.

컴퓨터를 사용하는 실무설계자라면 누구나 현재의 최적설계에 대하여 최소한 몇 가지 의문은 없을 수 없다. 자기가 취급하는 구조물과 관련되는 최적화의 실제응용 예나 사례는 무엇이 있고 이와 관련된 범용 패키지 또는 특수한 최적화 코드가 있는가? 이러한 구조최적화를 도입하면 무엇을 얻을 수 있고 어떤 이점이 있는가? 등등 수많은 의문이 꼬리를 물을 것이다. 반면에, 실무에서 설계자들이 컴퓨터 이용 설계 보조용 프로그램에 대해 설계자들이 원하는 몇 가지 요구사항을 나열하면 다음과 같다.

(1) 컴퓨터를 이용한 설계에 최적설계의 도입시 설계자의 전반적인 업무수행에 도움을 줄 수 있어야 한다.
(2) 최적설계 프로그램은 무엇보다도 사용하기 쉽고 실무설계과정을 신속하게 수행할 수 있어야 한다.
(3) 구조최적화는 최적화가 꼭 필요하고 중요한 실제 설계문제를 다룰 수 있어야 한다.
(4) 구조최적화의 결과는 경제적인 설계는 물론 신뢰도가 높고 실제적이고 유용한 설계결과로 되어야 하고 쉽게 점검할 수 있어야 한다.

아무리 최적설계에 의해 자동화설계가 이루어진다고 해도 설계자는 궁극적으로 자신의 설계의 모든 결과에 책임을 져야 하기 때문에 그는 설계의 전개과정 전반에 걸쳐 완전한 이해와 제어능력을 갖고 있어야 한다. 그러나 설계의 전 과정에 걸쳐 방대한 수치계산이 요구되는 수가 많이 있고 설계자는 무엇이 효율적이고 경제적인 설계를 구성하는지 알 수 없는 경우가 많기 때문에 이러한 상황에 대비하여 최적설계 프로그램이 진가를 발휘하도록 해야 할 것이다. 결과적으로 실무설계의 관점에서는 "최적설계"라는 용어보다는 "최적설계 보조물"(Optimum Design Aids)이라는 말이 더 적절하다고 본다. 즉 최적설계프로그램은 설계과정 전반에 걸쳐 설계자를 대치하기보다는 대화식으로 설계자를 보조하는 최적의 설계수단이라는 의미를 내포하고 있다.

이상의 관점에 비추어 볼 때, 현재 구조최적화 연구개발 분야의 발전은 올바른 방향으로 진행되지 못하고 있는 실정임을 인정하지 않을 수 없다. 대부분의 구조최적화 관련 문헌과 자료가 학술적인 문제접근방식 즉 "해 알고리즘 → 연구 → 문제응용"방식으로 되어 있는데 반하여 실제 엔지니어링에서는 "실제문제 → 연구 → 해 알고리즘"방식을 필요로 하고 있음을 유의해야 할 것이다. 위에서 언급한 실무자들의 의문과 요구를 충족시킬 수 있는 구조최적화 프로그램이나 문헌자료는 극소수를 제외하고는 거의 찾아 볼 수 없는 것이 사실이다. 즉, 현재로는 실제 구조물의 최적화를 다룰 수 있는 공공 출판자료는 매우 제한된 범위만 있고 그것조차도 대부분 실무 엔지니어들보다는 전문가들을 위한 학술적인 자료에 불과하다고 본다. 대개의 경우 실제적인 최적화 문제의 예를 다룬 구조물에는 대부분 트러스와 라멘구조 정도이다. 위에서 언급한 바와 같이 앞으로 구조 최적화의 연구 발전이 실무설계에서 응용위주로 설계자들이 원하고 쉽게 접근 사용할 수 있는 실제규모 구조물의 "문제 발굴/도출"을 위주로 하는 최적설계코드의 개발 형태로 발전된다면 구조최적화는 실무설계자들에게 "실무설계 보조물"로서 매우 위력적이며 매력적인 도구가 될 수 있을 것이다.

7.6 자동화 최적화의 전망

구조최적화 분야와 같이 역동적으로 발전하는 분야의 앞날을 예측하려는 시도는 헛된 일이 되기 쉽다. 최소한 가까운 장래에 구조최적화는 현재도 실제적인 구조설계의 도구로 사용될 수 있는 수준으로 발전되어 있기 때문에 고도의 전산이용시대에 실무설계용 도구로서 핵심역할을 수행하게 될 전망이 매우 밝다고 말할 수 있다. 그 이유는 앞에서 강조한 바와 같이 수치최적화 및 유한요소법 같은 분야는 이미 80년대 이래 고도로 발전되었고 제4세대 후반의 초고성능 컴퓨터에 의한 AI, Expert System같은 종합적 CAE/CAD시스템 개발도 동시에 고도로 성숙된 발전단계에 이르고 있는 결과에 연유한다. 여기에다, 앞으로는 과거 어느 때보다 에너지와 자원절약형 높은 수준의 구조설계가 요구되고 있는 점을 고려하면 모든 구조물의 진정한 최적설계가 불가피하다는 점을 설계자들이 곧 인식하게 될 것이다.

구조최적화 분야에서는 두 가지 면의 보완이 꼭 필요하다. 그 첫째는, 실제 실무설계에서 다루는 다양한 구조물의 실제적인 최적화를 중심으로 최적화 문제의 발굴/도출과 관련되는 실무응용 연구에 더욱 박차를 가해야 할 것이다. 둘째로는, 현재수준의 다양한 주요 알고리즘을 모두 포함하는 컴퓨터 Code가 순식간에 막대한 정보 및 자료의 처리능력을 갖춘 제4세대 후반 또는 앞으로 제5세대의 초고성능 H/W, S/W특성의 맞는 공용의 응용S/W로 되어 누구나 쉽게 이용할 수 있도록 할 필요가 있다. 셋째는, 앞으로 차세대컴퓨터의 초고성능 정보 및 데이터처리 환경내에서 대규모 최적화문제의 체계적인 정식화 및 해를 위한 보다 효율적인 최적화기법 및 알고리즘 개발의 필요성이다. 그 외에도 최적화 분야에서 중점적인 발전이 기대되는 여러분야가 많이 있는데 그 중에 한두 가지만 구체적으로 언급하면 다음과 같다. 첫째는, 현재 연구진행중인 여러 수준의 요소설계변수와 시스템설계변수를 갖는 설계문제에 대한 다단계, 다목적 최적설계방법이나 직접적인 종합 최적화방법을 사용하여 효과적으로 이러한 문제를 취급하는 수단의 보다 고도화된 수준으로의 연구개발이 필요하다. 이러한 설계문제의 획기적인 해결은 형상최적화 문제와 같은 복잡한 최적화 문제의 효과적인 최적화 수단을 제공하게 될 것이다. 또한 부재채수와 구조물의 절점좌표를 변수로 취급하는 외에 실제 요소-절점간에 연결성을 결정하기 위한 Topology최적화 문제도 보다 더 고도화된 연구개발이 필요한 분야이다. 물론 구조물의 신뢰성 최적화(Reliability-Based Optimization)도 아직 실용적인 수준에 이르지 못하고 있는 분야로 해결해야 할 과제가 많은 계속적인 발전이 기대되는 분야이다. 이 분야는 추계적 재하에 Parameter화된 제약조건을 갖는 최적화 문제에 대한 기본적인 통찰력을 제공한다는 의미에서 특히 흥미있는 연구과제라 할 수 있다. 이외에도 여러 가지 실제적인 설계문제에서 구조최적화에 의해 해결되어야 할 문제가 많이 있지만 이러한 분야의 나열이 여기서 의도하는 바가 아니므로 더 이상 언급하지 않기로 한다. 분명한 것은 이제 앞으로 인공지능형 또는 사고형 제5세대 컴퓨터가 모든 일상적 설계업무를 대신하게 되고 이때가 되면 오늘날 또는 앞으로의 고도화된 구조최적화 기술이 컴퓨터에 의한 설계의 필수도구 내지는 설계언어화 될 것이 틀림없다고 본다.

참고문헌

1. Waciutynski, Z. and Brandt, A., "The Present state of Knowledge in the Field of Optimum Design of Structures.", Applied Mechanics Review, Vol.16, No.5, May 1963.
2. Schmit, L. A., "Structural Synthesis, 1959~1969; A decade of Progress.", Paper Presented at the U.S-Japan Seminar at Tokyo, in August 1969.
3. Sheu, C. Y. and Prager, W., "Recent Developments in Optimal Structural Design; Applied Mechanics.", Review, Vol.21, No.10, Oct. 1968, pp.985~992.
4. Gallagher, R. H., and Zienkiewicz, O. C., eds. "Optimum Structural Design, Theory and Application.", John Wiley and Sons, New York, N.Y., 1973.
5. Vanderplaats, G. N., "Structural Optimization-Past, Present, and Future.", AIAA Journal, Vol.20, No.7, pp.992~1000.
6. Atrek, E., Gallagher, R. H., Ragsdell, K. M., and Zienkiewicz, O. C., "New Directions in Optimum Structural Design.", A Wiley – Interscience Publication, 1984.
7. Kirsch, U., "Optimum Structural Design.", McGraw Hill, 1981.
8. Brady, B. H.G.; Brown, E. T., "Foundation of Optimum Design in Civil Engineering.", Martinus Nijhoff Publishers, 1989.
9. Arora, J. S., "Introduction to Optimum Design.", McGraw – Hill Book Company, 1989.
10. Maxwell, C., Scientific Papers, Vol.2, 1869, pp.175~177.
11. Michel, A. G. M., "The Limits of Economy of Material in Frame Structure.", Philosophical Magazine, Series 6, Vol.8, No.47, Nov. 1904, pp.589~595.
12. Shanlry, F. R., "Weight-Strength Analysis of Aircraft Structures.", McGraw Hill, New York, 1952.
13. Heyman, J., "Plastic Design of Beams and Frames for Minimum Material Consumption.", Quarterly of Applied Mathematics, Vol.8, 1951, pp.373~381.
14. Schmit, L. A., "Structural Design by Systematic Synthesis.", Proceedings of the 2nd Conference on Electronic Computation, American Society of Civil Engineering, New York, 1960, pp.105~122.
15. Schmit, L. A., "Structural Synthesis – Its Genesis and Development.", AIAA Journal,

Vol.19, Oct. 1981, pp.1249~1263.

16. Rozvany, G. I. N. and Morz, Z., "Analytical Methods in Structural Optimization.", Applied Mechanics Review, Vol.30, Nov. 1977, pp.1461~1470.
17. Hang. E. J. and Cea, J., eds., "Optimization of Distributed Parameter Structures.", Vols. I and II, Sijthoff and Noordhoff, Aalphenaan den Rijn, The Netherland, 1981.
18. Hang, E. J. and Arora, J. S., "Applied Optimal Design", McGraw Hill.
19. Gellatly, R. A., Berke, L., and Gibson, W., "The Use of Optimality Criteris in Automated Structural Design.", presented at the 3rd Conference on Matrix Structural Mechanics, Wright – Patterson Air Force Base, Ohio, Oct. 1971.
20. Prager, W. and Shield, R. T., "Optimal Design of Multi – Purpose Structures.", International Journal of Solids and Structures, Vol.4, 1968, pp.469~475.
21. Venkayya, V. B., Khot, N. S., and Reddy, V. S., "Optimization of Structures Based on the Study of Strain Energy Distribution.", AFFDL-TR-68-150, 1968.
22. Schmit, L. A. and Rarshi, B., "Some Approximation Concepts for Structural synthesis.",, AIAA Journal, Vol.12, May 1974, pp.692~699
23. Schmit, L. A. and Miura, H., "Approximation Concepts for Efficient Structural Synthesis.", NASA CR-2552, March 1976.
24. Fleury, C., "Reconciliation of Mathematical Programming and Optimality Criteria Approach to Structural Optimization.", Aerospace Lab., Univ. of Liege, Belgium, Rept. SA86, Aug. 1980.
25. Fleury, C. and Sander, G., "Relations Between Optimality Criteria and Mathematical Programming in Structural Optimization.", Proceeding of the Symposium on Applications of Computer Methods in Engineering, Univ. of Southern California, Los Angeles, Aug. 1977, pp.507~520.
26. Colville, R. R., "A Comparative Study of Nonlinear Programming Codes.", IBM Scientific Center, Philadelphia, Rept, 320-2949, June 1986.
27. Eason, E. D. and Fenton, R. G., "A Comparison of Numerical Optimization Methods for Engineering Design.", Transactions of the ASME; Journal of Engineering for Industry, Vol.96, No.1, 1974, pp.196~200.
28. Afiniwala, K. A. and Mayne, R. W., "Evaluation of Optimization Techniques for Applications in Engineering Design.", Journal of Spacecraft and Rockets, Vol.11, Oct. 1974, pp.673~674.
29. Schmit, L. A. and Rananathan, R. K., "Multilevel Approach to Weight Design

Including Buckling Constraint.", AIAA Journal, Vol.16, Feb. 1978, pp.97~104.

30. Schmit, L. A. and Mehrinfar, M., "Multilevel Optimum Design of Structures with Fiber-Composite Stiffened-Panal Components.", AIAA Journal, Vol.20, Jan. 1982, pp.138~147.
31. Vanderplaats, G. N., "Design of Structures for Optimum Geometry.", NASA TMX-62, 462, Aug. 1975.
32. Gass, S. I., "Linear Programming-Methods and Applications.", 4th Edition, 1975.
33. Vanderplaats, G. N., "Numerical Optimization Techniques for Engineering Design.", McGraw-Hill Book Company, 1984.
34. Reklaitis, G. V., Ravindran. A., and Ragsdell. K. M., "Engineering Optimization-Methods and Application", John Wiley and Sons, 1983.
35. Rao, S. S., "Optimization - Theory and Application.", John Wiley and Sons, 1984.
36. Hang. E. J., Choi. K. K., and Komkov. V., "Design Sensitivity Analysis of Structural Systems.", Academic Press, Inc, 1980.
37. Hang. E. J., Arora. J. S., "Applied Optimal Design.", John Wiley and Sons, 1979.
38. Spunt, L., "Optimum Structural Design.", Civil Engineering and Engineering Mechanics Series, 1971.
39. Gill, P. E., Murray, W. and Wright, M. H., "Practical Optimization", Academic Press, 1981.
40. Gallaghr, R. H., Zienkiewicz, O. C., "Optimum Structural Design Theory and Applications.", John Wiley and Sons, 1973.
41. Morris, A. J., ed "Foundation of Structural Optimization; A Unitfied Approach" John Wiley and Sons, 1982.
42. Lev, O. E., ed "Structural Optimization Recent Developments and Applications.", ASCE, New York, N.Y., 1981.
43. 민대홍, "강상자형 교량의 개념적 설계를 위한 협동최적화 기법", 2002, 박사학위논문, 한양대학교
44. Kim, Dae-su, "A Design of the Fuzzy Neural Network Image Recognizer", Journal of Fuzzy Logic and Intelligent Systems Vol. 1 No. 4, The Korea Fuzzy Mathematics and System Society, 1992.
45. Kim, Dae-su, Pak, Soon-cheol & Shin, Ok-keun, "Major Neural Network Models", Technical Trends and Developmental Analysis - Weekly Technical Trend, ETRI, ETRI, 1992.

46. 서영기술단, "PSC 박스거더 교량(MSS공법)의 최적 단면설계 프로그램 개발", 2001

47. 삼보기술단, "강상자형교 최적설계 프로그램 개발", 2001

48. Beedle, Lynn S.(1995).Architechure of Tall Building:Council on Tall Building and Urban Habitat.McGraw Hill.

49. Bennett, David.(1995).Skyscrapper:From and Function.Simon & Schuster.

50. Riley, T.(2004).Tall Buildings.The Museum of Modern Art.

51. Russell,J.S.(2005). "Do Skyscrapers Still Make Sense." Architectural Record Innovation. McGraw Hill Construction.

52. Snoonian,D.(2005). "Green Grows up and up." Architectural Record Innovation. McGraw Hill Construction.

53. Kolanevic, B.(2000). "Digital Architectures." Proceedings of Association for Computer Aided Design in Architecture(ACADIA).

54. 고강막작용을 고려한 전단벽 아웃리거 시스템의 강성최적설계기법(김호수 ; 정성진 ; 이한주)

55. Recent Trend of Structural Design of High-Rise Buildings in Japan, Takao Nishikawa, 대한건축학회 학술발표대회 논문집, v.25 n.1(2005-10)

56. Park,S.M.(2005).Tall Building Form Generation By Parametic Design Process. Ph.D. Dissertation. Illinois Institute of Technology.

57. 박효선 외.(2003). "초고층 구조시스템의 최적설계 기술 개발." 건설기술평가원 건설핵심기술 연구개발사업(03산학연C103A1040001-03A0204-00210) 최종보고서

58. 조효남, 정지승 "효율적인 재해석 기법에 의한 강상형교의 최적설계", 한국강구조학회, 제11권 5호, 1999.10

59. 천성철 외, "층고절감 및 내화성능 향상을 위한 iTECH 합성보", 2002

60. Park, H.S. and Park, C.L, "Drift control of high-rise buildings with unit load method", The Structural Design of Rall Buildings, Val.6, No.1, 1997, pp 23-35

61. 박효선, 안선아, "재분배 기법을 이용한 강구조물의 강성 설계법", 한국강구조학회 논문집, 제10권 1호, 1998

찾아보기

저자약력

조효남(趙孝男)

- 육관사관학교 졸업, 이학사
- 미국 미시간 주립대 석사과정 졸업, 구조공학석사
- 미국 미시간 주립대 박사과정 졸업, 구조공학박사
- 한양대학교 공학대학 학장
- 한국강구조학회 회장
- 한국전산구조공학회 회장
- 육군사관학교 교수
- 육군 화랑대 연구소장
- 미국 코넬대/캘리포니아대(US lrvine) 객원교수
- 한국도로공사 고속도로 기술 및 설계자문위원
- 대한토목학회 이사, 구조위원장
- 건설교통부 중앙건설기술 심의위원
- 서울시 건설기술 심의/자문위원
- 서울시 안전관리 자문위원
- 국방부 건설심사 자문위원
- 경부고속철도 설계심의위원
- 서울지방국토관리청 설계자문위원
- 특허청, 조달청 자문위원
- 감사원 공사감사 자문위원
- 한국전력공사 설계 심의/자문위원
- 경기도 기술심의위원
- 서울시 도시개발공사 설계자문위원
- 대한주택공사 설계 자문위원
- 농어촌공사 기술 심의위원
- 한국시설안전기술공단 기술 자문위원
- 한국전력 설계자문위원
- 현)한양대학교 건설환경시스템 공학과 명예 교수
  공학한림원 정회원
  IALCCE(International Association for Life Cycle Civil Engineering) 부회장
  International Journal of Steel Structures (SCIE), Editor-in-Chief
  한국방재협회 기술 자문위원

김정호(金正浩)

- 한양대학교 대학원 졸업(공학박사)
- 현) 한국건설기술연구원 책임연구원
- 현) 한국철도시설공단 설계자문위원
- 현) 조달청 입찰금액 적정성 심사위원회 심사위원
- 현) 건설교통부 도로분야 총사업비심의위원회 심의위원
- 현) 건설교통부 부산지방항공청 설계자문위원회 위원
- E-mail : jhkim@kict.re.kr

정지승(鄭址承)

- 한양대학교 대학원 졸업(공학박사)
  토목구조기술사
- 현) 동양대학교 철도토목학과 조교수
- 현) 한국철도시설공단 설계자문위원
- 현) 소방방재청 재난평가위원
- E-mail : jschung@dyu.ac.kr

민대홍(閔大泓)

- 한양대학교 대학원 졸업(공학박사)
  토목구조기술사
- 현) (주)다음기술단 사장
- 현) 환경관리공단 기술심사위원
- E-mail : dh_min@daumeng.com

박미연(朴美連)

- 한양대학교 대학원 졸업(공학박사)
- 현) (주)아이엠기술단 기술연구소 연구소장
- 현) 해양교통부 중앙건설기술심의위원
- 현) 서울특별시 건설기술심의위원
- 현) 한국철도시설공단 설계자문위원
- E-mail : momo6238@hanmail.net

이종순(李鍾舜)

- 한양대학교 대학원 졸업(공학박사)
- 현) (주)교량과고속철도 팀장
- E-mail : light726@hanmail.net

새시대건설공학 시리즈②

구조최적설계 정가 18,000원

2008년 7월 10일 초판 1쇄 인쇄

2008년 7월 17일 초판 1쇄 발행

판 권

저 자 : 조 효 남
김 정 호
정 지 승
민 대 홍
박 미 연
이 종 순

발행인 : 임 해 진

발행처 : 구미서관

주 소 : 서울시 마포구 동교동 174-7 구미빌딩

등 록 : 1979년 6월 29일 No.9-6호

ISBN : 978-89-8225-660-8 (93530)

TEL : (代) 333-1101 FAX : 335-2201

http://www.goomibook.com